[エレ基礎シリーズ]

合点！
電子回路超入門

位相／複素数／フーリエ変換…10のツールで信号の性質と動きを捉える

石井 聡[著]

CQ出版社

まえがき

　本書は雑誌「トランジスタ技術」の2007年6月号から2008年12月号に19回連載された「合点！電子回路入門」をもとに，さらに多くの加筆と綿密な修正を加えてまとめたものです．連載中の執筆においても，回路理論の初学者の読者に対して，どうすればわかりやすく電子回路のことを伝えられ，理解してもらえるか，日々考えつつ，表現・用語の一つ一つまで，何度も何度も丁寧に見直して書いていきました．

　おかげさまで，連載に対して多数の好意的な評価をいただきました．まず最初にこのことについて読者の皆様にお礼を申し上げたいと思います．

　さて，本書は初めて電子回路設計，特にアナログ電子回路に携わる方，さらには電気・電子系の資格試験を受験する方などを読者対象としています．

　実際の電子回路上で「本当にそのとおりに」動いている本来の回路理論を，学校の授業や教科書・参考書で「紙面上の理論」という霧の中に紛れ込んで理解できなかった社会人フレッシャーズの方，また回路理論の勉強をしてこなかったので，どうしてもイメージが理解できない，苦手だと考えている方などに最適だと考えます．また学校での授業の導入参考書としても活用していただけると思います．

　本書では回路理論を10の実用ツールに見立てて説明していきます．前半では，回路理論の勉強スタート時に最初につまづきやすい点をわかりやすく，かみ砕いて記述しています．今まで越えられなかった最初の壁がクリアできると考えます．さらに中盤では，教科書に書かれてあっても実感することができない，しかし実際の電子回路設計で知らなくてはならないトピックについて記載しました．最後に，教科書では数学的に説明されてしまっているために直感的な理解ができない，若干高度なフーリエ変換や畳み込みについて，イラストや図を多用してわかりやすく説明してみました．

　本書により，教科書に書かれていた回路理論が実は難しくないことがわかり，そしてそれを直感的に理解できると思います．ぜひ本書で，今まで越えられなかった壁を越えてください．

　また本書の内容を理解し，回路理論の基礎力をつけたなら，引き続き本書の姉妹書ともいえる拙書「電子回路設計のための電気/無線数学」(CQ出版社)を読んでいただき，もうワンステップ高いところに進んでいただければと思います．

　最後に，本書出版に関してお世話になりましたCQ出版社の方々，特に連載執筆の機会を与えていただいた寺前 裕司氏，連載の編集をご担当いただいた清水 当氏，そして本書の編集をご担当いただいた鈴木 邦夫氏，また本書の出版にご理解をいただきましたアナログ・デバイセズ株式会社の各位に，この場をお借りして深くお礼申し上げます．

2009年9月　石井　聡

CONTENTS

まえがき ─────────────────────────────── 2

10の実用ツールがわかれば見えてくる
■ **イントロダクション　電子回路は教科書どおりに動く** ─────────── 10

　学校で習ったハズの…10個のツールを攻略せよ ──────────────── 10
　プロはどのように回路を設計しているの？ ──────────────── 10
　電子回路は理論どおりに動く ────────────────────── 11
　　学校で覚えた公式は無駄じゃない…11／教科書に書かれているとおりに電子回路は動いている…11
　現場で活用する10の実用ツールとは？ ─────────────────── 12
　　| コラム |　10の実用ツールを理解して応用できる技術と立ち向かえる次の技術…12

第1部　抵抗とインピーダンス

電気が部品や配線を通るようすを体で覚える
■ **第1章　電圧/電流/抵抗の三つどもえ関係を実体験** ────────── 14

1-1　回路とは回る路である ──────────────────────── 14
　　回路が回る路であることを最初に理解しよう…14／ちょっと複雑になると回路ということを忘れがち…14
1-2　回る路で動き回る電圧と電流の基準位置 ────────────────── 15
　　イメージだけで電圧と電流を理解する…15／プロはグラウンドという電圧の基準位置を大切にする…15／実際の回路はマイナス側がいつもグラウンドということはない…16
1-3　抵抗の大きさが電圧と電流の関係を決定する ──────────────── 16
　　抵抗を「水が通りにくいパイプ」と考えて，その中を流れる水流で電流をイメージする…17／抵抗の直列接続の合成抵抗量はパイプの継ぎ足し…足せばよい…18／抵抗の並列接続の合成抵抗量は分流パイプ…流れやすくなる…18
1-4　メータを使ってオームの法則を体感する ───────────────── 19
　　二つの抵抗が直列に接続されれば電流量は減少する…19／二つの抵抗を並列に接続した場合それぞれの抵抗の電流量は変わらない…20
　　| コラム |　電圧の考え方「起電力と電圧降下」…19／現場のプロは円周率に3を使う!?…22

流れ方が一定じゃない交流信号を頭に描く
■ **第2章　電圧が正や負に変化する交流信号** ───────────── 23

2-1　実は身近な交流をまず理解しておこう ────────────────── 23
　　現実の製品はほぼすべてが交流回路…23／「交流」っていうけど「交流」って何？…23／「交流」イコール「ACコンセント」という固定観念から脱却しよう…24
2-2　交流もオームの法則で制することができる ──────────────── 25
　　交流回路は直流と同じようにオームの法則で計算できる…25
2-3　交流回路を実効値で計算すれば直流と同じ ──────────────── 27
2-4　なぜ実効値が必要なのだろう ───────────────────── 27
　　最初に直流で電力について考えてみる…27／交流の電力と直流の電力を同じく扱えるように実効値が決められた…28
2-5　測定や実験で交流と実効値を体感してみよう ──────────────── 29
　　実際の実効値と電圧ピーク値とを測定してみる…29／電力の大きさを発熱で実験する…30
　　| コラム |　交流信号…ときたら，まず正弦波をイメージしよう…26／電圧の表しかたいろいろ…28

流れに影響する抵抗，コンデンサ，コイルと電圧・電流を関係付ける
■ **第3章　「抵抗/インピーダンス/リアクタンス」のトリオは電流を妨げる** ─── 32

3-1　交流で電流を妨げる要素について理解する ──────────────── 32
　　語源からインピーダンスを考えてみよう…32／交流で電流を妨げる3要素を理解しよう…33／インピーダンスは純抵抗成分とリアクタンス成分から成り立っている…33

3-2　リアクタンスを生じる素子…コイル/コンデンサ ― 34
コイルは周波数に応じてリアクタンス成分が大きくなる…34／コンデンサは直流はまったく通さず,交流で周波数に応じてリアクタンス成分が小さくなる…35／この節のまとめ…36

3-3　なぜ抵抗は損失が生じ，コイル/コンデンサは損失が生じないのか ― 36
電圧/電流の向きと電力の発生/消費との関係…36／短い時間でコンデンサは電力消費と電力発生を繰り返す…36／それでもなお実用ツールのオームの法則は健在…37

3-4　ロスの有無という視点でリアクタンスを考える ― 39
コンデンサが電力を消費しないことを発熱実験で確認してみる…39／コンデンサの電圧と電流と時間のずれの関係を測定で確認してみる…40

　　コラム　インピーダンスにはもう少し深〜い話がある…38／部品を見るとインピーダンスを計算してしまう体に鍛える…39／違いがわかる,そして空気の読めるエンジニアになりたい…40

コンデンサやコイルの性質を知り,電子回路の動きをイメージする
■第4章　位相を知って大きさと位相を同時に変えるインピーダンスをもっと知る ― 42

4-1　二つの波形の位置のずれが位相である ― 42
位相を二つの交流波形の時間的な位置ずれとして理解する…42／位相の考えは周波数/周期が変わっても関係ない…44

4-2　インピーダンスとリアクタンスと回路に流れる電流をおさらいする ― 44
インピーダンスは純抵抗成分とリアクタンス成分から成り立つ交流電流を妨げる量…44／コイルは周波数に応じてリアクタンス成分が大きくなり,電流の位相が90°遅れる…45／コンデンサは周波数に応じてリアクタンス成分が小さくなり,電流の位相が90°進む…46／大切なのでいったんまとめ…46

4-3　純抵抗の電流とコンデンサの電流との合成で位相変化を考える ― 46
純抵抗を流れる電流とコンデンサを流れる電流は,単なる実効値の足し算にはならない…47／「瞬間瞬間の合成」に位相を活用すれば実効値で求められる…48

4-4　電流の合成をもとに位相とインピーダンスの意味のつながりを考える ― 49
電流の合成を位相/角度の視点で見てみる…49／電流の位相とインピーダンスとのつながりが「単純な足し算ではない」ことの理由とともに見えてきた…49／変換変数という見方をもとにオームの法則に適用すればインピーダンスがはっきりしてくる…50

　　コラム　弧度法[rad]と度数法[°]の深〜い関係…44／位相と角度の深〜い関係…47／図4-10の矢印の長さは実効値…49／Zも$1/Z$も「純抵抗＋リアクタンス」で表せる…50／先輩の指示は実はとても奥が深い…51

周波数によって変わる,電圧と電流の大きさ/位相の関係を実験
■第5章　位相で考えるコンデンサ/コイル＋抵抗のインピーダンスの変化 ― 53

5-1　ピタゴラスの定理による電流合成から位相の周波数変化を理解する ― 53
二つの電流波形は位相が異なるため瞬間ごとの足し算（合成）になる…53／どういうときに位相が変わるのか…54

5-2　周波数が変化すると電流の大きさと位相量が変化しインピーダンスも変化する ― 54
周波数が変化したときに合成電流I_{all}の位相はどのように変化するのか…54／周波数が変化したときにインピーダンスはどのように変化するのか…55／インピーダンスZを制覇するにはあともう一歩…56

5-3　電流の位相の考えを他の回路に応用してみよう ― 56
コイルと抵抗の並列回路の場合は,電流の位相はマイナスになり,周波数に応じて位相がゼロに近づく…56／コイルとコンデンサの並列回路の場合は,電流の位相は−90°か＋90°になり,周波数と素子の定数の大きさで位相がどちらか決まる…57

5-4　直列回路を例にして位相の変化するようすを確認する ― 58
直列回路の場合は素子ごとの電圧の合成になる…58／実験で位相の変化するようすを確認してみる…60

5-5　位相の周波数変化はインピーダンスの周波数変化である ― 61
周波数ごとの位相と振幅の相互関係をグラフ化する…61

　　コラム　並列回路のインピーダンスはピタゴラスの定理で片付かない…57／入力電圧と出力電圧の大きさ/位相の関係はボーデ線図に描く…61

第2部　複素数と$e^{j\theta}$

位相と電流の二つを変えるインピーダンスを一つの記号で一括処理
■第6章　変化する位相$\theta°$ 回るインピーダンス　そして$e^{j\theta}$ ― 64

6-1 交流電圧/電流波形と位相のおさらい ———————————————— 64
交流波形を数式で表しておく…64 ／位相は二つの波形の時間的な位置ずれだ…64 ／現場では度数法だが,数式を使うときは弧度法で位相を表す…66

6-2 位相で考えるのなら周波数は考えなくてよい ———————————————— 66
角度だけを図で描くのでなく,振幅量も考えよう…66

6-3 電圧と電流の関係を位相変化も含めて計算する ———————————————— 67
電圧から電流に,位相を含めて[何か]で変換計算するのに,単純な三角関数ではできない…67 ／置き換えでほとんど同じ意味のまま計算しやすくするのが$e^{j\theta}$での計算なんだ…68 ／波形の動きや形を表す式から,回路計算の目的として実効値で考え直す…68

6-4 面倒な数学的理解はあとにして$e^{j\theta}$を定型フォームと考える ———————————————— 69
位相量を表す定型フォームを用いて位相量を変換する…70 ／リアクタンス量のみだと$e^{j\theta}$はどうなるか…72 ／本書の説明は現場の視点で考えている…72

> コラム　角度は360°,位相は2πで一巡する…66 ／$e^{j\theta}$を使うと位相の変化量は計算しやすくなる…70 ／$e^{j\theta}$は$(2\pi ft+\theta)$とすれば周波数fで変化する…72 ／周波数と位相の極座標から式(6-2)の波形を表す…73

VとIの位相関係をオームの法則で扱うために
■第7章　コンデンサとコイルのインピーダンスは$e^{j\theta}$を使って表す ———————————————— 75

7-1 コイル/コンデンサのリアクタンス量を$\pm j$で表す ———————————————— 75
電流の位相が$\pi/2$ rad遅れているコイルでは…75 ／電流の位相が$\pi/2$ rad進んでいるコンデンサでは…76

7-2 $e^{j\theta}$の定型フォームと現実の回路素子でのインピーダンスとのつながりを考える ———————————————— 77
$e^{j\theta}$の定型フォームと実際のインピーダンスとのつながりを考えるうえでの前提…77 ／極座標で示した大きさと位相をもとにして,X方向の目盛り(横軸)とY方向の目盛り(横軸)で考える…78 ／極座標のそれぞれの領域の点と実際の回路との関係…79 ／回路から考え直してみる(逆のアプローチ)…79

7-3 抵抗とリアクタンスの実際の回路と$e^{j\theta}$とのつながりはどのように考えるか ———————————————— 80
極座標でのインピーダンスもピタゴラスの定理による合成そのもの…80 ／実際の計算が$Z = R \pm jX$からスタートするのは個別の素子がはんだ付けされてつながっているから…80 ／実際の計算は「[大きさ]×$e^{j\theta}$」を使うのか?「$Z = R \pm jX$」で計算してしまうのか?…81

> コラム　どうして電気の虚数記号にiではなくjを使う?…76 ／複素数は間口と奥行きを一度に表す…82

$e^{j\theta}$を活用して実回路の電圧と電流の関係を計算と実験で求める
■第8章　抵抗/コンデンサ/コイルを組み合わせた回路のインピーダンスは? ———————————————— 85

8-1 定型フォームを極座標で表しX軸方向とY軸方向の成分で考えて計算する ———————————————— 85
極座標のX軸方向成分が抵抗量,Y軸方向成分がリアクタンス量になる…85 ／逆にX軸方向とY軸方向の成分量から大きさと位相量を得るには…85

8-2 まずは測定してみよう ———————————————— 85
直列回路に流れる電流Iを測定する…87 ／素子ごとの電圧降下(端子電圧)を測定してみる…87

8-3 実際に複素数で計算してみよう(初級編) ———————————————— 87
実際の計算の手順…88 ／最初はリアクタンス量X_Cを計算する…88 ／電流を求めるのに共役複素数が活躍する…89 ／定型フォームのままオームの法則で電流Iを計算すると…89 ／抵抗とコンデンサでの電圧降下を求める…90

8-4 少し高度な回路も複素数で計算してみよう(中級編) ———————————————— 91
最初はインピーダンス量を計算する…91 ／回路に流れる電流から抵抗の端子電圧を計算する…93 ／実測で確認してみる…93

> コラム　$e^{j\theta}$は$\exp(j\theta)$とも書く…90 ／複素数の性質をうまく利用して効率良く計算しよう…92 ／全体のインピーダンスはベクトルを継ぎ足して終点と原点を結ぶ…94

第3部　対数と時定数

想像以上に大きく変化する電圧比や電力比の細部と全体が見やすくなる
■第9章　微小値から巨大値までを一つのグラフ上に表してくれる「log」 ———————————————— 98

9-1 電子回路が取り扱う大きさの範囲はとても広い ———————————————— 98
電圧の大きさはどのくらいの範囲を扱うか…98 ／周波数はどのくらいの範囲と分解能が必要か…99 ／対数は電子回路を「見える化」する実際のツール…99

9-2 対数をイメージとして理解しよう — 100
増殖する細菌という身近なイメージで考えてみよう…100 ／対数も小数点以下がある…100 ／「対数のものさし」の目盛り間隔…101

9-3 覚えておくべき基本的な対数の種類と意味 — 102
電子回路で使われる底は 10 と e …102

9-4 レベルの比を対数を使ってdBで表そう（常用対数の使い方） — 103
「ディー・ビー」とか「デー・ビー」とか先輩が言っているけど？…103 ／もともとのdBは電力の比率で定義されている…104 ／絶対電力を表す用途で用いられる単位「dBm」…104 ／対数は掛け算が足し算になる…104 ／dBを再確認！…105

> コラム　値が正でも 1 より小さければ対数をとると負になる…101 ／「ディーとデー？」，「ティーとテー？」その理由はビジネスにあり…103 ／電力比［dB］は $10 \log_{10} x$，電圧比［dB］は $20 \log_{10} x$ …105

$\log_{10}$，$\log_e$ の使い分けと変化量の大きい電波を受信する実験

■第10章　自然対数 $\log_e$ の使い方と対数の便利さを実体験 — 107

10-1 測定結果を対数グラフで表そう（常用対数の使い方） — 107
非常に広範囲な数値をグラフ化するときに対数が役に立つ…107 ／直線グラフは対数でも直線（入出力の信号レベル比較など）…109

10-2 物理現象は自然対数で表す（自然対数の使い方） — 110
$\log_e$ を過渡現象で利用してみよう…110

10-3 覚えておきたい計算上のポイント — 111
覚えておくべき数値（概略の大きさでよい）…111 ／覚えておくべき関係（公式）…111

10-4 実験で対数を体感しよう — 111
まず基準として中間くらいの大きさを見てみよう…111 ／dB値として対数相当グラフにプロットしてみる…114

> コラム　直線変化を対数変化に変換するログ・アンプ…114

信号の立ち上がりや立ち下がりにかかる時間で評価する

■第11章　回路の俊敏さや緩慢さを表す「時定数」 — 116

11-1 なぜ時定数を考えるのか — 116
電圧や電流の変化には時間がかかる…116 ／カーブの形状が同じなら「それぞれの差異」の基準を「時間」で決めればよい…116

11-2 設計現場で遭遇する時定数に関係する回路 — 116
リセット回路のリセット継続時間…116 ／信号の立ち上がり／立ち下がり時間…117 ／パルス回路や微分回路の波形応答を計算する…118

11-3 時定数は過渡現象の変化の俊敏さや緩慢さを指し示す数値 — 118
時定数 τ は電圧や電流が変化するときの回路ごとの基準時間…119 ／コンデンサやコイルがないと時定数は考えられない…119 ／直線で変化してもよさそうだけど，変化していくカーブの形状は決まっている…119 ／流れる電流量とコンデンサの端子電圧は「だんだんとおなかがいっぱいになる」のと同じ…120

11-4 カーブの形状をもっと詳しく見ると時定数も見えてくる — 120
電流 I とコンデンサ C の端子電圧 V_C のカーブの形の違いを考える…120 ／時定数 τ はカーブが最終の大きさの 63％ まで到達する時間…121 ／結局時定数は「回路の変化の俊敏さと緩慢さを指し示す数値」…122 ／なぜ時定数 τ が「評価基準値」であり「63％」になっているのか…122

11-5 過渡現象の三つの基本波形と時定数 τ を実際に測定してみる — 124
電子回路の設計現場では「大きさが変わっていく」のを過渡現象で考える…124 ／立ち上がり／立ち下がりがダラダラする電圧波形…124 ／立ち上がり／立ち下がりが急峻で，それからダラダラしていく電圧波形…125

> コラム　本書で言う「過渡現象」とは…120 ／容量と抵抗を掛け合わせるとなぜ時間になる？…121 ／コンデンサは適材適所で選んで使う…123

過渡的に変化する波形あばれの制御にも挑戦

■第12章　「時定数」を実際の電子回路や信号の制御に使う — 126

12-1 コイルの場合の過度現象のふるまい — 126
コイルと抵抗の回路の時定数は $\tau = L/R$ …126 ／コイルの回路とコンデンサの回路との相似点／相違点…128

12-2 時定数 τ の n 倍の時間が経つとどのくらいになるか — 128

変化していくカーブの変化量を詳しく見る…128／大きさが $A[V]$ から $B[V]$ になるまでの時間を実際に計算してみる…129

12-3 時定数と周波数特性（周波数軸）の関係 ——————————— 130
周波数特性のカットオフ周波数と時定数との関係…131／$f_C/10$ になれば振幅／位相の変化をほぼ考えなくてよい…132

12-4 現場で出くわす2次系回路の過渡現象を抵抗1個で封じ込める ——————————— 132
プリント基板上に自然とできあがる2次系の回路で波形が暴れる…132／もうちょっと難しい回路の場合はどうするか（特に2次系以上の場合）…133

コラム　交流信号は定常状態？ それとも過渡状態？…131／時定数を使うのはたいてい C や L が1個だけの1次系回路…134

第4部　積分と微分

コンデンサに流れ込む電流量から両端の電圧を求めたり…
■第13章　リアクタンスや過渡現象，そして回路の動きを累積で考える「積分」 ——————————— 138

13-1 電子回路の計算で必要とされる積分の意味合いを理解する ——————————— 138
$\sin\theta$ と $\cos\theta$ とは積分で相互に関係している…138／「積分したらこんな波形になりますよ」が不定積分…積分定数 C は積分自体には関係のない量…139／ある期間の累積量を求めるのが定積分…積分定数 C はキャンセルされる…139／$\sin\theta$ と $\cos\theta$ の関係のまとめ…140／e^t は積分しても e^t…141

13-2 少なくとも置換積分の意味合いは理解しておこう ——————————— 141
置換積分を図からイメージとして理解する…141／置換積分の電子回路計算での数式上のエッセンス…142／実際に現場でよく出会う式（置換積分）…142

13-3 回路の現象を表す積分と回路理論とはつながっている ——————————— 143
積分とコンデンサのリアクタンス X_C の関係…143／積分と時定数の関係…143

13-4 OPアンプ回路で積分を体感してみる ——————————— 144
OPアンプによる積分回路の説明…145／実際に実験して積分を体感してみる…145

コラム　積分定数 C は考えなくていい…140／コンデンサは流れる電流を積分する部品…145／微小面積を足し合わせていく数値積分も意外に使える…147

電流の時間変化率からコイル両端の電圧を求めたり…
■第14章　リアクタンスや過渡現象，そして回路の動きを傾斜で考える「微分」 ——————————— 149

14-1 電子回路の計算で必要とされる微分の意味合いを理解する ——————————— 149
$\sin\theta$ を微分すると $\cos\theta$ になる…149／$\cos\theta$ を微分すると $-\sin\theta$ になる…149／ここまでわかったことを確認してみる…150／e^t は微分しても e^t…150／傾斜量 a の直線の微分は a…150

14-2 合成関数の微分は実際の電子回路計算で活用される ——————————— 151
$\sin t$ と $\sin 2\pi ft$ をそれぞれ微分するとピーク値が異なっている…151／「合成関数の微分」の電子回路計算でのエッセンス…152／実際に現場でよく出会う式（合成関数の微分を用いたもの）…152

14-3 回路の物理現象を表す微分と回路理論とはつながっている ——————————— 152
微分とコイルのリアクタンス X_L の関係…153

14-4 抵抗とコンデンサで作った微分回路でピーク値が変わっていくのを見てみよう ——————————— 153
しかしこの微分回路は数学的な微分の大きさを示すものではない…154／ある周波数より低い正弦波が入力されると数学的な微分が成り立つ…154

14-5 FETで実験しながら電子回路で使われる微分を考える ——————————— 155
FETは入力電圧対出力電流値がカーブして変化する…155／実験で増幅率を考えてみる…156／プロの回路設計の現場で注意したいこと2点！…157

14-6 回路評価で必要とされる微分の考え方 ——————————— 159
位相と周波数は相互に微分と積分の関係…159／群遅延特性は位相を周波数で微分する…160

コラム　ラプラス変換の s と $j\omega$ の深～い関係…155／微分は実際の回路でもいろいろ利用される…158

第5部　群遅延と特性インピーダンス

アナログ回路での信号評価の重要ポイント
■第15章　回路が信号波形を変形させる度合い「群遅延」 ——————————— 162

15-1 群遅延の必要性と意味をまず理解しよう ——————————— 162

コーラスを例にして群遅延をイメージする…162 ／群遅延はビート周波数ということがポイント…163 ／波形崩れを考える必要があるのは，複数の波形が同時に回路を通過するから…163

15-2 通過時間を計測する「位相遅延」を群遅延の前座として理解する ― 164
通過時間の計測は簡単にはできない…164 ／これをそのまま考えてしまうのが位相遅延（通過時間を限定条件下で求められる）…165 ／群遅延は回路動作で必要十分な通過時間の情報が得られる…165

15-3 群遅延は周波数成分ごとの相対遅延時間量で評価するツール ― 166
素子/回路の内部通過時間から位相遅延量を求める…166 ／群遅延は位相特性の曲線の傾き…167

15-4 その周波数付近の信号グループ全体での遅延がわかる ― 168
「とても幅の狭い窓から見た位相の変化」は，その周波数付近の信号のグループ（群）全体での遅延を示す…169

15-5 群遅延のようすを測定で体感してみる ― 169
2.7〜3.3 kHzという帯域の信号を考える…169 ／群遅延はその周波数前後での相対遅延時間量…171

15-6 群遅延でわかったことのまとめ ― 172
位相遅延と群遅延の違い…172

　コラム　数式上でも群遅延は「ビートとなる差の周波数」…167 ／群遅延のことをもっと知りたい！…170

周波数の高い信号はつなぐだけじゃうまく伝わらない
■第16章　ケーブル内を伝わる交流信号の電圧と電流の比「特性インピーダンス」 ― 173

16-1 長さのある線を交流という波が伝わっていく ― 173
特性インピーダンスは単純な抵抗量ではない…173 ／長いロープの端をゆすることで波の動きを考える…174 ／実際の電気信号で考えてみよう…174 ／長さのある電線を伝わる交流信号は「波」である…174

16-2 プロの設計現場で出くわす波を意識することが必要な電線 ― 175
波を意識する電線は同軸ケーブルが一番ポピュラ…175 ／プリント基板も同じ…175 ／イーサネットやRS-422/485のライン（ツイスト・ペア線）も同じ…175

16-3 波を意識する…電線に電圧量と電流量が伝達する ― 176
電線の中で電圧と電流が波として影響しあい相互に押し進められていくための関係が特性インピーダンス…176 ／電圧や電流が伝わるようすを視覚的に理解しよう…177 ／金太郎飴と同じようにどこで切っても同じインピーダンスに見える…177

16-4 実際の形状を回路素子で表してみると特性インピーダンスの大きさが求まる ― 178
長さがあればコイルになり，対向する面があればコンデンサになる…178 ／この関係から特性インピーダンスが求まる…179

16-5 波の反射の基礎を大きさが異なる抵抗の直列接続で考える ― 179
2本の抵抗が直列に接続された単純な回路で考える…180 ／信号源インピーダンスと異なる大きさの負荷抵抗…181 ／伝わる量と戻る量の比を考える…182

　コラム　信号の伝わり方はLとCが交互に励起されることで説明できる…180 ／電流は大きさに加えて方向も考える…182 ／配線幅や基材が調整された「インピーダンス・コントロール」プリント基板…183

負荷側の抵抗値や長さを変えるとCやLやRにくるくる変身
■第17章　特性インピーダンスの目でケーブル内の電圧と電流を透かし見る ― 185

17-1 反射してきた波が合成されるとポイントごとのインピーダンスが変動する ― 185
特性インピーダンス50Ωの同軸ケーブルをつなぐ…185 ／信号が負荷抵抗に到着すると，そこではオームの法則で電圧/電流が決定し，反射波が生じる…186

17-2 同軸ケーブル上では進む波と戻ってくる波が合成した電圧量と電流量になる ― 188
同軸ケーブル上の電圧は進む波と戻る波の足し算合成になる…188 ／同軸ケーブル上の電流は進む波と戻ってくる波の引き算合成になる…189

17-3 合成した電圧量と電流量で各ポイントのインピーダンスが変化する ― 190
各ポイントごとのインピーダンスを計算する…190 ／これらの関係をまとめる…192 ／同じ話を負荷抵抗が25Ωの場合で考える…193

17-4 インピーダンスが変化するようすを実験する ― 195
100Ωがつながっていても25Ωに見える状態を体感…195 ／負荷抵抗が100Ωの純抵抗でもコンデンサ成分やコイル成分が生じるようすを体感する…195

　コラム　反射波の電圧÷電流も特性インピーダンスに等しい…188 ／ケーブル内の電圧は往路＋復路，電流は往路－復路…190 ／マルチ・ドロップ型インターフェースに終端抵抗が欠かせない理由…193

第6部 フーリエ変換と畳み込み

複数のcos波とsin波を組み合わせながら波形を求めていく

■第18章 信号を形づくる周波数成分を抽出する「フーリエ変換」と「FFT」 ──── 198

18-1 フーリエ級数から離散フーリエ変換まで ──── 198
フーリエ級数はフーリエ変換の考え方の基本…198 ／周波数ごとの波形の位相だけを変えてもいろいろな波形が作れる…199 ／コサイン波とサイン波を両方用いて合成していけば任意の波形が得られる…199 ／フーリエ級数/フーリエ変換を考えるうえで重要なポイント…200

18-2 実用上はフーリエ級数がほぼそのまま離散フーリエ変換の意味合い ──── 200
離散フーリエ変換の基本を時間軸/周波数軸から示す…201 ／$f_S/2$でひっくり返されたようになっている…201

18-3 周波数ごとの信号の大きさを求めるのは信号と周波数の相性 ──── 201
雌ネコを気にする雄ネコの想い…相性が周波数ごとの成分である…202 ／本来の離散フーリエ変換で実際の時間信号として考える…202 ／本来の離散フーリエ変換も時間信号との相関計算…203 ／「ひっくり返し」という6 kHz/7 kHzは，結局2 kHz/1 kHzと同じ…206

18-4 元の時間信号に戻す実験… 逆離散フーリエ変換 ──── 206
すべて合成して時間信号に戻すと元の波形になる…206 ／$f_S/2$以上では正弦状源波形が正確に表されていない…206

18-5 離散フーリエ変換を高速に処理するアルゴリズムが高速フーリエ変換 ──── 206
FFTは「入れ子」の考え方…207 ／$N=8$の場合も3重の入れ子になるだけ…207

18-6 離散フーリエ変換の極限を考えたものがフーリエ積分 ──── 207
コラム　離散フーリエ変換結果を$X+jY$でなく$X-jY$で表す理由…204 ／本書ではフーリエ変換時に$1/N$倍として説明する…206 ／ラジオやスペクトラム・アナライザはフーリエ変換器…209

単発パルス信号などの非連続な信号の応答もわかる

■第19章 回路のインパルス応答から出力波形を求める算術「畳み込み」 ──── 211

19-1 畳み込みが使われる場面 ──── 211
正弦波ならフィルタ出力の波形は簡単に求められるが，それ以外はそうはいかない…211 ／畳み込みはフィルタ回路に限定していない…211

19-2 畳み込みを日常からイメージしてみる ──── 212
畳み込みをイメージするためプールの中に置いたトンネルで考える…212 ／トンネルを通る複数の波で畳み込みをイメージする…212 ／インパルス信号とフィルタのインパルス応答も予習しておこう…213 ／インパルス信号が回路を通って出てきたものが回路のインパルス応答…214

19-3 インパルス応答と周波数特性はフーリエ変換でつながっている ──── 215
周波数特性/伝達関数は周波数軸で見たものだが…215 ／インパルス応答/伝達関数とフーリエ変換，そして畳み込み/掛け算の関係…216 ／畳み込みと掛け算の相互関係…216

19-4 実際にインパルス応答を求めたり計算したりするには ──── 218
インパルス応答を求めるには逆離散フーリエ変換で考えたほうがよい…218 ／ラプラス変換でも同じように計算できる…218 ／繰り返し信号の場合はフーリエ級数やフーリエ変換で周波数軸に変換して計算したほうがよい…219

19-5 畳み込みの数式は実は日常のイメージそのまま ──── 219
畳み込みは逆方向からの積分/足し合わせになる…219 ／式の意味合いを図から理解する…220

19-6 実際のフィルタで畳み込みの計算を考えてみる ──── 222
2次フィルタの式は各種フィルタでも同じ…222 ／畳み込みの計算と実験による回路測定結果…222

コラム　ディジタル信号処理の畳み込みは離散信号で考えるのが当たり前…216 ／式(19-11)から式(19-12)を導出した過程…221

参考文献 ──── 224

索引 ──── 225

イントロダクション
10の実用ツールがわかれば見えてくる
電子回路は教科書どおりに動く

実際の電子回路は回路理論のとおりに動いています．一方で数学的・教科書的な回路理論がどうしても理解できないという人も多いでしょう．

このイントロダクションでは本書の全体を通じたコンセプト，「電子回路で動く回路理論は実は難しくなく，直感的なイメージで理解できる」という基本的な考え方を示します．難しく説明されているからわからないのです．理解できなかった回路理論の壁を，本書を通じて是非越えてください．それでは始めましょう！

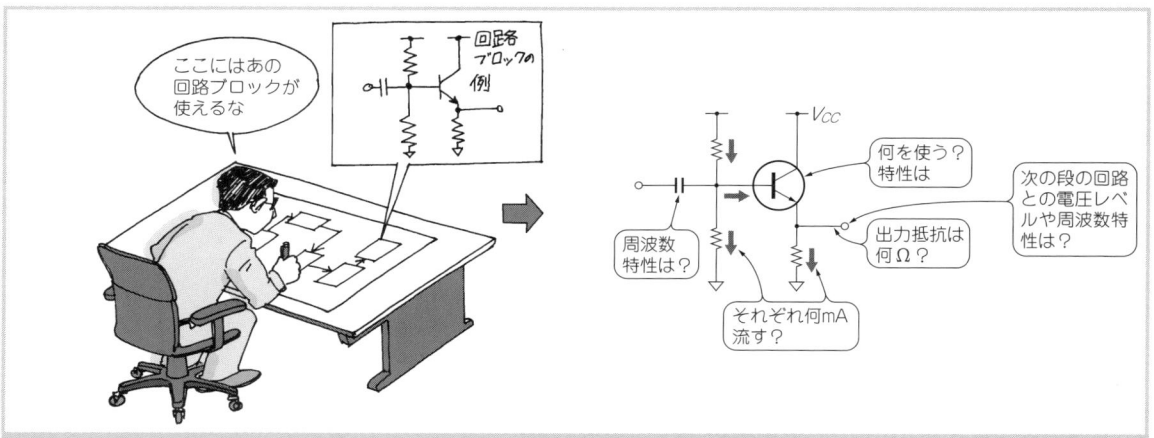

図1 プロは回路理論から設計をスタートしないがその後に回路理論が活用される
最初は回路の基本形式のつなぎ合わせから設計を始める．その後，ブロック間結合やブロック内の定数計算に回路理論が活用され，最終的な回路形状や回路部品定数が決定する．

学校で習ったハズの…10個のツールを攻略せよ

本書は，学校で「教科書」という紙の上で回路理論を勉強してきた社会人フレッシャーズの方や回路理論を苦手としている皆さんを対象としています．今まで学んできた回路理論と現実の仕事とが，どのようにつながるのかと戸惑っている人もいるでしょう．そこで本書ではその全体を通して，これらの理論が，プロの電子回路設計業務とどのように（どのような場面で）つながっているか，教科書と現場のインターフェースを取りつつ，10の実用ツールとして6部に分けて，説明していきます．

特に教科書などでの紙面上ではイメージしづらい点，また設計現場から本当に要求され，かつ必要とされている，基礎的な回路理論の知識（学校で学んできた教科書を源とする）という点を主体に，現実に沿ってそれぞれのツールを示していきます．筆者も長年，現場で回路設計業務に携わってきましたので，その経験から現場で必要な基礎知識を厳選していきたいと思います．

プロはどのように回路を設計しているの？

プロの電子回路設計技術者は，回路理論から設計をスタートしません．学校で教科書をもとに回路理論を勉強してきた人は，面食らうかもしれません．

プロの電子回路設計技術者は，**図1**のように，自分の頭の中にある（覚えている）回路の基本形式（個別ブロックともいえる）をつなぎ合わせていくところから設計を始めます．この時点では「回路理論」という理論的アプローチではなく，「ブロックつなぎ」と言い切ってもいいでしょう．

図2 A駅からB駅まで歩くと何分かかる？
何分かかるか「まるっきりワカラナイぞ！」なんて答えることはないはず．何気なくだが，実は理論的に計算して答えを得ている．

しかし，これで終わりではないのです．そのあとに回路理論が活用されます．ブロック間の結合や個別の回路ブロックに必要な定数を計算するために，一部に数式を用い，値を電卓で計算し，検証し，シミュレーションや試作で動作を確認し，最終的な回路形状や回路部品定数を決定していきます．

とはいえ，その理論も「大半は基本部分だけの知識でほぼOK」ということもポイントです．基礎的な回路理論を取り扱う能力さえあれば，かなりの局面で対応できると言えます．これから説明していく10のツールこそ，ほんとうに「かなりの場面」で使えるものでしょう．

電子回路は理論どおりに動く

現実の電子回路は回路理論のとおりに動いています．そして，その回路理論の基礎が数学です．回路の動き⇨回路理論⇨数学という図式が描けることでしょう．

● **学校で覚えた公式は無駄じゃない**

さて，少し現実と理論（および数学）との関係を，簡単な例として示しましょう．高校で物理を習ったと思います．だいたい先生は以下のような式だけをやみくもに説明し，それに数字を当てはめたり，式を変形させたりすることが多かったかと思います．

$$s = vt \quad \cdots\cdots(1)$$
s：距離，v：速度，t：時間

しかし，図2のように「A駅からB駅間（1000 m）を歩くと（時速約 4 km/h として），何分くらいかな？」という場面で，「まるっきりワカラナイぞ！」なんて答えることはないでしょう．実際には理論である式(1)を変形させて，それを用いて（何気なくだが），実は理論的に計算していたことに気が付くはずです．今まで勉強してきた公式は無駄ではなかったのです．

● **教科書に書かれているとおりに電子回路は動いている**

先の説明でも気がついたように，実際の信号や回路

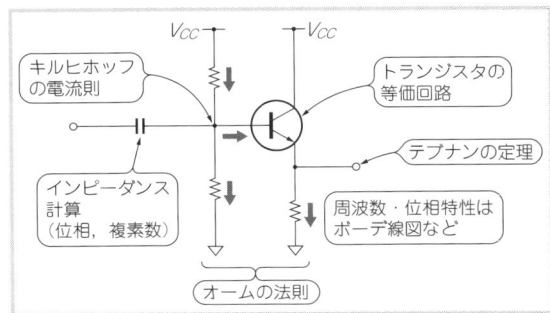

図3 実際の（現実の）回路も回路理論のとおりに動いている
回路を適当につなぎ合わせても，できたものは理論どおりに動いている．だからこそ，回路に対して回路理論からアプローチして適切な回路設計をすべき．

の動きであっても，まったく同じように教科書に書かれている回路理論が「実体の動き」として本当に動いています（図3）．回路を適当につなぎ合わせても，できたものは理論どおりに動いています．

「これから本物の回路とどうやって接していけばよいか」に迷うとすれば，「自分の目の前で，今見ている現実の回路は，（直接ではなくても，いろいろな測定器を通して読み取れる結果としても）理論どおりに動いているのだ」という考え方を基本にしてください．それでは，これからいろいろな回路理論と実際の回路設計現場との間の溝を，ひとつずつ一緒に埋めていきましょう．

現場で活用する10の実用ツールとは？

本書では，以下の10の回路理論に関するトピックスを「10の実用ツール」として示していきます．実際の電子回路設計の現場でよく出てくるものですし，それぞれのツールをイメージから理解していくことで，本当に使いこなせるツールになっていくことでしょう．

　　ツール1 … オームの法則
　　ツール2 … 位相
　　ツール3 … 複素数
　　ツール4 … 対数
　　ツール5 … 時定数
　　ツール6 … 積分と微分
　　ツール7 … 群遅延
　　ツール8 … 特性インピーダンス
　　ツール9 … フーリエ変換
　　ツール10 … 畳み込み

改めて…「回路理論は難しくありません」．必要なことをきっちり理解していることが大切です．

コラム　10の実用ツールを理解して応用できる技術と立ち向かえる次の技術

本書で説明する，回路理論の10の実用ツールが，実際の電子回路設計現場で「技術」としてどのように応用でき，そして次のステップとして，より高いどんな「技術」を理解できる下地ができあがるか，最初に示しておきましょう．

(1) オームの法則
設計現場ではなくてはならないツール．回路設計の根幹でもある．また回路の考え方を理解するための一番大切かつ基本的なツール．

(2) 位相
アナログ信号のふるまいをオシロスコープで測定するときに必要．高度な技術や理論を理解する基本．

(3) 複素数
電子回路の信号のふるまいを式で計算するときに必要．インピーダンスをオームの法則で計算できる．高度な理論も複素数と位相がわかれば理解できる．

(4) 対数
dB（デシベル）や，信号の測定結果を周波数軸で評価するときに用いる．増幅率や信号対雑音比，フィードバック回路などの評価方法も理解できる．

(5) 時定数
信号の立ち上がり（変化）時間や，回路が安定するまでの時間の評価ができるようになる．過渡現象という，信号が変化するときのようすを考える理論的技術も理解できる．

(6) 積分と微分
コイルやコンデンサと電圧/電流の相互関係を表すもの．電子回路でも積分回路と微分回路がある．難しそうな回路理論の数式の意味も理解できる．

(7) 群遅延
回路内の信号の遅延時間を評価するほとんどの測定器は群遅延で測定結果を表示するため，このツールの意味合いを知っておくことは大切．フィルタ設計や信号処理理論なども理解できる．

(8) 特性インピーダンス
アナログ，ディジタルにかかわらずハイスピード電子回路設計で必要になってくるツール．信号伝達のトラブルを解決できる．高周波回路技術のSパラメータや反射係数円も理解できる．

(9) フーリエ変換
FFT測定モードを持つオシロスコープ（もしくはFFTアナライザ）の動作原理や考え方がわかり，その測定モードを適切にセットアップできる．時間波形とその周波数成分の関係が理解できる．

(10) 畳み込み
回路の入出力周波数特性（伝達関数）と信号の時間波形の関係がイメージできる．信号処理理論，伝送理論，無線通信理論，その他でも広く使われる概念で，高度な理論的技術も理解できるようになる．

第1部
抵抗とインピーダンス

　電子回路を理解するうえで，電圧，電流そして抵抗の関係を示す「オームの法則（$V=IR$）」は基本中の基本ツールです．この法則は，「単に直流回路でしか有効」なのではなく，コイルやコンデンサが含まれた交流回路でも成り立ちます．ただし，交流回路で成り立たせるためには，「抵抗」に加えて「位相」を考える必要があります．

　第1部では，位相を追加してインピーダンスでオームの法則を考えられるようにして，実際の回路設計でも活用できることを目指しましょう．

ツール1 オームの法則	第1章 電圧/電流/抵抗の三つどもえ関係を実体験
	第2章 電圧が正や負に変化する交流信号
	第3章 「抵抗/インピーダンス/リアクタンス」のトリオは電流を妨げる
ツール2 位相	第4章 位相を知って大きさと位相を同時に変えるインピーダンスをもっと知る
	第5章 位相で考えるコンデンサ/コイル＋抵抗のインピーダンスの変化

第1章
ツール1 オームの法則

電気が部品や配線を通るようすを体で覚える
電圧/電流/抵抗の三つどもえ関係を実体験

　この章では最初のツール，回路理論の基本中の基本であるオームの法則と，電圧・電流との関係をみていきましょう．

　回路のことをある程度わかっている人は，「何を単純なことを」と思うかもしれませんが，この単純に見える関係こそが，これから先のとても複雑（にも思える）な回路理論や計算，そして実際の回路の動きの，とても大切な土台/基本になっています．

　そのような視点に立って，きちんとこの土台/基本を理解し，自分の本当の力にしていきましょう．

1-1 回路とは回る路である

● 回路が回る路であることを最初に理解しよう

　初心者が最初に犯しそうなミスは，回路が「回る路」であることを理解していないことから起こります．この章ではツール1である，オームの法則と電圧/電流/抵抗との関係について説明しますが，そのオームの法則が成立する根本原則/基本概念というものが，「回路とは回る路である」ということです．このことを最初に説明しておきます．

　図1-1を見てください．電池から電線が延びており，抵抗につながっています．電池のプラス端子が抵抗の片側に，マイナス端子がもう一方の側に接続されています．このように1周するループ（抵抗に対して向かう路と抵抗から戻る路）ができていなければ，回路は成り立ちません．以降に説明する電圧と電流についても，この考えが基本になります．

だから回・路（まわる・みち）と呼ばれるわけですし，英語でも回路は"circuit"と呼ばれ，レース場のサーキットと同じ表現なのです．

● ちょっと複雑になると回路ということを忘れがち

　図1-1の例であれば，「ループになっていればいいんだ」と，中学校のころの電池と豆電球の実験同様に，直感的に理解できるでしょう．

　しかし初心者が，図1-2のような二つの大きな回路ブロックの間をつなぐ場合，意外と信号を伝える配線だけ（上記でいう「向かう路」）を結線して，ループ

図1-2 初心者が二つの大きな回路ブロックの間をつなごうとしている
信号配線だけを結線して，ループとすべき「戻る路」を接続しないミスをしてしまうことが意外とある．これでは回路は動かない．

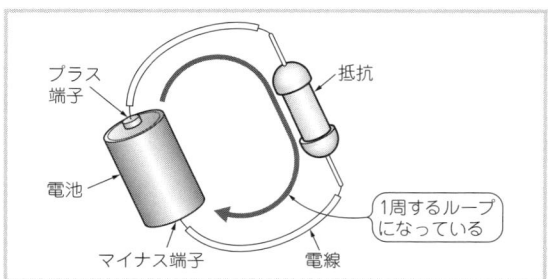

図1-1 電池と電線と抵抗…1周するループになっている
抵抗に対して向かう路と，抵抗から戻る路がなければ回路は成り立たない．だからこそ回・路（まわる・みち）と呼ばれる．

第1部 抵抗とインピーダンス

とすべき「戻る路」を接続しないミスをしてしまうことがあります．

これでは回路は動きません．二つの回路の間で「まわる・みち」になっていないからです．特にプロの電子回路設計は，この「戻る路」を非常に重要視します．詳しくは以降に「グラウンド」という点で説明します．

1-2 回る路で動き回る電圧と電流の基準位置

次の章で，コイルとかコンデンサとか，回路につながる要素を増やして，交流（Alternating Current；AC）電圧/交流電流に発展させますが，この章では，回路につながる要素は，直流電源と抵抗だけに限定しておきます．電圧も電流も，一定方向に一定だけ流れる直流（Direct Current；DC）であると限定しておきます．

● イメージだけで電圧と電流を理解する

電圧と電流を，スパッとイメージで（**図1-3**も参照して）言い切ってしまうと，

電圧：パイプに水を押し込むポンプの力（圧力）に相当する

電流：パイプを1秒間に流れる水量に相当する

つまり，電圧は「圧：押し込む力」であり，電流は「流：流れる量」であることがわかります．よくテレビや雑誌で「電流が高い」とか「電圧が流れる」とか見聞きすることがありますが，ここまでの説明で間違った用法であることがわかりますね．

電圧の別のたとえとして「電流という水を流すため

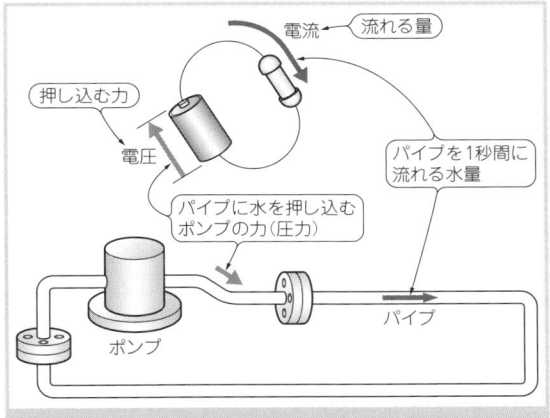

図1-3 ポンプとパイプで電圧と電流を理解する
電圧はパイプに水を押し込むポンプの力（圧力）に相当し，電流はパイプを1秒間に流れる水量に相当する．

の水の落差（高低差）」と表現されます．水が落ちる高低差（電圧）が大きいと，そこからパイプに流れる水の勢い（電流）が強くなるので，水がたくさん流れますね．これは結局は「パイプに水を押し込む圧力が高い」ことと同じなのです．

● プロはグラウンドという電圧の基準位置を大切にする

1-1節および**図1-2**での「初心者が…」の説明のように，二つの回路間をつなぐときのループとすべき「戻る路」という意味がどういうことかを，もう少し考えてみます．

▶ 相互に混ざり合う流れは相互に圧力なしである…それが共通の基準電圧レベル

図1-4を見てください．二つの水の流れと二つの回路の図が並べて示されています．

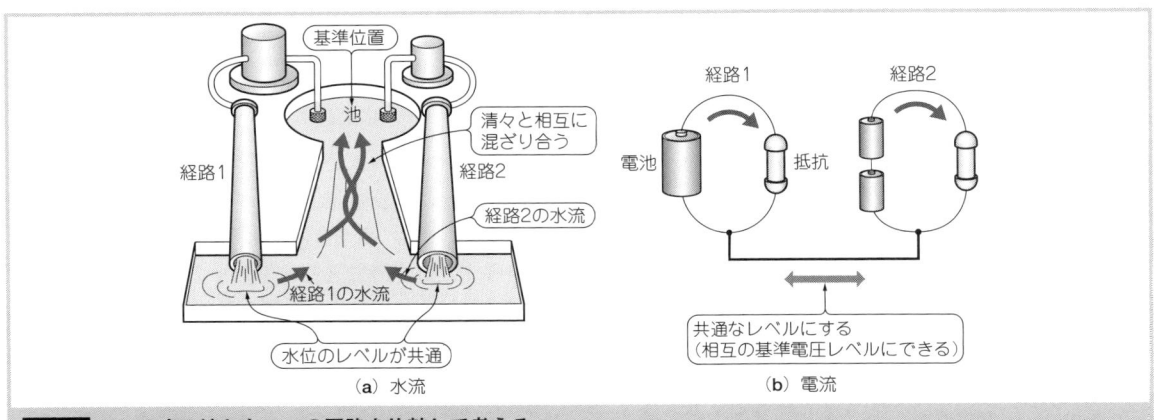

図1-4 二つの水の流れと二つの回路を比較して考える
基準位置は池の水位レベル．このレベルを共通にすると経路1と経路2それぞれの水流は，清々と相互に混ざり合う．つまり圧力ゼロということ．電圧も共通の電圧レベルを設定し相互の基準レベルにする．

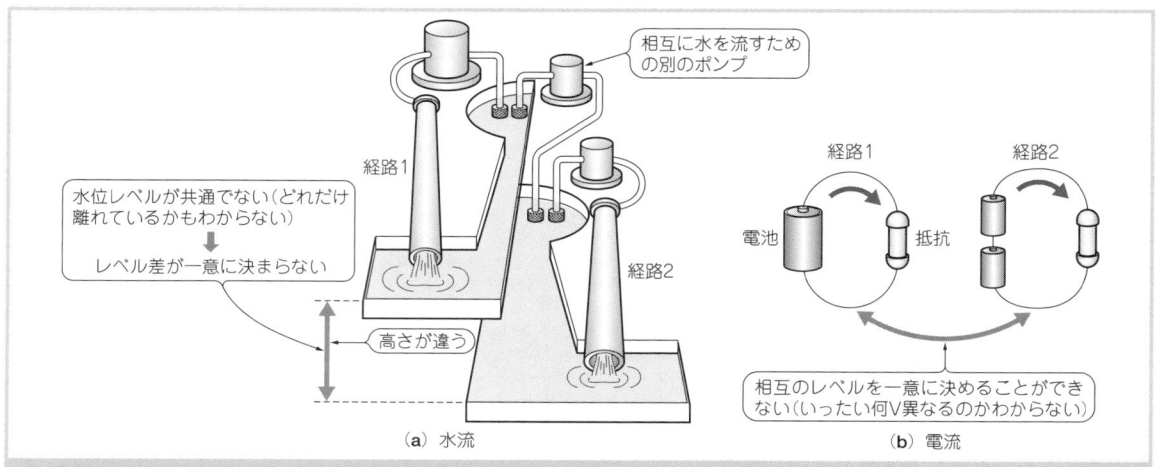

図1-5 水位レベルが共通でないと，相互に水を流すためには別のポンプが必要
経路1と経路2の水位レベルが共通でないと，相互に水を流すには別のポンプが必要．レベルを共通にしないと，お互いにどれだけ水位レベルが離れているのかが一意に決まらない．回路の場合も相互の電圧レベルを一意に決めることができない．

まず左の水の流れの図(a)で考えます．ここでの基準位置は，底面である池の水位レベルと考えることができ，このレベルを経路1と経路2において共通な高さ（レベル）にします．こうすると経路1，2それぞれを流れてきた水流は，清々と相互に混ざり合い，もとの池に戻っていきます．

圧力の話に戻すと，水が清々と相互に混ざり合って戻っていくことは，互いに圧力をかけ合うことがない，つまり圧力ゼロということです．

図1-4(b)の回路も同じです．共通なレベル（圧力ゼロ）にしておけば，ここを相互の基準電圧レベルにすることができるのです．

▶水位のレベルが共通でないと相互関係を一意に決められない

もし図1-5(a)のように，経路1と経路2の水位レベルが共通でない場合は，二つの異なる水位レベルの間で相互に水を流すためには，途中に別のポンプを用意しなくてはなりません．また，レベルを共通にしていないということは「どれだけ水位レベルが離れているのか（圧力レベルの差）？」は，いろいろな場合があるので一意に決まりません．図1-5(b)の回路でもまったく同じです．相互の電圧レベルを一意に決めることができません．

そのため，図1-4(b)や図1-6のように，電圧についてなんらかの基準レベルを決めて，その基準レベルをもとにして回路全体を考えていきます．この基準電圧レベルをグラウンド（ground）といいます．

図1-2に示したような大きな回路ブロックを接続する場合も同様です．水の話と同じように，二つの回路相互の基準（グラウンド）を共通にします．どうするか？…図1-6のようにつなげておけばよいのです．

基準をきっちり最初に決めることを念頭にして，これから回路と向き合ってみましょう．実はこのことは，熟達した上級エンジニアになっても絶対に忘れてはならないことです．

●実際の回路はマイナス側がいつもグラウンドということはない

図1-6では電池のマイナス側をグラウンド，つまり基準位置にしています．プロの回路設計では，複数の電源や回路のマイナス側を，いつもグラウンドという基準に接続するとは言い切れません．

回路の構成によって，この接続が図1-7のように異なることもあるので，実際の仕事をするときは注意して考えてください．

さらに，この基準の意味合いをよく理解するには，これ以降の「オームの法則」がわからなければなりません．電圧/電流/抵抗，そしてオームの法則がわかって，「なるほど，基準位置＝グラウンドが大事なんだ」ということが理解できると思います．

1-3 抵抗の大きさが電圧と電流の関係を決定する

オーム（Georg Simon Ohm, 1789～1854）は実験をもとにし，図1-8のような電圧/電流/抵抗の関係を

図1-6 二つの大きな回路ブロックの間をつなぎ，基準(グラウンド)を共通にする
水の話と同じように，二つの回路相互の基準(グラウンド)を共通にするには「つなげておけば」よい．基準をきっちり最初に決めることは，熟達した上級エンジニアになっても絶対に忘れてはいけない．

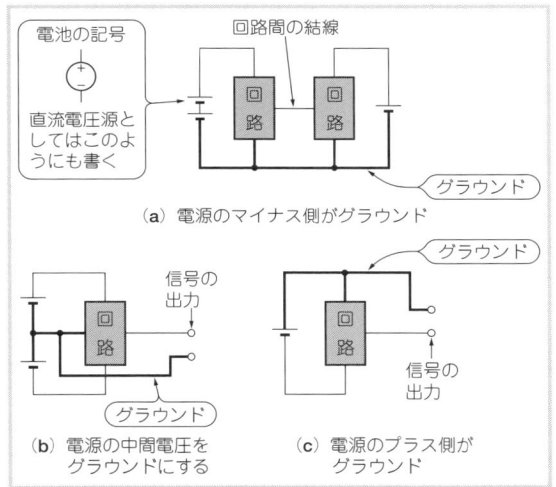

図1-7 複数の電源や回路のマイナス側をいつもグラウンドに接続するとは限らない
回路構成によって，いろいろなケースがある．特に(b)のように両電源(2電源)で供給し，中間電圧をグラウンドにすることが多い．実際の仕事をするときは注意してほしい．

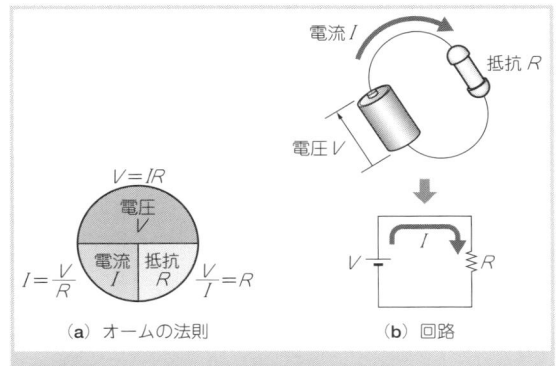

図1-8 オームの法則は基本中の基本でとても大切
オームの法則は回路理論や回路計算のすべての源になる．単純だといって馬鹿にしたりなめてかかってはいけない．本書の最重要なツール1でもあり，非常に重要な公式．

定義しました．これが学校で習う電気回路計算の基本中の基本ともいえるオームの法則，そして本書の実用ツール1です．

オームの法則により，電圧/電流/抵抗の大きさのうち，二つが決まれば，残りの一つの大きさをこの関係で求めることができます．同図(a)のように円を書いて上と下にそれぞれを入れることで，オームの法則を覚える図として表すこともできます．

ここで一般的に使われる記号は，図中のとおり，電圧はV(Eを使うこともある．単位はボルト[V])，電流はI(ドイツ語の"Intensität"，英語だと"Intensity"からきている．単位はアンペア[A])，抵抗はR(単位はオーム[Ω])です．

このオームの法則は，回路理論や回路計算の考え方すべての源になるものです．単純だと馬鹿にしたりなめてかかってはいけません．非常に重要な公式です．

●抵抗を「水が通りにくいパイプ」と考えて，その中を流れる水流で電流をイメージする

では，オームの法則で決まる電圧/電流/抵抗の相互関係を，ここでも水の流れという実際の現象に例えながら考えてみましょう．

図1-9を見てください．ここも水の流れと回路の図が並べて示されています．電圧はパイプに水を押し込むポンプの力(圧力)，電流はパイプを1秒間に流れる水量でした．

1-3 抵抗の大きさが電圧と電流の関係を決定する

抵抗は何でしょうか．水がパイプ内を通りにくく，流れが悪ければ，流れる水量が少なくなります．このパイプの水の通りにくさが抵抗です．「抵抗が大きければ，電流が流れない」ということを図1-9ではそのままイメージとして示しています．

では引き続き，オームの法則と，ポンプ/水/パイプによる電圧/電流/抵抗のイメージをもとにして，複数の抵抗の接続方法ごとの合成抵抗量の計算方法を考えてみましょう．

● 抵抗の直列接続の合成抵抗量はパイプの継ぎ足し…足せばよい

2個の抵抗を直列接続した図1-10の場合は，(a)のイメージから考えると，水が通りにくい二つのパイプを縦に継ぎ足した状態にあてはまります．水を押し込むポンプに対して，通りにくいパイプが1本から2本に直列に増えたわけで，水はそれぞれのパイプを順に流れていくので，よけい通りづらくなります．

実際の抵抗として「通りにくさ」という点から，合成直列抵抗量 R を図1-10(b)から考えてみると，

$$R = R_1 + R_2 \quad \cdots\cdots\cdots\cdots\cdots (1\text{-}1)$$

のように R を計算することができます．

● 抵抗の並列接続の合成抵抗量は分流パイプ…流れやすくなる

図1-11の並列接続の場合は，二つの抵抗にはそれぞれ同じ電圧が加わります．(a)のイメージから考えると，パイプに水を押し込むポンプに対して，通りにくいパイプが1本から2本に並列に増えたわけで，全体に流れる水量は2本それぞれの水量を足し合わせたものになります．実際の抵抗として合成並列抵抗量 R を図1-11(b)から考えてみると，

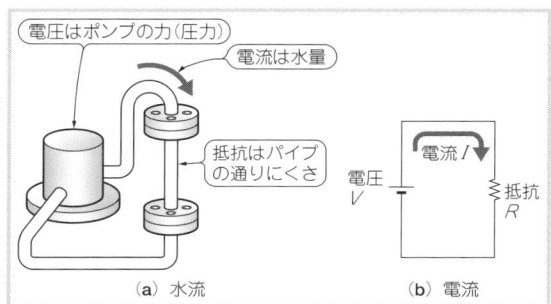

図1-9 電圧はポンプの力，電流は水量，抵抗はパイプの通りにくさ
ポンプ/水/パイプによる，電圧/電流/抵抗のイメージをもとにしてオームの法則を考える．抵抗はパイプの水の通りにくさに相当する．

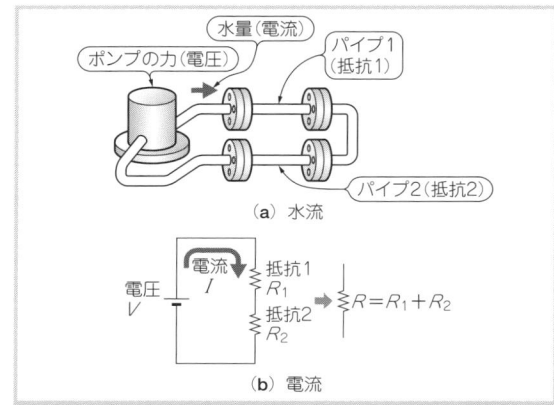

図1-10 二つの抵抗を直列接続した場合は，水が通りにくい二つのパイプを縦に継ぎ足した状態
抵抗の直列接続（直列回路）は，二つのパイプを継続に継ぎ足した状態に相当する．通りにくいパイプが1本から2本に直列に増えたわけで，余計通りづらくなる．

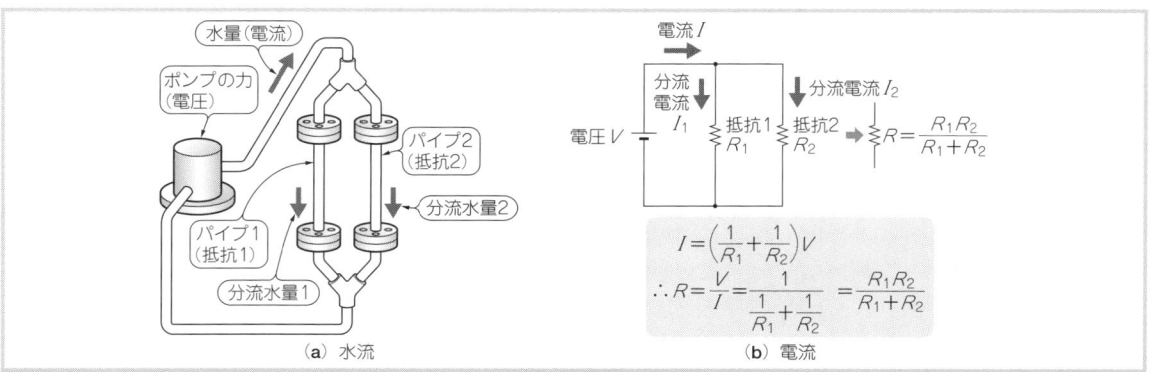

図1-11 二つの抵抗を並列接続した場合は，パイプを1本から2本に並列に増やした状態
抵抗の並列接続（並列回路）は，通りにくいパイプが1本から2本に並列に増えたことに相当し，全体に流れる水量は2本それぞれの水量を足し合わせたものになる．

$I_1 = V/R_1,\ I_2 = V/R_2$
$I = I_1 + I_2 = V/R_1 + V/R_2$
$= (1/R_1 + 1/R_2)V$ ·····························(1-2)

$R = V/I$ から,

$$R = \frac{1}{1/R_1 + 1/R_2} = \frac{R_1 R_2}{R_1 + R_2} \cdots\cdots\cdots(1\text{-}3)$$

と計算することができます．なおこの場合，合成抵抗Rは個別の抵抗値(R_1, R_2)よりも小さくなります．例を示してみると，$R_1 = 100\ \Omega$, $R_2 = 150\ \Omega$とすれば，

$R = 1/(1/100 + 1/150) = 100 \times 150/(100 + 150)$
$ = 60\ \Omega$

のように$R = 60\ \Omega$と計算できるわけですね．

1-4 メータを使ってオームの法則を体感する

それではここまで考えてきた電圧/電流/抵抗とオームの法則，そして起電力と電圧降下(**コラム1-1**参照)について，実際に実験して確認してみましょう．

●**二つの抵抗が直列に接続されれば電流量は減少する**

写真1-1は1.5 V (起電力)の電池に150 Ωの抵抗を1本付けた場合です．電池の電圧は，電圧計の読みでも1.5 Vですから，オームの法則のとおり10 mAの電流が，図中の電流計のとおりに流れています．

次に**写真1-2**のように，回路に220 Ωの抵抗を直

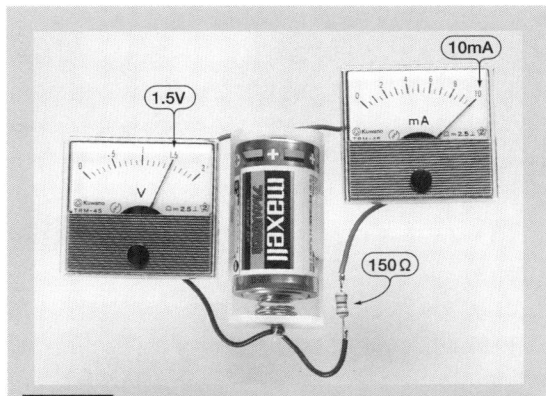

写真1-1 1.5 Vの電池に150 Ωの抵抗を付けると10 mAの電流が流れる
オームの法則のとおり，10 mAの電流が電流計に流れているようすが読み取れる．

列に追加してみます．電池の電圧自体は変わりません．合成抵抗は150 Ω + 220 Ω = 370 Ωになります．この回路に流れる電流Iは，

$I = V/R = 1.5\ \text{V}/(150\ \Omega + 220\ \Omega) \fallingdotseq 4.1\ \text{mA}$

になります．**写真1-2**の電流計のとおりです．一方で220 Ωの両端の電圧は，

$V = IR = 4.1\ \text{mA} \times 220\ \Omega \fallingdotseq 0.89\ \text{V}$

と計算でき，**写真1-3**の電圧計のとおりです(なお，4.1 × 220は0.89にはならないが，精度よく計算した結果を有効数字2桁で表示しているため，こうなっている).

コラム1-1 電圧の考え方「起電力と電圧降下」

実は私も電子回路を勉強しはじめたころ，「電圧降下」の考え方がよくわかりませんでした．電池を電圧計で測定すると電圧が出る．電流を流した抵抗の端子を測定しても電圧が出る．「同じ電圧なのに？」と思ったのです．答えは「電圧源の起電力と抵抗の電圧降下は，それぞれ電圧であるがまったく別物．そして電圧の向きがそれぞれ逆」ということです．

電圧の向きという観点で見てください．電池(つまり電圧源)で生じる電圧が起電力です．これは**図1-A**のように，電圧源から電流の出てくる方向がプラスの方向です(極性という).

一方で，電流を流した抵抗で生じる(失われる)電圧が電圧降下です．これは**図1-A**のように，抵抗に電流の入る方向がプラスです．

このように，電流の流れる方向を基準にして考えると，起電力と電圧降下はまったく別物で，「電圧の向きが逆」ということです．これは**写真1-2**, **写真1-3**の測定結果でも(電池の電圧 1.5 V =起電力，220 Ωの電圧 0.89 V =電圧降下)，それぞれ逆の極性になっていることでもわかります．

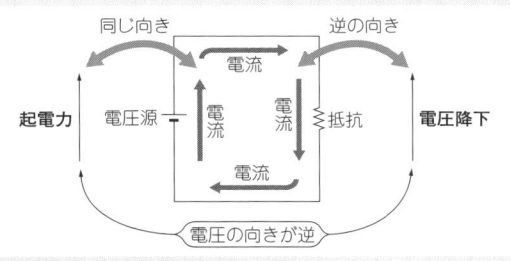

図1-A 起電力と電圧降下の考え方
それぞれ電圧であるがまったく別物．電圧の向きが逆であることに注意．

▶二つの抵抗の接続点の電圧の考え方

さて，**写真1-2**と**写真1-3**で直列接続した抵抗の接続点をもう少し考えてみましょう．

ここは抵抗同士の接続点ですから，**コラム1-1**で説明する抵抗の電圧降下によって，この接続点の電圧の大きさが決まります．ここは直接に電圧源がつながっていませんが，電圧はある大きさになります（**写真1-3**では0.89 Vになっている）．

これがどういうことかを考えると，この接続点を**図1-12**のように切り取って，この電圧の大きさに相当する電圧源（パイプに水を押し込むポンプの力：「圧力」だと説明してきたことをイメージしてほしい）をつないでも，それ以降の回路（この場合は$R_2 = 220\ \Omega$）に流れる電流はまったく同じだということです．

● 二つの抵抗を並列に接続した場合それぞれの抵抗の電流量は変わらない

写真1-4は電池に470 Ωの抵抗を1本付けた場合です．抵抗に流れる電流は，

$I = 1.5\ \text{V}/470\ \Omega = 3.2\ \text{mA}$

の量が流れます．電流計の指示どおりです．一方で330 Ωの抵抗1本でも，**写真1-5**のように4.5 mAの電流が流れます．

次に**写真1-6**のように，この2本の抵抗を並列に接続して電池につないでみます．この全体の電流を調べてみると，4.5 + 3.2 = 7.7 mA流れていることがわかりますね．水の流れに例えて，ここまで（特に「抵抗の並列接続」で）説明してきたとおりになっています．

● まとめ

本章では一定の電圧，一定の電流である直流についてのみ説明しました．しかし実際の電子回路では，回路の電圧/電流が直流であることは，用途の種類から考えてみても，それほど多くありません（電源回路とかセンサ回路程度）．多くの用途が，回路の電圧/電流が時間で変化する「交流」，交流回路です．

しかし交流回路であっても，ここまで説明した電流/電圧/抵抗の関係は，ほぼ同じように取り扱うことが

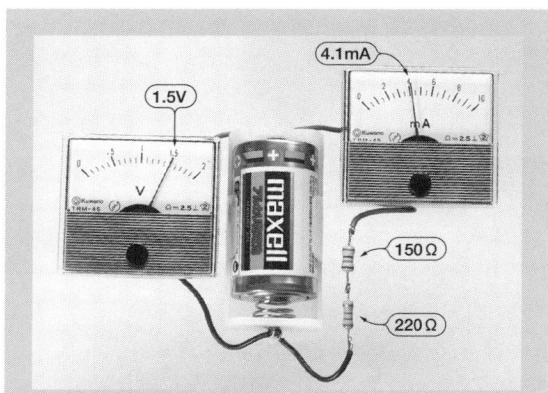

写真1-2 写真1-1の回路に220 Ωの抵抗を直列に接続してみると4.1 mAの電流が流れる
直列接続回路の実験．電池の電圧自体は変わらない．合成抵抗は150 Ω + 220 Ω = 370 Ω．電流は電流計のとおり4.1 mAになる．

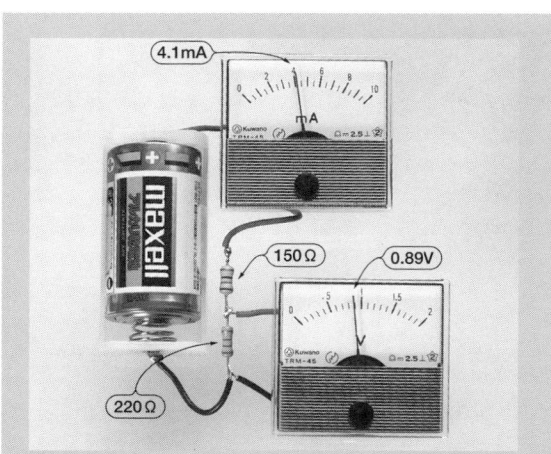

写真1-3 写真1-2の回路で220 Ωの抵抗の両端の電圧を測定すると0.89 Vになる
回路に流れる電流は写真1-2のとおり．220 Ωの端子電圧は$V = I \times R = 4.1\ \text{mA} \times 220 = 0.89\ \text{V}$と計算できる．図1-12も合わせて確認してほしい．

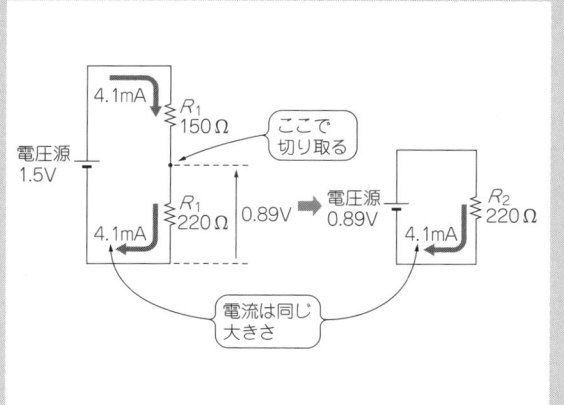

図1-12 接続点を切り取ってこの電圧相当の電圧源をつないでも，それ以降の回路に流れる電流はまったく同じ
写真1-3のようすを説明している．直接電圧源がつながっていなくても，抵抗の電圧降下でこの点の電圧の大きさが決まる．この電圧に相当する電圧源をつないでも流れる電流は全く同じ．

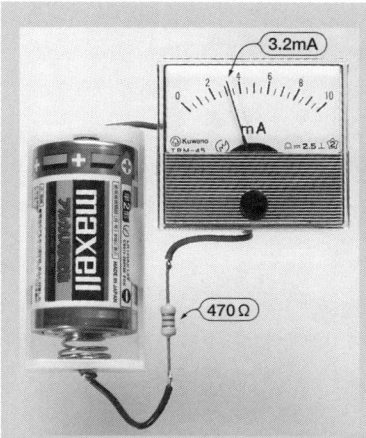

写真1-4 1.5 Vの電池に470 Ωの抵抗を付けると3.2 mAの電流が流れる

並列接続回路の仮実験その1．写真1-1の抵抗値を変えただけ．

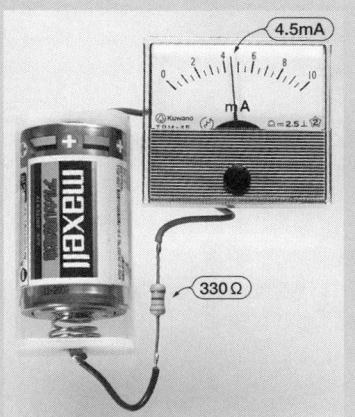

写真1-5 1.5 Vの電池に330 Ωの抵抗を付けると4.5 mAの電流が流れる

並列接続回路の仮実験その2．写真1-4の抵抗値を330 Ωに変えた．

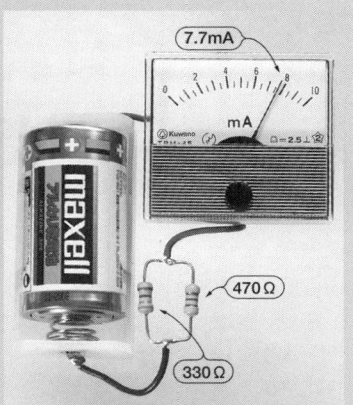

写真1-6 二つの抵抗を並列接続した場合はパイプを1本から2本に並列に増やした状態と同じ

全体の電流を調べると，写真1-4の470 Ωの抵抗に流れる3.2 mAと，写真1-5の330 Ωの抵抗に流れる4.5 mAの合成で7.7 mAになっていることがわかる．水の流れに例えた図1-11のとおり．

第1章のキーワード解説

①起電力
電池や発電機で生じる電圧のこと．「電力が起きる」とは書くが電力自体を指すのではなく，生じる電圧のことを指すので注意が必要．電圧源（電圧の生じる源）とも考えられる．

②電圧降下
起電力とは逆で，抵抗に電流が流れることにより，オームの法則で発生する電圧のこと．発生するというより，**コラム1-1**のように「失われる」成分と言ったほうが理解しやすい．

③直列回路
電池などの電圧源と抵抗の素子が一筆書きで，リード線（導線）でつながっている回路．

余談だが，子供のときに「ビニール線でつないでください」と書いてある雑誌記事に，本当にビニールだけの（中に導体の入っていない）線でつないで「動かないなあ」という経験の持ち主が私．

④並列回路
直列回路と異なり，道路のように別れてはつながるように構成されている回路．とはいえ，それぞれの経路は一つの「回る路」を構成しており，1周するループになっている必要がある．

⑤直流回路
直流電圧である電圧源がつながっている，直列もしくは並列回路．回路の各部分の電圧や電流はいつでも一定．

⑥交流回路
交流電圧である電圧源がつながっている，直列もしくは並列回路．次の章で詳しく説明するが，回路の各部分の電圧や電流が時間に応じて変化している．

⑦グラウンド
本文にもあるように，電圧レベルの基準．とにかくこのレベルを一定/安定にするように考えることがトラブルを起こさない秘訣である．

⑧極性
電圧や電流の向きのこと．電圧だと「どちらの端子のほうが電圧が高いか」，電流だと「どちらの方向に流れているのか」というものが極性．非常に高度な話になるが，電磁気学でもスカラ量/電圧，ベクトル量/電流として考えるときの原点である．基本は大事ということ．

できます．単純にオームの法則を交流用に若干拡張すればよいだけなのです．

逆に言うとそれだけ「オームの法則は奥深いもの」であることに，あらためて気が付くと思います．このあたりの話については，次の章で説明します．

コラム 1-2　現場のプロは円周率に3を使う!?

写真1-3の電圧計の読み値に関する計算のところで，「4.1×220は0.89にはならないが…」と説明しました．厳密には4.1×220は0.902 Vですから，1％ちょっとずれています．この違いは理論的には「大きな問題」と言えるかもしれません．設計現場では，回路の定数や電流の大きさを計算するとき，計算精度についてどのように考えているのでしょうか．

●実際の部品の精度と算術の精度を比較してみると

電子部品のカタログを見ると，電子部品自体の精度誤差は，大きいもので5～20％，さらにもっと大きいものもあります．

表1-Aに示すのは，セラミック・コンデンサという電子部品の精度のランク別けの例です．メーカと数値（容量という値）が同じ部品でも，異なる精度の種類をもつ商品が実在しますし，同一商品群で容量が小さいものと大きいものでも，精度が異なります．一方で高精度品と呼ばれる電子部品もあり，精度が±0.05％程度のものも存在します．

これらの精度の悪い電子部品から組みあがった，実際の電子回路の現実的精度は（とくに高精度設計をしない限り）数％程度もあるのです．回路理論/数学という観点（算術の精度）からすれば，考えられないほどひどいと感じるでしょう．

ですから，そのオーダの精度（有効数字）で回路の計算をしていけば，実際問題ほとんど間に合ってしまいます（高精度アナログ回路は別）．1％程度の精度まで求めておけばほぼ十分と言えるでしょう．

やりがちな話として，有効数字を5桁とか10桁まで厳密に答えを求めることがあるようですが，実際は電子部品自体の誤差が大きく，あまり意味がありません．

現場における設計では，数値を概算/概数で求め，実際に回路設計として使える値を出すことが大事です．円周率πをとっても，3.1416と高い精度で求める必要もなく，3でも良い場合が往々にしてあるのです．

▶お勧めの計算方法は？

といっても実際，さらに複雑な計算が必要な場合はどうしたらよいのでしょうか．現在では，電卓やExcelを使ってとても高い精度で計算ができます．そこで計算だけは高精度で計算し，その結果の2～3桁程度を取り出して答えとして使います．実用的な精度を念頭に入れておくことが一番大事でしょう．

●部品精度は適材適所

高い精度が必要な場合は，電子部品の保証精度を，部品の仕様書をもとに充分に検討しなければなりませんし，高い精度の部品（一方でコストが高くなる）を選定する必要もあります．生産工程中で，測定により選別（規格を設けて，その範囲を超えたものは破棄する）したり，可変抵抗などの可変素子を用いて目標の大きさに追い込むこともよくあります．

一方で精度がまったく不要な回路もけっこうあります．精度が低くても「使えない」というのではなく，コスト・メリットがあるところには積極的に使うのが，現場のテクニックです．

●素子が回路全体に及ぼす影響はシミュレーションで

複数の電子部品を組み合わせて作られた電子回路で，たとえば出力レベルの誤差への影響という点で考えてみます．電子部品（素子）ごとの誤差が，回路全体に及ぼす影響は，素子ごとで（回路に配置された位置という意味で）それぞれ異なります．これを「素子の感度」といいます．ある素子が10％変動した場合と，別の素子が10％変動した場合とでは，どちらも出力レベルに対して10％変動を与える，ということはありません．回路の構成により，一方が5％で他方が1％という場合もあります．

この感度を解析するにはシミュレーションが便利です．手計算/理論解析/シミュレーションを有効に組み合わせて使うことが成功への近道です．

表1-A セラミック・コンデンサの種類と精度
容量の大小で，また同一メーカかつ容量値が同じ部品でも精度が異なる商品もある．低精度でも使えるところに適切に使うことがテクニック．

記号	許容差	記号	許容差
B	± 0.1 pF	J	± 5％
C	± 0.25 pF	K	± 10％
D	± 0.5 pF	M	± 20％
G	± 2％	Z	＋80％～－20％

注▶B～Dは10 pF以下．pFは10^{-12}を表すp（ピコ）と容量の単位F（ファラド）

第1部 抵抗とインピーダンス

第2章 ツール1 オームの法則
流れ方が一定じゃない交流信号を頭に描く
電圧が正や負に変化する交流信号

　直流は電圧量/電流量が時間で変化しない，それらの大きさが一定のものです．しかし実際の電子回路では，回路内の電圧/電流が直流であることは，それほど多くありません（一部の電源回路とかセンサ回路程度）．実際の電子回路の応用例を考えてみても，その多くが回路内の電圧/電流が時間で変化する「交流」を使ったものです．

　しかし交流であっても，第1章で説明した電流/電圧/抵抗の関係は，ほぼ同じように取り扱うことができます．単純にオームの法則というツールを交流用に拡張すればよいだけなのです．逆に言うとそれだけ「オームの法則は奥深いもの」であることに気がつくと思います．

　本章では最初に交流の概念を説明し，この交流回路でもオームの法則が成り立つことを説明していきます．

2-1 実は身近な交流をまず理解しておこう

●現実の製品はほぼすべてが交流回路

　図2-1のように現実のモノ，つまり電子製品に応用される電子回路，オーディオ回路/ビデオ回路/高周波回路/その他もろもろ…，アナログ回路のほぼすべてが交流回路であるといえるでしょう．電子回路を設計するには，この交流回路の考え方の理解が必須です．

●「交流」っていうけど「交流」って何？

　当たり前のようですが，交流回路は直流以外の回路です．電圧がプラスとマイナスを交互に繰り返したり，電流の流れが行ったり来たりするもの，それが交流です．電圧と電流を図2-2のように，

電圧：パイプに水を押し込むポンプの力（圧力）に相当する

電流：パイプを1秒間に流れる水量に相当する

だと考えれば，これを交流に適用してみると，図2-3

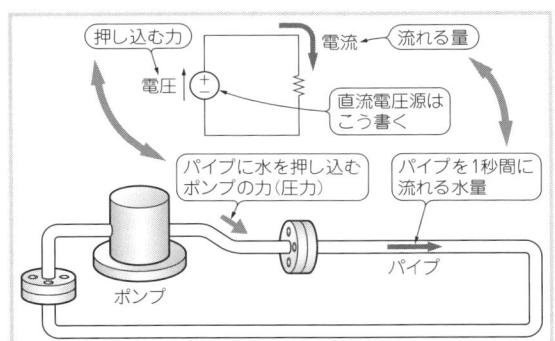

図2-2 ポンプとパイプで電圧と電流を考える
図1-3の再掲．電圧はパイプに水を押し込むポンプの力（圧力）に相当し，電流はパイプを1秒間に流れる水量に相当する．

図2-1 電子製品の中の回路はほぼすべて交流回路
電子製品に応用される電子回路，オーディオ回路/ビデオ回路/高周波回路/その他もろもろ……，アナログ回路のほぼすべてが交流回路．

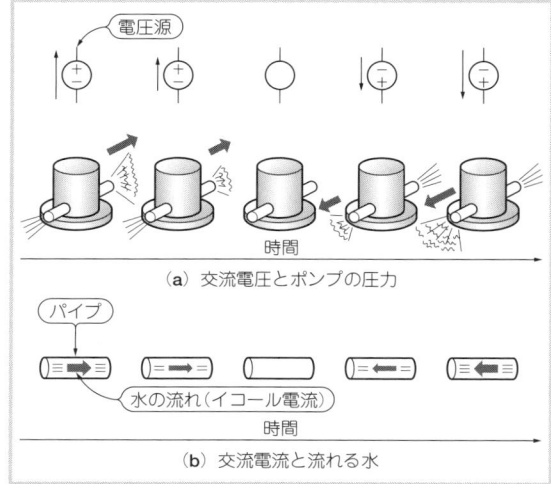

図2-3 ポンプとパイプで交流電圧と交流電流を理解する
交流電圧は圧力が時間に応じて変化し，さらに圧力の向きも逆になって動作するポンプと同じ．交流電流はこの圧力でパイプ中の水量が時間で変化し，向きも逆になっていくものと同じ．

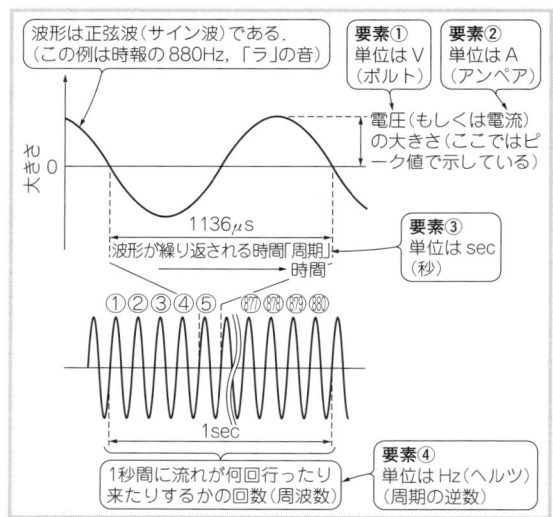

図2-4 交流を定義する四つの要素（位相は含めない）
電圧の大きさ，電流の大きさ，波形の繰り返す「周期」，1秒間の往来回数「周波数」…が四つの要素．「位相」という考えも必要だがまだ説明しない．

(a)のように，交流電圧は押し込む力が時間に応じて変化し，さらに力の向きも逆になって動作するポンプだと言えるでしょう．大きさ/向きが変化するといっても，その波形の形状は「正弦波（サイン波）」になっています．

一方，交流電流は図2-3(b)のようにパイプの中を流れる水量が時間に応じて変化し，流れの向きも逆になっていくものだと言えるでしょう．ここでも波形形状は正弦波です．

また，抵抗を「水が通りにくいパイプ」と考えてみれば，電圧（ポンプの圧力）が変化すればそれに比例して電流（パイプの中を流れる水量）も変化することは直感的にもわかると思います．

これが交流電圧/交流電流のイメージです．実際の動作もこのイメージのとおりと言えるでしょう．

▶交流電圧/交流電流を定義する四つの要素

交流電圧/交流電流は図2-4に示すように四つの要素があります．

① 「**電圧**」の大きさ（単位：ボルト[V]）
② 「**電流**」の大きさ（単位：アンペア[A]）
③ 繰り返し表れる同じ波形の一つぶんの時間「**周期**」（単位：秒[sec]）
④ 1秒間に流れが行ったり来たりする回数「**周波数**」（単位：ヘルツ[Hz]）

図中のように時報の「ポーン」という音，周波数880Hzの信号（「ラ」の音）は，周期は1/880 = 1136μsとなります．

別に，波形の時間的遅れである「位相」という考えも必要ですが，簡単に交流を理解してもらうために，まだこの章では説明をしないことにしておきます．

●「交流」イコール「ACコンセント」という固定観念から脱却しよう

交流と聞くと，ACコンセントの100Vを思い浮かべると思います（強電/電力関連での意味…私も電気/電子回路を勉強しはじめたころはそう感じていた）．

ところが実は回路理論の視点で考えてみると，説明したように電子回路として私たちが取り扱う多くの回路の動作もまた交流なのです．「交流回路」とか「交流理論」という本が多数出版されていますが，これから社会人フレッシャーズとしてやっていく仕事が「実は交流」なのであれば，学生の方も敷居が低く感じられるのではないでしょうか．

▶実際の電子回路を交流回路としてみたときの電圧源と抵抗に相当するもの

「電子回路も交流回路だ」と説明しました．実際の電子回路では交流電源自体があるのではなく，図2-5のようにオーディオ信号の信号源であったり，発振回路の出力や，高周波（無線通信）の信号だったりします．私たちが取り扱う回路に入力される信号（つまり

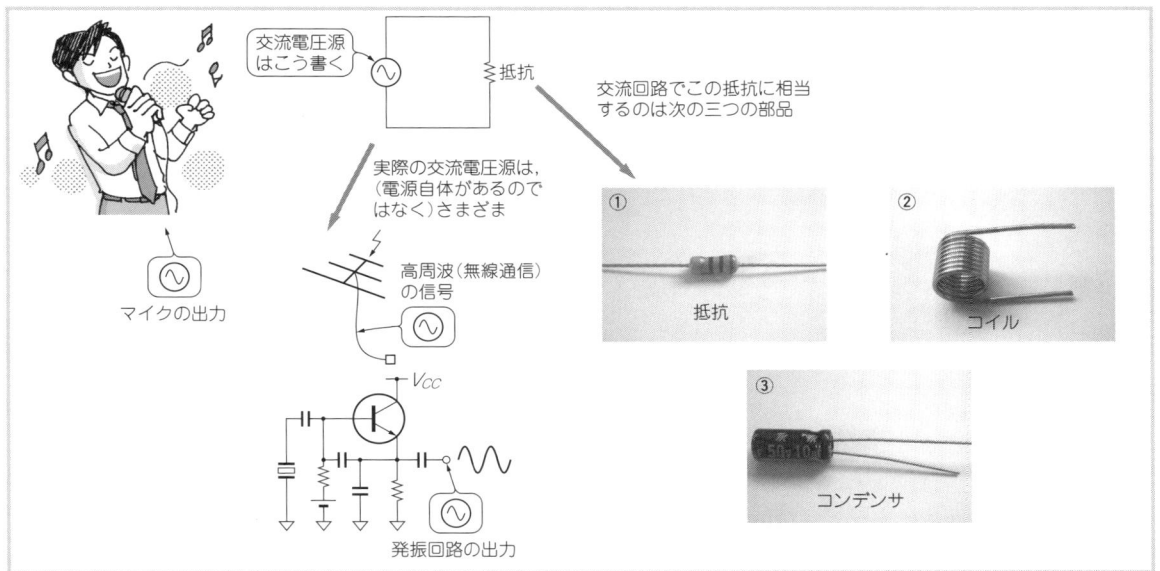

図2-5 電子回路を交流回路としたとき，電圧源は信号源，抵抗は抵抗/コイル/コンデンサ
電子回路での交流回路はオーディオ信号源，発振回路出力，高周波（無線通信）信号など．取り扱う回路に入力される信号（つまり交流波）が交流電圧源．

交流信号）が，ここでいうところの交流電圧源になります．

また同図のように，抵抗/コイル/コンデンサが，交流回路における抵抗に相当するもので，次の章で説明する「インピーダンス」になるものです．

2-2 交流もオームの法則で制することができる

ここでは交流の概念を説明しながら，オームの法則を交流に適用してみます．これは引き続き次の章で説明する，（交流での抵抗量である）インピーダンスに深く関係していきます．

インピーダンスでさえもオームの法則で制することができるのですが，それにはもう少し詳しい説明が必要です．そのためインピーダンスは次の章に譲るとして，ここでは交流とオームの法則との関係をまず理解するために，話題を**直流のときに考える抵抗成分**だけに制限しておきます．

● 交流回路は直流と同じようにオームの法則で計算できる

ここまでの説明のとおり，もろもろの電子回路の，ほぼすべては交流回路です．社会人フレッシャーズや回路設計初心者として，これから向き合う電子回路が，

図2-6 オームの法則で回路のほとんどを制することができる
敷居が高いように感じる電子回路/交流回路だけれども，オームの法則で制せると気がつけば「ものおじせずに…」と思うのではないだろうか．

その交流回路なわけです．

なんとなく敷居が高いように感じる交流回路ですが，実はかなりの部分をオームの法則で制することができるのです（**図2-6**）．それに気づけば「ものおじせずに，回路と向き合ってみるか」とも思うのではないでしょうか．

交流回路とオームの法則が関係することを，非常に基本的な考え方から見てみましょう．

▶ 瞬間瞬間の電圧と電流を考え，オームの法則との関

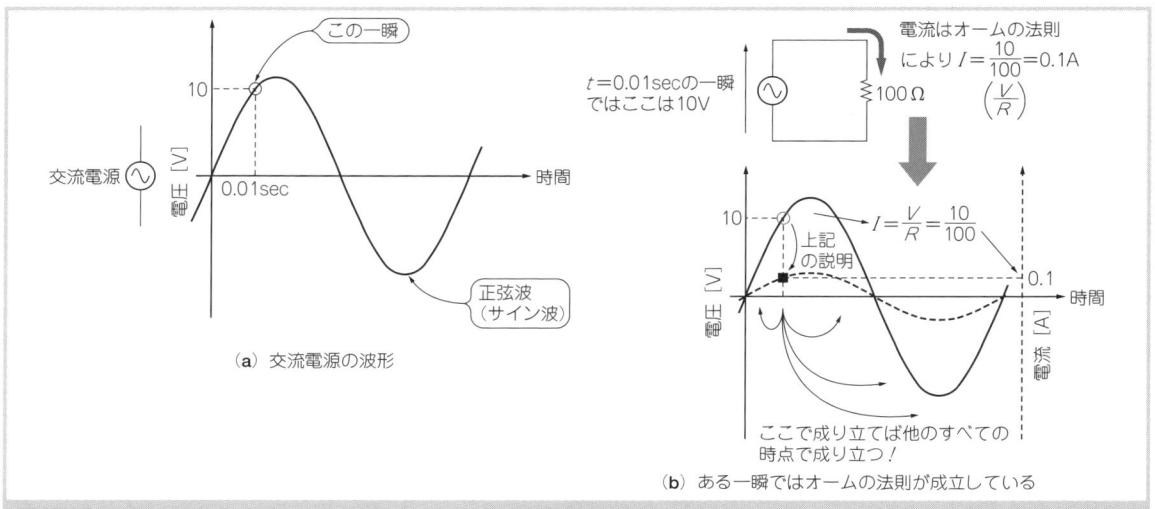

図2-7 交流波形をある一瞬について考えてオームの法則を適用してみる
ある一瞬（ここでは $t = 0.01$ sec）の交流電圧の，「瞬間」電圧を10Vとする．この瞬間100Ωの抵抗には0.1Aの電流が流れる．瞬間瞬間はオームの法則で考えられる．交流信号はこの瞬間瞬間の電圧が時間で変化し，それがつながったもの．

係を直感的に理解する

図2-7(a)は，時間によって電圧の大きさが変化する交流電源の波形です．波形形状は正弦波（サイン波）です．このとき，ある一瞬の状態を考えてみます．

図のように，ある時間（ここでは $t = 0.01$ sec）の一瞬で，このときの交流電圧の「この瞬間の」電圧を10Vとします．図2-7(b)のように，この電源に100Ωの抵抗が接続されていたら，この一瞬ではオームの法則で0.1Aの電流が流れていることになりますね．

この瞬間瞬間の電圧／電流／抵抗の関係は，オームの

コラム2-1 交流信号…ときたら，まず正弦波をイメージしよう

実際にはオーディオ回路やビデオ回路などは，図2-Aのように取り扱う周波数帯域の下限から上限の比率が大きく，単純な「電流の流れが行ったり来たり」する流れとは一部異なる波形になっています．

このあたりの話は難しくなるので，回路理論理解のはじめの一歩である今の段階では，考えないでおきましょう．

ここでは，まず単純な正弦波での考え方を理解しておきましょう．しかし，このような複雑な波形の回路の場合でも，実は基本的な考え方は同じでよいのです．少しずつ考え方を拡張していけばよいだけのことですから．

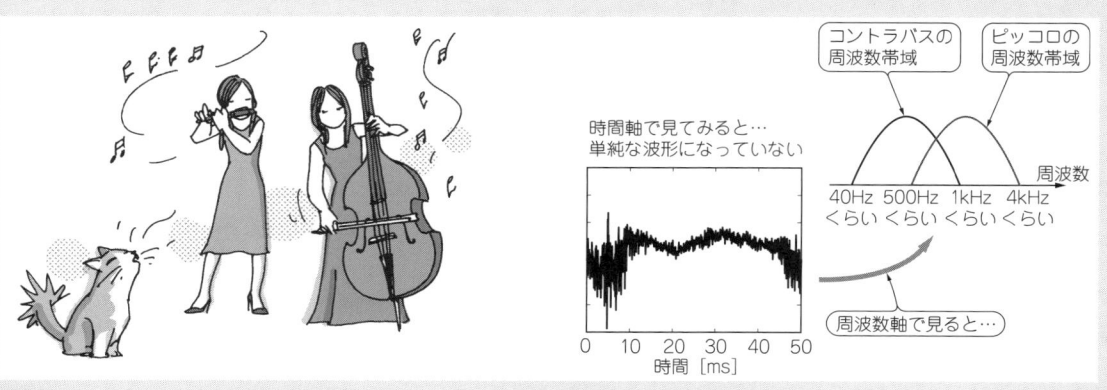

図2-A オーディオ回路は周波数帯域の下限から上限の比率が大きく単純な波形になっていない
ビデオ回路なども同様に複雑な波形．しかしこのような複雑な波形を取り扱う回路でも，単純な正弦波をベースとして考えていけばよい．少しずつ拡張するだけのこと．

法則で考えられるわけです．

交流回路はこの瞬間瞬間の電圧の大きさが時間と共に変化するわけです．それぞれの瞬間では，電圧/電流/抵抗の関係がオームの法則で成り立っていることにより，結果的にこの図のように交流電圧の波形すべての時点でオームの法則が成り立つことがわかると思います．

2-3 交流回路を実効値で計算すれば直流と同じ

「瞬間ではオームの法則が成り立つ」ことはわかりました．しかし交流電圧メータで交流の大きさを読むには，瞬間の値を示すことはできません．瞬間瞬間の全体を合計した全体量として「メータで読むときの交流の大きさ」を考える必要があります．このとき，直流と交流の間でつじつまを合わせるのが「実効値」（RMS；Root Mean Square）です．

図2-8のように，正弦波の交流電圧の電圧ピーク値を V_p[V]とすると，実効値 V[V]は，

$$V = \frac{V_p}{\sqrt{2}} \quad \cdots\cdots\cdots\cdots\cdots\cdots\cdots (2-1)$$

となります．正弦波なので $1/\sqrt{2}$ になります．交流回路ではほとんどの場合，この実効値で計算を進めます．
▶実効値は電力量を直流と同じ大きさで扱えるようにするために用いられる

「正弦波である交流の大きさを表すだけなら，図2-8をピークか平均レベルで表せば良いのではないか？」という疑問はしごく当然です．

交流回路の電圧/電流の関係を考えるだけであれば，電圧ピーク値でも平均電圧でもかまいません．

実効値で考える理由は，電力（$P = IV$）の計算も含めて考える場合に，**直流回路とまったく同じに**オームの法則を用いて取り扱うことができるからなのです．これについては節をあらためてもう少し詳しく見ていきましょう．

2-4 なぜ実効値が必要なのだろう

●最初に直流で電力について考えてみる

1秒間にどれだけ仕事（事務仕事や肉体労働ではなく，「どれだけエネルギーが使われるか」のこと）をしたかを示す量として「仕事率」というものがあります．

電圧，電流の世界でも，「1秒間にどれだけの仕事をするか」という仕事率と同じような量（実際問題は仕事率そのものだが）があり，これを電力（単位はワット[W]）と言います．電力 P は電流と電圧の掛け算で，

$$P = IV \quad \cdots\cdots\cdots\cdots\cdots\cdots\cdots (2-2)$$

と示します．ここで，I は電流（単位はアンペア[A]），V は電圧（単位はボルト[V]）です．

これをポンプとパイプ（それも電圧量/電流量が時間で変化しない直流）で考えてみます．あらためて図2-2を見てください．電圧はポンプの力（圧力）に相当し，電流はパイプを1秒間に流れる水量に相当します．例えばこのパイプを水車に置き換えてみると，水圧と水量に比例して，水車に力が生じます．力により「仕事」が生じるわけです．

これをこのまま電流と電圧に置き換えてみれば「電力」，つまり電気の力（1秒間の仕事=仕事率）になることがわかると思います．図2-9のように電圧源からは式(2-2)に相当する量の電力が発生し，抵抗では同じ量の電力が消費され，結果として熱が生じます．

コラム1-1でも説明しましたが，ここで電圧/電流

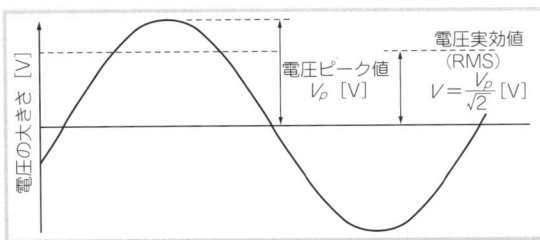

図2-8 正弦波の交流電圧の電圧ピーク値 V_p と電圧実効値 V
交流電圧の実効値はピーク値の $1/\sqrt{2}$ になる．交流回路ではほとんどの場合この実効値で計算を進める．

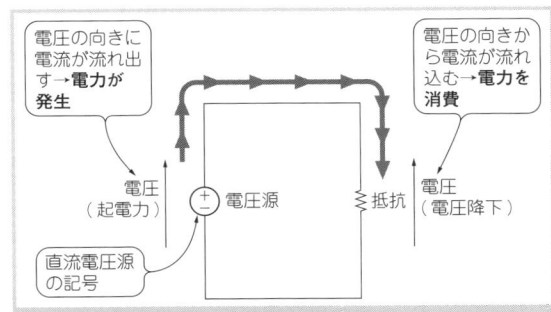

図2-9 電圧源からは電力が発生し，抵抗では電力が消費されて熱になる
電圧/電流の向きと電力の発生/消費をよく理解しておこう．電圧源では電圧（起電力）の向きに電流が流れ出し，抵抗では電圧（電圧降下）の向きから電流が流れ込む．

の向きと電力の発生/消費の定義をきちんと考えておきましょう．図2-9のように電力が発生する電圧源では，電圧(起電力)の向きに電流が流れ出し，電力を消費する抵抗では，電圧(電圧降下)の向きから電流が流れ込みます．

● 交流の電力と直流の電力を同じく扱えるように実効値が決められた

先ほどまでは直流で電力を考えてきました．それでは，この節の本題である交流の電力について考えてみます．ここでは2-3節で示した「交流は実効値で考える」理由について説明します．

例えば図2-10のように，直流電圧源と交流電圧源が切り替えられて，ある抵抗(図では100 Ωとしてある)に，10 Vの直流電圧が加わり，直流電流が流れているとします．

直流電圧源が10 Vだとすると，電流は，

$$I = \frac{V}{R} = \frac{10\text{ V}}{100\text{ Ω}} = 0.1\text{ A}$$

で，電力は，

$$P = IV = 0.1\text{ A} \times 10\text{ V} = 1\text{ W}$$

になります．交流電圧源に切り替えた場合に，直流と

コラム2-2　電圧の表しかたいろいろ

先輩から「信号発生器の出力レベルを2Vで出してね」と言われたら，この意味をよく考えて的確に作業することです．なお，「実効値ですか，ピーク値ですか？　それともP-P値ですか？」と確認として聞いてもいいです．しっかりしてる奴だと，プラス・ポイントに思われることでしょう(図2-B)．

逆に「2Vまで動く回路でいいよ」と言われても，実効値での2Vは，ピークで3V近くまで波形が変化します(図2-8)．このこともよく気を付けておかないと，このピーク・レベルまで応答できない回路を作ってしまうという失敗もやりかねませんので，注意してください．

図2-B　先輩の指示をよく理解して作業しよう
わからないときは素直に先輩に聞いてみよう(聞くは一時の恥)．しかしやみくもに聞くのではなく，自分で調べたり勉強したりしながら，知識をつけていくことも大切．

同じ1Wの電力を発生させる電圧/電流の大きさを定義するものが「実効値」なのです．実効値を用いることで，交流での電力量を，直流と同じ大きさで扱えるようになります．

あらためて言いますが，実効値$V[\mathrm{V}]$は，図2-8のように正弦波の交流電圧の電圧ピーク値を$V_p[\mathrm{V}]$とすると，式(2-1)のように係数が$1/\sqrt{2}$になります．波形が正弦波なので$1/\sqrt{2}$であり，別の形状の波形（例えば三角波など）では$1/\sqrt{2}$にはなりません．これらの数学的理由は高度になるので本書では詳しく説明しません．興味ある方は他の回路理論の書籍を参考にされることをお勧めします．

2-5 測定や実験で交流と実効値を体感してみよう

● 実際の実効値と電圧ピーク値とを測定してみる

それでは，交流電圧計とオシロスコープを使って，交流電圧の実効値とピーク値を測定してみましょう．

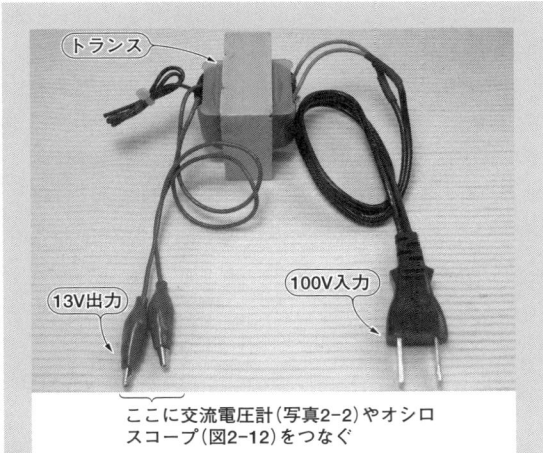

写真2-1 トランスで電圧を変換する実験装置のようす
トランスは商用電源の100Vから低い交流電圧を作るために電圧変換する素子（他の用途もある）．電子回路で直流電圧を作る際にも良く用いられる．

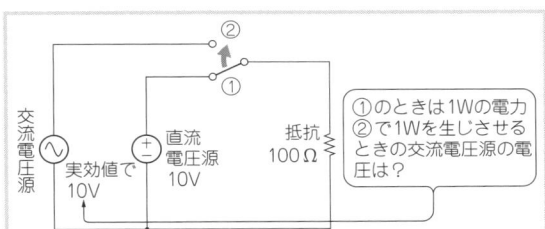

図2-10 ある抵抗に直流電圧源と交流電圧源が切り替えられて電圧が加わり，電流が供給されているが，それぞれで同じ電力を発生させることを考える
交流電圧源に切り替えた場合，抵抗に直流と同じ電力を発生させる電圧/電流の大きさを実効値と定義する．実効値だと交流での電力量を直流と同じ大きさで扱える．

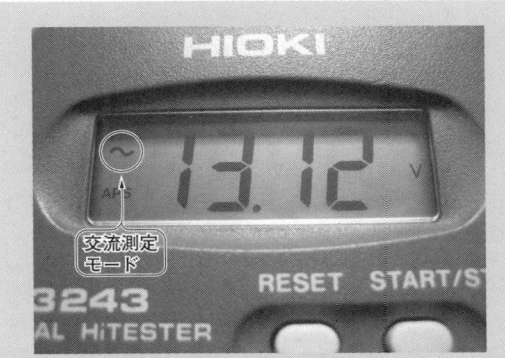

写真2-2 実効値表示の交流電圧計で測定された電圧値
一般的な交流電圧測定器は実効値を表示する．ここでは13.12Vになっている．

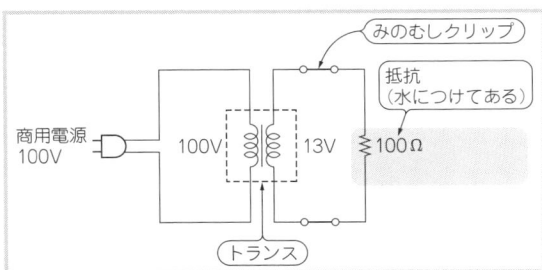

図2-11 13Vの交流電圧を作るためトランスで商用電源の100Vから13Vに変換する
電圧を低くすることで実験がしやすくなる．また本文で説明するように高い電圧でこのような実験をするととても危険だからでもある．

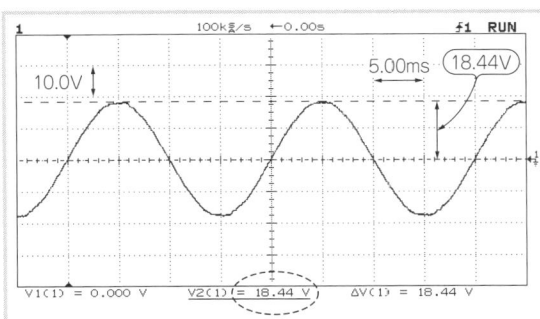

図2-12 実効値表示の交流電圧計で13.12Vと測定された電圧信号の波形をオシロスコープで観測すると…
測定すると電圧ピーク値は約18.44Vで実効値13Vの大体$\sqrt{2}$倍になっている（ここでぴったり$\sqrt{2}$倍でないのは測定誤差や波形形状が原因）．

図2-11のように，50 Hz（中部以西は60 Hz）の商用電源の100 Vから13 Vの交流電圧を作るため，トランスという電子部品を使って電圧を変換しています（**写真2-1**，手持ちのトランスで実験したため中途半端な電圧になっている）．

この電圧を，まず交流電圧計で測定してみましょう．交流電圧計は実効値で表示します．**写真2-2**のように，13.12 Vを示しています．

次に，この電圧をオシロスコープで測定してみましょう．これが**図2-12**です．**図2-8**と同じように電圧のピーク値は約 18.44 Vと，実効値13 Vのだいたい$\sqrt{2}$倍になっています（ここではぴったり$\sqrt{2}$倍になっていないが，これは測定誤差や波形形状が原因）．

▶直流電圧メータで測定するとどうなるか

それでは，この実効値13 Vの交流電圧を直流電圧計で測定してみましょう．結果が**写真2-3**です．交流は平均すればゼロになりますから，直流メータではゼロを示してしまうことがわかります．しかし，メータの応答速度が速いので，実際には50 Hzの変化に反応して高速に振れています．

なお**写真2-3**の実験で，電圧計の指示値がいくらゼロを示すといっても，瞬間瞬間では高い電圧になっています．そのため，**この実験をむやみに行わないようにしてください．**

● 電力の大きさを発熱で実験する

写真2-4と**写真2-5**の実験では抵抗と端子が直接水につけられていますが，20 V程度を越える高い電圧では**危険なので同じように実験しないようにしてください**（水は電気を通すため）．

▶電圧実効値13 Vの交流を100 Ωの抵抗に加える

まず，ここまで考えてきた電圧実効値13 Vの交流電圧を100 Ωの抵抗に加えてみます．ここでは「実効値」で計算して考えます．このとき流れる電流は，

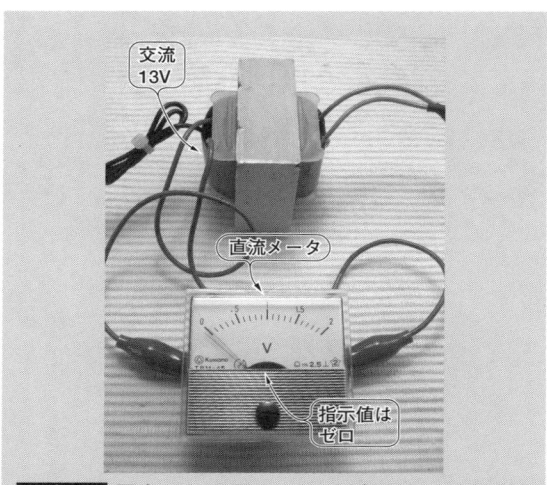

写真2-3 写真2-2や図2-12で測定した13 Vの交流電圧を直流電圧計で測定すると指示値はゼロになる
直流メータは50 Hzに反応しているが，針がその変化に追従できない．安易に実験しないように注意すること．

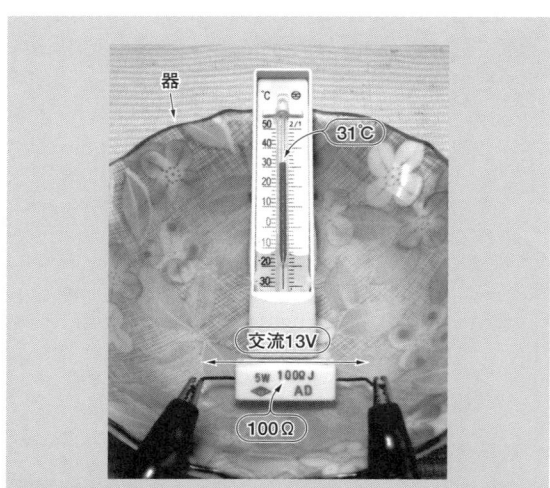

写真2-4 電圧実効値13 Vの交流電圧を100 Ωの抵抗に加えると電力が消費されて熱になる
抵抗で1.7 Wの電力が消費され熱になる．これにより皿の中の水は温度が31 ℃で安定になった．

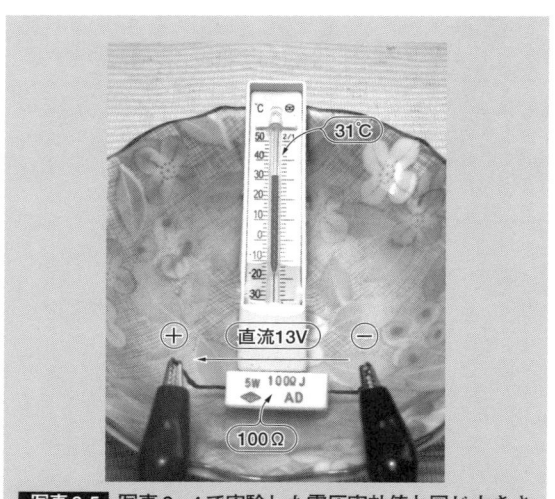

写真2-5 写真2-4で実験した電圧実効値と同じ大きさの直流電圧を加える
交流の電圧実効値と同じ大きさの直流電圧13 Vを抵抗に加えてみる．器に貯めた水の温度上昇は同じであり，同じ電力だということがわかる．

$$I = \frac{V}{R} = \frac{13}{100} ≒ 0.13 \text{ A}$$

電力は,

$$P = IV = 0.13 \text{ A} \times 13 \text{ V} = 1.7 \text{ W}$$

と計算でき，この100Ωの抵抗では1.7 Wの電力が消費されて熱になります．これにより**写真2-4**のように，皿の中の水は温度が31℃で安定になりました．

▶直流電圧13 Vを100Ωの抵抗に加える

次に，先の交流の電圧実効値と同じ大きさの直流電圧13 Vを，100Ωの抵抗に加えてみましょう．このときも電力は$P = IV$より，

$$P = 0.13 \text{ A} \times 13 \text{ V} = 1.7 \text{ W}$$

と計算できます．**写真2-5**に実験結果を示します．皿の中の水は温度が31℃で安定しています．**写真2-4**で実験した条件と周囲温度も含めて同じですから，交流の場合と同じ電力量だということがわかりますね．

●まとめ

このように交流回路でも，実効値を用いて計算すればオームの法則というツールで制することができることがわかりました．

しかしここまでは，直流でも考えた抵抗のみに話を制限しておきました．いよいよ次の章で，交流での抵抗量をすべて表すことのできる「インピーダンス」を作り出す3要素（抵抗/コイル/コンデンサ）について踏み込み，インピーダンスとは何かを解明してみます．この先もまだオームの法則は健在です．

第2章のキーワード解説

①インピーダンス

次の章で詳しく説明するが，交流での抵抗量のこと．抵抗，コイル，コンデンサがインピーダンスを生じさせる素子．インピーダンスにおいてもオームの法則が成り立つ．

②熱・熱量

物理の授業で習った「仕事」により生じるエネルギー．電気回路の場合には損失により熱が生じる．熱量自体は単位はジュール[J]であり，電力に時間をかけたものになる．現在はジュールで単位表記が統一されていて，1カロリーは約4.2 Jである．

③電力

「1秒間にどれだけの仕事をするか」という量．仕事率と同じ．1秒間で1 Jの熱を発生させる量．単位はワット[W]である．

④正弦波

自然界で一番基本的な波形形状ともいえる．数学の授業で習ったサイン関数がそのまま波形の形状になっている．電気/電子，波動などの物理学やその他の分野でもよく用いられるもの．用いられるというより，一番基本的な波形．

⑤水

不純物の入っていない純水の場合は電気を通さないが，身の回りの水は不純物がイオン化しているので電気を通す．テスタの測定用端子を水の中に入れて表示値を見てみると結構おもしろい．

⑥トランス

電圧の大きさを変換させる部品．電子部品以外でも強電の分野（たとえば電柱の柱上トランスもそう）で用いられる．電気回路か電子回路かに関わらず用いられる部品．

⑦位相

以後の章で詳しく説明するが，正弦波の振動の時間的なずれ，遅れのこと．

⑧ピーク値

振幅の中心（ゼロ・レベル）からピークまでの大きさのこと．

⑨P-P値

振幅のプラス・ピークからマイナス・ピーク間の大きさ．ピーク・ツー・ピーク（Peak to Peak）とも呼ぶ．

⑩コイル

導体をぐるぐると巻いた構造の部品．直流では電流が素通しになり，交流だと周波数が高くなるのに反比例して電流を徐々に通さなくなる．

⑪コンデンサ

平面板を2枚向かい合わせた構造の部品．直流ではまったく電流を通さず，交流だと周波数に比例して電流を徐々に通すようになる．

第3章
ツール1 オームの法則

流れに影響する抵抗，コンデンサ，コイルと電圧・電流を関係付ける
「抵抗/インピーダンス/リアクタンス」のトリオは電流を妨げる

　インピーダンスは交流での抵抗量で，抵抗と同じく電流の流れを妨げるものです．「はて？ 何が違うの？」と思うでしょうが，一つ一つ紐解いていきましょう．まずは「抵抗と関連している量である」という理解でOKです．
　インピーダンスはプロの回路設計現場では絶対に知っておくべき知識です．この概念（実際は以降の章で説明する位相と複素数も含む）を理解していないと，まともな回路設計ができません．「電子回路シミュレータを使えばいい」と言う人もいますが，実際には回路がどのように動いているかを直感的に考えられないと（回路理論がわからないと），シミュレータは意味をなしません．
　本章では話題をインピーダンスについて踏み込み，その一要素であるリアクタンスについて交流の概念を踏まえたうえで詳しく説明します．ここでも実用ツール1のオームの法則は健在なのです．

3-1 交流で電流を妨げる要素について理解する

　まず図3-1に，本章の説明の順序と相互関係を示します．内容が少し入り組んでいますので，この図で話のあらすじと相互関係をまずつかんでください．

● 語源からインピーダンスを考えてみよう
　交流での抵抗量「インピーダンス（impedance）」は英語の"impede"という単語（「妨げる，妨害する」という意味の動詞）からきており，impede + ance（名詞化する接尾語）と，複合名詞化したものです．
　抵抗（量）も英語では「レジスタンス（resistance）」と言い，動詞の"resist"（「抵抗する」）がresist + ance（接尾語）と複合し，名詞化したものです．

▶ 流れを妨げる要素が直流とは異なっている
　かたや「妨げるもの」，かたや「抵抗するもの」で

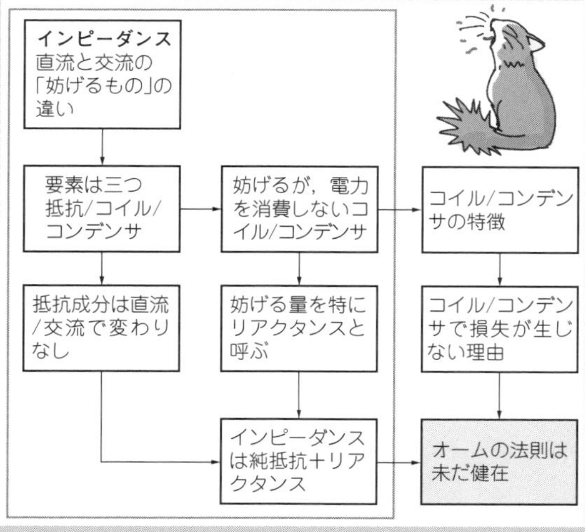

図3-2 どちらも「流れにくくする大きさ」のことだったら同じではないか
交流における電流を妨げる（"impede"する）成分は，直流での抵抗より少し複雑な（異なる）振る舞いをするから明確に区別したいため用語を分けている．

図3-1 本章でインピーダンスを説明していくフロー図
説明するには意外とやっかいなインピーダンス．説明が入り組んでいるので，まずはあらすじと相互関係をつかんでほしい．

第1部 抵抗とインピーダンス

すから，ほとんど意味としては同じような気がします．なぜ直流/交流の抵抗量の違いを，用語も変えて明確にしたかったのでしょうか．同じ「通さないもの」という意味なら，同じ単語を使っても良いと思いますね．

それは交流における電流の流れを妨げる（impedeする）成分は，直流での抵抗より少し複雑な（異なる）ふるまいをするから，明確に区別したいために用語を分けたのです（図3-2）．

● 交流で電流を妨げる3要素を理解しよう

impedeする，つまり流れを妨げる要素に何があり，どのようにふるまうかを示してみましょう．少し難しい話が絡んでくるので，今の段階では「こういうものだ」とだけ理解してもらうために，特徴による理解を図るようにします（次章以降の位相と複素数で詳しく説明する）．

▶ 要素は三つ…抵抗とコイルとコンデンサ

交流で電流を妨げる要素は，抵抗とコイルとコンデンサの3要素（電子部品）だけです（図3-3）．

皆さんが実際の回路と向き合うと，「いろいろな素子が複雑に組み合わさっているし，素子一つをとっても想像を越える動きもするのではないか」と，回路/素子に対して不安感/恐怖感を感じるかもしれません．ところが実際はすべて「抵抗/コイル/コンデンサ」でモデル化できるのです（なおトランジスタなど能動素子のモデルは，上記3要素に電圧/電流駆動源が追加になる）．これだけなのです！

▶ 抵抗成分は直流でも交流でもいつでも同じ

抵抗成分は，直流でも交流でも妨げる量はいつでも変わりません．そのため「純抵抗」と呼ばれます．

実際の抵抗の例を写真3-1に示します．種類がたくさんあるのは，周波数特性や許容電力など，それぞ

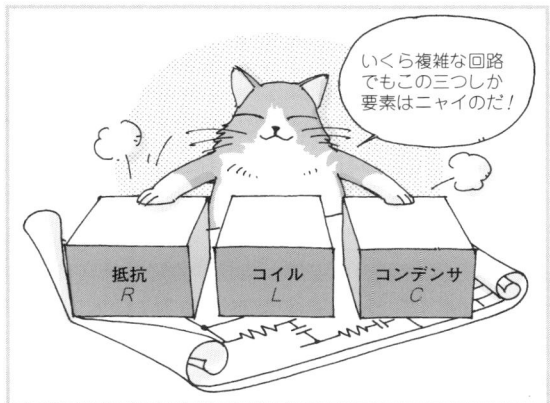

図3-3 交流で電流を妨げる要素は抵抗/コイル/コンデンサの3部品しかない

「いろんな素子ごとに想像を超える複雑な動きがあるのではないか」と回路/素子に対して思うかもしれない．ところが実際はすべて「抵抗/コイル/コンデンサ」でモデル化できる．

れ性能などの優劣があり，適材適所で使われるからです．純抵抗では直流でも交流でもまったく同じにオームの法則（$V = IR$）が当てはまります．

● インピーダンスは純抵抗成分とリアクタンス成分から成り立っている

ここまでで，インピーダンスは交流での抵抗量に相当し，その妨げる要素は抵抗/コイル/コンデンサの三つだと説明してきました．そして純抵抗成分は直流/交流に関わりなく，いつでも一緒ということも示しました．この純抵抗では，第2章の説明のように，電力が消費され熱が生じることもポイントです．

引き続き，もうひとつの成分「リアクタンス成分」を説明していきましょう．

▶ コイル/コンデンサは交流を妨げるが電力を消費しない

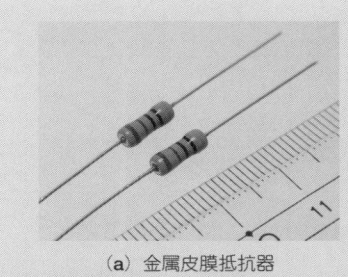

(a) 金属皮膜抵抗器

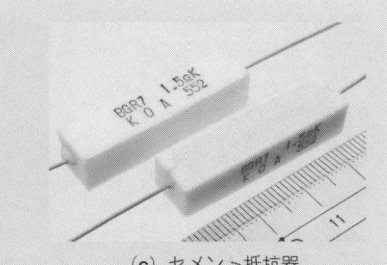

(b) チップ抵抗器　　　(c) セメント抵抗器

写真3-1 直流/交流でもまったく同じように妨げる量を示す抵抗の例

純抵抗と呼ばれ直流でも交流でも妨げる量は変わらない．種類がたくさんあるのは，周波数特性・許容電力などそれぞれ性能などの優劣があり，適材適所で使われるから．

3-1 交流で電流を妨げる要素について理解する

純抵抗と同様に，コイル/コンデンサも電流を妨げますが，これらは「なんと！」素子内部で電力を（純抵抗のように）消費しません．「そんなことあるの？」という理由は後で説明します．

「電力を消費する/消費しない」という観点で三つの素子を見てみると，**表3-1**のように電流を妨げる要素（つまりインピーダンス）を区分することができます．
▶コイル/コンデンサの妨げる量は特にリアクタンスと呼ばれるインピーダンスの一要素

表3-1のうち，電力消費（以降「損失が生じる」と呼ぶ）がなく電流を妨げる量を，インピーダンス量の一成分として，特に「**リアクタンス（reactance）**」と言います．これも動詞の"react"（「反応する，反抗/反発する」）がreact + ance（接尾語）と複合し，名詞化したものです．

抵抗とインピーダンスを区別したように，ここでもインピーダンスのうち「損失が生じないが電流を妨げる量」を，リアクタンスとして明確に区別しています．
▶インピーダンスは純抵抗量とリアクタンス量の合成

以下の説明が本章の結論のようなものですが，結局インピーダンスは，純抵抗量とリアクタンス量を合成したものです（**図3-4**）．つまり，

　　インピーダンス量
　　　＝純抵抗量（成分）＋リアクタンス量（成分）

となります．足し算で書いていますが，実際は「別の量」であるため，別々に考える必要があり，単純な足し算というわけにはいきません（次章以降に示す位相と複素数の考え方が必要）．

3-2 リアクタンスを生じる素子…コイル/コンデンサ

先に説明したように，コイル/コンデンサは電流を妨げます．その妨げる量はインピーダンスのなかでも損失が生じない量として「リアクタンス」と呼ばれます．ここではリアクタンスの特徴について説明していきましょう．

● コイルは周波数に応じてリアクタンス成分が大きくなる

コイルの例を**図3-5**に示します．コイルに電圧を加えると，直流と交流で（それも周波数に応じて）流れ

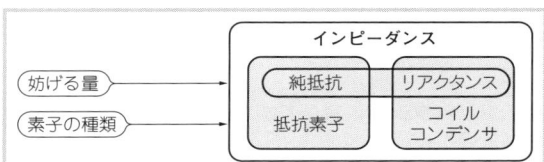

図3-4 純抵抗とリアクタンスとインピーダンスの関係
インピーダンスは純抵抗量とリアクタンス量を合成したもので，インピーダンス量＝純抵抗量（成分）＋リアクタンス量（成分）．ただし単純な足し算ではない．

表3-1 それぞれの素子を電力消費する/消費しないという観点で見る
電流を妨げる要素…インピーダンスはさらに区分できる．電力は消費しないが電流を妨げる量を特にリアクタンスと呼ぶ．リアクタンスはこれ以降の重要項目．

交流で電流を妨げる量	インピーダンス	
妨げる量の特徴	妨げることで電力を消費する	妨げても電力を消費しない
対応する素子	抵抗	コイル/コンデンサ
妨げる量の呼び方	純抵抗成分	リアクタンス成分

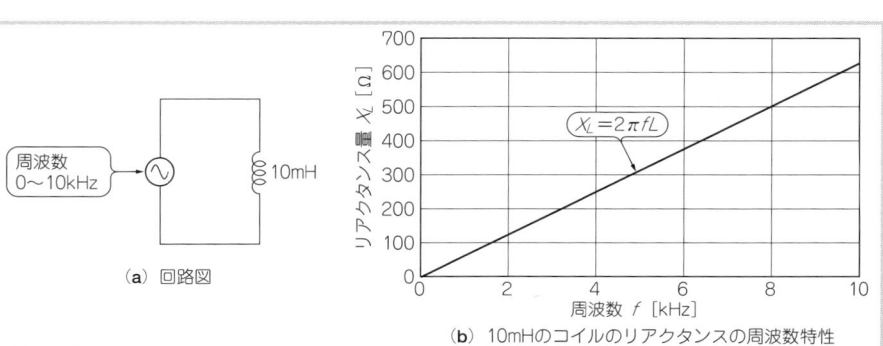

図3-5 コイルでの妨げる量（リアクタンス量）が直流〜交流と周波数に応じて大きくなっていくようす
コイルのリアクタンス量（抵抗に相当する妨げる量）は $X_L = 2\pi f L$ であり，周波数に正比例して大きくなる．

(a) 回路図
(b) 10mHのコイルのリアクタンスの周波数特性

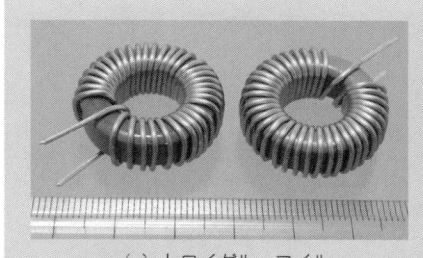

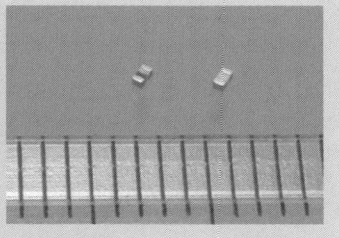

(a) トロイダル・コイル　　(b) 表面実装インダクタ(電源回路用)　　(c) 表面実装インダクタ(高周波用)

写真3-2 直流で素通しで，交流で周波数に従い徐々に電流を妨げる量が増えるコイルの例
コイルは導体をぐるぐると巻いただけのもの．インダクタとも呼ばれる．ただの導体だから直流で電流が素通し．それが周波数に比例して徐々に電流を妨げる(リアクタンスが大きくなる)．実用では許容電流に注意．

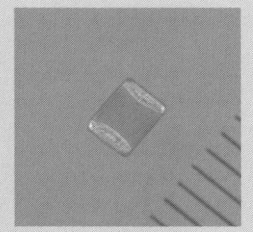

(a) 電解コンデンサ　　(b) 表面実装セラミック・コンデンサ　　(c) フィルム・コンデンサ

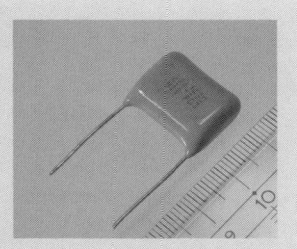

写真3-3 直流はまったく通さず，交流で周波数に従い徐々に妨げる量が低下するコンデンサの例
コンデンサは本当に種類が多く，適材適所がはっきりしている．実用では最大耐電圧に特に注意すること．十分なマージンを取って使用すること．

る電流量が変化します．コイルのリアクタンス量(抵抗に相当する妨げる量)X_Lは，次の式で表されます．

$$X_L = 2\pi f L \cdots\cdots\cdots\cdots\cdots\cdots(3-1)$$

ここで，πは円周率(3.1415…)，fは周波数(単位はヘルツ[Hz])，Lはコイルの大きさ(物理的な大きさではなくコイル自体の性能的な要素のこと…インダクタンスと呼ぶ．単位はヘンリ[H])です．

X_Lという表記は「コイルのリアクタンス量」として一般的に用いられる記号です(リアクタンスはXが用いられる)．ここでわかるのは下記のようなことです(図3-5も参照)．

- 直流つまり$f = 0$Hzだと，$X_L = 0$Ωになる(直流だと素通しになる)
- 交流だとX_Lは周波数に比例して大きくなる

写真3-2を見てもわかるように，コイルは導体をぐるぐると巻いただけのものです．もともとはただの導体であることから，直流で電流が素通しになることもわかりますね．それが周波数がだんだん高くなると，周波数に応じて徐々に妨げるように(リアクタンスが大きく)なるのです．

●コンデンサは直流はまったく通さず，交流で周波数に応じてリアクタンス成分が小さくなる

コンデンサの例を写真3-3に，構造を図3-6に示します．コンデンサに電圧を加えると，直流と交流で(それも周波数で)流れる電流量が変化します．コンデンサのリアクタンス量X_Cは，次の式で表されます．

$$X_C = \frac{1}{2\pi f C} \cdots\cdots\cdots\cdots\cdots\cdots(3-2)$$

ここで，πは円周率，fは周波数，Cはコンデンサの大きさ(物理的な大きさではなくコンデンサ自体の性能的な要素のこと…容量と呼ぶ．単位はファラド[F])です．

X_Cという表記は「コンデンサのリアクタンス量」として一般的に用いられる記号です．ここでわかるのは下記のようなことです(図3-7も参照)．

- 直流つまり$f = 0$Hzだと$X_C = \infty$(無限大)になる(直流はまったく通さない)
- 交流だとX_Cは周波数に反比例して小さくなる

図3-6の構造を見てもわかるように，コンデンサは平面導体板を向かい合わせただけのものです．それ

3-2 リアクタンスを生じる素子…コイル/コンデンサ

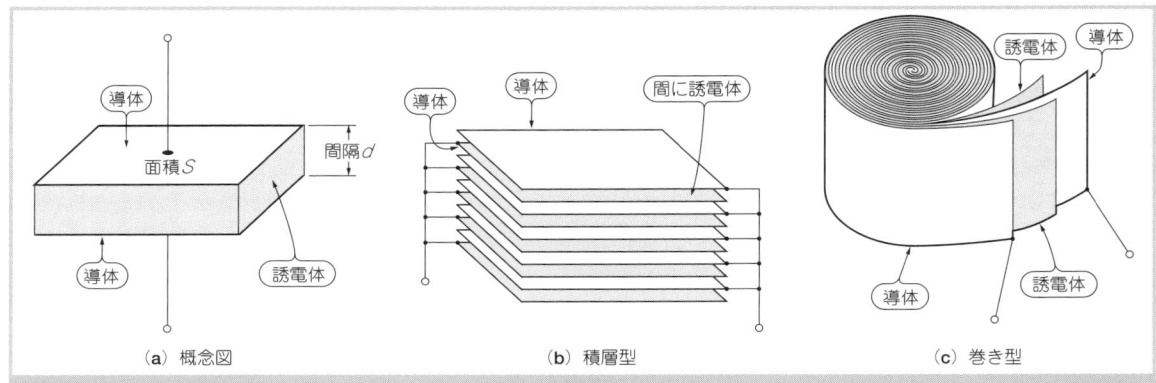

図3-6 コンデンサの構造
コンデンサは平面導体板を向かい合わせただけのもの．端子間は導体としてはつながっていない．誘電体が挟まれていないものもある．容量は面積Sと誘電体の誘電率に比例し，間隔dに反比例する．

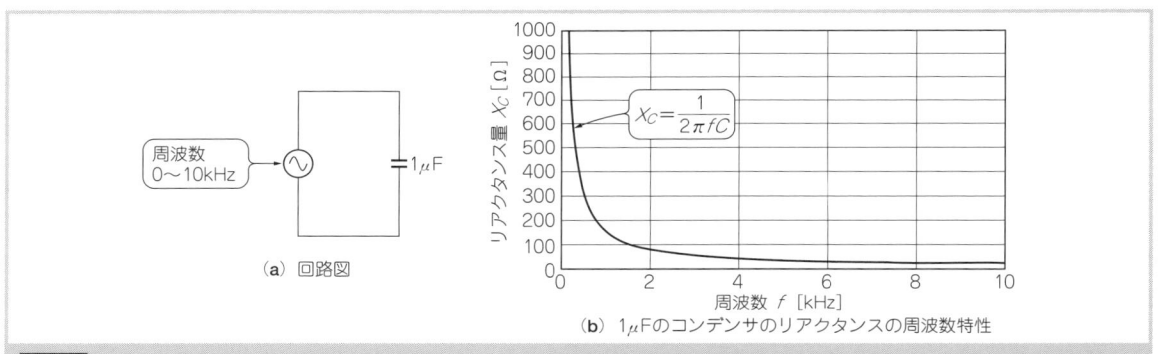

図3-7 コンデンサでの電流を妨げる量(リアクタンス量)が直流〜交流と周波数に応じて小さくなっていくようす
コンデンサのリアクタンス量は $X_C = 1/2\pi fC$ であり，周波数に反比例して小さくなる．そのためディジタル回路などでも高い周波数のノイズ・デカップリング用としても多用される．

それの端子間は導体としては繋がっていないので，直流ではまったく電流を通さないこともわかりますね．それが周波数が大きくなると，周波数に応じて徐々に電流を妨げなく(リアクタンスが小さく)なるのです．

● この節のまとめ

最後に大切なポイントを，いったんまとめておきましょう．ここで知っておくことは四つだけです．
(1) 直流だと X_L はゼロ
(2) 交流だと X_L は周波数に比例する(大きくなる)
(3) 直流だと X_C は無限大
(4) 交流だと X_C は周波数に反比例する(小さくなる)

3-3 なぜ抵抗は損失が生じ，コイル/コンデンサは損失が生じないのか

抵抗は抵抗内部で損失が生じ，損失は熱になります．「抵抗はエネルギーを食ってしまう」と言えるでしょう．一方でコイル/コンデンサは，説明したように電流は妨げますが，損失は生じません．その理由を簡単にわかりやすく説明します．

● 電圧/電流の向きと電力の発生/消費との関係

コラム1-1や2-4節でも定義しましたが，図3-8(図2-9再掲)のように電力が発生する電圧源では，電圧(起電力)の向きに電流が流れ出し，電力を消費する抵抗では，電圧(電圧降下)の向きから電流が流れ込みます．この考えをベースにして，コンデンサを例にして説明していきましょう．

● 短い時間でコンデンサは電力消費と電力発生を繰り返す

図3-9はコンデンサに加わる電圧とコンデンサに流れる電流の時間的な関係を示したものです．図3-10の抵抗の場合と異なり，電圧の最大点で電流はゼロになり，電圧がゼロのところで電流は最大になって

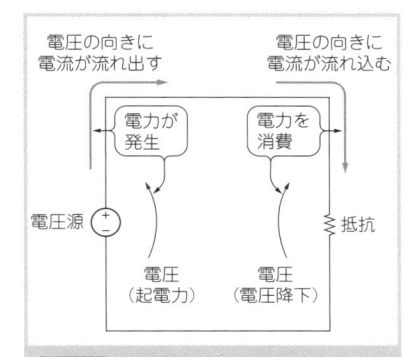

図3-8 電圧源からは電力が発生し，抵抗では電力が消費される

図2-9再掲．電力が発生する電圧源では電圧（起電力）の向きに電流が流れ出し，電力を消費する抵抗では電圧（電圧降下）の向きから電流が流れ込む．この考えをベースにして説明していく．

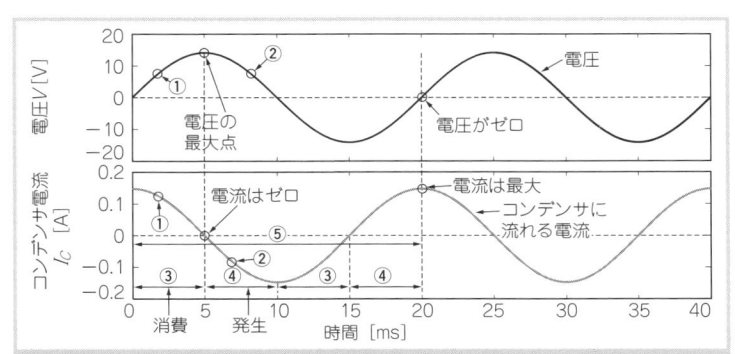

図3-9 コンデンサに加わる交流電圧 V と流れる電流 I_C との時間的な関係

①（③の範囲）では電圧の向きから電流が流れ込み，抵抗と同じ状態．②（④の範囲）では，電圧の向きに電流が流れ出し，電圧源と同じ状態．1周期では差し引きゼロ（周波数50 Hz，容量33 μF，電圧実効値10 V，電流実効値0.10 A）．

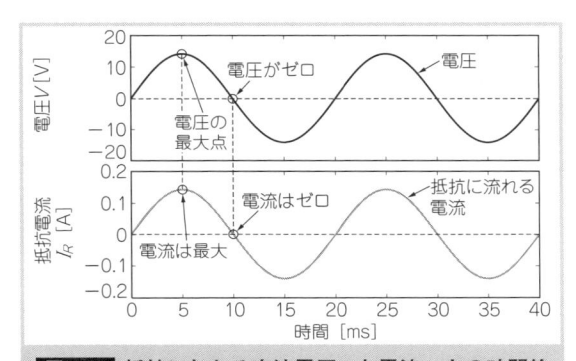

図3-10 抵抗に加わる交流電圧 V と電流 I_R との時間的な関係

電圧の最大点で電流も最大，電圧がゼロのところは電流もゼロになっている．いつでも電力を消費する（周波数50 Hz，抵抗100 Ω，電圧実効値10 V，電流実効値0.10 A）．

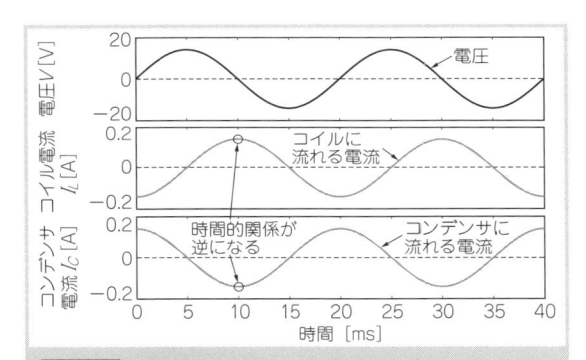

図3-11 交流電圧を加えたときのコイルとコンデンサの電流 I_L, I_C の時間的関係

コイルとコンデンサはそれぞれの電流 I_L, I_C と電圧 V との時間関係が逆になる．とはいえコイル内部に電流を貯蓄したり，それを引き出したりするのは同じ（電圧実効値10 V，リアクタンス $X_L = X_C = 100$ Ω，電流実効値0.10 Aとした）．

いることが特徴です．この**図3-9**では，**図3-10**の抵抗の場合に対して，

- ①のポイントでは，電圧の向きから電流が流れ込む（**図3-8**の電力を消費する抵抗と同じ状態）
- ②のポイントでは，電圧の向きに電流が流れ出す（**図3-8**の電力が発生する電圧源と同じ状態）

ということがわかります．①の瞬間は電力を消費しているように見え（全体では③の範囲．そのぶんを実は貯金しているのだが），②の瞬間で同じ量の電力を発生させています（全体では④の範囲．先ほどの貯金を使っている）．

つまり**図3-9**の⑤で示す1周期の全範囲では，消費量は差し引きゼロになることがわかりますね．結局コンデンサは，電流の流れを妨げつつも，コンデンサ内部に電流を貯蓄したり，それを引き出したりすることができ，交流ではそれが短い時間で繰り返されているのです．つまり**損失は生じません**．

なお，コイルの場合も同じなのですが，**図3-11**のようにコンデンサとは，それぞれの電流 I_L と I_C の，電圧 V との時間的な関係が逆になります．とはいえコイル内部に電流を貯蓄したり，それを引き出したりするのは同じです．

● それでもなお実用ツールのオームの法則は健在

直流と交流（さらに周波数に応じて）で流れる電流量が変わる（リアクタンス量が変わる）コイル/コンデン

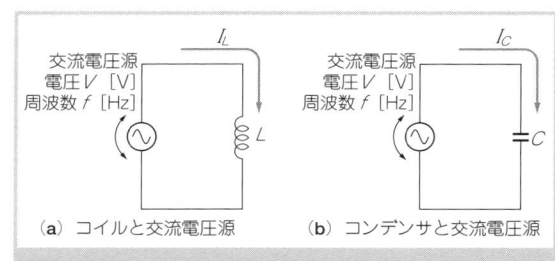

図3-12 コイルとコンデンサの回路
(a) コイルと交流電圧源
(b) コンデンサと交流電圧源

コイル/コンデンサに流れる電流を計算するには，リアクタンスを抵抗相当量としてオームの法則で計算すれば良い．

図3-13 コンデンサの容量の違いを風船に置き換えて考える
(a) 大きな風船は容量の大きいコンデンサ
(b) 小さな風船は容量の小さいコンデンサ

大きな風船なら1回に行き来する量は多く，小さな風船なら1回に行き来する量は少なくなる．また空気の量は減らない．このようすはコンデンサでも全く同じ．

さでも，オームの法則が使えます．

なお，**コラム3-1**のとおり，コイル（コンデンサ）と抵抗が直列や並列に接続されている場合のインピーダンス量にオームの法則を適用するのは，もう少し説明が必要なので，まだ考えないことにしておきます．

コイル/コンデンサに流れる電流を計算するには，リアクタンスを抵抗相当量としてオームの法則で計算すればよいのです．なお，式(3-1)と式(3-2)がそのリアクタンス量になりますが，周波数の変数 f があることに注意してください．

式(3-1)と式(3-2)のリアクタンス量から，**図3-12**の回路に流れる電流量 I_L，I_C を計算すると，

$$I_L = \frac{V}{X_L} = \frac{V}{2\pi f L} \quad \cdots\cdots(3-3)$$

$$I_C = \frac{V}{X_C} = V 2\pi f C \quad \cdots\cdots(3-4)$$

となります．2π と周波数 f が入ってきますが，計算としてはオームの法則そのままだとわかりますね（前節の最後でまとめた，それぞれの素子の周波数特性の特徴とも同じになっていることがわかる）．

▶貯蓄の話と妨げる話がつながらない（？）という人のための説明

「コイル/コンデンサが内部に電流を貯蓄できることはわかった．貯蓄できるのであれば，妨げるものは何も存在しないのではないか？」と感じるかもしれません．

コイル/コンデンサは貯蓄もします．電流も妨げます．これを感覚的に理解するには，**図3-13**のように大きな風船と小さな風船を考えてみてください．大きな風船は容量の大きいコンデンサ，小さな風船は容量

コラム3-1　インピーダンスにはもう少し深〜い話がある

本来，インピーダンスをきちんと理解したり，表現したり，回路設計に活用するには，「位相」の考えや意味合いを式として表現するための「複素数」という数学的表現を使う必要があります（第6章以降でもツール3として説明する）．

しかしこの時点では，それらを理解していないままを良しとして説明しています．

このように限定してしまうため，本章の説明としては，交流電源にはコイル/コンデンサ（リアクタンス成分）もしくは純抵抗（抵抗成分）「だけ」が接続されているものとしています．

たとえばコイル（コンデンサ）と抵抗が，直列や並列に接続されている場合は，この時点では考えないことにしています．実際の回路では，単独の素子のみで計算できる場合と，複数接続（直列/並列）で計算する両方のケースがあります．まずはここで基本を押さえておきましょう．

この直列/並列に接続されるインピーダンス量の考え方は，本書の以降の章での位相と複素数の説明の中で，別途示していきます．いずれにしても，

インピーダンス量＝純抵抗量＋リアクタンス量

です．ただし「位相」という別の量があるため，**単純な足し算ではありません．**

の小さいコンデンサです．

　風船に空気を吹き込めば空気が肺から風船に，緩めれば風船から肺に空気が…というように**空気の量は減ることなく**（つまり損失が生じることなく），肺と風船の間を行き来します．風船の中に空気が「貯蓄」されます．

　交流は「吹き込み，緩める行為を連続的に繰り返すこと」だと思ってください．**図3-13(a)** のように大きな風船なら1回に行き来する量は多く，同図(**b**)のように小さな風船なら1回に行き来する量は少なくなります．つまり，大きなコンデンサと小さなコンデンサに相当すると考えられます．それぞれ大小はありますが，空気の入りぐあいは防げられています．しかし，空気の量は減りません（損失が生じない）．

　この行き来する量が交流電流であり，電流量の大小がリアクタンスによって決まるわけです．

3-4 ロスの有無という視点でリアクタンスを考える

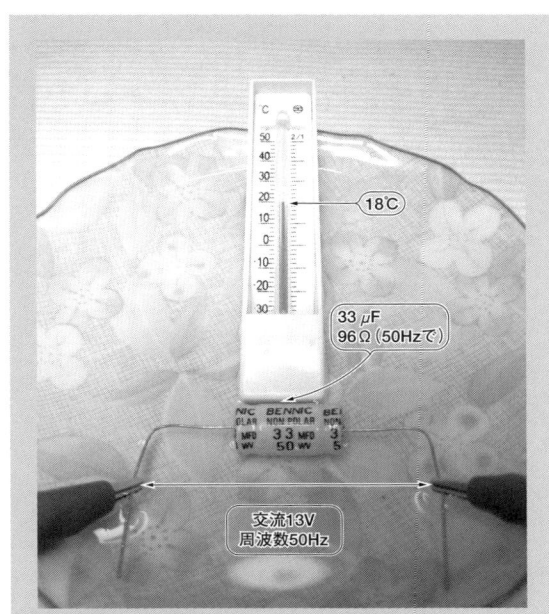

写真3-4 発熱実験でコンデンサが電力を消費しないことを確認する

皿の中の水の温度は周囲温度に近い18℃．コンデンサは発熱していないので，リアクタンスが96Ωでも電力消費がないことがわかる．ただ電流 は流れているので注意．

● コンデンサが電力を消費しないことを発熱実験で確認してみる

　写真3-4の実験では端子が直接水につけられていますが，20V程度を越える高い電圧では**危険なので同じように実験しないようにしてください**（普通の水は電気を通すため）．

　さて，33μFのコンデンサに50Hzの13V交流電圧を**写真3-4**のように加えてみます．リアクタンス

コラム3-2 部品を見るとインピーダンスを計算してしまう体に鍛える

　あまり情けない話をするのも問題がありますが，電子回路を設計する技術者のなかにも，基本的なインピーダンス（リアクタンス）さえ計算しない，できないという人も居るという話があります．これは電気/電子系の課程を出ていないけれども，たとえばソフトウェア設計をするうえで電子回路を触らなくてはならなくなった人とか，不勉強な人などがそれに当たるでしょう．

　皆さんが初めて電子回路設計に携わったり，社会人フレッシャーズとして設計開発の現場で働いていくうえで，たとえばディジタル回路のバイパス・コンデンサ，直流をカットするためのカップリング・コンデンサ…など，回路設計の基本中の基本のところで，インピーダンス（リアクタンス）の大きさを計算して求めておくことはとても大切です（**図3-A**）．

　単に電卓でポン！と計算するだけです．インピーダンスの大きさを知って，周りの回路の抵抗やインピーダンスの大きさと比較して，計算した素子がどの程度の役割を果たすかが推定できるのです．

　インピーダンスに関わらず，考える対象が大体どのくらいの大きさなのかを，きちんと数値的に把握して知っておくことは，回路設計において（いや，エンジニアリング全般において）非常に大切なアプローチでしょう．「闇雲」と「大体」の違いは…無限大です．

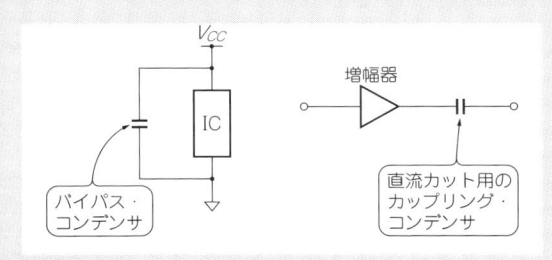

図3-A インピーダンス計算の使い方の例

X_C は，

$$X_C = \frac{1}{2\pi f C} = \frac{1}{2\pi \times 50 \times 33 \times 10^{-6}} = 96.46\ \Omega$$

と約96Ωです．このとき流れる電流は，

$$I = \frac{1}{X_c} = \frac{13}{96} \fallingdotseq 0.13\ \text{A}$$

になります．もし電力が生じるのであれば $P = IV$ より，

$$P = 0.13\ \text{A} \times 13\ \text{V} = 1.8\ \text{W}$$

と計算できるはずです．しかしここまでの説明のように，コンデンサは電力を消費しません．

写真3-4のように，皿の中の水の温度は，周囲温度に近い18℃のままになっています．つまりコンデンサは発熱していないので，電力消費がないことがわかります（電力消費はないが電流は流れていることに注意）．

●コンデンサの電圧と電流と時間のずれの関係を測定で確認してみる

図3-14はコンデンサに加わる電圧と，コンデンサに流れる電流を一緒にオシロスコープで表示させたものです．本来オシロスコープは電流をそのまま測定できませんが，電流プローブという電流-電圧変換装置を使って測定しています．

図のように電流がゼロのところで電圧が最大，電圧がゼロのところで電流が最大になっており，図3-9で示したことが実測でも確認できましたね．

実はこの「時間のずれ」は，次の章へつながる非常に重要なキーポイントなのです．

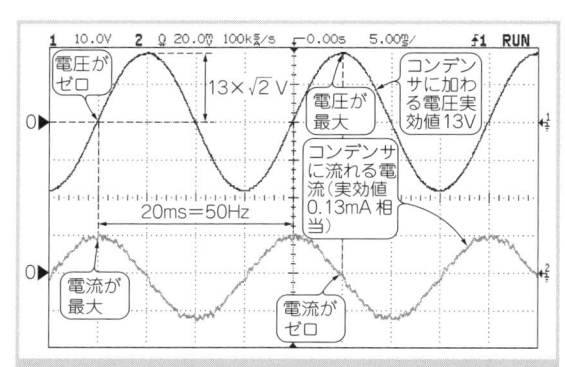

図3-14 コンデンサに加わる電圧と流れる電流を一緒に表示
実測でも同じく，電流がゼロのところで電圧が最大，電圧がゼロのところで電流が最大[V = 13 V（実効値），f = 50 Hz，C = 33 μF．電流波形がギザギザだが測定上によるもの]．

コラム3-3　違いがわかる，そして空気の読めるエンジニアになりたい

現場では「インピーダンス」という用語自体が，直流/交流に関わらず使われることが多いという点も要注意です．

本来は誤用ですが，回路の「入力抵抗/出力抵抗」の代わりに，「入力インピーダンス/出力インピーダンス」と言うことが現場ではよくあります．その言葉に含まれる意味合いは，直流から交流にわたっての抵抗量ということを伝えたいのですが，それがより拡大されて，どちらかというと直流抵抗の意図を伝えている場合も往々にしてあります（図3-B）．

「このOPアンプ回路の出力インピーダンスが何Ωだから…」と先輩に言われ，「インピーダンスは交流回路でのみ使われるものではありませんか？」と言って，苦笑いをされる可能性もあるので注意しましょう．技術論議は大事ですが，相手を見てから言いましょうね．

図3-B 入力抵抗/出力抵抗と言う代わりに入力インピーダンス/出力インピーダンスと言うことがある
本来は誤用だが現場では良く使われる．話し合いの中で直流抵抗の意図を伝えている場合も往々にしてあるので，状況をよく判断しながら話しの意味を理解すること．

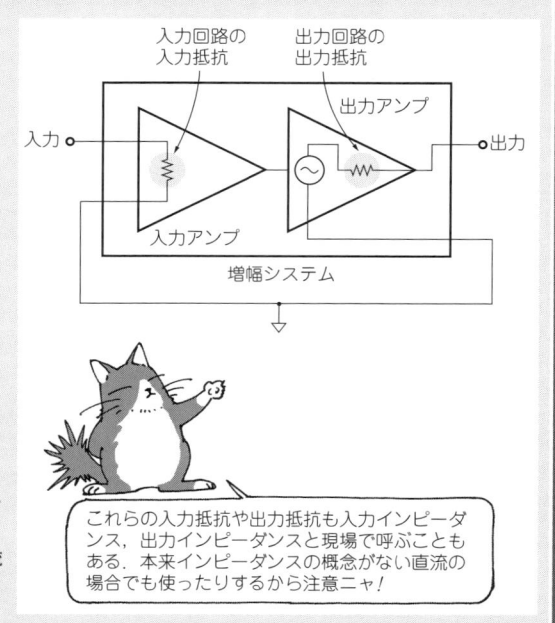

これらの入力抵抗や出力抵抗も入力インピーダンス，出力インピーダンスと現場で呼ぶこともある．本来インピーダンスの概念がない直流の場合でも使ったりするから注意ニャ！

第3章のキーワード解説

①抵抗（純抵抗，レジスタンス）
　直流でも交流でも変わらない抵抗成分の量．

②インピーダンス（impedance）
　交流における抵抗量（電流を妨げる量）に相当する．その要素は抵抗（純抵抗成分）/コイル/コンデンサ（それぞれリアクタンス成分）に分けられる．

③リアクタンス
　インピーダンスのうち損失が生じないが電流を妨げる成分の量．

④インダクタンス
　コイルがどれだけ磁界を生じさせられるかの大きさ．コイルにおける電流の通りにくさでもある．サイズとしての大きさではなく，コイル自体の性能的な要素．

⑤容量
　キャパシタンスとも呼ぶ．コンデンサが電流を貯蓄できる大きさ．コンデンサにおける電流の通りやすさでもある．サイズとしての大きさではなく，コンデンサ自体の性能的な要素．

⑥位相
　同じ周波数（周期）の二つの正弦波（サイン波）間の位置ずれ．1周期を360°（弧度法で2πラジアン）として，ずれ量を表す．次の章でもツール2として説明する．

【補足】以下は本章にはないが，設計現場ではときどき出てくる用語なので，知っておいて損はない．
- コンダクタンス：抵抗（レジスタンス）の逆数
- アドミッタンス：インピーダンスの逆数
- サセプタンス：リアクタンスの逆数

● まとめ

　インピーダンスは，純抵抗量とリアクタンス量を合成したものです．つまり

インピーダンス量＝純抵抗量＋リアクタンス量

です（**単純な足し算ではないが**）．今回はインピーダンス量のうち，リアクタンス量について主として説明してきました．

　特にコイル，コンデンサとも電圧と電流の大きさが時間ずれしているところがポイントです．これは以後でツール2として説明する位相の考えがわかれば，最終的にインピーダンスの考え方が完全にわかることになります．

　最後のキーワード解説に，各種の量（用語）のまとめも入れておきますので，おさらいに活用してください．

※本章の説明では，位相の違いや，複素数表現は，簡単に理解してもらうために記載を避けている．

第4章 位相を知って大きさと位相を同時に変えるインピーダンスをもっと知る

ツール2
位相

コンデンサやコイルの性質を知り，電子回路の動きをイメージする

本章では二つめの実用ツール，「位相」について説明します．位相がわかると，現場での会話によく出てくる「インピーダンス」の意味合いをより深く理解できます．まずは位相を理解して，インピーダンスの本質に迫ってみましょう．

なおこの「位相」については範囲が広いため，二つの章に分けて説明することにしました．

実際の設計現場でも，位相とインピーダンスの関係を「体で理解していること」が実はとても重要です．

また位相は，別の応用もあります．回路の2カ所の波形の相互関係を位相で表すことです（この理解も設計現場ではとても重要．次の章で説明する）．

しかし「位」と「相」だなんて，なんで「位相」などという不思議な言葉を使うのでしょう．回路設計の経験が長いと当たり前に使う用語ですが，初めて出くわすと本当に不思議な気がするかもしれません．でもその内容は，これから説明していくとおりの単純な話なのです．

4-1 二つの波形の位置のずれが位相である

●位相を二つの交流波形の時間的な位置ずれとして理解する

位相は，同じ周期の二つの交流波形の時間的な位置のずれです．位相をイメージで示してみると，図4-1のような二つのドラム（太鼓）が考えられます．一つのドラムはテンポを変えず同じビートで打たれています（主奏）．図4-1(a)は主奏に伴なって打ち鳴らされるもう一つの伴奏ドラムが，同じタイミングで打たれています．同図(b)は伴奏ドラムが少し遅れて打たれています．

この周期的な，主/伴の二つのドラムの音どうしの時間的ずれ，それが位相の差そのものです．これから説明していくように，主奏ドラムのタイミングを基準とし，伴奏ドラムから出る音のタイミングずれが「位相」であると考えればよいと言えます．

▶二つの交流波形の相対的位置ずれが位相である

(a) 二つのドラムは同じタイミングで打たれている　　(b) 伴奏ドラムが少し遅れて打たれている

図4-1 周期的な二つの音どうしの時間的ずれが位相である
周期的な主奏/伴奏二つのドラムの音どうしの時間的ずれ，それが位相の差そのもの．主奏ドラムのタイミングを基準とし，伴奏ドラムの音のタイミングずれが位相．

第1部 抵抗とインピーダンス

ツールとして実際の回路設計において位相を考えるのは，交流電圧と交流電流の時間的な相互関係を表すことが一番多いと言えるでしょう．これはインピーダンスの考え方にもつながっています．

同じように，回路のある部分の波形（電圧波形で考えることが多い）を基準として，別の部分の波形との，周波数ごとの相対関係を「周波数特性」として示すことにも使われます（例えば入力波形対出力波形など．詳細は次の章で示す）．

ところで位相という量は，絶対的な量，例えば1 mとか1 kgとかいう量ではありません．二つの同周期の波形間の相対的な差（時間的な位置ずれ）を示す量です．そのため「位相差」とか「位相ずれ」とか言われることがありますが，すべて同じことを言っています．

図4-2(a)のような交流波形（正弦波，電圧でも電流でもよい）を考えます．横軸は時間です．

交流波形がゼロ・レベルを下から上に横切るところを基準として考えてみましょう．横切るところ②から横切るところ①までを（角度と同じ区切り方で）360等分してみます．なお，①を基準とするので①から過去の時間②に向かって目盛りを振っていきます．

▶同じ周期のもう一つの交流波形を重ねて考えてみる

図4-2(a)の交流波形を基準として考えます．ここに，時間的に位置ずれした同じ周期の交流波形を図4-2(b)のように重ね合わせてみます．

位置のずれた波形1は，③のところでゼロ・レベルを下から上に横切っています．このとき360等分した目盛りで，この位置③を読んでみると30になります．同じく波形2は④のところで横切っています．位置④は360等分した目盛りだと120になります．

これが位相なのです．もう一度言います．「同じ周期の二つの交流波形の時間的な位置ずれ」を考えるのです．一つの波形だけで位相を考えることはできません．

360に区切る理由はコラム4-1やコラム4-2に示しますが，いずれにしても角度と同じ考え方で，③は30°，④は120°と言います．

▶位相には遅れと進みがある

図4-3を見てください．同図(a)は図4-2(b)の再掲です．横軸はもともと時間軸ですから，波形1が横切る時間③から基準波形の①までの時間的関係になります．つまり③が先に横切っているので「波形1は位相が30°進んでいる」といいます．

一方，図4-3(b)のように，①と③が時間的に逆の関係で後で横切っている場合，目盛りが330（つまり360－30）であれば，③は「30°遅れている」と言いま

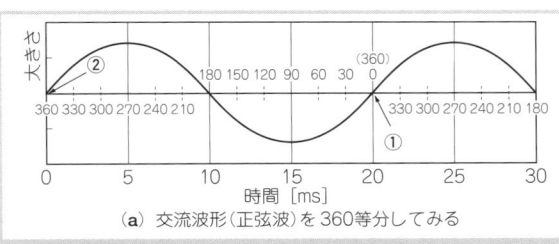

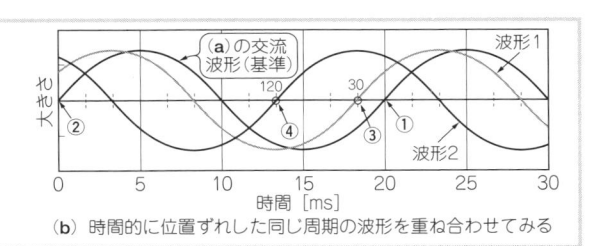

図4-2 目盛りを振って二つの波形を比較する．それが位相になる
①から②までを360等分する．波形1の位置③は30，波形2の位置④は120．これが位相（波形の周波数は50 Hz，周期で20 msとしてある）．

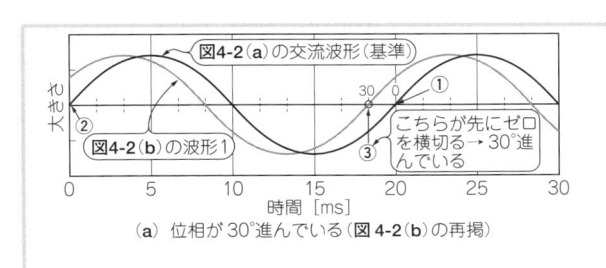

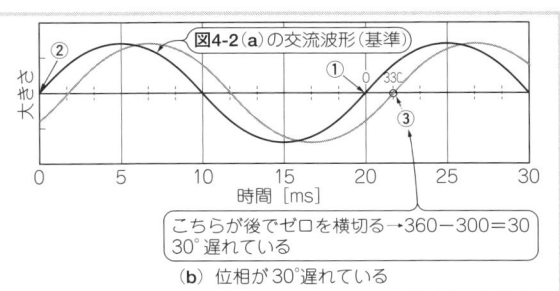

図4-3 位相には遅れと進みがある
波形1の時間③は先に横切っているので「位相が30°進んで」いる．(b)の波形の時間③は時間的関係が逆であり「位相が30°遅れて」いる．進み，遅れは180°を境にする（波形の周波数は50 Hz，周期で20 msとしてある）．

4-1 二つの波形の位置のずれが位相である

す．進みと遅れは180°を境にします．

●位相の考えは周波数/周期が変わっても関係ない

一方，「同じ周期の二つの交流波形」であることから，50 Hz（周期20 ms）でも100 kHz（周期0.01 ms）でも，位相で考えるには，その正弦波波形の1周期を360等分するだけです．図4-4のように，波形自体の周期が何msという時間概念にあまりとらわれてはいけません．1周期を基本量として「それぞれの位置がどれだけずれているか」を考えるのが「位相」です．

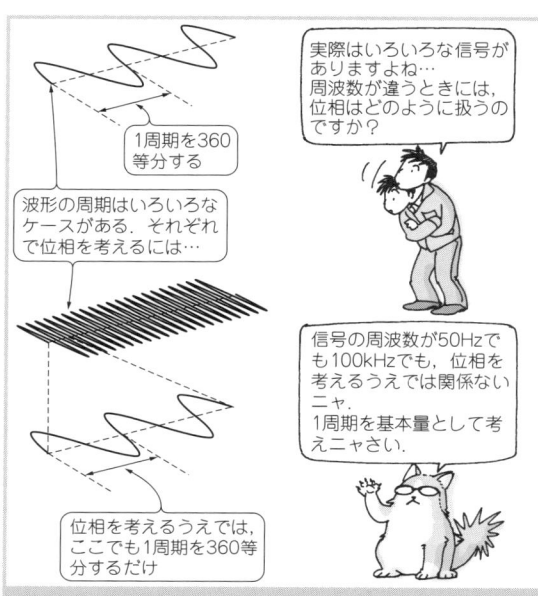

図4-4 波形にはいろいろな周期がある
位相を考えるには，それぞれ波形の1周期を360等分するだけ．波形自体の周期が何msという時間概念にあまりとらわれない．

4-2 インピーダンスとリアクタンスと回路に流れる電流をおさらいする

インピーダンスと純抵抗/リアクタンス，そして回路に流れる電流をおさらいしておきましょう．また最後で位相とつながっていきます．その位相とのつながりのキー・ポイントは「コイル/コンデンサでは，電圧の最大点で電流はゼロ，電圧がゼロのところで電流が最大」ということです．

●インピーダンスは純抵抗成分とリアクタンス成分から成り立つ交流電流を妨げる量

インピーダンスは交流での「電流を妨げる量」ですが，純抵抗成分とリアクタンス成分という二つの成分があり，それらを合成したものです．つまり，

インピーダンス量＝純抵抗量＋リアクタンス量

となります．足し算で書いていますが，実際は「別の量」であるため，単純な足し算というわけにはいきません．

これが大事なキー・ポイントで，**本章で説明する「位相」がわかれば，インピーダンスの本質まで理解することができます**．「位相とインピーダンスの関係」，「単純な足し算ではない」という点を頭に入れながら

コラム4-1　弧度法[rad]と度数法[°]の深〜い関係

角度の表現は，ここまで説明してきた度数法と，ラジアン表示と呼ばれる弧度法の2種類があります．

度数法は0〜360°という値，弧度法は0〜2π radという値（単位はラジアン[rad]）になります．弧度法でこんな不思議な値を用いるのは，半径1の弧の角度を0 rad〜2π radで表せば，そのまま弧の長さが求められるということからきています．

プロの回路設計現場では，位相を度数法の0〜360°で議論したり表現することが多いといえます（図4-A）．理論検討や資格（国家）試験などでは，逆に弧度法の0〜2π radで表現することが多いのもポイントです（第6章で説明する複素数では弧度法を用いる．これが理論で弧度法が用いられる理由）．$45° = \pi/4$ rad，$180° = \pi$ radと関係づけられます．

図4-A プロの回路設計の現場では位相を度数法で議論する

読み進めてください.

▶純抵抗成分は電力を消費する(抵抗そのもの)

純抵抗成分は直流/交流(さらに周波数)に関わりなく,電流を妨げる量はいつも一緒,電圧と抵抗に流れる電流との間の位相関係も0°のままで,周波数が変わってもいつも一緒です.

▶リアクタンス成分は電力を消費しない

インピーダンスのうち「損失は生じないが電流を妨げる量」は明確に区別され,特にリアクタンス成分と呼びます.

このリアクタンス成分が電力を消費しないのは,図4-5,図4-6で説明するように,コイル/コンデンサは電圧の最大点で電流はゼロになり,電圧がゼロのところで電流が最大になっており,電流の貯蓄と引き出しを繰り返すからです(第3章の図3-9も参照).

●コイルは周波数に応じてリアクタンス成分が大きくなり,電流の位相が90°遅れる

コイルに交流電圧を加えると,周波数に反比例して流れる電流量が小さくなります.コイルのリアクタンス量 X_L は次式で表せます.

$$X_L = 2\pi f L \qquad \cdots\cdots\cdots\cdots\cdots\cdots\cdots (4-1)$$

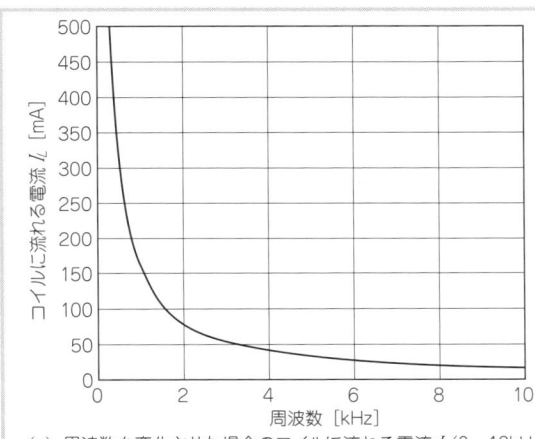

(a) 周波数を変化させた場合のコイルに流れる電流 I_L (0〜10kHzの周波数特性.電源電圧10V,インダクタンス10mH)

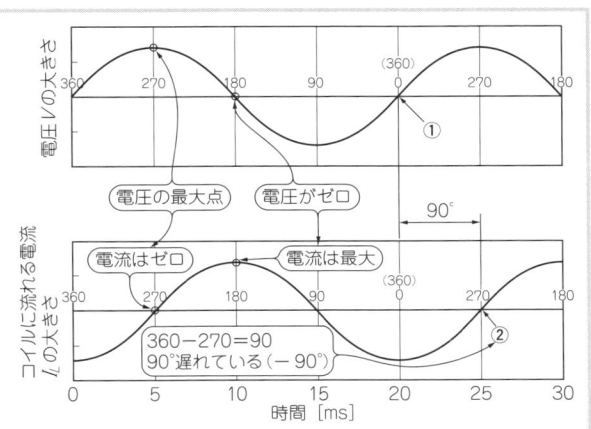

(b) 電圧 V と電流 I_L の時間的関係(時間波形,周波数は50Hzとしている)

図4-5 コイルに流れる電流と周波数の関係,加わる電圧と流れる電流の時間的関係
コイルは周波数に反比例して流れる電流量が小さくなる.電圧と電流の時間関係は,電圧が最大で電流はゼロ,電圧がゼロで電流は最大.電流波形の位相が90°遅れている(−90°).

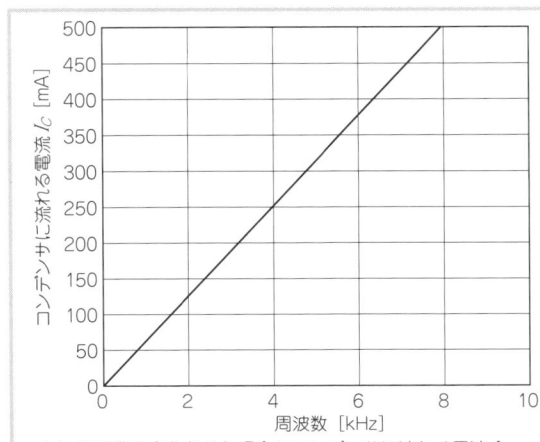

(a) 周波数を変化させた場合のコンデンサに流れる電流 I_C (0〜10kHzの周波数特性.電源電圧10V,容量1μF)

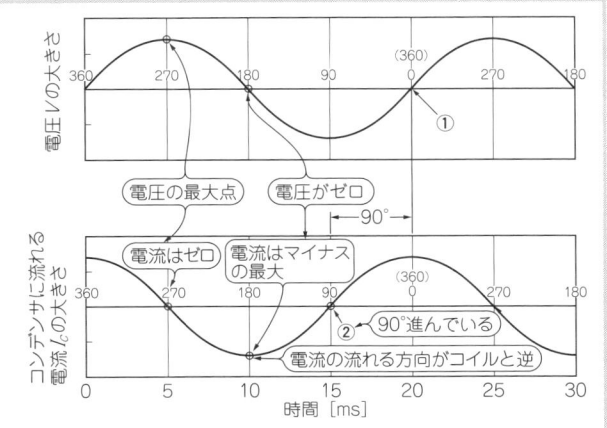

(b) 電圧 V と電流 I_C の時間的関係(時間波形.周波数は50Hzとしている)

図4-6 コンデンサに流れる電流と周波数の関係,および加わる電圧と流れる電流の時間的関係
コンデンサは周波数に比例して流れる電流量が大きくなる.電圧と電流の時間関係は,電圧の最大点で電流はゼロ,電圧がゼロで電流は最大.電流波形の位相が90°進んでーいる(+90°).

4-2 インピーダンスとリアクタンスと回路に流れる電流をおさらいする　45

ここで，πは円周率(3.1415…)，fは周波数(単位はヘルツ[Hz])，Lはコイルのインダクタンス(単位はヘンリ[H])です．**周波数を変化**させたときの特徴としては，**図4-5(a)**に示すように，

- 直流つまりf = 0 Hzだと，X_L = 0 Ωになる（直流は素通し）
- 交流だとX_Lは周波数に比例して大きくなる

周波数に比例してX_Lが大きくなるため，コイルに流れる電流I_Lは周波数に反比例して小さくなります．
▶コイルの電圧波形と電流波形の時間的な位置ずれ…「位相」を考える

コイルに加わる電圧Vと電流I_Lの**時間的な**関係を図で示すと，**図4-5(b)**のようになります．抵抗の場合と異なり，電圧の最大点で電流はゼロになり，電圧がゼロのところで電流は最大になっていることが特徴です．

同図中では，電圧波形Vを基準にして，**図4-2(a)**と同じように360等分してあります．電流波形I_Lの②のところは，電圧波形の①からの目盛りが270(360 - 90なので - 90°に相当)になり，電圧波形Vに対して「電流波形の位相が90°遅れている(- 90°)」ことがわかりますね．

●コンデンサは周波数に応じてリアクタンス成分が小さくなり，電流の位相が90°進む

コンデンサに交流電圧を加えると，周波数に比例して流れる電流量が大きくなります．コンデンサのリアクタンス量X_Cは次式で表せます．

$$X_C = \frac{1}{2\pi fC} \quad \cdots\cdots\cdots\cdots\cdots\cdots\cdots (4-2)$$

ここで，πは円周率(3.1415…)，fは周波数，Cはコンデンサの容量(単位はファラド[F])です．**周波数を変化**させたときの特徴は，**図4-6(a)**に示すように，

- 直流つまりf = 0 Hzだと，X_C = 無限大になる（直流は通さない）
- 交流だとX_Cは周波数に反比例して小さくなる

周波数に反比例してX_Cは小さくなるため，コンデンサに流れる電流I_Cは周波数に比例して大きくなります．
▶コンデンサの電圧波形と電流波形の時間的な位置ずれ…「位相」を考える

コンデンサに加わる電圧Vと電流I_Cの**時間的な**関係を図で示すと，**図4-6(b)**のようになります．電圧/電流の最大/ゼロの関係はコイルと同じですが，電圧Vがゼロ・レベルを下から上に横切るところで，コンデンサは**電流の流れる方向がコイルとは逆**になっています．

電圧波形Vを基準とすると，電流波形I_Cの②のところは目盛りが90になります．電圧波形Vに対して電流波形I_Cが先にゼロを横切るので「位相が90°進んでいる(+ 90°)」と言います．

●大切なのでいったんまとめ

コイル/コンデンサでの電圧波形と電流波形の関係(それぞれ正弦波)を，電圧波形を基準として位相で表すと次のようになります．

- コイルは電流の位相が90°遅れている(- 90°)
- コンデンサは電流の位相が90°進んでいる(+ 90°)

4-3 純抵抗の電流とコンデンサの電流との合成で位相変化を考える

前節のまとめ，また「位相の異なる電流」，その合成という点が，以降の説明を理解する重要ポイントです．

さて，**図4-7**の二つの回路①と②を見てください（実際の電子回路ではコイルよりもコンデンサが多用されるのでコンデンサを詳細説明の例とした）．それぞれ実効値10 V，周波数50 Hzの交流電圧源ですが，かたや純抵抗51 Ω(回路①)，かたやコンデンサ33 μF(回路②)がつながっています．「並列回路を説明して

(a) 回路①

$$I_R = \frac{V}{R} = \frac{10}{51} = 0.20 \text{A}$$

交流電圧源 周波数50Hz 実効値10V，R = 51Ω

(b) 回路②

$$X_C = \frac{1}{2\pi fC} = \frac{1}{2 \times \pi \times 50 \times 33 \times 10^{-6}} = 97 \text{Ω}$$

$$I_C = \frac{V}{X_C} = \frac{10}{97} = 0.10 \text{A}$$

交流電圧源(回路①と同じ)，C = 33μF

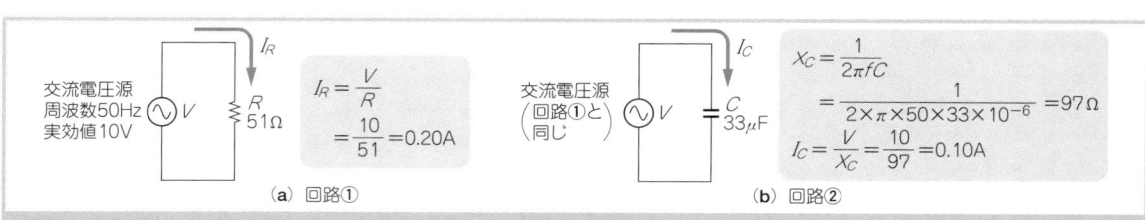

図4-7 純抵抗の回路(回路①)とコンデンサの回路(回路②)
並列回路の合成を考えるための基本回路二つ．実務ではコンデンサが多用されるので，コンデンサを詳細説明の例としている．抵抗値が端数な理由は，実際の仕事をしてみるとすぐにわかる．

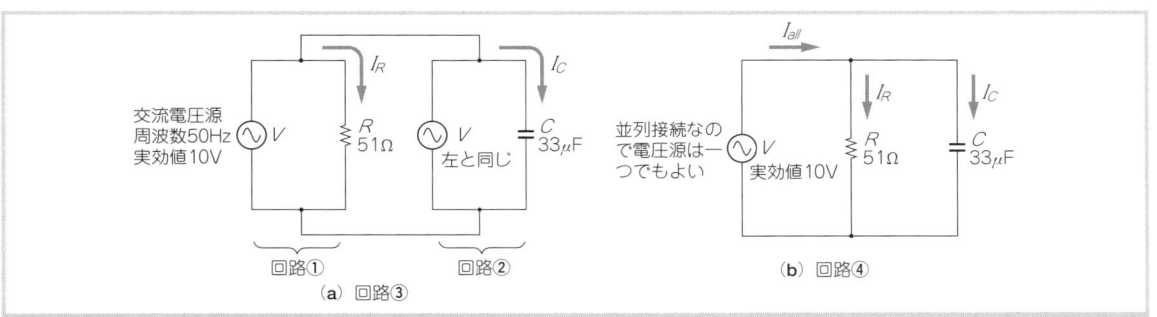

図4-8 回路①と回路②をつなぎ合わせた回路③と回路④
回路①と回路②を一緒にしたのが回路③．交流電圧源も回路④のように一つにできる（電池の並列接続と同じ）．電流 I_{all} は単純に I_R+I_C にならない．

いる」という視点で見てください．

● **純抵抗を流れる電流とコンデンサを流れる電流は，単なる実効値の足し算にはならない**

回路①，純抵抗に流れる電流実効値 I_R は，

$$I_R = \frac{V}{R} = \frac{10\,\mathrm{V}}{51\,\Omega} = 0.20\,\mathrm{A}$$

です．次に回路②に流れる電流を求めてみます．交流電圧源の周波数が50 Hzですから，式(4-2)からリアクタンス X_C は，

$$X_C = \frac{1}{2\pi f C} = \frac{1}{2\times 3.14 \times 50 \times 33 \times 10^{-6}} = 97\,\Omega$$

と97 Ωが得られます．これにより，回路②でコンデンサに流れる電流実効値 I_C は，これもオームの法則から，

$$I_C = \frac{V}{X_C} = \frac{10\,\mathrm{V}}{97\,\Omega} = 0.10\,\mathrm{A}$$

と計算できます．

▶ **二つの回路をつなぎ合わせてみる**

それでは回路①と回路②を一緒にしてみます．これが図4-8の(a)回路③ですが，二つの交流電圧源は10 Vなので，同図(b)の回路④のように交流電圧源は一つでもいいとわかります（電池の並列接続と同じ）．

回路④の交流電圧源から流れ出る電流実効値 I_{all} は，

コラム 4-2 位相と角度の深〜い関係

位相と角度の関係を少し説明しておきましょう．

ここまで電圧とか電流で考えてきた波形は正弦波（サイン波）です．正弦波は図4-Bのような考えに基づいて作られます．半径1の円上を回転する点を，Y 軸方向から見た大きさが正弦波です．

そして，回転する点の X 軸からの角度が，ここまで説明してきた位相そのものなのです（位相イコール角度ということ）．

少し話は高度になりますが，信号のふるまいを詳しく解析する際には，正弦波ではなく「X 軸方向から見た大きさ」，つまり余弦波（コサイン波）で考えます．これはだいぶ高度な話なので，今の段階では「そういうものなのね」と覚えておくだけでよいでしょう（第6章以後の複素数で詳しく説明する）．

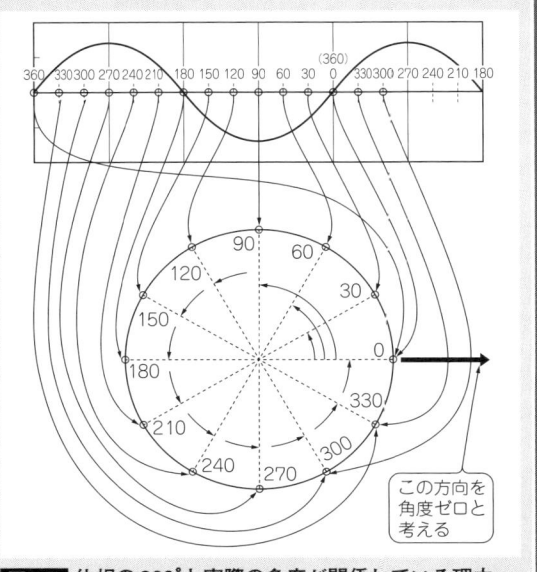

図4-B 位相の360°と実際の角度が関係している理由

単純に $I_{all} = I_R + I_C$ …にはなりません．$I_{all} = 0.30$ A ではないのです．これは位相が同じではない（コンデンサを流れる電流 I_C が90°進んでいる）ためです．さらに詳しく見ていきましょう．

▶二つの波形が瞬間，瞬間の足し算（合成）になる

ここまでの説明のとおり I_C の位相が90°進んでいるため，図4-9のように，周波数50 Hzの交流電圧源の電圧 V（実効値10 V）および純抵抗に流れる電流 I_R と，コンデンサに流れる電流 I_C とは位相が異なっています
（なお $I_R = 0.20$ A, $I_C = 0.10$ A は実効値なので図中のピークの大きさは $\sqrt{2}$ 倍になっていることに注意）．

ここからが，ポイントです．**瞬間瞬間**での合成された電流 I_{all} は，$I_{all} = I_R + I_C$ の関係が成り立ちます．これは前出の実効値での計算とは異なります．瞬間だけの関係を考えれば，このときは単純な足し算でよいのです．

その結果 I_{all} の実効値は，図中のように（図中の電流ピーク値は 0.32 A，実効値はこの $1/\sqrt{2}$ なので）0.22 A となり，単純な足し算の $I_{all} = 0.30$ A ではありません．また，位相も 27°と変化しています．しかし，この求め方では面倒ですね．

この「瞬間瞬間の合成」を実効値で簡単に計算するために，位相がツールとして活用されます．

● 「瞬間瞬間の合成」に位相を活用すれば実効値で求められる

図4-10を見てください．例えば純抵抗に流れる電流の実効値 I_R を矢印①（長さが電流の実効値 0.20 A に相当），コンデンサに流れる電流の実効値 I_C を矢印②（同じく 0.10 A）とします．

矢印①（I_R）と，矢印②（I_C）が角度（イコール位相）として90°ずれているものとして考えてみます．

矢印①の純抵抗を流れる電流は，交流電圧源の正弦波とは位置ずれしていませんから，位相はゼロということになり，**電圧の矢印と同じ方向になります**．

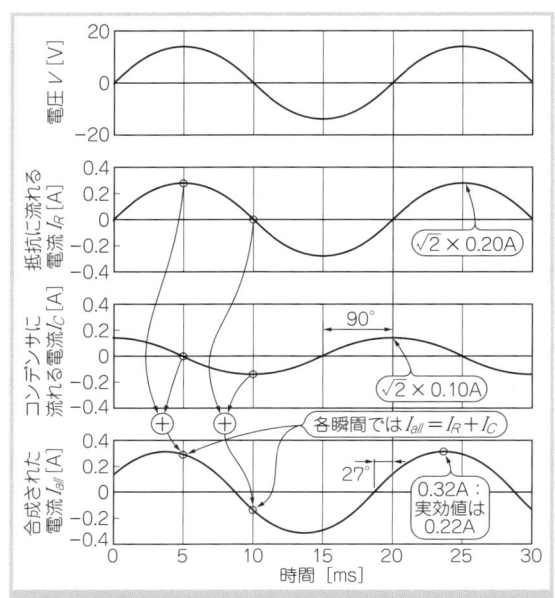

図4-9 図4-8の交流電圧源の正弦波の電圧 V，純抵抗に流れる電流 I_R，コンデンサに流れる電流 I_C，合成された電流 I_{all}
純抵抗に流れる電流 I_R とコンデンサに流れる電流 I_C とは，位相が異なっている．合成された電流 I_{all} は瞬間瞬間で $I_{all} = I_R + I_C$ の関係が成り立つ（交流電圧源の周波数は50 Hzとしている）．

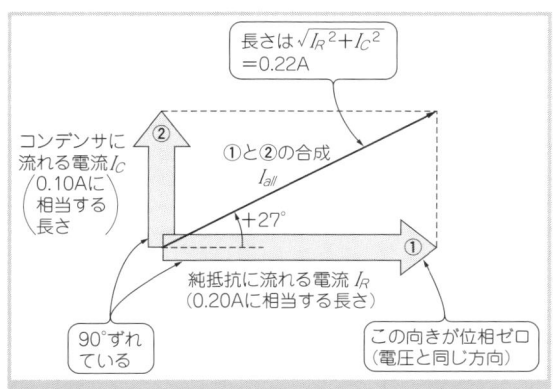

図4-10 図4-9の I_R の矢印①と I_C の矢印②が作る合成の大きさが I_{all}
矢印①（I_R）と矢印②（I_C）が角度（イコール位相）として90°ずれているものと考える．I_{all} はピタゴラスの定理そのもの．位相関係も＋27°．

図4-11 ピタゴラスの定理は覚えているはず
純抵抗に流れる電流とコンデンサに流れる電流を実効値で大きさを計算するときに，中学校で習ったピタゴラスの定理が用いられる．

> **コラム4-3** 図4-10の矢印の長さは実効値
>
> 本文では「矢印の長さは実効値の大きさ」だと説明しました．これは専門的には「ベクトル表記」になります．
> 一方，コラム4-2のように回転する点を使って信号のふるまいを正確に表す場合には，長さをピーク値（$\sqrt{2}$倍）で考える場合があります．
>
> しかし，普段の電子回路設計業務での回路計算であれば，単純に実効値で計算しておけばまったく問題はありません．ただ「教科書と現場のインターフェースをする」という点で，教科書を見直して戸惑わないようにという観点から，ここで取り上げました．

表4-1 図4-10の I_R と I_C と合成の大きさ I_{all} の関係をまとめる
図4-10のそれぞれの部分が矢印としてどのように対応しているかをまとめた．さらに図4-12に改めてこのようすを図式化する．

矢印	部分ごとの電流	電流量	位相の関係
矢印①	純抵抗に流れる電流 I_R	0.20 A	電圧 V と同位相
矢印②	コンデンサに流れる電流 I_C	0.10 A	電圧 V や I_R に対して+90°
矢印③	合成電流 I_{all}	0.22 A	電圧 V や I_R に対して+27°
矢印④	図4-8の回路とは関係ないがコイルの場合の電流 I_L	—	電圧 V や I_R に対して−90°（図4-12では破線）

＊：長さが電流の大きさに相当

図4-10のように，二つの直角に交わる矢印①，②が作る合成の大きさ（図4-11のようにピタゴラスの定理で斜辺の長さを求めることを思い出してほしい）が，先の図4-9で求められた I_{all} = 0.22 A（実効値）です．この I_{all} は，

$$I_{all}^2 = I_R^2 + I_C^2$$

であり，ピタゴラスの定理そのものです．また，

$$I_{all} = \sqrt{I_R^2 + I_C^2}$$

で値が求められます（これが0.22 A）．

I_{all} の位相は図4-10のように，I_R と I_{all} のなす角になります（この例だと+27°）．

図4-9の I_R と I_{all} の位相関係も，同じ+27°になっていることもわかりますね．

このように，純抵抗とコンデンサ（リアクタンス量となる）に流れる電流の合成は，ピタゴラスの定理そのものです．そして合成された電流量は，**違う位相の大きさになる**ということが大切です．

4-4 電流の合成をもとに位相とインピーダンスの意味のつながりを考える

●電流の合成を位相/角度の視点で見てみる

ここまで，純抵抗を流れる電流とコンデンサを流れる電流の間の位相関係，また電圧と電流の位相関係について説明してきました．それでは，より具体的な形で考えてみましょう．

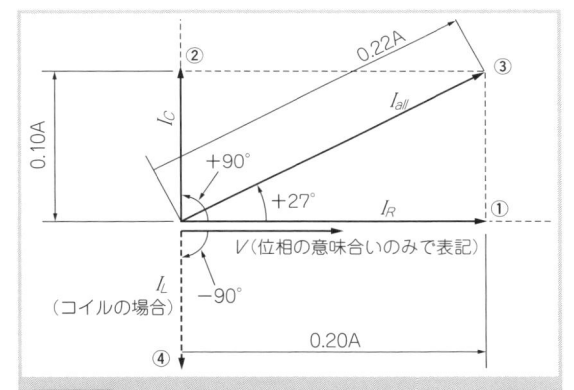

図4-12 表4-1をベースにして図4-10の I_R, I_C, I_{all} の関係をより具体的に図式化する
「大きさと角度（位相）の矢印」であらためて示す．この図とインピーダンスが一体どのようにつながるかがこれ以降のストーリ．

コラム4-2で「位相イコール角度」，また先に「直角に交わる二つの矢印が作る合成の大きさ」として，位相が角度であることを示してきました．

図4-10（図4-8の回路④について）の矢印の意味をあらためて表4-1のようにまとめ，図4-12のように「大きさと角度（位相）の矢印」で示してみましょう．

●電流の位相とインピーダンスとのつながりが「単純な足し算ではない」ことの理由とともに見えてきた

さて，図4-12とインピーダンスが一体どのようにつながるのでしょうか．ここまでの「位相とインピー

ダンスの関係」,「単純な足し算ではない」ということの意味合いが明らかになってきます.

まず表4-2に図4-12までの考え方を順番に示してみましょう.

▶位相量を表す記号∠θ°を用いてみる

表4-2で⑤以降は,位相量を表す∠θ°という記号(フェーザ表示とも言う.章末のキーワード解説参照)を用いています.この考えを使って角度成分も含めた合成で,表4-2の④の計算を同表の⑦および図4-12のようにして,電流I_{all}を求めることができるのです.

このように,電流I_{all}は「単純な足し算ではない」ということがわかりましたね.

● 変換変数という見方をもとにオームの法則に適用すればインピーダンスがはっきりしてくる

表4-2の③,⑥の電流I_Cの計算を,図4-13を参考にしながら,電圧Vを電流Iに変換する仮の変数,「変換変数」という見方で考えてみましょう.

まず,

$I = V \times$ [変換変数]

と考えます(オームの法則ならば[変換変数]$= 1/R$).つまり,

電圧の大きさと位相(位相の基準:ゼロ)
↓
[変換変数](仮の変数として定義する)
↓
電流の大きさと位相(電圧と異なる位相量)

表4-2 図4-12までの考え方を順番に示す

いずれにしても基本的な考え方はツール1であるオームの法則.それに対してツール2の位相の考え方をプラスすれば,交流回路もこのように計算できる.

① オームの法則で電流Iを求めるには,

$$I = \frac{V}{R}$$

② 電流I_Rは,

$$I_R = \frac{V}{R} = \frac{10\text{ V}}{51\text{ }\Omega} = 0.20\text{ A}$$

③ 電流I_Cは,

$$I_C = \frac{V}{X_C} = \frac{10\text{ V}}{97\text{ }\Omega} = 0.10\text{ A}$$

④ 電流I_{all}は単純な足し算にならない

$$I_{all} \neq I_R + I_C$$

⑤ 位相量を表す記号∠θ°を使えば,電流I_Rは,

$$I_R \angle 0° = \frac{V}{R} = 10\text{ V} \angle 0° \times \frac{1}{51\text{ }\Omega} \angle 0° = 0.20\text{ A} \angle 0°$$

(10 V∠0°は「基準となる位相」という意味を込めて∠0°を付けている)

⑥ 記号∠θ°を使えば電流I_Cは,

$$I_C \angle +90° = \frac{V}{X_C} = 10\text{ V} \angle 0° \times \frac{1}{97\text{ }\Omega} \angle +90°$$
$$= 0.10\text{ A} \angle +90°$$

⑦ 電流I_{all}は直交する矢印が作る合成電流

$$I_{all} \angle \theta°$$
$$= I_R \angle 0° + I_C \angle +90°$$
$$= 10\text{ V} \angle 0° \times \frac{1}{51\text{ }\Omega} \angle 0° + 10\text{ V} \angle 0° \times \frac{1}{97\text{ }\Omega} \angle +90°$$
$$= 0.20\text{ A} \angle 0° + 0.10\text{ A} \angle +90°$$
$$= 0.22\text{ A} \angle +27°$$

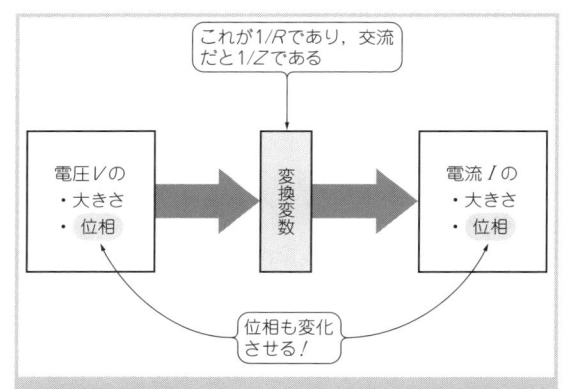

図4-13 電圧Vを電流Iに変換する[変換変数]は位相も変化させる

電流を妨げる量として,仮の変数[変換変数]を考え,位相量も変化させる意味合いも含ませる.そうすると[変換変数]= $1/Z$となり,Zがインピーダンスになる.

コラム4-4　Zも$1/Z$も「純抵抗+リアクタンス」で表せる

最初に,

インピーダンス量=純抵抗量+リアクタンス量

すなわち,

$Z = R + X$

であると説明しました(また「単純な足し算ではない」とも).一方で,ここでは並列回路を例としているので,Zの逆数の$1/Z$で説明しています.しかし$1/Z$というZの逆数でも,実は計算をしていけば,$Z = R + X$の形に変換できます(8-4節も参照).

ここまでは「電流の流れ」という視点で説明していますので,このような$1/Z$の形式での説明になっていますが,次の章で示すような直列回路では,インピーダンスZがそのまま$Z = R + X$の形式になっています.

として考えます．先の電流I_Cの例では，

$$[変換変数] = \frac{1}{97\ \Omega} \angle +90°$$

でした．オームの法則プラス，位相を変化させる要素があることがわかります．

こうすれば電流を妨げる量としての変数に，位相量も変化させる意味合い（実は第6章以後で説明する複素数）も含ませることができます．**表4-2**の⑦のI_{all}についても同様に考えてみると（特に式の3段目），

$$[変換変数] = \frac{1}{51\ \Omega} \angle 0° + \frac{1}{97\ \Omega} \angle +90°$$

であり，電流値（0.22 A ∠ +27°）が得られます．

▶オームの法則で[変換変数] = 1/ZとするとZがインピーダンス量

[変換変数] = 1/Rに対比させ，[変換変数]を，

$$\frac{1}{Z} = [変換変数] = \underbrace{\frac{1}{51\ \Omega} \angle 0°}_{純抵抗相当量} + \underbrace{\frac{1}{97\ \Omega} \angle +90°}_{リアクタンス相当量}$$

としてみると，このZが「電流I_{all}の流れを妨げるインピーダンス量」に相当します注4-1．インピーダン

注4-1：本書ではZはベクトル量だとして説明をしている．初学者の余計な混乱を避ける意味から，ベクトル量としての補助表示はあえて使用しない（$Z = |Z|e^{j\theta}$としている）．

コラム4-5　先輩の指示は実はとても奥が深い

「新人君，私はこれから打ち合わせだから，これやっといて」，「高域にノイズがあるから，負荷抵抗にコンデンサを並列に接続して，**カットオフ**が10 kHzくらいになるように定数選んで，ノイズを落とすようにしてね」，「それには回路の**出力インピーダンス**も測らないといけないね．それで5 kHzでの**位相回転**も計算で見積もってね．計算できるね？大丈夫だよな？」…フレッシャーズが配属された現場では，このような会話が聞かれることでしょう．「専門用語がちんぷんかんぷんです．わかりません」というわけにはいきません（**図4-C**）．

一方で先輩は，新人がわからないことは重々承知している場合があります．新人の実力より少し高いところにゴールを設定して，本人の努力によりそこまでたどり着いてほしいと願っているからです．

最初はわからなくてもしかたありません．一歩ずつ歩むように，一つずつ勉強し理解していき，先輩のようにひとり立ちできるプロのエンジニアになれるように，日々努力していってください．

図4-C がんばれフレッシャーズ！努力すればいつかはプロのエンジニアになれる

第4章のキーワード解説

①カットオフ
電圧の振幅が$1/\sqrt{2}$になる周波数を「カットオフ周波数」として定義する.例えば周波数が高くなると回路出力の電圧が下がってくるときに,その回路の周波数特性を表す数値として用いたりする.

②出力インピーダンス
回路出力にあるインピーダンス(抵抗)成分のこと.電池も内部抵抗をもつように,回路出力も内部インピーダンスがゼロではなく,電流を多く取り出すと電圧が下がってきたりする.

③位相回転
本文ではこの言い方で説明していないが,位相が変わることを角度表示の意味を込めて「位相が回転する」と言う.

④位相差・位相ずれ
「二つの波形の位相差,位相ずれ」と言うが,実際問題としては位相自体のことを言っている.基準からの「差・ずれ」があるという意味合いを伝えたいときに用いる用語.

⑤複素数
実数部と虚数部という二つの大きさをもつ数のこと.今は意味不明でもかまわない.回路計算をするうえでの「計算用のツールだ」という意識をもっていればよい.第6章以降で説明する.

⑥OJT
On the Job Training.実際の仕事を通じて業務を習得すること.私も若いころは若手に仕事をしてもらうだけの口実かと思っていたが,最近はいろいろな観点から見ても,育成には一番良い方法と感じている.

⑦進み位相・遅れ位相
基準となる波形に対して,目的の信号が先行して変化している場合を進み位相と言い,逆の場合を遅れ位相と言う.180°を境に「進み・遅れ」として規定する.

⑧ピタゴラスの定理
「直角三角形の斜辺の長さの2乗が,他の辺をそれぞれ2乗して足し合わせたものに等しい」という数学定理.

⑨フェーザ表示(Phasor)
正弦波交流電圧,電流の大きさと位相を一緒に表現する表記方法.ここでは大きさと位相量を表す$\angle\theta°$を用いたが,第6章以降で示す複素数(定型フォームとして説明する)もフェーザ表示.

スは「交流での電流を妨げる量」だと説明しましたが,このような形で「位相量も変化させながら」電流を妨げるようにふるまいます.

交流のリアクタンス量はX,オームの法則では抵抗をRという記号で示しましたが,インピーダンスは記号Zを用います.

●まとめ

この章では,位相についてインピーダンスの考えも含めて説明しました.本当に位相は電子回路を考えるうえでは必須のツールなのです.

ここでは$1/Z$と逆数になっていますが,「インピーダンスは純抵抗量とリアクタンス量を合成したもの」という,ここまでの説明との関連が見えてきましたね.

そして,I_{all}が「単純な足し算ではない」ことと同様に,インピーダンス自体も純抵抗相当量とリアクタンス相当量との**「単純な足し算」**にはなりません.電流の合成の話と同じで「直角に交わる,**抵抗相当量とリアクタンス相当量の二つの矢印が作る合成の大きさ**」と考えておけばよいのです.

引き続き次の章では,位相とインピーダンスの関係を,周波数という点も含めてより深く掘り下げて説明していきましょう.

第1部 抵抗とインピーダンス

第5章 ツール2 位相

周波数によって変わる，電圧と電流の大きさ/位相の関係を実験

位相で考えるコンデンサ/コイル+抵抗のインピーダンスの変化

本章ではひきつづきツール2の「位相」について説明します．第4章では位相を「同じ周期の二つの波形の時間的な位置ずれ」だとして，その視点から説明してきました．本章では，この位相と「交流回路で電流を妨げる抵抗に相当する量」すなわちインピーダンスとの関係を，周波数という点も含めて，さらに深く掘り下げてみます．

5-1 ピタゴラスの定理による電流合成から位相の周波数変化を理解する

前章にひきつづき，「並列回路で説明している」，「並列回路は電圧波形が位相の基準」，「位相の異なる電流の合成」という視点が，以降の説明を理解する重要ポイントです．

まずはじめに前章の並列接続での電流の合成について，いったんおさらいしておきましょう．

図5-1の回路は，実効値10 Vの交流電圧源に，抵抗220 Ωとコンデンサ33 μFがつながっています．前章の図4-8(b)と接続は同じですが，異なる条件で理解できるように，抵抗Rの大きさだけを変えています．

実際の電子回路では，コイルよりもコンデンサが多用されるのでコンデンサを例としています．

● 二つの電流波形は位相が異なるため瞬間ごとの足し算（合成）になる

▶ 並列回路は電圧波形を位相の基準にして考えよう

図5-1と図5-2を見ながら読んでください．交流電圧源Vの周波数を50 Hzとします．抵抗に流れる電流の実効値I_Rは0.045 Aです．コンデンサに流れる電流の実効値I_Cは0.10 Aです．

これらの図を見るときの注意点は，**特に並列回路では電流ではなく電圧波形を位相の基準にして考える**ということです．図5-2に示すようにI_Cは，VやI_Rと比較して位相が90°進んでいます．また，

● リアクタンスX_Cは周波数fの関数なので，以下の式のように周波数に反比例して小さくなる

$$X_C = \frac{1}{2\pi fC} \quad \cdots\cdots\cdots(5-1)$$

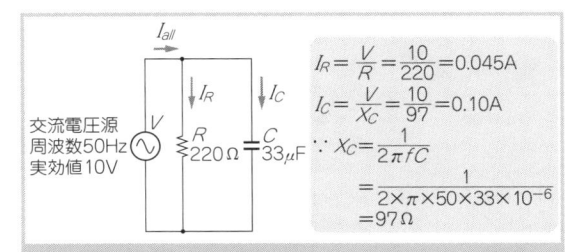

図5-1 抵抗(220 Ω)とコンデンサ(33 μF)の並列回路
位相について並列回路でおさらいしておく．前章の図4-8と比較すると，抵抗を51 Ωから220 Ωに変えてあり，違いを比べてもらいたい．

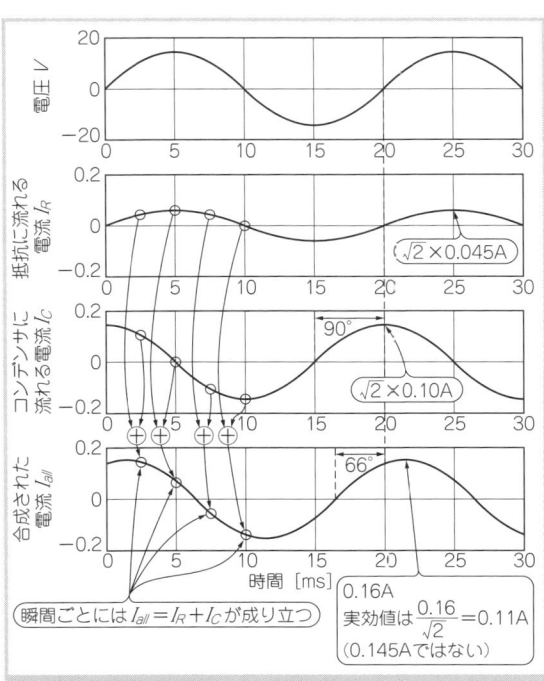

$I_R = \dfrac{V}{R} = \dfrac{10}{220} = 0.045\text{A}$

$I_C = \dfrac{V}{X_C} = \dfrac{10}{97} = 0.10\text{A}$

$\therefore X_C = \dfrac{1}{2\pi fC} = \dfrac{1}{2\times\pi\times 50\times 33\times 10^{-6}} = 97\,\Omega$

図5-2 交流電圧源の正弦波の電圧V，抵抗に流れる電流I_R，コンデンサに流れる電流I_C（時間波形）
コンデンサの電流I_Cは，V, I_Rと比較して位相が90°進んでいる．合成電流I_{all}は瞬間，瞬間の足し算/合成．I_{all}の実効値は0.11 AでI_C, I_Rの実効値同士の足し算0.145 Aではない．

瞬間ごとには$I_{all} = I_R + I_C$が成り立つ

0.16A 実効値は $\dfrac{0.16}{\sqrt{2}} = 0.11$ A （0.145Aではない）

- したがって，電流量 I_C は周波数に比例して大きくなる
- $I_R = 0.045$ A，$I_C = 0.10$ A は実効値であり，図中のピークの大きさは，それぞれの $\sqrt{2}$ 倍

などに注意が必要です．なお，損失は生じないが電流を妨げる量であるリアクタンスは，一般的に記号 X が用いられます．

▶ 瞬間瞬間の足し算（合成）を時間波形のうえで計算してみる

図5-1の回路全体の電流 I_{all} は，図5-2のように「瞬間ごとの足し算」で求められます．この実効値は0.11 Aで（図中の電流ピーク値は実効値の $\sqrt{2}$ 倍なので0.16 A），実効値同士の足し算の0.145 Aではありません．

なお，図5-1の回路は並列回路なので，合成されるものは電流ということもポイントです．

▶ 瞬間瞬間の足し算（合成）をピタゴラスの定理として考えてみる

この I_{all} は，図5-3のような直角に交わる矢印①（電流 I_R；矢印の長さは実効値の0.045 Aに相当する），矢印②（電流 I_C；矢印の長さは実効値の0.10 Aに相当する）が作る合成の大きさ0.11 Aに相当します．この場合，位相は $+66°$ になります．

このように，抵抗に流れる電流 I_R と，コンデンサに流れる電流 I_C との合成 I_{all} は，ピタゴラスの定理そのものです．

● どういうときに位相が変わるのか

二つの矢印 I_R，I_C のどちらかの長さが変われば，I_{all} の位相と電流量は変化します．交流でこの長さが変わるのは，下記の条件のときです．
- 純抵抗の大きさが変わる
- リアクタンス（コンデンサの容量）が変わる
- 周波数が変わる

上の二つは当然でしょうが，三つ目の「周波数が変わる」についてもう少し考えてみましょう．

5-2 周波数が変化すると電流の大きさと位相量が変化しインピーダンスも変化する

もう一歩踏み込んで，周波数が変化したときに，電流 I_{all} の位相がどのように変化するか，さらにインピーダンスとの関係を考えてみましょう．この話は後述する「周波数特性」と深く関係しています．さて，

① 抵抗に流れる電流 I_R の位相は $+0°$（電圧と同じ位相）
② コンデンサに流れる電流 I_C の位相は $+90°$（周波数が変化しても $+90°$ のまま）

ですが，この抵抗/コンデンサはそれぞれ，電流を妨げる要素であるインピーダンスのうち，

① 抵抗 ⇨ 純抵抗相当量
② コンデンサ ⇨ リアクタンス相当量

になります．

● 周波数が変化したときに合成電流 I_{all} の位相はどのように変化するのか

図5-1では交流電圧源の周波数を50 Hzだとしました．これが0.5 Hz，5 Hz，50 Hz，500 Hz，5 kHz（5000 Hz）となったときの純抵抗量，コンデンサのリアクタンス量，電流量 I_R，I_C，I_{all}，そして I_{all} の位相

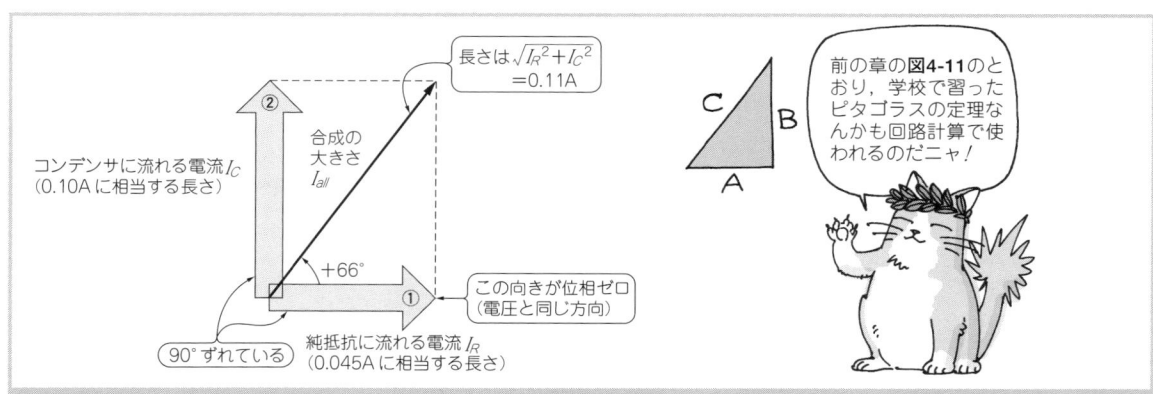

図5-3 直角に交わる I_R の矢印①と I_C の矢印②が作る合成の大きさが I_{all} …これはピタゴラスの定理そのものだ
I_{all} は直角に交わる矢印①（電流 $I_R = 0.045$ A）と矢印②（電流 $I_C = 0.10$ A）が作る合成の大きさ0.11 A．ピタゴラスの定理そのもの．位相は $+66°$．

表5-1 図5-1の回路での周波数ごとの各種の大きさを計算する（有効数字は2桁）

周波数が0.5 Hz, 5 Hz, 50 Hz, 500 Hz, 5 kHz (5000 Hz) のとき，純抵抗量R，コンデンサのリアクタンス量X_C，電流量$I_R/I_C/I_{all}$，そしてI_{all}の位相について計算する．$I_{all}=I_R+I_C$という単純な関係になっていない．

周波数f [Hz]	純抵抗量R [Ω]	コンデンサのリアクタンス量X_C [Ω]	抵抗の電流量I_R [A]	コンデンサの電流量I_C [A]	全体の電流量I_{all} [A]	電流I_{all}の位相 [°]
0.5	220	9600	0.045	0.001	0.045	1.3
5	220	960	0.045	0.01	0.047	12
50	220	96	0.045	0.1	0.11	66
500	220	9.6	0.045	1	1	87
5000	220	0.96	0.045	10	10	90

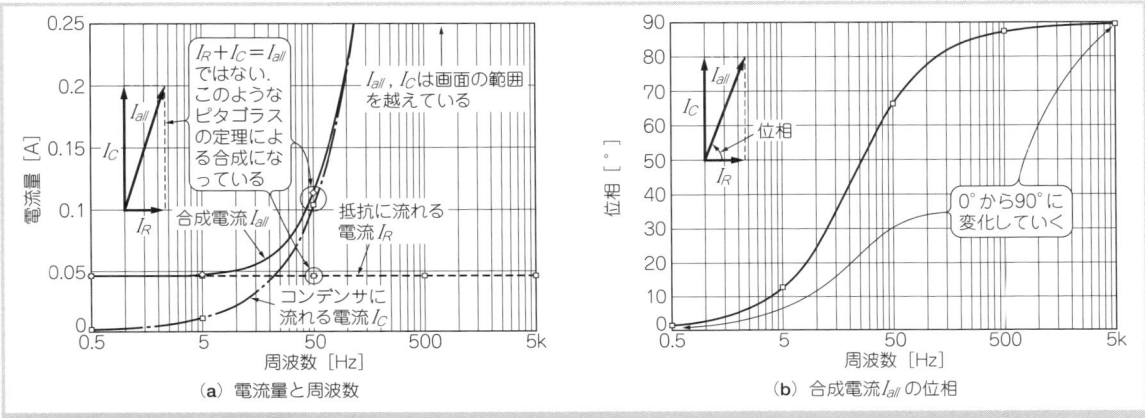

図5-4 図5-1の回路で周波数（0.5, 5, 50, 500, 5000 Hz）に応じて電流I_R, I_CとI_{all}の大きさと位相が変化するようす
横軸は対数軸にしてある．I_Cは対数軸を使っているのでカーブして見えるが，実際は周波数に直線比例しているため，普通のグラフで示すと直線になる．位相は0°から90°に変化していく．「対数軸」は章末参照．

について，**表5-1**に計算してみました．ポイントは下記のとおりです．

- 周波数が変わっても**純抵抗量は変化しない**
  →電流量I_Rは一定
- 周波数が変わるとリアクタンス量が変化する
  →電流量I_Cが変化する

表5-1の計算結果をもとに，**図5-4**(a)にI_R, I_Cと合成電流I_{all}の大きさ，(b)に合成電流I_{all}の位相が変化していくようすを示します．I_RとI_CがI_{all}として合成されるようすは，ピタゴラスの定理そのものになっています．位相もゼロから周波数が大きくなるにしたがって+90°に変化していきます．

このように周波数に応じて，同じ回路でも，電流の大きさと位相が変化していくのです．

● **周波数が変化したときにインピーダンスはどのように変化するのか**

図5-1の並列接続の回路では，回路全体での電流を妨げる量…つまりインピーダンス量Zは，

$$\frac{1}{Z} = \frac{1}{純抵抗}\angle 0° + \frac{1}{リアクタンス}\angle +90°$$

という関係になります（なお，**コラム4-4**と**コラム5-1**を確認のこと）．ここで$\angle\theta°$は位相量を表す記号（フェーザ表示）です．またインピーダンスは一般的に記号Zが用いられます．

これは「電流の合成」という，第1章の式（1-2）で示した抵抗の並列接続の公式とほとんど同じです（と言っても，単純な足し算というわけにはいかない）．

これは単純な話，オームの法則で$I=V/R$だったものが，交流での「電流を妨げる要素」をインピーダンスとして見た場合（記号をRの代わりにZとする），$I=V/Z$と計算できるということです．

また，合成電流I_{all}が**図5-4**のように変化するということは，交流電圧源Vの周波数は変化するものの電圧の大きさ自体は変わらないのに，電流Iの大きさや位相が変わっているということであり，

- 周波数によってインピーダンスZの大きさや位相が変わっている

と考えることができます．

●インピーダンス Z を制覇するにはあともう一歩

インピーダンスのふるまい自体はだいぶ見えてきたかと思います．このインピーダンス Z の詳しいこと（数式上で表すという意味で）は，複素数まで説明しなければ完全に制覇できません．そのため第4章でも「変換変数」という見方で説明し，本章でも数式上の詳しいふるまいはまだ述べていません．

ここまでの理解としては，直感的に「インピーダンス Z も，周波数が変化すると，その電流を妨げる大きさや位相が変化するのだ」と覚えておけば十分でしょう．

5-3 電流の位相の考えを他の回路に応用してみよう

●コイルと抵抗の並列回路の場合は，電流の位相はマイナスになり，周波数に応じて位相がゼロに近づく

図5-5の回路で，I_R, I_L, I_{all} の周波数ごとの大きさと位相を計算してみます．いずれにしても「矢印の合成」という点は何ら変わりません．

▶インピーダンス（リアクタンス）との関係

この場合は図5-6(a)のように，コイルに流れる電流 I_L の位相は－90°（90°遅れている）であり，式(5-2)のとおり周波数 f に応じてリアクタンス X_L が大きくなるので，I_L は小さくなります（リアクタンス X_L の大きさも図中に記載した）．

$$X_L = 2\pi f L \quad \cdots\cdots\cdots\cdots (5\text{-}2)$$

また，I_{all} の位相は図5-6(b)のように－90°からゼ

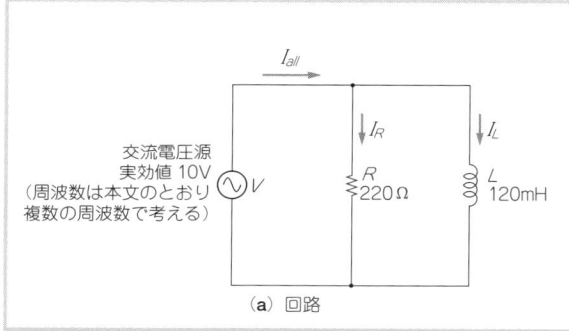

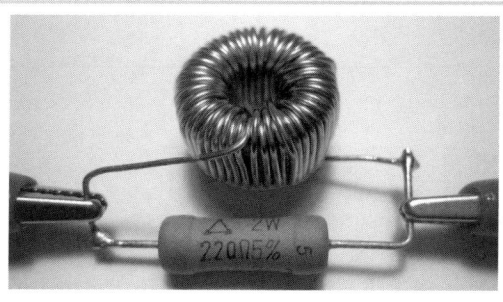

図5-5 抵抗とコイルが並列に接続された回路
コンデンサのかわりにコイルで考えてみる．コイルに流れる電流 I_L の位相は－90°（90°遅れている）．なお，写真のコイルはイメージであり回路図と同じ定数のものではない．

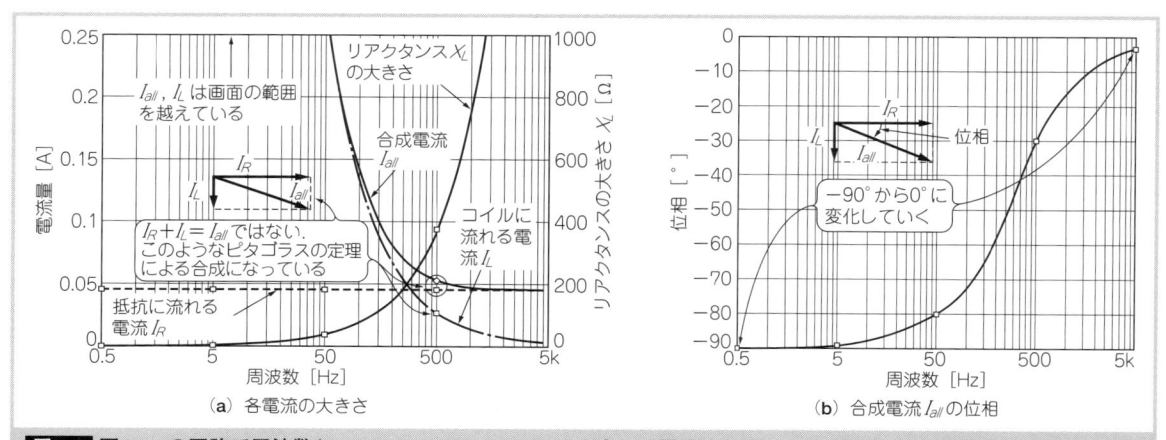

図5-6 図5-5の回路で周波数(0.5, 5, 50, 500, 5000 Hz)に応じて電流 I_R/I_L と I_{all} の大きさと位相が変化するようす
横軸は対数軸にしてある．I_L は対数軸を使っているのでカーブして見えるが，実際は周波数に反比例しているため，普通のグラフで示すと反比例曲線になる．位相は－90°から0°に変化していく．

第5章　位相で考えるコンデンサ/コイル＋抵抗のインピーダンスの変化

ロに近づいていきます．ここでも「矢印の合成」という点，$I = V/Z$という関係は何ら変わりません．

●**コイルとコンデンサの並列回路の場合は，電流の位相は－90°か＋90°になり，周波数と素子の定数の大きさで位相がどちらか決まる**

図5-7の回路でも，I_C，I_L，I_{all}の周波数ごとの大きさと位相を計算してみます．

▶インピーダンス（リアクタンス）との関係

この場合は図5-8(a)に示すようになります．I_Cが＋90°，I_Lが－90°の位相，リアクタンスX_Cは式(5-1)，X_Lは式(5-2)のとおりです．I_{all}の位相は図5-8(b)のように，周波数に応じて，

- 低い周波数で$X_L < X_C$のとき，$I_L > I_C$であり，I_{all}は－90°になる
- $X_L = X_C$でI_{all}の大きさ自体がゼロなる
- 周波数が高くなり，$X_L > X_C$のときには，$I_L < I_C$であり，I_{all}は＋90°になる

合成されたリアクタンス量とX_L，X_Cとは逆数同士の計算（引き算）になるので，混乱しないようにあえて図中には記載しません．

I_{all}の位相は，＋90°と－90°しかありませんが，ここでもまた「矢印の合成」という点，$I = V/Z$という関係は何ら変わりません．

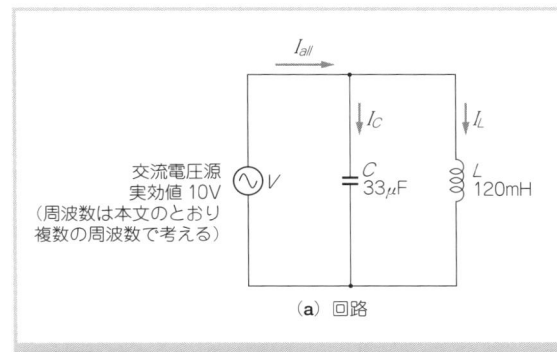

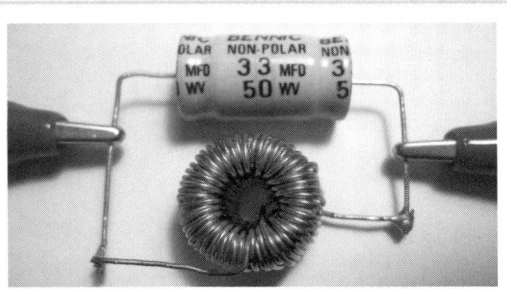

図5-7 コイルとコンデンサが並列に接続された回路
コンデンサに流れる電流I_Cの位相は＋90°（90°進んでいる）で，コイルに流れる電流I_Lの位相は－90°（90°遅れている）．なお，写真のコイルはイメージであり回路図と同じ定数のものではない．

コラム5-1 並列回路のインピーダンスはピタゴラスの定理で片付かない

直列接続の場合は純抵抗相当量とリアクタンス相当量が，そのままピタゴラスの定理でインピーダンス量として合成できます．

しかしここまでは「並列接続での電流の合成」というコンセプトで説明してきました．その並列接続でのインピーダンスZは，純抵抗相当量とリアクタンス相当量の逆数の合成（抵抗の並列接続の計算と似たような式）になっています．このことはコラム4-4でも説明しました．

並列接続の場合には，純抵抗相当量とリアクタンス相当量を，そのままピタゴラスの定理でインピーダンス量として合成できません（8-4節も参照）．

並列回路である図5-1の回路のインピーダンスZが変化するようすを，図5-Aに示しておきます．詳しい説明はややこしいので，ここでは「$I = V/Z$だから，電流量に反比例してインピーダンスZはこんな感じになるんだ」程度の理解で十分です．

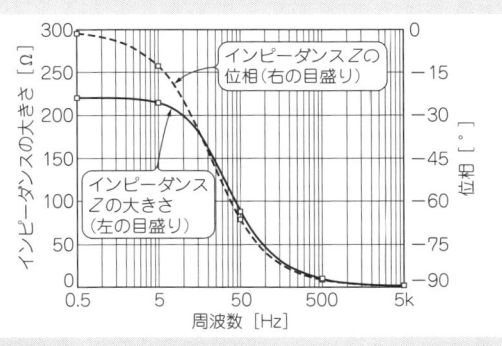

図5-A 図5-1の回路でのインピーダンスZが変化するようす

5-3 電流の位相の考えを他の回路に応用してみよう

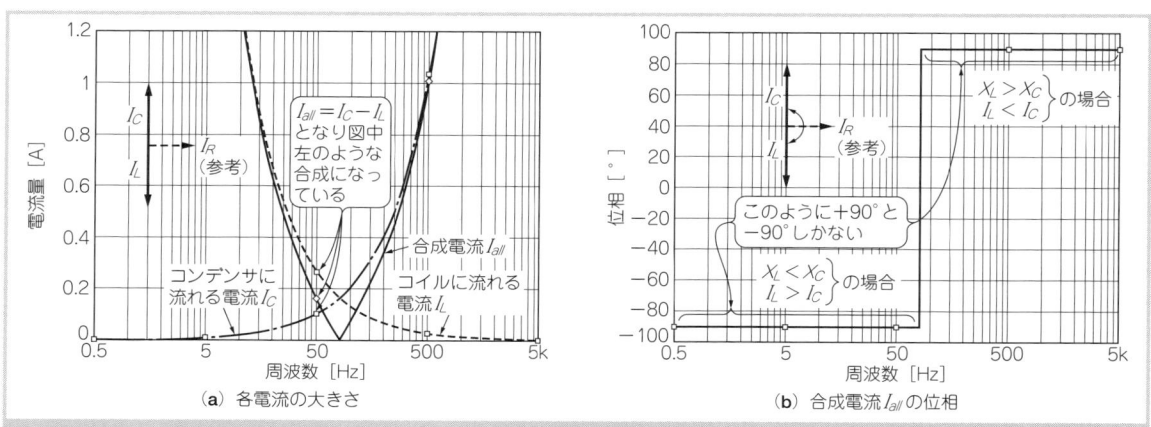

(a) 各電流の大きさ

(b) 合成電流 I_{all} の位相

図5-8 図5-7の回路で周波数(0.5, 5, 50, 500, 5000 Hz)に応じて電流 I_L, I_C と I_{all} の大きさと位相が変化するようす
横軸は対数軸にしてある．各電流は対数軸を使っているのでカーブして見えるが，実際は周波数に比例/反比例しているため，普通のグラフで示すと直線/曲線になる．位相は+90°と-90°しかない．

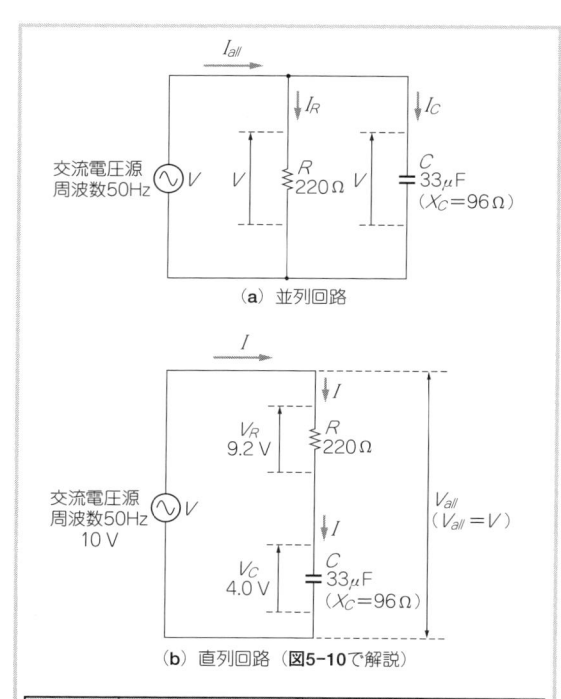

(a) 並列回路

交流電圧源 周波数50Hz V
R 220Ω
C 33μF (X_C=96Ω)

(b) 直列回路（図5-10で解説）

交流電圧源 周波数50Hz 10 V
V_R 9.2 V, R 220Ω
V_C 4.0 V, C 33μF (X_C=96Ω)
V_{all} ($V_{all}=V$)

種別	電圧	素子ごとに流れる電流
並列回路	同じものが素子ごとに加わる→V	それぞれ異なる（ここまでの説明のとおり）
直列回路	素子ごとの電圧を足し合わせたものが電源の電圧になる	それぞれの素子に流れる電流量は等しい→I

(c) 直列と並列の違い

図5-9 並列回路と直列回路の違いをあらためて明確にする
以降での説明のために実際の定数を入れてある．リアクタンス X_C が 96 Ω になっているが，これは周波数50 Hz のときに96Ωなので注意．並列回路は電流の合成，直列回路は電圧の合成になる．

5-4 直列回路を例にして位相の変化するようすを確認する

●直列回路の場合は素子ごとの電圧の合成になる

ここまではすべて並列回路で説明をしてきました．また，位相を電流の視点から考えてきました．

実際の回路としては，並列回路のみではなく直列回路の場合もあります．直列/並列の考え方の違いを**図5-9**に示します（この考えは直流，交流どちらでも同じ）．

▶直列回路は電流波形を基準にして電圧の合成で考えよう

交流として位相も含めて考えてみると，図5-9(b)の直列回路の場合は，それぞれの素子に流れる電流量が等しいので，**回路に流れる電流波形の位相を基準にして，電圧の合成で考える**ことがイメージをつかむうえで大切です．つまり V_{all} は，

$$10\,\mathrm{V} \angle -24° = 9.2\,\mathrm{V} \angle 0° + 4.0\,\mathrm{V} \angle -90°$$
↑ ↑ ↑
$V_{all} = IZ$ $V_R = IR$ $V_C = IX_C$

ここで∠θ°は位相量を表す記号（フェーザ表示）です．またコンデンサの電圧 V_C は電流に比べて90°遅れているので∠-90°になります（単に「電流の位相が電圧に比べて90°進んでいる」というここまでの説明を，電圧と電流の関係を逆に見ているだけのこと）．

いずれにしても，一つの素子では，電圧と電流の位相関係は，0°もしくは90°になっていることは，直列回路/並列回路のどちらでも変わりません．

▶電流と同じく，電圧の合成もピタゴラスの定理とし

図5-10 の説明

(a) 電圧の大きさの矢印の合成

- 抵抗の電圧 V_R 9.2V∠0°
- コンデンサの電圧 V_C 4.0V∠−90°
- 合成された電圧 V_{all} 10V∠−24°（ピタゴラスの定理による合成）
- −24°
- 角度0°の方向
- 直列回路に流れる電流の位相を基準，つまりゼロとしている
- 矢印の長さが電圧の大きさ　矢印の向きが位相

（吹き出し）交流電圧源の位相が−24°って，変じゃないですか？
（吹き出し）何を基準位相として着目するかニャのだ．図(b)を見て！

(b) 交流電圧源の位相を基準にしてみる

- 抵抗の電圧 V_R 9.2V∠+24°
- コンデンサの電圧 V_C 4.0V∠−66°
- +24°
- 角度0°の方向　合成された電圧 V_{all} 10V∠0°（これはこのまま交流電圧源の電圧！）
- 24°ぶん
- 交流電圧源の位相を基準，つまりゼロとしてみる
- 矢印の長さが電圧の大きさ　矢印の向きが位相

（吹き出し）このように位相を24°ぶん動かして電圧源，つまり電源の位相を基準にして考えれば回路の動きとしては理解しやすいニャ！
（吹き出し）位相を動かすと言っても位相が勝手に動くのではニャくて「何を基準に考えるか」ということだけニャ！
（吹き出し）電圧源の電圧より抵抗の電圧 V_R は進んでいるんだぁ

図5-10 図5-9(b)の直列回路の場合は直角に交わる V_R の矢印①と V_C の矢印②が作る合成の大きさが V_{all}
交流電圧源の位相は発生源だからゼロのはず…というのは，このようなプロセスで考える．「何に着目して見るか」だけのこと．他の教科書や参考書はいきなり交流電圧源の位相をゼロとして説明しているためイメージ理解が難しい．

て考え，電圧の位相についての疑問も解決する

それでは図5-10(a)に，図5-9(b)の**直列回路**での電圧 V_{all} を，V_R，V_C の矢印（それぞれ大きさと位相，つまり方向を含んでいる）の合成としてあらためて考えてみましょう．

これは図5-3において**並列回路**の電流で考えた矢印の合成を，ここでは電圧の合成として考えます．ここでもピタゴラスの定理のとおりです．

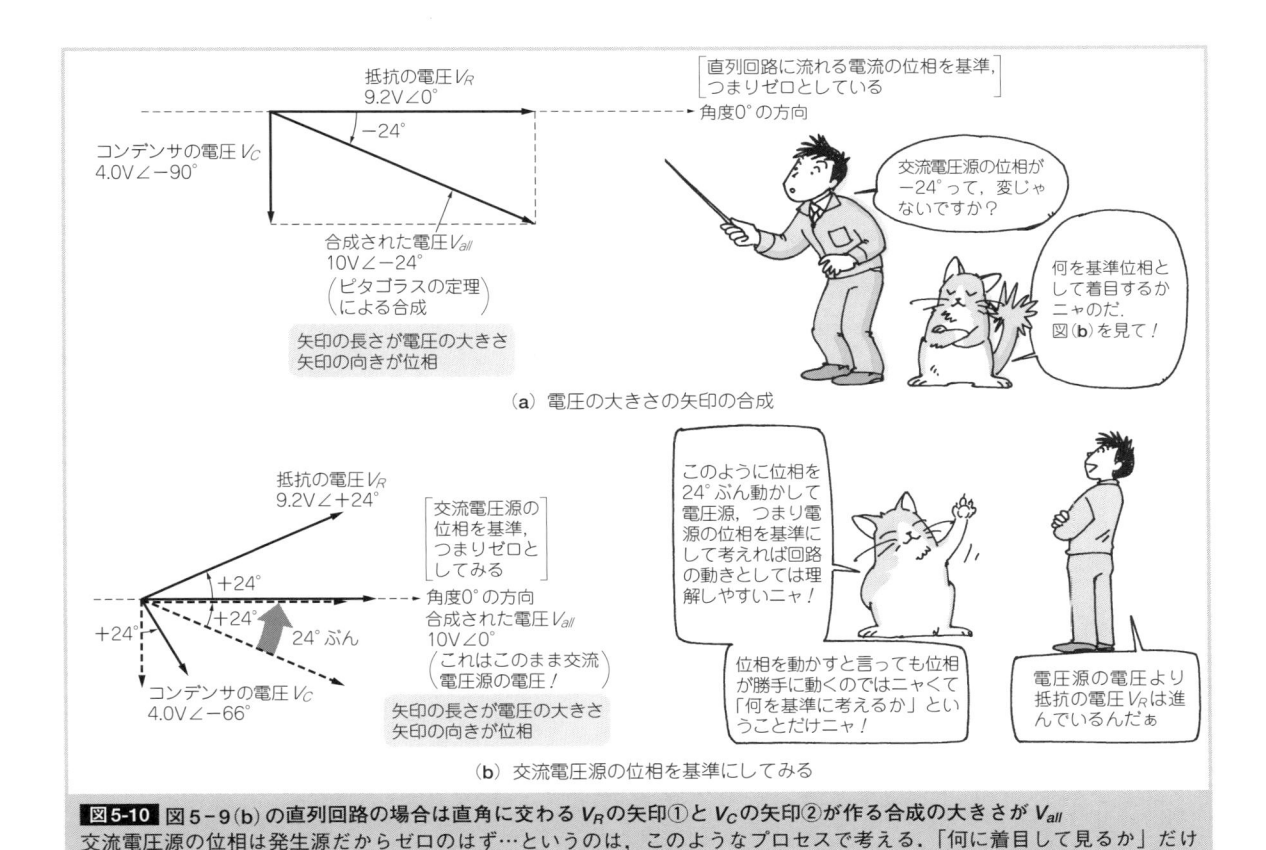

図中で，合成された電圧 V_{all} の（交流電圧源の）位相は−24°になっていますね．ここで「なんか変だぞ？ごまかされているような気がする…．だって交流電圧源の位相って，発生源だからゼロでしょ？」と思う人もいると思います．これは，

- 図5-10(a)は直列回路に流れる**電流を位相の基準**にしている
- 位相は「同じ周期の二つの交流波形の時間的な位置ずれ」
- 相対的な量であるから何を基準にしてもよい

逆にいうと，交流電圧源の位相を $V_{all}∠0°$ と基準にしてしまえば，

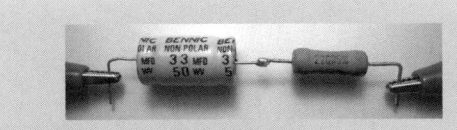

写真5-1 図5-9の直列回路の外観
抵抗とコンデンサが直列に接続されている．実際に実験するときは，コンデンサの等価直列抵抗が小さい無極性のコンデンサを使用すること．

- これも図5-10(b)のとおり，電流 I の位相が $I∠+24°$ となり，24°の符号（進み/遅れ）が逆になるだけ
- $V_R∠0°$ は $V_R∠(0+24)°$，$V_C∠−90°$ は $V_C∠(−90+24)°$ と相対的にずれるだけ

つまり，V_R と I が同じ位相，V_C と I が90°の位相関係，なおかつ，それぞれの妨げる量（インピーダンス量），電圧量，電流量，これらがつじつまが合うように回路として動いているだけのことなのです．

それを「何に着目して見るか」だけのことなのです．

5-4　直列回路を例にして位相の変化するようすを確認する

● 実験で位相の変化するようすを確認してみる

実際に実験で，ここまで説明してきた直列回路がどのように動くのかについて確認してみましょう．

写真5-1のように，交流電圧源に抵抗とコンデンサが直列に接続されています．なお実際に実験するときは，コンデンサの等価直列抵抗（コンデンサとして働かない損失になってしまう成分，純抵抗成分に相当する）の大きさに十分に注意して，等価直列抵抗の小さい無極性のコンデンサで行ってください．

▶ V_{all} と V_R を比較する

図5-11は50 Hzの交流電圧源 V_{all}（実効値10 V）と V_R をオシロスコープで測定したものです．V_{all} の位相を基準にしてみると，V_R の位相は＋24°になっていることがわかります（周期20 msの24/360＝1.3 msになる．画面上の符号はマイナスだが，V_R のほうが早い，つまり「進み位相」）．これは図5-10(b)の位相関係と同じですね．

▶ V_{all} と V_C を比較する

図5-12は V_{all}（実効値10 V）と V_C を測定したものです．V_{all} の位相を基準にしてみると，V_C の位相は－66°になっていることがわかります（周期20 msの－66/360＝3.6 msになる．画面上の符号はプラスで，V_C のほうが遅い，つまり「遅れ位相」）．これも図5-10(b)の位相関係と同じですね．

▶ V_C と V_R を比較する

最後に図5-13は V_R と V_C を測定したものです．V_R

図5-11 V_{all} と V_R を測定したようす（10 V/div., 5 ms/div.）
V_R の位相は＋24°（周期20 msの24/360＝1.3 msになる．画面上の符号はマイナスだが，V_R のほうが早い，つまり「進み位相」）

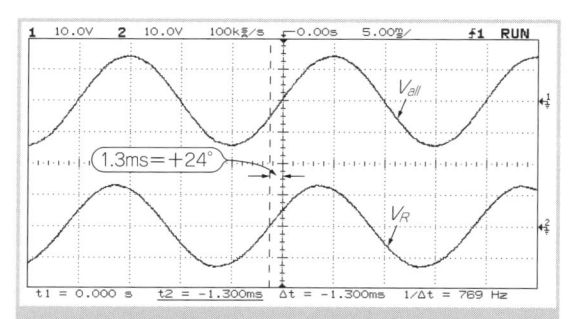

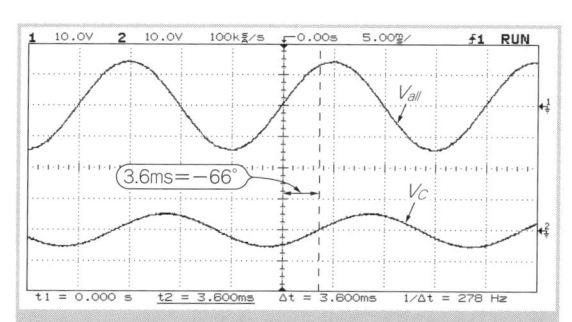

図5-12 V_{all} と V_C を測定したようす（10 V/div., 5 ms/div.）
V_C の位相は－66°（周期20 msの－66/360＝3.6 msになる．画面上の符号はプラスで，V_C のほうが遅い，つまり「遅れ位相」）

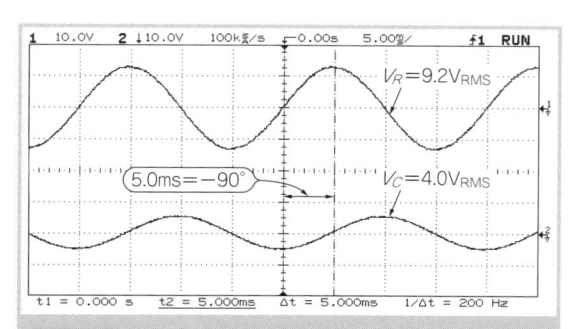

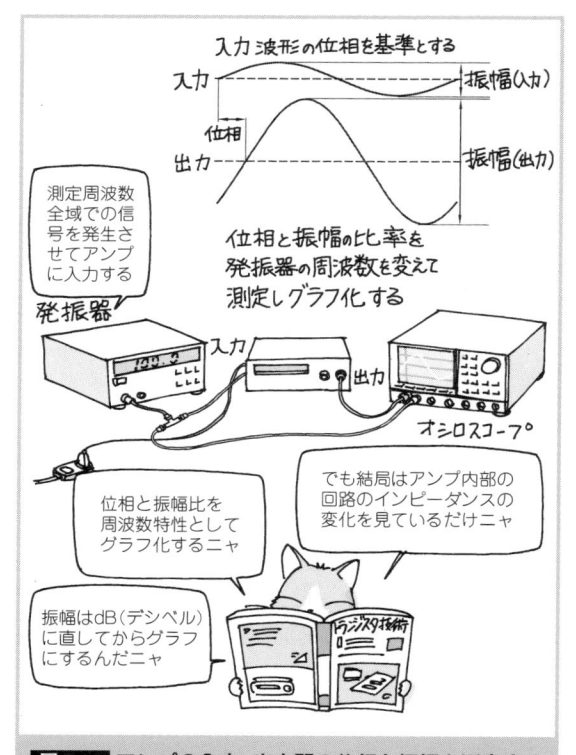

図5-13 V_R と V_C を測定したようす（10 V/div., 5 ms/div.）
電圧値は実効値で示している．波形のピークは $\sqrt{2}$ 倍．V_C が90°遅れ位相になっている．測定結果をピタゴラスの定理で計算するとちゃんと10 Vになる．

図5-14 アンプの入力-出力間の位相と振幅を測定する
入力波形対出力波形など，回路を伝達する二カ所の波形の相互関係を位相で示すことも多い．周波数ごとの位相（振幅も）の変化するようすを周波数特性として表す．

と V_C は位相が90°になっていることがわかります（周期20 msの90/360 = 5.0 msになる．V_C が90°の遅れ位相）．これも図5-10(b)の位相関係や，ここまで説明してきたことと同じですね．

また，それぞれの実効値を測定してみると，V_R が約9.2 V，V_C が約4.0 Vです．ピタゴラスの定理を用いて V_{all} を計算してみると，

$$V_{all} = \sqrt{V_R^2 + V_C^2} = \sqrt{9.2^2 + 4.0^2} = 10 \text{ V}$$

で10 Vになっていることもわかりますね（これらは部品の精度誤差のため，若干ずれが出ることもある）．理論と実測は同じなんです．これこそ「教科書と現場のインターフェース」ですね．

5-5 位相の周波数変化はインピーダンスの周波数変化である

ここまでは回路の素子に加わる電圧と電流の関係で位相を考えてきました．しかし，これ以外にも，回路のある部分の波形を基準として，その波形が伝達してきた別の部分の波形との相互関係を位相で示すこともあります（例えば入力波形対出力波形など）．

とくに周波数ごとに位相が変化するようすを，周波数特性として表します．

●周波数ごとの位相と振幅の相互関係をグラフ化する

例えば図5-14のようなアンプ（増幅器）を考えてみます．回路としての細かい説明ではないので，単なる箱…例えば製品だとしましょう．

アンプ入力の電圧正弦波波形を基準として考えます．アンプ出力の電圧波形を入力-出力間の相対関係として位相を用いて表します．またアンプは増幅もしますから，正弦波波形の振幅も大きくなりますね．つまり

- アンプの入力-出力間の電圧波形の相対関係を位相を用いて表せる
- 位相だけではなく，振幅の変化も（本節の話題とは直接関係ないが）アンプの特性を表せる要素である

このような用途にも位相が使われます．またこの二つ

コラム5-2 入力電圧と出力電圧の大きさ/位相の関係はボーデ線図に描く

本文で，ボーデ線図（Bode Plot）というアンプの入出力特性の関係などを表すことのできる図式があると説明しました．図5-Bはボーデ線図の例です．ボーデ線図は横軸に周波数（対数グラフ），縦軸に入出力の位相差と利得（dBという対数値に変換する）を2本の線で描きます．なお，このdB（デシベル）については，第9章と第10章で説明します．

ボーデ線図は図5-Cに示すようなフィードバック系の動作安定性を確認したり評価したりする場合によく用いられます．この図の右側は，電子回路のフィードバック系の代表格であるOPアンプ（増幅用素子）回路を示しています．フィードバック系は図のような利得 A と帰還係数 β の大きさと位相により，この系全体の安定性が決まり，A と β が不適切な場合，系が発振してしまうことになります．ボーデ線図でこの性能評価が可能です．

さらに詳しい説明は，制御理論やOPアンプ関連の書籍に載っていますので，興味のある方は参考にしてください．

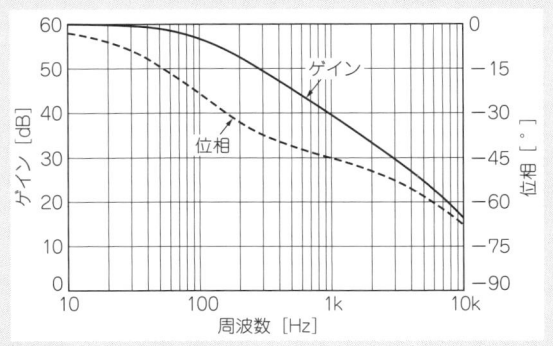

図5-B ボーデ線図の例

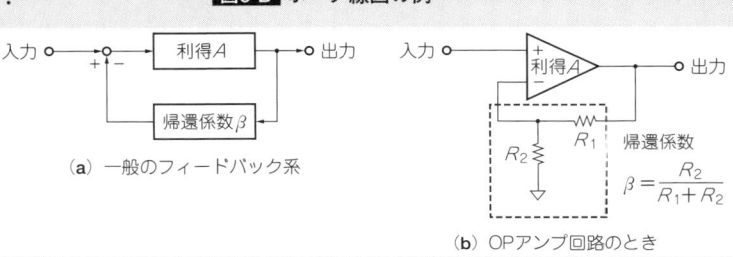

図5-C ボーデ線図がよく用いられるフィードバック系
フィードバック系は帰還係数（掛け率）β で出力の大きさの一部を入力に戻し，系を安定化させる技術．(b)は電子回路のフィードバック系の代表格であるOPアンプ回路．

(a) 一般のフィードバック系

(b) OPアンプ回路のとき　$\beta = \dfrac{R_2}{R_1 + R_2}$

の要素を一緒にして図示する「ボーデ線図」(Bode Plot)という便利な図式があります．詳しくは**コラム5-2**を参照してください．

▶結局はインピーダンスと同じこと

「この説明と前の説明との関係が見えてこない…」と思うかもしれません．しかし入力-出力間の位相というのは，アンプ内部のたくさんの抵抗/コイル/コンデンサ(さらにトランジスタなどの増幅素子も含め)が接続されている回路のインピーダンスの変化を見ていることと，基本的には同じことなのです．「周波数で位相が変わる」のは，リアクタンスを生じる素子がアンプ内部での位相の変化に影響を与えるからです．

● まとめ

二つの章にわたって位相を説明し，インピーダンスとのつながりや，実際の用途について考えてきました．

「どうやらインピーダンス Z さえも，$I = V/Z$ でオームの法則とのつじつまが合っているようだ」ということもわかってきましたね．難しく考えることはありません．位相というツールの意味がわかってしまえば，結局はそれがインピーダンスの本質なのです．

いよいよ次の章では複素数を説明します．プロの設計業務という観点からすれば，複素数自体の数学的な考え方を理解するよりも，実際の目的であるインピーダンスや位相と，複素数とのつながり/使い方を理解することが大切だと思います．

その点では，複素数は，インピーダンスや位相を簡単に数式上で取り扱えるツールです．次の章ではその意味を説明していきましょう．

そして複素数というツールの使い方がわかった時点で，オームの法則で交流回路とインピーダンスの計算をすべて制覇することができるのです．

第5章のキーワード解説

①**インピーダンス**(impedance)

交流における抵抗量(電流を妨げる量)に相当する．その要素は抵抗(純抵抗成分)とコイル/コンデンサ(それぞれリアクタンス成分)に分けられる．

②**純抵抗**

直流/交流(さらに周波数)に関わりなく，電流を妨げる量がいつも一緒で，電圧と抵抗に流れる電流との間の位相関係も0°となるもの．電力を消費する．

③**リアクタンス**

コイル/コンデンサでの電流を妨げる量．周波数に関係してリアクタンスの大きさは変化する．また電力を消費しない．電圧の最大点で電流はゼロになり，電圧がゼロのところで電流が最大になっている．

④**実効値**

交流回路の計算で，電力($P = IV$)の計算も含めて，オームの法則を用いて直流回路とまったく同じに計算できるよう，波形の大きさを決めたもの．正弦波の場合，ピーク値の $1/\sqrt{2}$ になる．

⑤**ベクトル**

大きさ(例えば実効値)という成分と，方向(例えば位相)という成分の二つをもつ「量」のこと．本文中で「大きさと向きをもつ矢印」という話をしたが，実はこれがベクトルである．

⑥**対数軸**

目盛りが等間隔に1, 10, 100, 1000, 10000と並んでいる軸．数が大きくなると圧縮されている感じ．「対数」の詳細については，第9章，第10章であらためて説明する．

⑦**dB**(deci Bell)

「デシベル」と呼ぶ．電力の比を対数として表し，さらにそれを10倍(deciとは1/10の意味)したもの．アナログ回路や高周波回路の計算でよく出てくる単位．

⑧**等価直列抵抗**

本文にも説明したように，コンデンサ内部に存在する，コンデンサとして役にたたない，損失になってしまう成分．純抵抗成分に相当する．ESR (Equivalent/Effective Series Resistance)とも言う．

⑨**精度**

電子部品で表記されている大きさ(抵抗値など)に対しての，その素子の実際の大きさの正確さの度合い．誤差を大きさで割ってパーセントで表すことが多い．部品の種類ごとに2%とか5%とか精度が製品規格で規定されている．

第2部
複素数と$e^{j\theta}$

　第1部では，位相というツールを含めることで，交流回路でさえもオームの法則でとらえられることがわかりました．第2部では，実際の計算をするために必要な「複素数」について説明します．

　「複素数」というと，数学的でとっつきにくいイメージがあるかもしれませんが，電子回路を設計するときに利用するちょっとした便利ツールと割り切ってください．

　そこで，回路設計で使うのに必要十分な現場レベルとしての説明をします．実務上でも複素数がわかり，ツールとして応用できるようになれば，回路計算だけなく回路を考えるうえで大きなステップ・アップが可能です．

ツール3 複素数	第6章　変化する位相θ°回るインピーダンス　そして$e^{j\theta}$
	第7章　コンデンサとコイルのインピーダンスは$e^{j\theta}$を使って表す
	第8章　抵抗/コンデンサ/コイルを組み合わせた回路のインピーダンスは？

第6章

ツール3 複素数

位相と電流の二つを変えるインピーダンスを一つの記号で一括処理

変化する位相 $\theta°$ 回るインピーダンス そして $e^{j\theta}$

　本章から3章に分けて，複素数について説明します．ここで回路理論の勉強に挫折する人も多いと思われます．そこで本書では，複素数自体の数学的な考え方を説明するよりも，実際に複素数を利用する目的である，インピーダンスや位相とのつながりや使い方に的を絞って説明していきます．

　実際問題，回路は複素数で動いているわけではありません．われわれプロの電子回路設計技術者が行う回路計算で，複素数は計算を正確かつ簡単に数式上で取り扱えるようにするためのツールのようなものです．

　複素数というツールの使い方がわかった時点で，単純と思われるオームの法則で，交流回路とインピーダンスの計算をすべて制覇することができるのです．

　まず本章では，複素数での極座標形式 $e^{j\theta}$（定型フォームという考えで説明をする）について掘り下げていきます．今の時点では「複素数とは何か」，「虚数とは何か」は理解していなくてもかまいません．途中で少しずつ示していきます．

6-1 交流電圧/電流波形と位相のおさらい

　ここまで説明してきたとおり，位相は，同じ周期の二つの波形の時間的な位置ずれです．電圧と電流の時間的な相互関係を表すことが一般的といえるでしょう．また回路の入力と出力の間の，周波数ごとの相対関係を「周波数特性」として増幅度とともに示すことにも使われます．

　「位置ずれ」という表現でもわかるように，位相という量は絶対的な量，例えば1 mとか1 kgとかいう量ではありません．相対的な差（時間的な位置ずれ）を示す量です．

●交流波形を数式で表しておく

　図6-1(a)のような交流電圧波形（余弦波；コサイン波）$v(t)$ を式で表すと，次のようになります．

$$v(t) = \sqrt{2} \times 10 \times \cos(2\pi 50 t) \text{ [V]} \quad \cdots\cdots (6\text{-}1)$$
　　　　　　　$\underbrace{\phantom{\sqrt{2} \times 10}}_{V}$　$\underbrace{}_{f}$

　ここで，V は実効値[V]（RMS；root mean squareの略で実効値のこと．また $V = 10$ Vで，図中ではピーク値が $\sqrt{2}$ 倍で14 Vになっている），π は円周率（3.1415…），f は周波数[Hz]（$f = 50$ Hzとしている．周期にすれば20 ms），t は時間[sec]です．

　波形の式と実効値の V を区別するために，波形の式は $v(t)$ と小文字にしています．電流も $i(t)$ とし

ています．

▶角度は $0 \sim 2\pi$ radという弧度法で表記する

　図6-1(a)に $0 \sim 2\pi$ が入っているのは第4章のコラム4-1でも説明しましたが，ここでは弧度法（$0 \sim 2\pi$ rad；radは「ラジアン」と読む）で表記するために，$\cos\theta$ という関数への入力変数 θ として「θ を弧度法で表現するのか，度数法（$0 \sim 360°$）にするのか？」の答えとして「弧度法で表現する」というだけのことです．$\cos 30°$ でもかまいませんが，$e^{j\theta}$（「イー・ジェー・シータ」と読む）の形で位相を考える際に**弧度法を使う**ので，ここでも弧度法を使います．

　第4章と第5章では，現場でよく使われる度数法で説明しました．しかし本章以後では上記の理由により弧度法で表記します．

　ところで，「式(6-1)のように，cos関数への入力変数を $2\pi f t$ とすれば，目的の波形になるの？」と思うかと思います．**表6-1**に図6-1(a)との関係も含めて，確認として例を示しておきましょう．表6-1と図6-1で f は周波数[Hz]，t は経過時間[ms]です．これらの関係から $\theta = 2\pi f t$ でcosの角度（位相量）になることがわかります．

　またサイン波を使わずに，コサイン波を使うのは理由があります．以下で説明していきますが，ここでは「そういうものなのね」と思ってもらえればOKです．

●位相は二つの波形の時間的な位置ずれだ

　さて，図6-1(a)の交流電圧波形 $v(t)$ がゼロ・レベ

第2部 複素数と $e^{j\theta}$

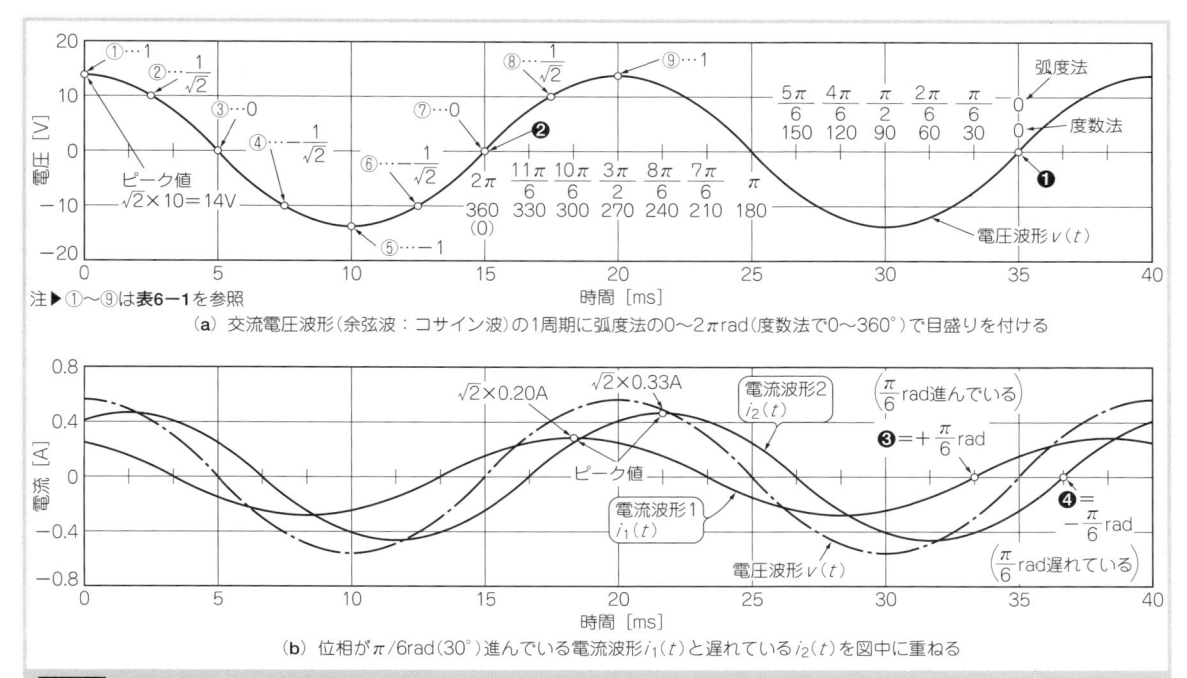

図6-1 目盛りを振って二つの波形を比較する…それが位相になる（周波数は50 Hz）
(a)は電圧波形，(b)はそれに電流波形の例を二つ重ね合わせた．ピークをさしているので実効値の$\sqrt{2}$倍で表記している．前章までは度数法だったが，ここからは弧度法($0 \sim 2\pi$ rad)を使う．

ルを下から上に横切るところを基準として考えます．
❶から❷まで弧度法と度数法で目盛りをつけてみます．位置❶から過去の時間に向かって目盛りを振っていきます．

▶同じ周期の電流波形を重ねて考える

図6-1(a)の電圧波形$v(t)$に，図6-1(b)のように，時間的に位置ずれした同じ周期の電流波形$i_1(t)$と$i_2(t)$を，重ね合わせてみます．

$i_1(t)$は，❸のところでゼロ・レベルを下から上に横切っています．このとき位置❸は$+\pi/6$ radになります．基準波形$v(t)$と比較して，$i_1(t)$は時間的に先にゼロ・レベルを横切るので，時間的に先に動いていると言え，「$\pi/6$ rad(30°)進んでいる」と表現します．これが位相です．

$i_2(t)$の❹は，❸と時間的に逆の関係で「$\pi/6$ rad(30°)遅れている」といいます．進みや遅れはπ rad (180°)を境にします．

それぞれ式で示すと，次のとおりです．

$i_1(t) = \sqrt{2} \times 0.20 \times \cos(2\pi 50 t + \pi/6)$ [A] … (6-2)
$i_2(t) = \sqrt{2} \times 0.33 \times \cos(2\pi 50 t - \pi/6)$ [A] … (6-3)

ここで0.20 A，0.33 Aは電流波形$i_1(t)$，$i_2(t)$の実効値です．このように式というのは，図6-1(b)の波

表6-1 $2\pi ft$で目的の波形が出せることを確認する
「式(6-1)のように，cos関数への入力変数を$2\pi ft$とすれば，目的の波形になるの？」という疑問に図6-1(a)との関係も含めて答える．$\theta = 2\pi ft$でcosの角度（位相量）になることもポイント．コサイン波を使うのは理由がある（コラム6-4参照）．周波数$f = 50$ Hz（周期にすれば20 ms）とした．

t	$ft(= 50 \times t)$	$2\pi ft$	$\cos(2\pi ft)$	図6-1の位置
0 ms	0	0	1	①
2.5 ms	0.125 (1/8)	$\pi/4$	$1/\sqrt{2}$	②
5 ms	0.25 (1/4)	$\pi/2$	0	③
7.5 ms	0.375 (3/8)	$3\pi/4$	$-1/\sqrt{2}$	④
10 ms	0.5 (1/2)	π	-1	⑤
12.5 ms	0.625 (5/8)	$5\pi/4$	$-1/\sqrt{2}$	⑥
15 ms	0.75 (3/4)	$3\pi/2$	0	⑦
17.5 ms	0.875 (7/8)	$7\pi/4$	$1/\sqrt{2}$	⑧
20 ms	1	2π	1	⑨

形の動き(形)を記号で示しているだけなのです．

▶位相は$2\pi ft$にただ足し算するだけ

式(6-2)と式(6-3)のカッコの中を見てください．なお$2\pi 50 t = 2\pi ft$ [rad]です．位相$\pm \pi/6$ radは，$2\pi ft$の項にただ足されるだけです．つまりカッコの中はすべて角度/位相で，$2\pi ft$の項でさえも角度量/位相量$\theta = 2\pi ft$ [rad]であり，cosの角度量（位相量）になっているからです．

6-1 交流電圧/電流波形と位相のおさらい

● 現場では度数法だが，数式を使うときは弧度法で位相を表す

先に説明したように位相の表し方は，度数法（単位は度［°］）と弧度法（単位はラジアン［rad］）の2種類があります．回路設計の普段の現場では，度数法の0～360°で位相を議論したり表現することが多いと言えます．

一方，複素数や数式で位相を取り扱うときは，弧度法の0～2π radで表現します（理論検討や資格／国家試験など）．そのため，以下でも弧度法を主体とした表記にしています（補助的に度数法も示している）．

表6-2 カッコ内の全部を角度量として表記してみる
図6-1(b)の電流波形1と2について，cosのカッコ内の全部を角度量として表記した．それぞれの時間のときの角度を計算してある．周波数$f=50$ Hz（周期にすれば20 ms）とした．

t	ft	$2\pi ft$	式(6-2)の角度 $2\pi ft + \pi/6$	式(6-3)の角度 $2\pi ft - \pi/6$
0 ms	0	0	$\pi/6$	$-\pi/6$
2.5 ms	0.125 (1/8)	$\pi/4$	$\pi/4 + \pi/6$	$\pi/4 - \pi/6$
5 ms	0.25 (1/4)	$\pi/2$	$\pi/2 + \pi/6$	$\pi/2 - \pi/6$

6-2 位相で考えるのなら周波数は考えなくてよい

位相は「同じ周期の二つの波形」の関係を示すものです．波形自体の周波数や周期という**時間概念はあまり関係ありません**．このことを考えてみましょう．

式(6-2)と式(6-3)の［それぞれ図6-1(b)の電流波形1と2］，cosのカッコ内の全部を角度量として**表6-2**に表記してみましょう．この表では，それぞれの時間のときの角度を計算してあります．

さて，表6-2の結果を図6-2(a)～(c)に，$2\pi ft$の角度，式(6-2)と式(6-3)の角度が，時間ごとに動いていくようすを図示してみます．**角度ゼロは図の右（横軸）方向**とし，これから**反時計方向を角度のプラス方向**として考えます（この決めごとは基本でありとても重要）．

ここでわかることは，それぞれ絶対的な角度位置は変わっていますが，$2\pi ft$，式(6-2)，式(6-3)の角度の相互関係はどれでも一緒だということです．

この関係は周波数fが大きくなっても，絶対的な角度位置の変化が，時間に応じて速くなるか遅くなるかの違いだけですから，これらの三つの角度の相互関係，つまり位相はいつも同じままです．

「二つの波形の時間的な位置ずれ」である位相を考えるうえでは，基準にした角度との相対関係さえわかっていればよいことですから，$2\pi ft$については**考えなくてもよい**ということに気がつくと思います．

そうすれば，単純に**図6-2(a)の$t=0$ msのときだけ**，つまり位相のぶんだけ考えればよいことにも気がつくと思います．それではここでいったん，周波数fと時間t，つまり$2\pi ft$のことは忘れてしまいましょう！

コラム6-1 角度は360°，位相は2πで一巡する

位相を表す数字自体としては，どんどん大きくなる値を考えることができます．一方で角度というものを（度数法で）考えると，359°の次はゼロですね．位相も角度と同じですから，
$\pi/2 \Rightarrow \pi/2$, $\pi \Rightarrow \pi$, $3\pi/2 \Rightarrow 3\pi/2$,
$2\pi \Rightarrow 0$, $5\pi/2 \Rightarrow \pi/2$, $3\pi \Rightarrow \pi$,
$7\pi/2 \Rightarrow 3\pi/2$, $4\pi \Rightarrow 0$
と2π radを境にゼロに戻り，結局は0～2π radの間を繰り返し通っているだけということです．

そのため0～2π radの間だけを考えていけば十分だと言えますし，実際問題としてもその区間しかないのです（群遅延や位相遅延など，わざと2πを越えて表現する場合もある．しかし波形の動き自体は何ら変わりない）．

● 角度だけを図で描くのでなく，振幅量も考えよう

周波数fと時間tのことは忘れてよいとしても，位相量とともに，波形の情報として基本的に必要な成分に，「振幅量（大きさ）」があります．図6-1(b)の二つの電流波形を図6-3のように，

- 大きさ（振幅量．ここではピーク値を用いる）
- 角度（位相量．電圧波形$v(t)$を基準にする）

として図を描いてみましょう（それぞれの波形の式も付記してある）．こうすれば，一つの図で，波形の「情報として必要な成分」を描くことができます．ここでも**角度ゼロは図の右方向**とし，**反時計方向を角度のプラス方向**として考えます．

この振幅と位相成分を一緒に表す，図6-3に示す図を「極座標」と言います．べつに難しく考えることはありません．単に大きさと角度で描いているだけなのです．

(a) 時間 $t=0$ ms

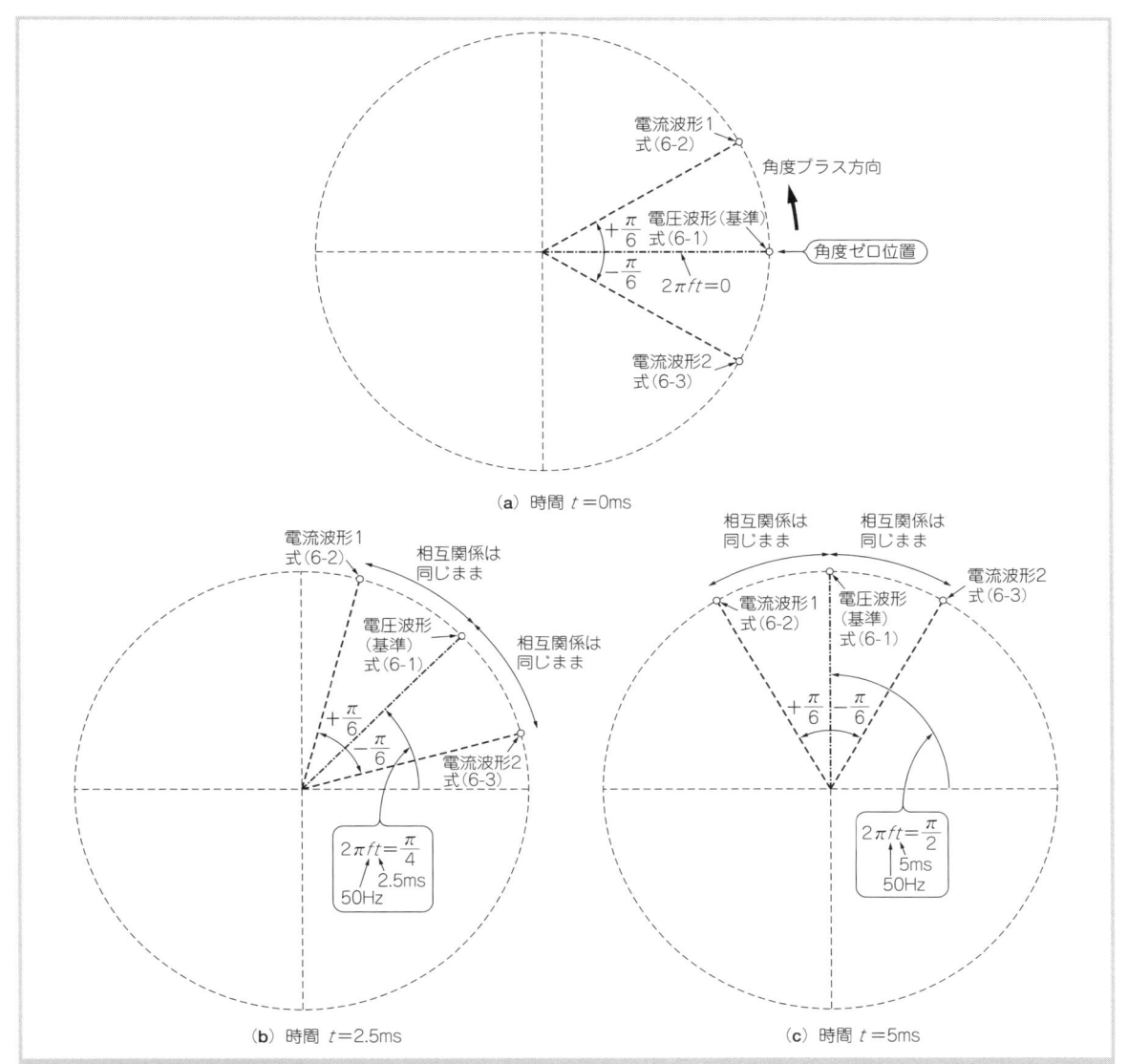

(b) 時間 $t=2.5$ ms

(c) 時間 $t=5$ ms

図6-2 波形同士の位相の関係を時間ごとに角度で表す
図6-1の電圧波形と電流波形1，2の関係を表6-2で計算したものを角度で示した．それぞれ絶対的な角度位置は変わっているが，相互関係はどれも一緒．

6-3 電圧と電流の関係を位相変化も含めて計算する

インピーダンスは「交流での電流を妨げる量」で，一般的には記号Zを使います[注6-1]．また「位相を変化させながら」電流を妨げるようにふるまい，電圧と電流との関係をつなぎます．

オームの法則での「電圧／電流／抵抗」の関係を「電圧／電流／インピーダンス」，$I=V/Z$として表すことを考えてみましょう．

●電圧から電流に，位相を含めて[何か]で変換計算するのに，単純な三角関数ではできない

「周波数fと時間tのことは忘れてよい」のですが，以下の式(6-4)では，式(6-1)，式(6-3)の説明や他

注6-1：本書ではZはベクトル量だとして説明をしている．初学者の余計な混乱を避ける意味から，ベクトル量としての補助表示はあえて使用しない（$Z=|Z|\,e^{j\theta}$としている）．以降のリアクタンスXも同じ．

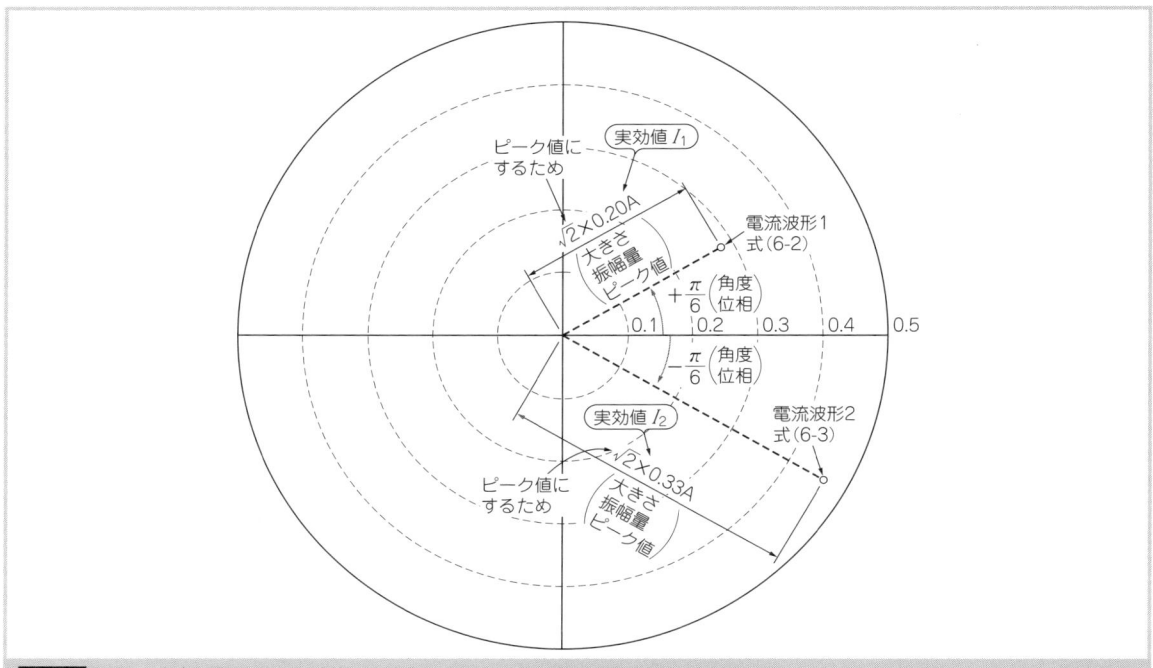

図6-3 図6-1(b)の電流波形 $i_1(t)$ と $i_2(t)$ を大きさと角度で表す（極座標表示）

「二つの波形の時間的な位置ずれ」である位相を考えるには，$2\pi ft$ は考えなくても角度の相対関係さえわかっていればよい．単純に $t=0$ msecのときだけを，位相ぶんだけを考えればよい．

の参考書での一般的な表記方法と合わせるため，$2\pi ft$ を「一応」入れたままにしておきます．

さて，式(6-1)はコサイン波の電圧 $v(t)$ です．式(6-2)や式(6-3)は同じく電流 $i_1(t)$ と $i_2(t)$ です（位相が $\pm \pi/6$ rad になっている）．**オームの法則**で $I = V/Z$ と考えて，式(6-1)の $v(t)$ を[何か]で割って，例えば $i_1(t)$ を，つまり位相を $+\pi/6$ にした波形を作れるでしょうか．これは，

$$\frac{\sqrt{2} \times 10 \times \cos(2\pi ft) [\text{V}]}{[何か]}$$
$$= \sqrt{2} \times 0.20 \times \cos(2\pi ft + \pi/6) [\text{A}] \cdots\cdots (6\text{-}4)$$
　　　　　　↑位相が異なる

ということです．実際の回路上としては，本書のここまでに，この変換をさせるもの（電流を妨げるもの）は「インピーダンス」だと説明してきました．つまり，

　　　[何か]＝インピーダンス Z

であるわけです．しかしながら，cosやsinの普通の三角関数の計算では，**数学上の計算としてのこの変換は，実は…できないのです**（コラム6-2参照）．

●置き換えでほとんど同じ意味のまま計算しやすくするのが $e^{j\theta}$ での計算なんだ

誰しも，この[何か]を実現し，位相を変えることを実現し，そして「交流回路の計算をオームの法則で実現したい…」と思うでしょう．

そこで三角関数の計算でできないのなら，「**何かしら置き換えをして，つじつまが合ったままで計算ができないか**」と思うでしょう．それが複素数を用いた $e^{j\theta}$ の形式なのです．

別に回路は複素数で動いているわけではなく，複素数を使って計算しやすくするだけのことなのです．

●波形の動きや形を表す式から，回路計算の目的として実効値で考え直す

本章のここまでは波形の形状を式で表すことを基本に説明しました．つまり波形の振幅を示すために，ピーク値として説明してきました．正弦波の場合は，実効値の $\sqrt{2}$ 倍がピーク値になります．ここまでの数式の $\sqrt{2}$ 倍はその意味です．

しかし実際は回路計算だけができればよいので，波形をそのまま考えることはありません．「やっぱり実効値で計算したい」と，これまた誰しも思うでしょう．

▶回路を計算するうえでは,振幅を正確に計算する必要はなく,実効値で表記/計算すればよい

例えば式(6-4)を見てみてください.式の左辺にも右辺にも$\sqrt{2}$が掛けられています.$I = V/[何か]$,より簡単にいえば,オームの法則で$I = V/Z$と計算をするうえでは,$\sqrt{2}$はあってもなくても(ピーク値でも実効値でも),計算はできてしまうことがわかりますね.つまり,

- ここまでは$\sqrt{2}$倍して波形のピーク値で考えてきた
- しかし現実の回路計算としては,実効値で考えていきたい
- だから$\sqrt{2}$を取り去ってしまえば,実効値で考えることができる

ということです.何を基準に考えて計算するか,それだけなので,そのように考えてしまえばいいのです.

そのため実際には,回路計算のいろいろな教科書や参考書での表現(ベクトル表記)は,ほぼすべて実効値で表されているのが実態です.

6-4 面倒な数学的理解はあとにして $e^{j\theta}$ を定型フォームと考える

余計なこと,過去の複素数へのトラウマ(いやな思い出)は忘れて,無心になってください.これがここまで説明した$I = V/Z$を実現してくれるのですから,大事なところです.

ではとりあえず,以下のような表現方法をルール化してみます.

$$0.20\,A \angle +\pi/6 \Rightarrow 0.20\,e^{+j\pi/6}\,[A]$$

この式の左辺はフェーザ表示(第4章参照)で,実効値0.20 Aの電流が位相$\theta = +\pi/6$ radになっていることです.これを等価的に右辺のように,

- 0.20という大きさのぶんと
- $e^{j\theta}$という**定型フォーム**注6-2があり,$\theta = +\pi/6$ radとすれば位相$\angle +\pi/6$ radを表す

と表記するのだと盲目的に考えてみましょう.eは定数で$e = 2.71828\cdots$,jは虚数単位($j = \sqrt{-1}$)ですが,あまり深く考えなくてOKです.

この定型フォームは,定数eと位相θという大きさがあり,その定数eを$j\theta$乗した形になっています.しかし,「定型フォーム」と説明しているとおり,図6-4のようにθを指定すれば「位相」という針が動くようなものであるだけで,回路設計をするうえでは,これ以上深く考える必要はありません.

この定型フォームを用いると,式(6-1)~式(6-3)の振幅(波形の大きさ)と位相は,

$$v(t) = \sqrt{2} \times 10 \times \cos(2\pi 50 t)\,[V]$$
$$\Rightarrow V = 10 e^{j0} \quad\cdots\cdots\cdots\cdots\cdots (6-5)$$
$$i_1(t) = \sqrt{2} \times 0.20 \times \cos(2\pi 50 t + \pi/6)\,[A]$$
$$\Rightarrow I_1 = 0.20 e^{+j\pi/6} \quad\cdots\cdots\cdots (6-6)$$

注6-2:定型フォームという用語は本書のみで用いる言葉であり,他書には現れないので注意願いたい.

図6-4 $e^{j\theta}$は難しく考えずに定型フォームと思えばよい
本文で「定型フォーム」と説明しているとおり,θを指定すれば,「位相」という針が動くようなもの.回路設計をするうえでは,これ以上深く考える必要はない.

$$i_2(t) = \sqrt{2} \times 0.33 \times \cos(2\pi 50 t - \pi/6) \text{ [A]}$$
$$\Rightarrow I_2 = 0.33 e^{-j\pi/6} \quad \cdots\cdots\cdots\cdots\cdots\cdots\cdots (6\text{-}7)$$

と表現できます．ここでは $2\pi ft$ の周波数成分の量は，位相の説明では考えなくてもよいので取り外してあります．また，この定型フォームでは電圧や電流の大きさは**実効値で表記**してあります．

コラム6-2 $e^{j\theta}$ **を使うと位相の変化量は計算しやすくなる**

（公式1）のように定型フォームは，
$$e^{j(\theta_1 + \theta_2)} = e^{j\theta_1} \times e^{j\theta_2} \quad \cdots\cdots\cdots (6\text{-}A)$$
と $e^{j\theta}$ の形のままで，θ の部分だけを変化させることができます．一方 $\cos\theta$ では本文のように，θ の部分だけを変えることができません．
$$\cos(\theta_1 + \theta_2)$$
$$= \cos\theta_1 \cos\theta_2 - \sin\theta_1 \sin\theta_2 \cdots\cdots (6\text{-}B)$$
となり，このように複雑な $\sin$, $\cos$ の組み合わせの形になってしまいます（三角関数の加法定理）．

実際の信号の動きとしては，この $\cos\theta$ の式のままで動いているのですが，計算上の扱いが面倒になるので，$e^{j\theta}$ の形に置き換えて，数式上での回路計算を簡単に取り扱えるようにしています．

▶考えていくうえでは実効値で作図（計算）してしまってよい

図6-5に，**図6-1(b)** および **図6-3** と，式(6-6)，式(6-7)との関係をあらためて説明しておきましょう．

重要なことですが，この**図6-5**では実効値で作図しています．ここまでは波形の形状まで考えるため，ピーク値で作図してきましたが，**回路計算をするうえでは実効値で作図してよい**ということは忘れないでください．

▶この定型フォームが［何か］になる！

ところで，この定型フォームが，先述した［何か］と「オームの法則でインピーダンスを取り扱う」を実現するツールなのです．引き続き説明していきましょう．

● 位相量を表す定型フォームを用いて位相量を変換する

この定型フォームは以下のような変換ができます（逆方向も当然可能）．

$$e^{j\theta_1} \times e^{j\theta_2} \Rightarrow e^{j(\theta_1 + \theta_2)} \quad \cdots\cdots\cdots\cdots (公式1)$$

$$\frac{1}{e^{j\theta}} \Rightarrow e^{-j\theta} \quad \cdots\cdots\cdots\cdots\cdots\cdots\cdots\cdots (公式2)$$

（公式1）は，$10^X \times 10^Y = 10^{X+Y}$ という数学の公式

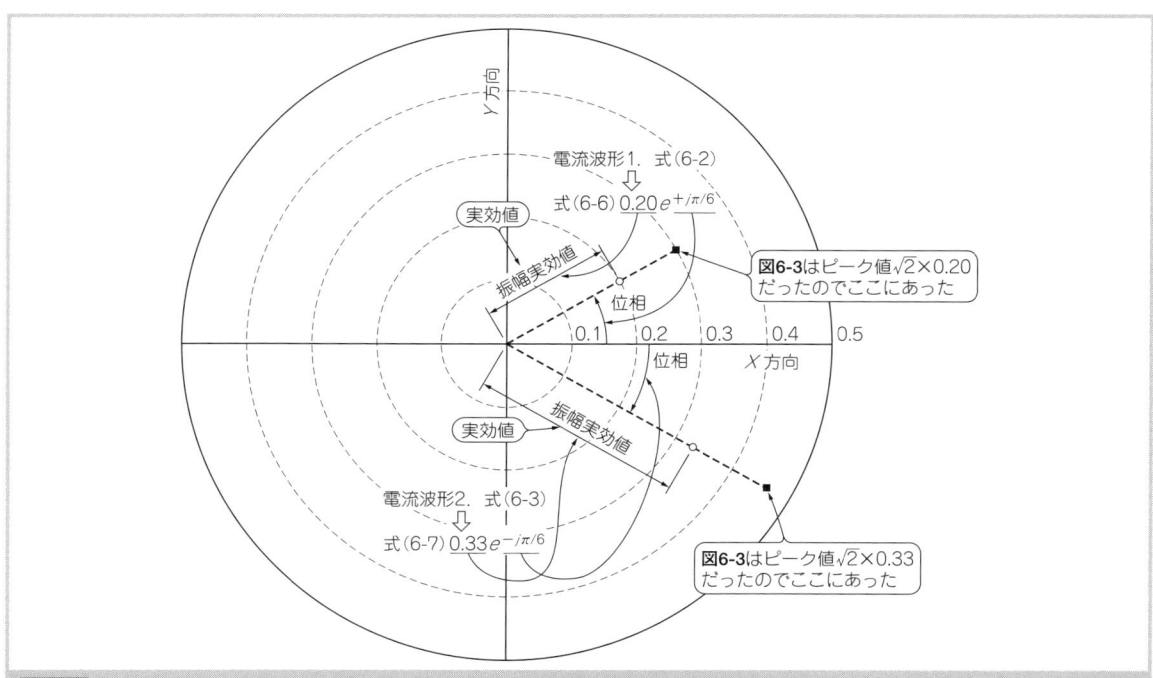

図6-5 図6-1(b)および図6-3の波形と定型フォーム（と実効値）との関係を示す
この図では実効値で作図している．ここまでは，波形の形状まで考えるためピーク値で作図してきたが，回路計算をするうえでは実効値で考えたり作図してよい．

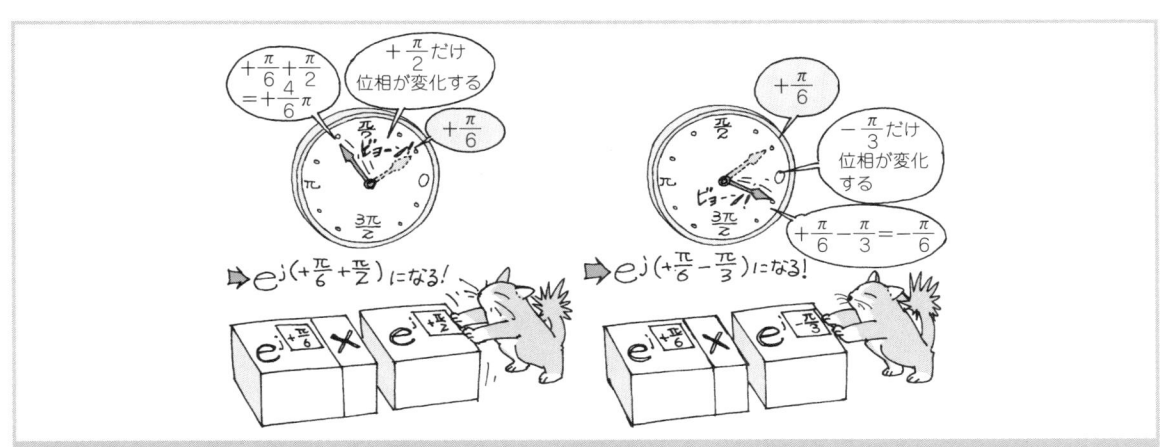

図6-6 $e^{j\theta}$ を掛け算することは，位相量を θ だけ変化させること
（公式1）の意味合いをイメージで理解する．位相量 $e^{j\theta}$ という定型フォームを掛け算するのは，位相量を θ だけ変化させる（回転させる）ことを意味している．いや，それだけと思っていれば十分．

そのものです．これは図6-6のとおりになります．

（公式2）は，分母と分子が逆になると符号が反対になる意味ですが，左辺の分母と分子に $e^{-j\theta}$ をかけて，（公式1）を適用させたことと同じだけです．$1/10^X = 10^{-X}$ ということとも同じです．

▶オームの法則で位相量を変換する行為は定型フォームを掛けたり割ったりすればよい

例えばオームの法則を用いて（繰り返すが，大きさは実効値で表記），

$$10e^{j0}[\text{V}] \Rightarrow I = V/Z \Rightarrow 0.20e^{+j\pi/6}[\text{A}]$$

と位相量も変換できたとすれば，上記の（公式2）を使ってみれば，

$$Z = 50e^{-j\pi/6}[\Omega]$$

でよいことがわかります．

$Z = 50e^{-j\pi/6}[\Omega]$ で割るということは，

$$\frac{1}{Z} = 0.02e^{+j\pi/6}$$

を掛けることと同じです．

結局，位相量 $e^{j\theta}$ という定型フォームを掛け算するということは，図6-6のように位相量を θ だけ変化させる（「回転させる」という）ことを意味しているのです．「回転させる」ためだけに，複素数の $e^{j\theta}$ が用いられるのです．ただそれだけなのです．これが本章のポイントです．

▶ $Z = 50e^{-j\pi/6}[\Omega]$ って何者？

位相を変化させるために定型フォームがあることはわかりました．でもいったい，この $Z = 50e^{-j\pi/6}[\Omega]$ とは何者でしょうか．

具体的な理解は，次の章の複素数についてのより詳しい説明に譲りますが，図6-7がこの助けになります．結局は「X 方向目盛りと Y 方向目盛りの大きさ」で考えるということなのです．

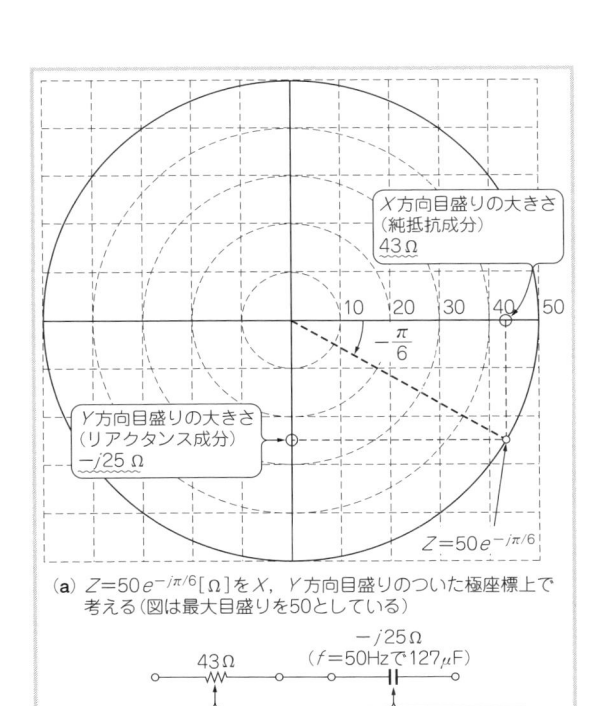

（a）$Z = 50e^{-j\pi/6}[\Omega]$ を X, Y 方向目盛りのついた極座標上で考える（図は最大目盛りを50としている）

（b）それぞれの成分を実際の回路として表してみる

図6-7 $Z = 50e^{-j\pi/6}[\Omega]$ とは何者なのか
具体的な理解はより詳しい次章の説明に譲るが，結局は「X 方向目盛りと Y 方向目盛りの大きさ」，それぞれ純抵抗成分とリアクタンス成分であると考える．

● リアクタンス量のみだと $e^{j\theta}$ はどうなるか

コイルとコンデンサのリアクタンス量 X を $e^{j\theta}$ で表してみます．リアクタンスの話ですが，「これはインピーダンス Z の話でもある」と手っ取り早く考えてしまってもよいでしょう．

▶ コイルは電流の位相が 90°遅れている（− 90°）

図6-8(a)のようにコイルに加わる電圧に対して電流の位相は− 90°，つまり $-\pi/2$ rad になっています．例えば，

$$10e^{j0}[\text{V}] \Rightarrow I = V/X_L \Rightarrow 0.20e^{-j\pi/2}[\text{A}]$$

と位相量も $-\pi/2$ rad だけ変換できたとします．X_L はコイルのリアクタンス量です．

ここで（公式2）を使ってみれば，$X_L = 50e^{+j\pi/2}$ [Ω]でよいことがわかります．つまりコイルを用いて，電流の位相を $-\pi/2$ rad にするとき，リアクタンス X_L は下記になるわけです．

$$X_L = [リアクタンス X_L の大きさ]e^{+j\pi/2}[\Omega]$$

▶ コンデンサは電流の位相が 90°進んでいる（+ 90°）

図6-8(b)のようにコンデンサに加わる電圧に対して電流の位相は＋90°，つまり $+\pi/2$ rad になっています．例えば，

$$10e^{j0}[\text{V}] \Rightarrow I = V/X_C \Rightarrow 0.20e^{+j\pi/2}[\text{A}]$$

と位相量も $+\pi/2$ rad だけ変換できたとします．X_C はコンデンサのリアクタンス量です．

ここでも（公式2）を使えば，$X_C = 50e^{-j\pi/2}$ [Ω]でよいことがわかります．つまりコンデンサを用いて，電流の位相を $+\pi/2$ rad にするとき，リアクタンス X_C は下記になるわけです．

$$X_C = [リアクタンス X_C の大きさ]e^{-j\pi/2}[\Omega]$$

● 本書の説明は現場の視点で考えている

実は本書では，他の参考書とは逆の順序で説明しています．一般的には，最初に複素数を定義して，オイラーの公式との関係を示し極座標…という順序が多いのですが，それでは「現場で回路と測定器を前にしたとき，どのように考えるか」という本来の疑問に到達するまえに挫折してしまうことでしょう．

● まとめ

上記の定型フォームとオームの法則の話から，交流での電圧と電流の関係を決める「流れにくさの量」つ

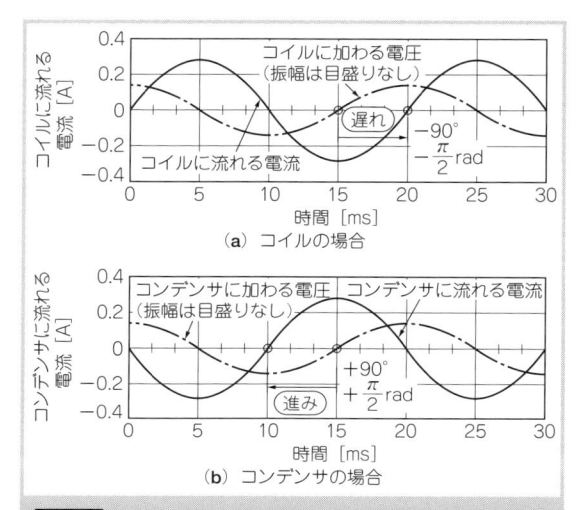

図6-8 コイルとコンデンサに加わる電圧と流れる電流（周波数は 50 Hz）

実効値 0.2 A（ピーク値 $\sqrt{2} \times 0.2$ A）の電流がコイルとコンデンサに流れたとしている．コイルの電流の位相は− 90°（− jπ/2），コンデンサの電流の位相は＋90°（＋jπ/2）．これからリアクタンス量を $e^{j\theta}$ で考える．

コラム6-3　$e^{j\theta}$ は $(2\pi ft + \theta)$ とすれば周波数 f で変化する

式(6-5)〜式(6-7)は位相量だけを $e^{j\theta}$ の定型フォームで示してありますが，$2\pi ft$ の周波数成分も，この定型フォームに組み込んで表すことができます．定型フォームの θ が角度成分ですから，「位相は $2\pi ft$ にただ足し算になるだけ」の説明と同じだからです．なお以下の式では，電圧，電流の大きさは V，I として**実効値**で，50 Hz の周波数は f で表しているので注意してください．

▶ 図6-1(a)の電圧波形．式(6-1) ⇨ 式(6-5)

$$v(t) = Ve^{j(2\pi ft)}[\text{V}]$$

▶ 図6-1(b)の電流波形1．式(6-2) ⇨ 式(6-6)

$$i_1(t) = I_1 e^{j(2\pi ft + \pi/6)}$$

$$= I_1 e^{j2\pi ft} e^{+j\pi/6}[\text{A}]$$

▶ 図6-1(b)の電流波形2．式(6-3) ⇨ 式(6-7)

$$i_2(t) = I_2 e^{j(2\pi ft - \pi/6)}$$

$$= I_2 e^{j2\pi ft} e^{-j\pi/6}[\text{A}]$$

各式の最後の変換は，（公式1）が利用されています．$e^{j\theta}$ を掛けるということは［例えば上記の式(6-7)，$i_2(t)$ で考えると］，

$$i_2(t) \times e^{j\theta} = I_2 e^{-j\pi/6} e^{j\theta}$$

$$= I_2 e^{j(-\pi/6 + \theta)}[\text{A}]$$

と，いずれにしても位相が θ だけ変化することになります．

まりインピーダンスZ自体が，
- 位相量を変換させる要素でもあること
- オームの法則の抵抗量と同じように，流れにくさの量を決める要素であること

という2点がわかったと思います．また，
- $e^{j\theta}$を用いれば，位相量をθだけ変化させる（「回転させる」という）操作ができる

ということもわかりましたね．ところで本書でここまで何度も，

インピーダンス量＝純抵抗量＋リアクタンス量

になると説明してきました．また足し算で書いていますが，実際は「別の量」であるため，単純な足し算ではないとも説明しました．

「$Z = 50e^{-j\pi/6}[\Omega]$って何者？」の項でも少し説明しましたが，この足し算と，本章で説明してきた$Z = 50e^{-j\pi/6}[\Omega]$とは，どのようにつながるのでしょうか．この考え方は，もったいぶって，次の章で明らかに！

コラム6-4　周波数と位相の極座標から式(6-2)の波形を表す

極座標上で，振幅と位相が表現できることを説明してきました．それでは一歩立ち戻って，極座標からどのように元の式(6-2)の波形［図6-1(b)］の電流波形1．すなわち，電流実効値0.20 A，振幅とすれば$\sqrt{2}\times 0.20$ A，位相＋$\pi/6$ rad］を作図的に作ることができるでしょうか．

一旦忘れた，周波数f[Hz]と時間t[sec]のことを再度考えてみます．コラム6-3も参考にしてください．

図6-2(a)～(c)では，時間tごとに，波形の振幅と位相を極座標として作図してみました．ここには$2\pi ft$という，周波数fと時間tの量が入っていました．一方図6-3では，位相と振幅情報だけ（周波数fと時間tの量が入っていない）でした．これらを書き直した，図6-A(a)を見てください．

この図のように，波形の極座標上（X-Yの直交目盛りも重なっているが）の位相と振幅情報が，$2\pi ft$という角度で回転すると考えれば（$2\pi ft$ももともと角度/位相であるから），この回転をX方向目盛りから見た大きさ……つまりcos成分が図6-A(b)の「波形そのもの」になります．

なお，この図での表現方法は「ピーク値」による表示です．図6-5で説明したように，実際の回路計算や作図をしたりするときの「ベクトル表記」の場合は，極座標であっても実効値でそのまま表してしまっているので，注意してください．

(a) 極座標上で位置を回転させる　　(b) X方向目盛りから見た大きさ

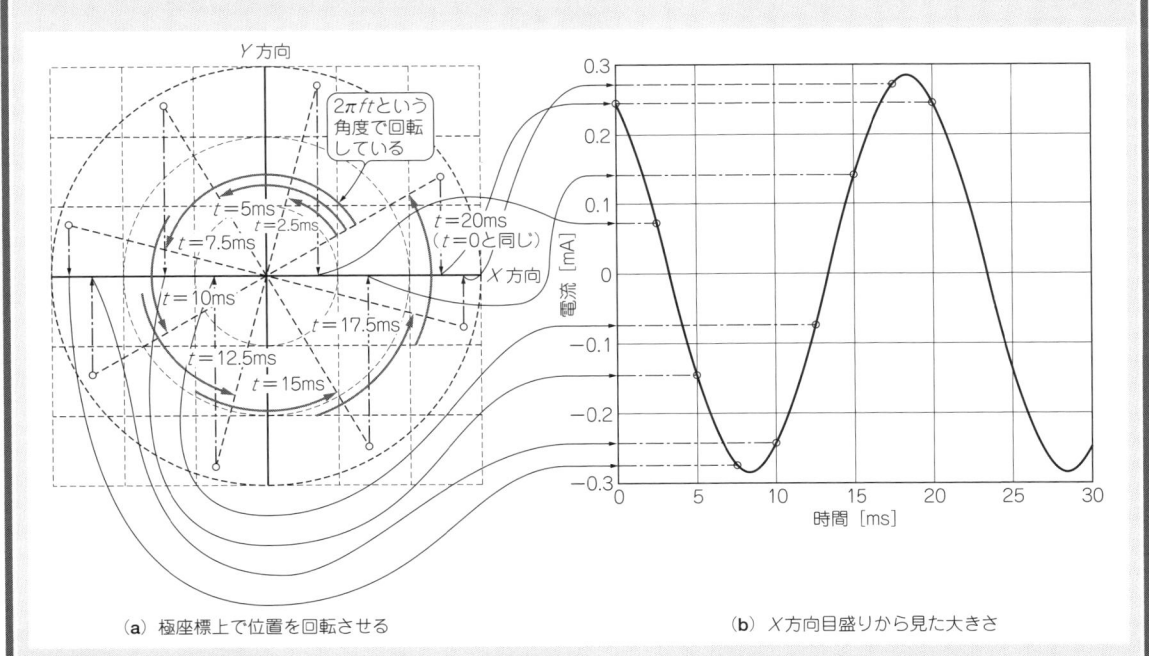

図6-A 波形の極座標上の位置が$2\pi ft$という角度で回転すれば，X方向目盛りから見た大きさが「波形そのもの」
極座標上を信号が時間tに対して$2\pi ft$という角度で回転していると考える．図の信号の周波数は50 Hz．また図中の最大レンジは0.5から0.3に拡大している．

第6章のキーワード解説

① e
自然対数の底. ネイピア数と呼ばれ, 次式で定義される.
$$e = \lim_{n \to \infty}(1 + 1/n)^n = 2.71828\cdots$$

②極座標
信号の大きさと位相を, 円形の基準線を使って, 大きさを中心からの距離, 位相を中心から右側の方向をゼロとし反時計方向の角度として, 一つの点で表したもの.

③虚数
2乗するとマイナスになる数. 実在するものではないので「虚」の「数」と呼ばれる. しかし, 電子回路計算のみでなく, いろいろな物理学の分野でもなくてはならない, 数学上で「仮に作られた」概念.

④周波数特性
第5章の位相のところでも説明した. 回路入力と回路出力との間の周波数ごとの, 信号の大きさが変化していく様子や位相が変化していく様子のことを言う.

⑤度数法
角度を0〜360°で表すことを言う. 小学校のころから使っていた方法でもあるが, 回路設計の現場ではこの言い方を一般的には用いる.

⑥弧度法
角度を0〜2πという値(単位はラジアン[rad])で表すこと. 半径1の弧の角度を0 rad〜2π radで表せば, そのまま弧の長さが求められる. 複素数や理論計算では弧度法のほうがよく使われる.

⑦ベクトル
大きさ(例えば実効値)という成分と, 方向(例えば位相)という成分の二つをもつ「量」のこと.

⑧実効値
交流回路の計算で, 電力($P = IV$)の計算も含めて, オームの法則を用いて直流回路とまったく同じに計算できるよう, 波形の大きさを決めたもの. 正弦波の場合, ピーク値の$1/\sqrt{2}$になる.

⑨インピーダンス(impedance)
交流における抵抗量(電流を妨げる量)に相当する. その要素は抵抗(純抵抗成分)とコイル/コンデンサ(それぞれリアクタンス成分)に分けられる.

⑩純抵抗
直流/交流(さらに周波数)に関わりなく, 電流を妨げる量がいつも一緒で, 電圧と抵抗に流れる電流との間の位相関係も0°となるもの. 電力を消費する.

⑪リアクタンス
コイル/コンデンサでの電流を妨げる量. 周波数に関係してリアクタンスの大きさは変化する. また電力を消費しない. 電圧の最大点で電流はゼロになり, 電圧がゼロのところで電流が最大になっている.

⑫オイラーの公式
オイラー(Leonhard Euler, 1707〜1783)が考え出した公式で, $e^{j\theta} = \cos\theta + j\sin\theta$ というもの(jは虚数単位). 数学史上でもかなり重要な発見.

第2部 複素数と $e^{j\theta}$

第7章

ツール3
複素数

VとIの位相関係をオームの法則で扱うために

コンデンサとコイルのインピーダンスは$e^{j\theta}$を使って表す

　電子回路自体は，足す/引く/掛ける/割るを基本として動いています．別に複素数で動いているわけではありません．回路計算に複素数を使うため「回路はとても難しい動きをしているんだろう」と錯覚しがちですが，それは違います．回路計算で複素数が用いられるのは，数式上での計算を簡単に取り扱えるようにするための，計算方法の置き換えなのです．

　そして「複素数というツール」の使い方がわかった時点で，単純と思われるオームの法則で，交流回路と，その交流回路での「電流を妨げる量」であるインピーダンスの計算をすべて制覇することができるのです．

　本章では，第6章に続いて，実際の複素数の表記方法と計算について考えていきます．実際の素子が接続された状態と複素数がどのように関係しているかを見ていきましょう．

7-1 コイル/コンデンサのリアクタンス量を±jで表す

　リアクタンスXはインピーダンスZの一要素です．リアクタンスは一般的に記号Xが用いられ，単位はオーム[Ω]です．リアクタンスは$e^{j\theta}$ではどうなるでしょうか．第6章でも説明しましたが，本章の大切な点なのでここでおさらいも含めて進めていきましょう．

　さて，あらためて図7-1に，コイル，コンデンサ（リアクタンス量X_L，X_Cとなる）に加わる電圧Vと，流れる電流Iの関係を示しておきます．電圧V，電流Iは実際の大きさでなく記号V，Iで示しています．

●電流の位相が$\pi/2$ rad遅れているコイルでは…

　コイルは図7-1(a)や(c)のように，電流Iの位相が電圧Vに対して$\pi/2$ rad遅れています．これを，

$I = V/X_L$

$Ve^{j0}[V] \Rightarrow$ オームの法則 $\Rightarrow Ie^{-j\pi/2}[A]$

として，第6章でも説明したように，電流を妨げる要

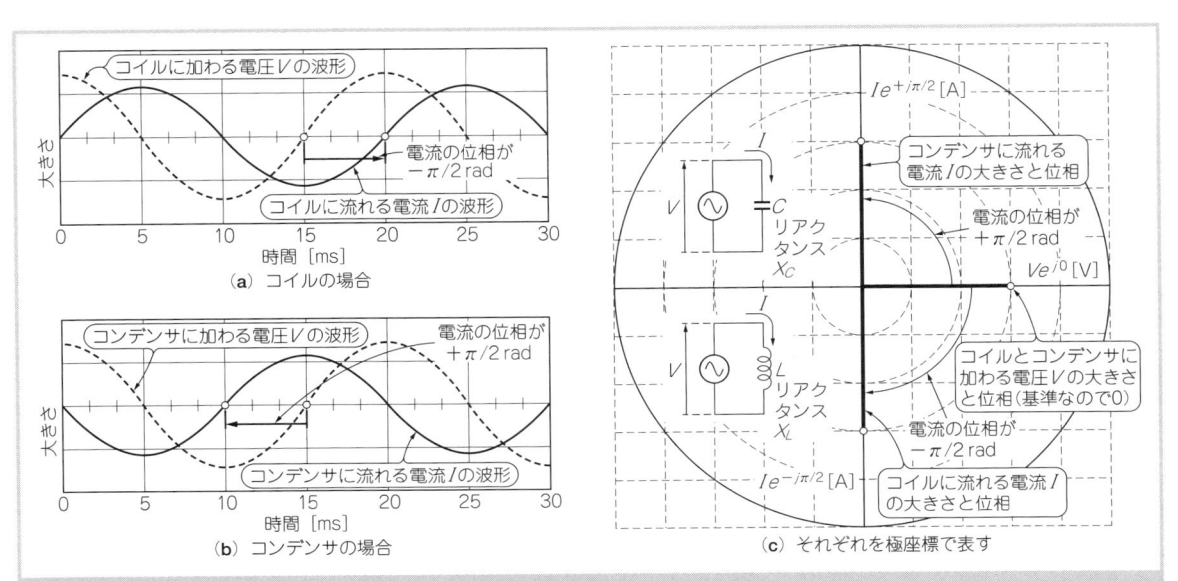

図7-1 コイルやコンデンサに加わる電圧と流れる電流の関係（周波数は50 Hz）
コイルは電流Iの位相が電圧Vに対して$\pi/2$ rad遅れている．コンデンサは$\pi/2$ rad進んでいる．それぞれ$e^{j\theta}$を使って，(c)で位相を極座標で表す．

7-1 コイル/コンデンサのリアクタンス量を±jで表す　75

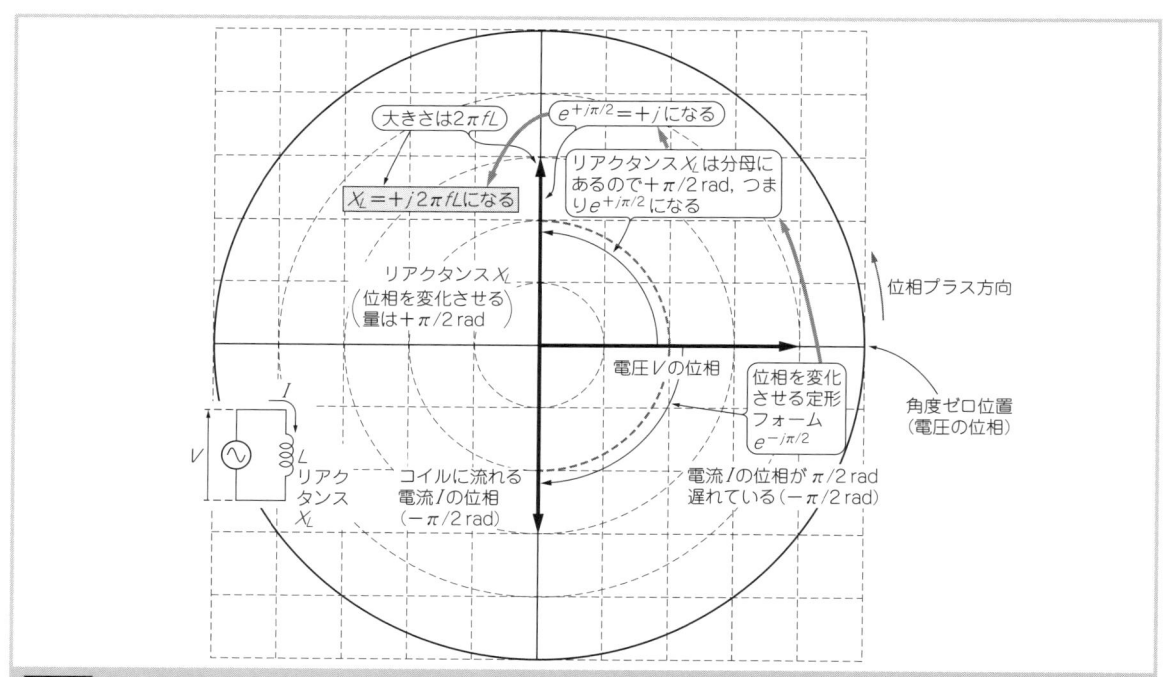

図7-2 コイルに加わる電圧 V と流れる電流 I を極座標で示し，コイルのリアクタンス X_L の $e^{+j\pi/2}=+j$ を説明する

コイルのリアクタンス X_L は［X_L の大きさ］$\times e^{+j\pi/2}=+j2\pi fL$ になる．定型フォームでの $+\pi/2$ rad（90°）は，虚数 $+j$ だけで表すことができる．

素として電圧と電流の関係をつないでみると，

$$\frac{Ve^{j0}\,[\mathrm{V}]}{［リアクタンス X_L の大きさ］e^{+j\pi/2}\,[\Omega]}$$
$$= Ie^{-j\pi/2}\,[\mathrm{A}] \quad \cdots\cdots\cdots\cdots (7\text{-}1)$$

［リアクタンス X_L の大きさ］$= V/I$
　　　　　　　　　　　$= 2\pi fL$ ⇨ 単なる「大きさ」のみ

$e^{+j\pi/2}$ ⇨ 位相を $+\pi/2$ rad 変化させる定型フォームと考えることができます．$e^{-j\pi/2}$ で，電流 I の位相が $\pi/2$ rad 遅れていることを表しています．

リアクタンス X_L は分母にあります．電流 I とリアクタンス X_L とは逆数の関係なので［第6章の（公式2）のように．電流 I の位相が $-\pi/2$ rad なので］，$j\theta$ の部分の符号が（位相量のプラス/マイナスが）反対の $e^{+j\pi/2}$ になっています．

▶コイルの $e^{+j\pi/2}$ は "$+j$" だけで表される

コイルのリアクタンス X_L は図7-2のように，
　$X_L = ［X_L の大きさ］\times e^{+j\pi/2}$
　　　$= +j \times ［X_L の大きさ］= +j2\pi fL \quad \cdots\cdots (7\text{-}2)$

と，極座標と複素数とオイラーの公式の関係により，$e^{+j\pi/2}=+j$ になります（詳しくはコラム7-2を参照）．単純な虚数 $+j$（$j=\sqrt{-1}$）だけが残ります．つまり定型フォームでの $+\pi/2$ rad（90°）というのは，虚数 $+j$ だけで示されます（これは以降の実際の計算でもとても重要なこと）．

●電流の位相が $\pi/2$ rad 進んでいるコンデンサでは…

コンデンサは図7-1(b)や同図(c)のように，電流 I の位相が電圧 V に対して $\pi/2$ rad 進んでいます．これも，
　$I = V/X_C$
　$Ve^{j0}\,[\mathrm{V}]$ ⇨ オームの法則 ⇨ $Ie^{+j\pi/2}\,[\mathrm{A}]$

コラム7-1
どうして電気の虚数記号に i ではなく j を使う？

本書や電気系の書籍では虚数単位 $\sqrt{-1}$ に記号 "j" を用いています．しかし数学の授業では，虚数単位の記号は "i" で説明されてきたと思います．本来の数学では，虚数単位の記号は i なのですが（"imaginary number" から来ている），電気回路理論では電流の記号に I，i が用いられるので，混乱をさけるために j が用いられているのです．しかし i でも j でも，モノは同じことを言っています．

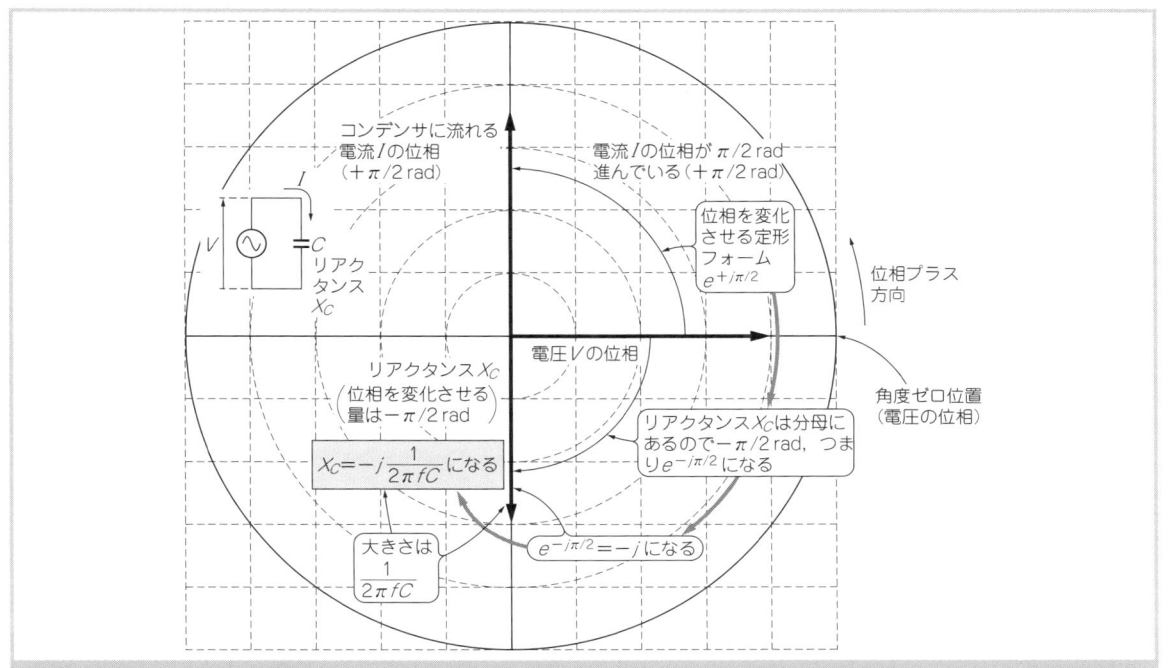

図7-3 コンデンサに加わる電圧Vと流れる電流Iを極座標で示し，コンデンサのリアクタンスX_Cの$e^{-j\pi/2}=-j$を説明する
コンデンサのリアクタンスX_Cは[X_Cの大きさ]×$e^{-j\pi/2}=-j/2\pi fC$になる．定型フォームでの$-\pi/2$ rad（90°）は，虚数$-j$だけで表すことができる．

と，電流を妨げる要素として電圧と電流の関係をつないでみると，

$$\frac{Ve^{j0}[\text{V}]}{[\text{リアクタンス }X_C\text{の大きさ}]e^{-j\pi/2}[\Omega]}$$
$$= Ie^{+j\pi/2}[\text{A}] \quad\cdots\cdots\cdots\cdots\cdots(7-3)$$
$$[\text{リアクタンス }X_C\text{の大きさ}] = V/I$$
$$= 1/2\pi fC \Rightarrow 単なる「大きさ」のみ$$

$e^{-j\pi/2} \Rightarrow$ 位相を$-\pi/2$ rad変化させる定型フォームと考えることができます．$e^{+j\pi/2}$で，電流Iの位相が$\pi/2$ rad進んでいることを表しています．

コイルと同様に，**リアクタンスX_Cは分母にあり，$j\theta$の符号が反対の$e^{-j\pi/2}$になっています．**

▶コンデンサの$e^{-j\pi/2}$は"$-j$"だけで表される

コイルの場合と同様に，コンデンサのリアクタンスX_Cも図7-3のように，

$$X_C = [X_C\text{の大きさ}]\times e^{-j\pi/2} = -j\times[X_C\text{の大きさ}]$$
$$= -j\frac{1}{2\pi fC} \quad\cdots\cdots\cdots\cdots\cdots(7-4)$$

と$e^{-j\pi/2} = -j$になり，虚数の$-j$だけが残ります．定型フォームでの$-\pi/2$ rad（90°）というのは，虚数$-j$だけで示されます．

7-2 $e^{j\theta}$の定型フォームと現実の回路素子でのインピーダンスとのつながりを考える

[Zの大きさ]×$e^{j\theta}$と現実の回路素子とが，どのように関係づけられるのかをさらに示していきましょう．

ここでの話の説明順序としては，①極座標からXY方向それぞれの大きさを考える（$e^{j\theta}$から実際の回路へのアプローチ），②それを逆向きに考える（実際の回路から$e^{j\theta}$へのアプローチ）となっていますので，これをまず頭に入れておいてください（「X方向」のXはリアクタンスではないので注意のこと）．

● $e^{j\theta}$の定型フォームと実際のインピーダンスとのつながりを考えるうえでの前提

以降の説明の前提として，図7-4(**a**)の直列回路を考えます．これは前章の図6-7でも示したものです．

本書のここまでは位相を電流の合成で説明するため，同図(**b**)のような並列回路を例としてきました．しかしここでは，「直列回路で考える」という点も頭に入れておいてください．

● 極座標で示した大きさと位相をもとにして，X方向の目盛り（横軸）とY方向の目盛り（横軸）で考える

この変換の考え方は，インピーダンス/電圧/電流どれでも同じです．しかしここの話としてインピーダンスにこだわるのは，これから説明するように，X方向，Y方向それぞれの大きさが，それぞれ純抵抗量，リアクタンス量に対応するからです．

さて図7-5のように，インピーダンスZ（大きさと位相を変化させる量をもつ）を極座標図上の点として表したものと，X方向の目盛り（横軸）とY方向の目盛り（縦軸）との関係を考えます．

図7-5の図中の$Z = 50\,e^{-j\pi/6}$という点（これは単なる一例）から，X方向の目盛り（横軸）に垂直に線を引いてみると，その軸から見た大きさが求まります．Y方向の目盛り（縦軸）も同様です．三角関数の考え方から，

　X方向目盛りから見た大きさ
　　= [インピーダンスZの大きさ] × cos（角度） …(7-5)
　Y方向目盛りから見た大きさ
　　= [インピーダンスZの大きさ] × sin（角度） …(7-6)

と書き直せます．このように極座標上の点の位置は，X，Y方向目盛り上の大きさへと変換できます．

$Z = 50\,e^{-j\pi/6}$の場合は，

● X方向目盛りから見た大きさ

$$50 \times \cos(-\pi/6)$$
$$= 50 \times \cos(-30°) = 43 \quad\cdots\cdots(7\text{-}7)$$

図7-4 わかりやすく説明するためにここからは直列回路を基本に考える

$e^{j\theta}$の定型フォームと実際のインピーダンスのつながりは，直列回路を基本として考える．直列回路の素子がインピーダンスに直結しているため．

(a) 以降の説明をわかりやすくするため，ここからは直列回路を基本に考えていく

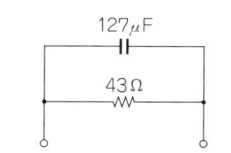

43Ω　127μF（50Hzでリアクタンス25Ω）

(b) ここまでは電流の位相を説明するため，並列回路を例としてきた

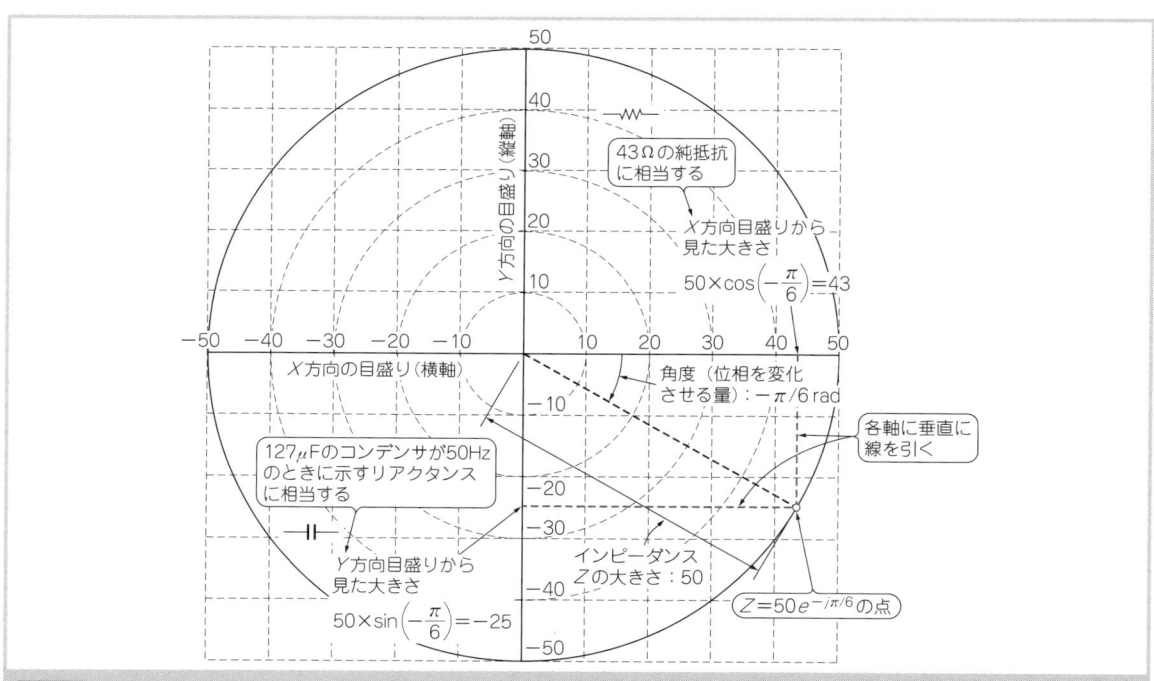

127μF / 43Ω

図7-5 極座標上でのインピーダンスZの大きさ（振幅量）と角度（位相を変化させる量）を，X方向の目盛り（横軸）とY方向の目盛り（縦軸）との関係で考える

$Z = 50\,e^{-j\pi/6}$の点からX方向の目盛り（横軸）に垂直に線を引くと，その軸から見た大きさが求まる．Y方向の目盛り（横軸）も同様．極座標上の点の位置は，XとY方向それぞれの目盛り上の大きさに変換できる．それが直列回路の純抵抗とリアクタンス．

● Y 方向目盛りから見た大きさ

$50 \times \sin(-\pi/6)$

$= 50 \times \sin(-30°) = -25$ ……………(7-8)

と計算できます．この大きさは現実の部品では，43 Ωの抵抗と 127 μF のコンデンサが 50 Hz のときに示すリアクタンスです．なおリアクタンスの符号がマイナスなのは，大きさ自体がマイナスなのではなく，コンデンサのリアクタンス $25 e^{-j\pi/2} = -j25$ Ω という意味です．

▶インピーダンスを X 方向から見た大きさは，電流の位相を，基準となる電圧の位相と同じにする成分

インピーダンス Z を X 軸から見た大きさも，やはり「電流を妨げる量」です．「インピーダンスは位相量を θ だけ変化させる」という説明から考えると，この成分は，$e^{j\theta}$ の $\theta = 0$ に相当しますから，**電流の位相を変化させるものではない**ことがわかりますね．

「電圧と電流との位相が等しい」，そんな素子は何だったでしょうか…「純抵抗」ですね（第4章参照）．インピーダンス Z を X 方向の軸から見た大きさは，純抵抗量なのです．

▶インピーダンスを Y 方向から見た大きさは，電流の位相を，基準となる電圧の位相から $\pm \pi/2$ rad（90°）変化させる成分

同じく Y 軸から見た大きさも「電流を妨げる量」です．

上と同じく「位相量を θ だけ変化させる」ということから，この成分は（Y 軸方向の分量であり，$e^{j\theta}$ の $\theta = \pm\pi/2$ に相当するから）基準となる電圧の位相から**電流の位相を $\pm\pi/2$ rad 変化させるもの**ということがわかります．

「電圧と電流との位相が $\pm\pi/2$ rad（90°）異なる」，そんな素子は何だったでしょうか…「リアクタンス」ですね（第4章参照）．インピーダンス Z を Y 方向の軸から見た大きさは，リアクタンス量なのです．

この説明は，本章最初の「コイルの $e^{+j\pi/2}$ とコンデンサの $e^{-j\pi/2}$ は $\pm j$ だけで表される」を別のアプローチから説明しています．これらそれぞれの説明は，

- $\pm \pi/2$ rad（90°）位相を変化させる要素はコイル/コンデンサ（リアクタンス量 X）
- インピーダンス Z 自体も「位相を変える」動きをしている
- インピーダンス Z を Y 方向目盛りから見た大きさは，$\pm \pi/2$ rad（90°）位相を変える成分

つまり，すべて同じことを言っています．これで，

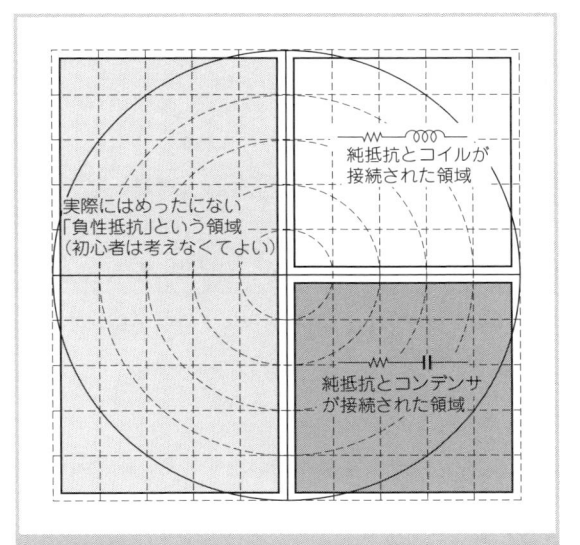

図7-6 図7-5のそれぞれの点と実際の回路との関係を示す

純抵抗とリアクタンスの直列接続は三つの領域に分けて考える．実際は右半分の上と下の領域になる．並列回路も式を変換すればこのように表すことができる．

それぞれの説明の関係がわかると思います．

● 極座標のそれぞれの領域の点と実際の回路との関係

さきほどの図7-5は抵抗とコンデンサの直列接続回路のものでした．この図を図7-6のように三つの領域に分けると，実際の回路とは図中のような関係になります．

なお，並列回路の場合は式を変換することで，このような直列回路の形の式にできますが，少し難しい話になるので，他の電気回路の参考書を読んでみてください（コラム5-1でも少し説明している）．

ここまでの説明で，次のことがわかったと思います．

- 極座標で X 方向目盛りから見た大きさ ⇨ 純抵抗量 R
- 極座標で Y 方向目盛りから見た大きさ ⇨ リアクタンス量 X
- 純抵抗量とリアクタンス量は位相が $\pm \pi/2$ rad 異なっている
- インピーダンス Z の大きさとしてはピタゴラスの定理による合成になる

● 回路から考え直してみる（逆のアプローチ）

ここまでは，極座標から X, Y 方向それぞれの大きさを考えてきました（$e^{j\theta}$ から実際の回路へのアプローチ）．

逆に，図7-4(a)の回路から，極座標の「大きさと定型フォームの組み合わせ［大きさ］×$e^{j\theta}$」への逆向きではどうなるでしょうか．繰り返しのようになりくどいかもしれませんが，説明してみましょう．

7-3 抵抗とリアクタンスの実際の回路と$e^{j\theta}$とのつながりはどのように考えるか

●極座標でのインピーダンスもピタゴラスの定理による合成そのもの

実際の回路は，図7-4(a)の回路例のように純抵抗とリアクタンス素子が接続されたものです．これと$e^{j\theta}$の定型フォームとは，先の説明の逆，回路から極座標への逆向きを考えれば良いのです．

▶位相も含めて考える

さて，ここまで何度も出てきた，

インピーダンス量＝純抵抗量＋リアクタンス量

ですが，足し算（＋）で書いていましたが，位相を変える要素ということも考えると「別の量」であるため，単純な足し算にはなりません．

それぞれを「位相の概念」を含めて考えてみると，①純抵抗は位相を変化させない要素，②リアクタンスは±π/2 rad位相を変化させる要素…でした．つまり，回路を位相まで考えた合成は，図7-7のようにピタゴラスの定理による合成です．先ほどの説明の**逆方向**の話なんですね．これは，

［純抵抗］e^{j0} ＋［リアクタンス］$e^{\pm j\pi/2}$

であり（［ ］内は大きさ），$e^{\pm j\pi/2} = \pm j$ ですから，

＝ 1 ×［純抵抗］± j ×［リアクタンス］

＝ $R \pm jX$ [Ω]

これが［インピーダンスZの大きさ］×$e^{j\theta}$になります．

▶実際に$R \pm jX$から［Zの大きさ］×$e^{j\theta}$を得るには？

上記のような変換をするには，

［インピーダンスZの大きさ］
＝ $\sqrt{(純抵抗量)^2 + (リアクタンス量)^2}$ ……（公式3）

$\theta = \tan^{-1} \dfrac{リアクタンス量}{純抵抗量}$ ……（公式4）

という公式を使います．（公式3）はピタゴラスの定理そのもの，（公式4）は図7-7を参照してわかるように，三角関数のタンジェント（tan；正接）を求める逆の操作（$\tan^{-1}$；アークタンジェント）をすることで，X方向，Y方向それぞれの大きさから位相θを求めるものです．

実務では，難しく考えずに，関数電卓やExcelなどで答えを（$\tan^{-1}$のキーや関数ATAN()を使って）求めればよいでしょう．

これで，「［大きさ］×$e^{j\theta}$」と「$R \pm jX$」が結びつけられました．

●実際の計算が$Z = R \pm jX$からスタートするのは個別の素子がはんだ付けされてつながっているから

インピーダンスを「位相を変化させながら電流を妨げるもの」という視点で，$e^{j\theta}$の定型フォームで考えてきました．しかし実際は，図7-4(a)の回路例のように純抵抗RとリアクタンスXが，はんだ付けされて結線されたもの…$R \pm jX$です．

つまり，インピーダンスZは素子ごとの足し算（$Z = R + jX$）で表すのが基本で，**実際の計算は$Z = $**

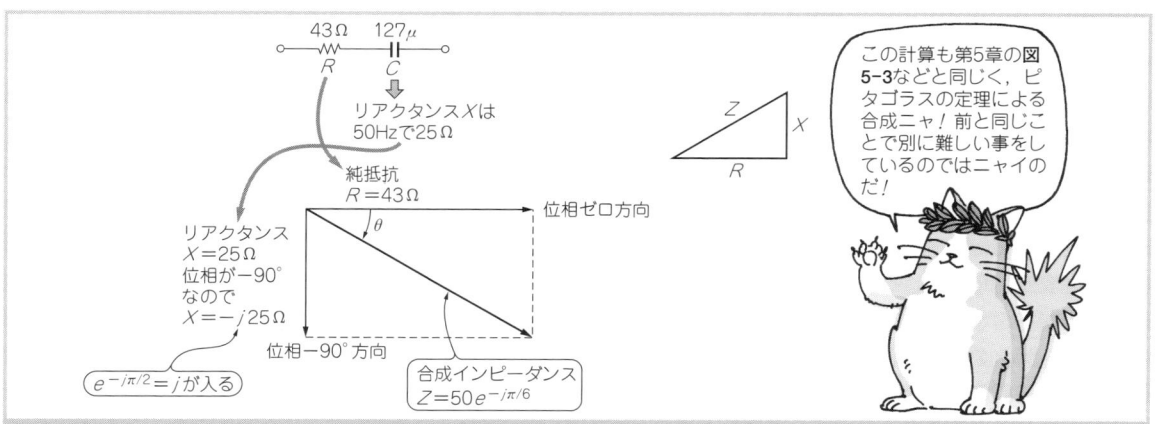

図7-7 純抵抗とリアクタンスを「位相の概念」も含めて考えると，インピーダンスもピタゴラスの定理による合成になる
ここまでの説明の逆方向で$e^{j\theta}$の定型フォームが得られる．純抵抗は位相変化ゼロ，リアクタンスは±π/2 rad位相を変化させる．そのため純抵抗とリアクタンスからピタゴラスの定理でインピーダンスが求まる．

$R \pm jX$ からスタートするのが普通です．
▶ $Z = R \pm jX$ からスタートする別の理由は，抵抗ごと／リアクタンスごとに計算するため

「はんだ付け」以外の理由もあります．図7-8(a)は，抵抗とコンデンサ2素子を2段直列に接続したものです．この場合のインピーダンスZは，純抵抗の成分とリアクタンスの成分を別々に計算するので，「それぞれ個別の足し算」になります．つまり，

$R_{all} = R_1 + R_2$ （純抵抗の成分）
$X_{all} = X_1 + X_2$ （リアクタンスの成分）

とそれぞれの要素を，べつべつに足し算で計算します（定型フォームでは$Ae^{j\theta 1} \pm Be^{j\theta 2}$という足し算の計算が苦手）．

▶「抵抗ごと／リアクタンスごと」の理由を極座標で確かめる

図7-8(b)は，(a)の回路の二つのブロックのインピーダンスの大きさと，電圧と電流のあいだの位相を変化させる量を，極座標上でグラフィカルに表示し，さらにそれらを直列接続として「足し算」で図上で計算したものです．X方向とY方向が，それぞれ別々に計算されていることがわかりますね．

ここでわかるように，大きさと位相量の異なる二つのブロックのインピーダンスを足し算で計算するためにも，X方向，Y方向それぞれ別々に計算できる

「$R \pm jX$」の形式が用いられるわけなのです．

この考え方は，インピーダンスの計算でなくても，位相の異なる電圧と電圧や，電流と電流の合成でも同じです．足し算や引き算での計算が，実際にはどうしても多くなります．

▶計算の仕方は違うように見えるが，やっていることはまったく同じ

交流回路での電圧／電流／インピーダンスの計算もオームの法則で行えます．そこで使う「$Z = $[$Z$の大きさ]$\times e^{j\theta}$」でも「$Z = R \pm jX$」でも，やっている計算は見かけ上違うようにも見えますが，**本質論としては計算の方法が違うだけで，まったく同じことをしているのです**．理由はここまでの話と，**コラム7-2**と，以下にそれぞれ示しますが，

[インピーダンスZの大きさ]$\times e^{j\theta}$
↔ [純抵抗量R] $\pm j \times$ [リアクタンス量X]

と相互に変換できることからも，わかってもらえると思います．

● 実際の計算は「[大きさ]$\times e^{j\theta}$」を使うのか？「$Z = R \pm jX$」で計算してしまうのか？

実際問題は足し算が含まれることが多いので，図7-8のように$Z = R \pm jX$で計算することが多いと言えます．そして最後に[大きさ]$\times e^{j\theta}$に変換して，

(a) 抵抗とコンデンサ2素子を2段直列に接続した回路

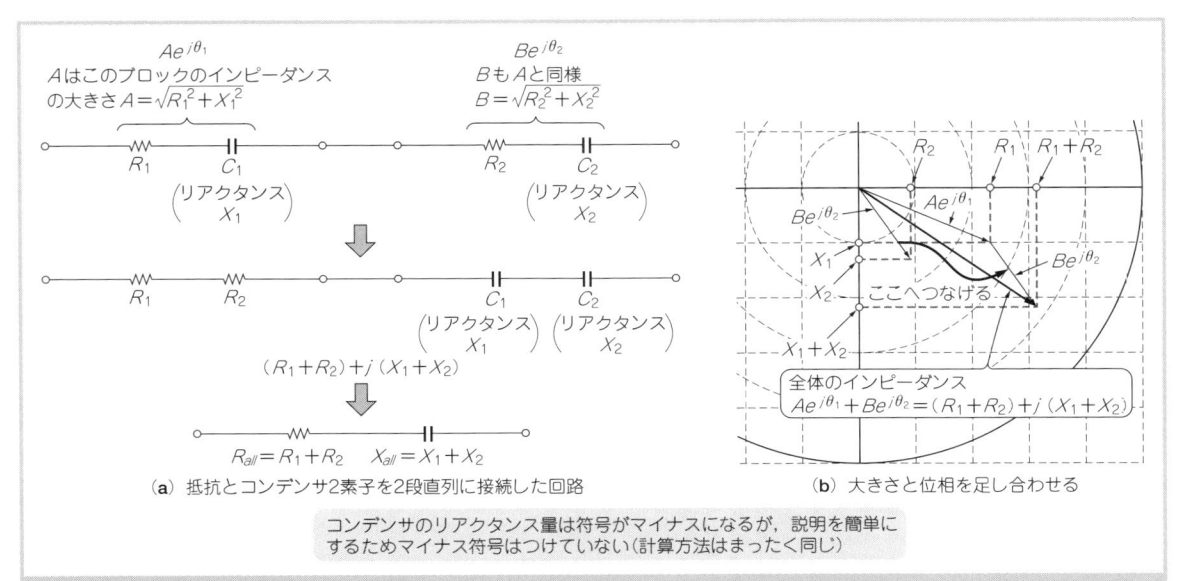

(b) 大きさと位相を足し合わせる

コンデンサのリアクタンス量は符号がマイナスになるが，説明を簡単にするためマイナス符号はつけていない（計算方法はまったく同じ）

図7-8 抵抗とコンデンサの素子を2段直列に接続したインピーダンスZを考える
抵抗とコンデンサの組み合わせを直列に2段接続した．全体のインピーダンスZは純抵抗成分とリアクタンス成分を別々に計算する．極座標上でそれぞれのブロックのインピーダンスをグラフィカルに表示してもXとY方向が別々に計算されていることがわかる．

コラム 7-2　複素数は間口と奥行きを一度に表す

虚数は，数学や回路理論では必須の概念ですが，現実の世界で考えると，イメージすることが難しいものかもしれません．ここでは，回路計算で必要最低限の知識だけを説明しておきます．

●虚数は「ありえない数」

虚数は実際には「ありえない数」であり，数学上/計算上で作られた「仮想特殊モデル」のようなものです．2乗するとマイナスになる数ですから，当然現実世界では考えられるものではありません．

電子回路で虚数を使うだけであれば，虚数自体が何者であるかを深く問い詰めずに「電子回路を計算するためのツールなんだ」と割り切ってしまったほうがいいでしょう．

その割り切りをもとに話を進めると，「大きさと定型フォームの組み合わせ」である[大きさ]×$e^{j\theta}$とは，先に示したように，

$e^{+j\pi/2} = +j,\ 2e^{+j\pi/2} = +j2$
$e^{-j\pi/2} = -j,\ 2e^{-j\pi/2} = -j2$

という関係になります．

図7-Aにおいて，定型フォーム$e^{j\theta}$での$\theta = +\pi/2$ radが$+j$であり，$\theta = -\pi/2$ radが$-j$です．また，この図では「大きさ」の例として1と2を示してあります．

もう少しポイントを説明すると，この**90°方向の縦軸が虚数を表す軸**であり，**虚数の大きさはこの方向で変化する**ことになります．

ところで，$e^{j\theta}$の中にもjがあり，$\theta = +\pi/2$ radで$+j$になるなど，不思議な気もしますが，当面は「そういうものだ」という理解でも十分です．より詳しくは本コラムの後半の「オイラーの公式の話」でもう少し明確になります．

●複素数は「実際の数」と「ありえない数」が合体したもの

1，2，3…で数えられる実際の数「実数」と，j，$j2$，$j3$…として表されるありえない数「虚数」，これらを一緒にしたものが「複素数」です（例えば$1+j2$とか$5+j3$とか）．

図7-Aを書き直した図7-Bのように，0°方向の横軸（以降ではX方向）と，90°方向の縦軸（以降ではY方向）とで，実数と虚数を表すことができます．この面上の点は実数と虚数が合成されたもの，つまり「複素数」で表すことができます．

数字の説明だけだと，どうしても今ひとつイメー

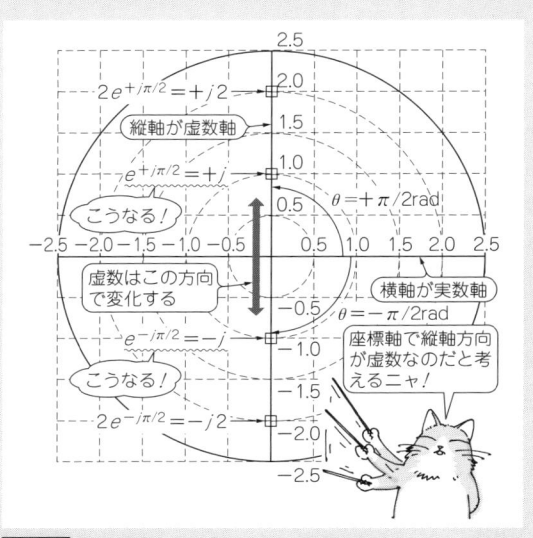

図7-A 虚数と[大きさ]×$e^{j\theta}$との考え方
横軸が実数，縦軸が虚数ということが重要．図7-2や図7-3のリアクタンスも虚数．

図7-B 実数や虚数の考え方を縦軸/横軸の話に広げると，面上の点は複素数として表される

ジをつかみづらいと思います．図7-Cにもう少しリアルな，噛み砕いた例を示してみましょう．

図7-C(a)は，道路に並んでいる建物を道路側から見たようすです．ここでは間口（横幅）だけしかわかりません．それぞれの奥行きがどのくらいかは知りようもありません．見えたところしか測りようがないわけです．

図7-C(b)は，高い位置から同じ建物を眺めたようすです．それぞれの奥行きがわかりますね．これを複素数に絡めてみると，

　　　間口 ⇨ 実数，奥行き ⇨ 虚数

と考えることができ，建物の全体のようす（複素数）というのは，間口と奥行きの両方（実数部と虚数部の両方）がわかって，初めてその大きさも含めた全体像がわかると言えるでしょう．

● オイラーの公式の話

$e^{j\theta}$ と複素数をつなぐ公式を「オイラーの公式」と言い，次式で表されます．

$$e^{j\theta} = \cos\theta + j\sin\theta \quad\cdots\cdots\cdots(7\text{-}A)$$

これは図7-Bや図7-Dに示す「X方向（$\cos\theta$）とY方向（$\sin\theta$）に分割」の考えを，式として示したもの，それだけのことです．

しかしこの式は現代では「当然のように」使われていますが，「X方向，Y方向に分割すればよい」程度の直感で発見されたものではありません．オイラー（Leonhard Euler, 1707-1783）が考え出した公式であり，「数学史上でもかなり重要な発見」と位置づけられています．なぜ $e^{j\theta} = \cos\theta + j\sin\theta$ となるかは，テイラー展開と呼ばれる方法を使って証明できます．詳細は数学書などを参照してください．

(a) 道路に並んでいる建物を道路側から見たようす（間口しか見えない）

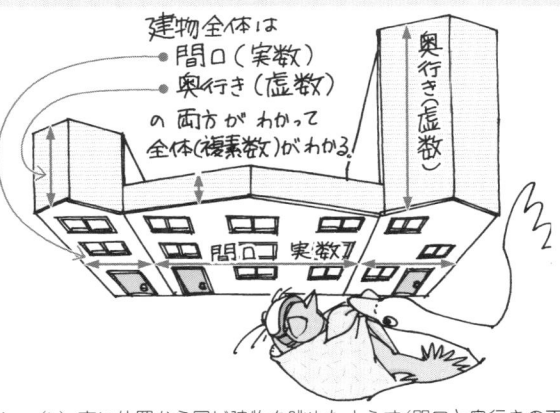

(b) 高い位置から同じ建物を眺めたようす（間口と奥行きの両方がわかる）

図7-C 複素数を建物の間口と奥行きでイメージする

図7-D オイラーの公式は $e^{j\theta} = \cos\theta + j\sin\theta$ だが，これまでの説明を式としたものだ（図は $\theta = +\pi/6$ rad）

7-3　抵抗とリアクタンスの実際の回路と $e^{j\theta}$ とのつながりはどのように考えるか

第7章のキーワード解説

①極座標
　信号の大きさと位相を，同心円の基準線を使って，大きさを中心からの距離，位相を中心から（右側の方向をゼロとして）反時計方向の角度として，一つの点として表したもの．

②インピーダンス(impedance)
　交流における抵抗量（電流を妨げる量）に相当する．その要素は抵抗（純抵抗成分）とコイル/コンデンサ（それぞれリアクタンス成分）に分けられる．

③純抵抗
　直流/交流（さらに周波数）に関わりなく，電流を妨げる量がいつも一緒で，電圧と抵抗に流れる電流との間の位相関係も0°となるもの．電力を消費する．

④リアクタンス
　コイル/コンデンサでの電流を妨げる量．周波数に関係してリアクタンスの大きさは変化する．また電力を消費しない．電圧の最大点で電流はゼロになり，電圧がゼロのところで電流が最大になっている．

⑤タンジェント（正接）
　直角三角形の鋭角の角度をθとすると，その底辺の長さAと垂直の辺の長さBとの比率を求める計算で，$\tan\theta = B/A$．極座標の計算で便利．

⑥アークタンジェント
　直角三角形の底辺の長さAと垂直の辺の長さBから，鋭角の角度θを求める，tanの逆計算．$\tan^{-1}$またはarctanと書く．$\theta = \tan^{-1}B/A$．これも極座標の計算で便利．

⑦テイラー展開
　滑らかな関数$f(x)$の任意の点$f(a)$は，$f(a)$を複数回微分していったものを使った「べき級数」の形で表されるというもの．設計現場では使われないので，知らなくても（まあ…）良い．

オームの法則で電流量を求める…こんな形が多いと思います．

理論計算や国家試験の問題などでは「$Z = R \pm jX$」のままで最後まで計算してしまうこともあります．

● まとめ

最後に改めて言いますが，ここまで説明してきた「定型フォーム」という言い方は，$e^{j\theta}$をイメージし易くすることが目的で，一般的にはこのようには呼びませんので注意してください．

本章の説明で，定型フォームとして説明した大きさと位相による表し方と，それをオイラーの公式を使って複素数として表したときに，それが実際の回路とどのような関係になっているかがわかったかと思います．

またオイラーの公式が，大きさと位相を，実数と虚数に分けられるという点も大切です．これが位相での表記と実際の回路との接点になっているのです．

次の第8章はいよいよ複素数のしめくくりとして，実際の回路計算とそれに基づいた実測結果とのつき合わせを行っていきます．

第2部 複素数と $e^{j\theta}$

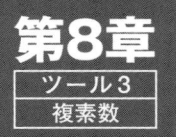

第8章
ツール3 複素数

$e^{j\theta}$を活用して実回路の電圧と電流の関係を計算と実験で求める

抵抗/コンデンサ/コイルを組み合わせた回路のインピーダンスは？

　第6章と第7章で説明してきたように，複素数は回路計算での「ツール」です．このツールを使えば，オームの法則で交流回路の計算さえも行うことができます．そしてその先には，より複雑な回路理論がありますが，なんとオームの法則と「位相を変化させる」複素数というツールを拡張していっただけで，それらに到達できるのです．
　本章ではここまで学んできた回路理論による数学的なアプローチから，より実践的な実際の回路を用いて，それらの相互関係を考えていきます．それらがぴったりとつながり，教科書と現場のインターフェースがきちんとできていることを確認しましょう．

8-1 定型フォームを極座標で表し X軸方向と Y軸方向の成分で考えて計算する

● 極座標の X軸方向成分が抵抗量，Y軸方向成分がリアクタンス量になる

　前章までのおさらいも含めて，もう一度まとめてみます．
　図8-1(a)は，インピーダンス $Z = 50\, e^{-j\pi/6}$ を，X軸と Y軸方向の目盛りも同時に振られた「極座標」上で表したものです注8-1．極座標上の点は，

- X軸目盛りで見た大きさ ⇨ 純抵抗量 R
- Y軸目盛りで見た大きさ ⇨ リアクタンス量 X

であり，

$Z = $ [インピーダンス Z の大きさ]$e^{j\theta}$
　　$= $ [純抵抗量]$e^{j0} + $ [リアクタンス量]$e^{\pm j\pi/2}$

$e^{\pm j\pi/2} = \pm j$ から（$+j$ は位相 $+\pi/2 = +90°$，$-j$ は位相 $-\pi/2 = -90°$），

[インピーダンス Z の大きさ]$e^{j\theta}$
　　$= 1 \times $ [純抵抗量]$\pm j \times $ [リアクタンス量]

が得られ，

$Z = R \pm jX$

となります．図8-1(b)は，このインピーダンス Z に相当する回路です．これでインピーダンス Z の表記，「[Zの大きさ]$\times e^{j\theta}$」と「$Z = R \pm jX$」との間を結び付けることができるわけです．
　実際には，「$Z = R \pm jX$」を用いて計算することが圧倒的に多いのです．以降で例を示していきます．

● 逆に X軸方向と Y軸方向の成分量から大きさと位相量を得るには

　図8-2のように「$Z = R \pm jX$」から，[Zの大きさ] $\times e^{j\theta}$ を得るには，第7章に出てきた次の公式を使います．

[インピーダンス Z の大きさ]
$= \sqrt{[純抵抗量]^2 + [リアクタンス量]^2}$ …（公式3）

$\theta = \tan^{-1}\dfrac{[リアクタンス量]}{[純抵抗量]}$ ………（公式4）

8-2 まずは測定してみよう

　さて，写真8-1のような180 Ωの抵抗と33 μFのコンデンサが直列接続された回路を考えます（実際の電子回路ではコイルよりコンデンサを多用するので，コ

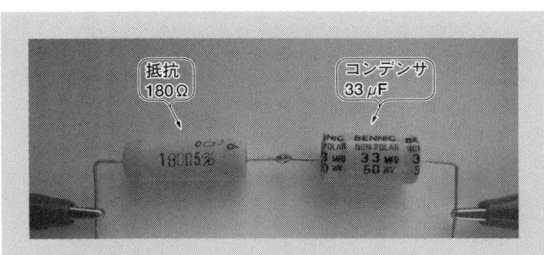

写真8-1 抵抗とリアクタンス（コンデンサ）を直列に接続した回路
180 Ωの抵抗と33 μFのコンデンサを直列に接続．実際の電子回路ではコンデンサを多用するので，コンデンサを例とした．この回路に流れる電流を求める計算をする．

注8-1：リアクタンス量を X とするが，ここでの「X軸方向」は「横軸方向」という意味．

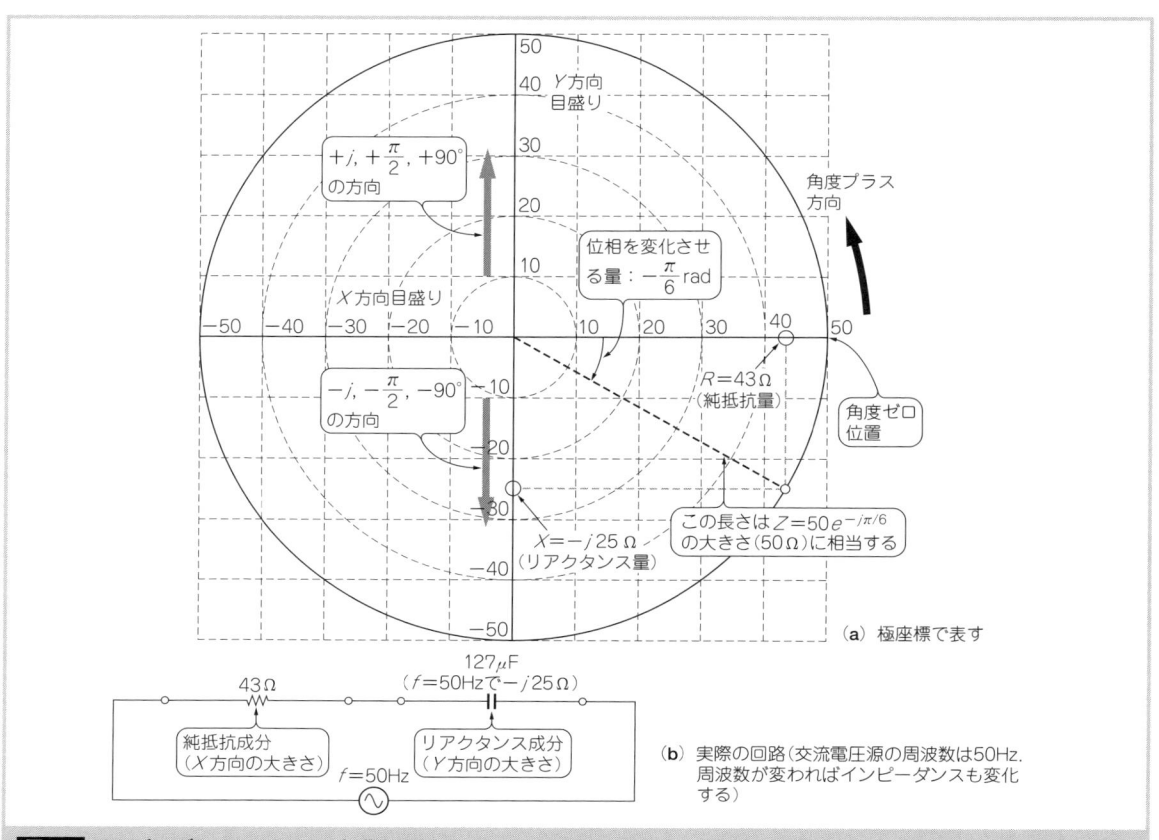

図8-1 インピーダンス $Z = 50\,e^{-j\pi/6}$ とは？

リアクタンスの符号がマイナスなのは，大きさ自体がマイナスなのではなく，コンデンサのリアクタンス $25e^{-j\pi/2} = -j25\,\Omega$ という意味．また図中の 10～50 は円の半径の大きさ（極座標ぶん）も意味している．

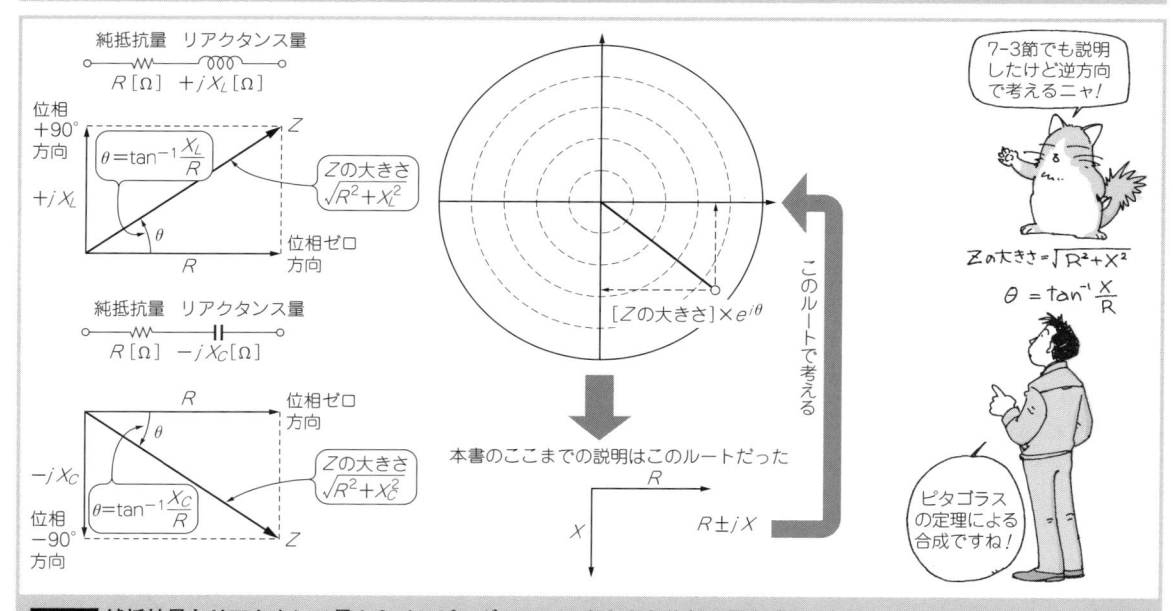

図8-2 純抵抗量とリアクタンス量からインピーダンス Z の大きさと位相の量を得るには…

7-3節でも説明したが，ここではより具体的に説明する．純抵抗 R とリアクタンス X が 90°の関係になっているので，合成するにはピタゴラスの定理を用いればよい．ここまでの説明の逆ルートである．

ンデンサをリアクタンスの例としている).

やりたい回路計算は「この回路に流れる電流を求める」というものです．交流電圧源の実効値は10V，周波数は50Hzです．まずこの回路をオシロスコープで測定してみます．

●直列回路に流れる電流 I を測定する

図8-3は，電源の電圧 V と回路に流れる電流 I を比較しています．電源電圧は実効値10V（そのためピーク値は14Vになっている）です．写真8-1の回路は直列回路なので，各素子に流れる電流 I は同じになります．オシロスコープでは電流をそのまま測定（直読）できませんから，電流プローブを使っています．

電流 I の大きさはピーク値が0.070Aに相当しています．実効値は $1/\sqrt{2}$ 倍で0.049Aです．また電流の位相は，図8-4の抵抗 R の端子電圧 V_R の位相と同じであることに注意してください．

●素子ごとの電圧降下（端子電圧）を測定してみる

抵抗 R とコンデンサ C の，それぞれの電圧降下（電圧が素子の端子間に発生するので，以降「端子電圧」という用語を用いる）を測定してみましょう．

▶抵抗 R の端子電圧 V_R

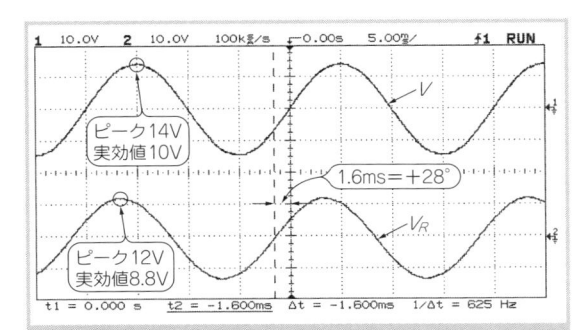

図8-4は，電源電圧 V と抵抗 R の端子電圧 V_R を比較しています．電源電圧は実効値10Vです．

抵抗 R の端子電圧 V_R はピーク値が12Vですから，実効値は $1/\sqrt{2}$ 倍で8.8Vです．位相は，+28°＝+0.49 radになっていることがわかります（+0.49 rad＝+0.16π rad，周期20msの28/360＝1.6msになる．画面上の符号はマイナスだが，V_R のほうが早い，つまり「進み位相」）．

▶コンデンサ C の端子電圧 V_C

図8-5は，電源電圧 V とコンデンサ C の端子電圧 V_C を比較しています．電源電圧は上記と同じです．

コンデンサ C の端子電圧 V_C はピーク値が6.7Vですから，実効値は $1/\sqrt{2}$ 倍で4.7Vです．位相は−62°＝−1.1 radになっていることがわかります（−1.1 rad＝−0.34π rad，周期20msの62/360＝3.4ms．画面上の符号はプラスだが V_C のほうが遅い，つまり「遅れ位相」）．

8-3 実際に複素数で計算してみよう（初級編）

前節で，ここで説明する回路の波形を確認しました．また理論的にもだいぶ背景が見えてきていると思うので，いよいよ複素数を使って実際の回路での計算をしてみましょう．

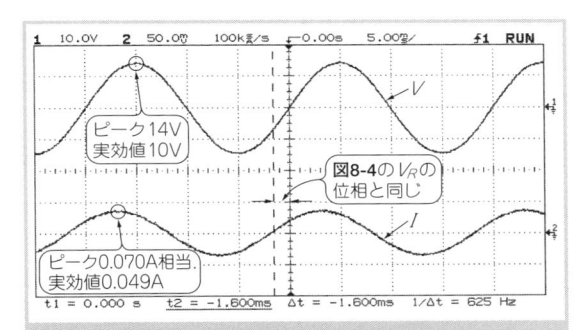

図8-3 電源電圧 V と回路に流れる電流 I を測定
電源電圧は実効値10V（ピーク値14V）．この回路は直列回路なので，各素子に流れる電流 I は同じで，その大きさはピーク値0.070A．実効値は $1/\sqrt{2}$ 倍で0.049A．電流の位相は図8-4の V_R と同じになっている．

図8-4 電源電圧 V と抵抗 R の端子電圧 V_R を測定
電源電圧は実効値10V（ピーク値14V）．抵抗 R の電圧 V_R はピーク値が12Vなので，実効値は $1/\sqrt{2}$ 倍で8.8V．位相は+28°＝+0.49 rad（+0.16π rad）で「進み位相」．画面上の符号はマイナスだが，V_R のほうが早い．

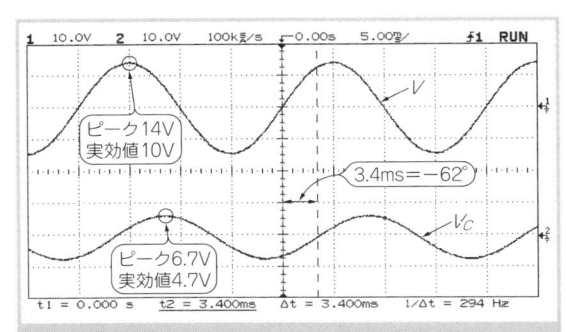

図8-5 電源電圧 V とコンデンサ C の端子電圧 V_C を測定
電源電圧は実効値10V（ピーク値14V）．コンデンサ C の電圧 V_C はピーク値が6.7Vなので，実効値は $1/\sqrt{2}$ 倍で4.7V．位相は−62°＝−1.1 rad（−0.34π rad）で「遅れ位相」．画面上の符号はプラスだが，V_C のほうが遅い．

ここでは，抵抗とコンデンサの直列回路でのインピーダンス，回路に流れる電流，素子ごとの電圧を計算します注8-2．

電子回路では抵抗とコンデンサのちょっとした組み合わせというのは，結構使われます（**図8-6**）．より複雑な回路の場合もありますが，まずは基本的な考え方をしっかり理解しておきましょう．

●実際の計算の二つの手順

「$Z = R \pm jX$」と「［大きさ］$\times e^{j\theta}$」という，本質的には同じ（等価）ですが異なる二つの表現方法なので，計算する際には以下のような手順をとります．

▶手順①「$Z = R \pm jX$」で通してしまう

それぞれ相互に変換できるわけですから，どっちで計算しても**本質論としては**同じなわけです．「$Z = R \pm jX$」のままで最後まで計算することができます．

とくに理論計算や国家試験の問題（実際の数字を使わずにR_1やX_1などと記号を用いて計算する場合）では「$Z = R \pm jX$」のままで計算することがほとんどです．

▶手順②「$Z = R \pm jX$」で計算し，残りの計算が掛け算になった時点で「［大きさ］$\times e^{j\theta}$」に変換する

また$Z = R \pm jX$の形でどんどんインピーダンスを計算していって，最後に「［大きさ］$\times e^{j\theta}$」に変換して，オームの法則で電流量を求める…こんな方法も可能です．

$e^{j\theta}$（本書では「定型フォーム」と説明してきた）は

注8-2：理解を深めるために，以下では一部，本書での有効数字の設定（2桁）を無視して説明している．

足し算計算が苦手，**掛け算/割り算計算は得意**です．そのため残りの計算が掛け算/割り算だけになった時点で，この形に変換して計算してしまうと簡単です．

●最初はリアクタンス量X_Cを計算する

さて，前節の測定結果が，実際に計算でどうなるかを見てみましょう．ここでの説明は手順①，②ともども計算の基本です．

まず，容量Cのコンデンサのリアクタンス量X_Cは

$$X_C = -j\frac{1}{2\pi fC} \quad \cdots\cdots (8\text{-}1)$$

ですから，$C = 33\,\mu\mathrm{F}$，周波数$f = 50\,\mathrm{Hz}$とすると，次のようになります．

$$X_C = -j\frac{1}{2\times \pi \times 50\,\mathrm{Hz} \times 33\times 10^{-6}\,\mathrm{F}} = -j96\,\Omega$$

つづいて，180 Ωの純抵抗量とともに（直列回路の）インピーダンスZとして表すと，下記のようになります．これにより手順①で計算できます．

$$Z = 180 - j96\,\Omega \quad \cdots\cdots (8\text{-}2)$$

▶［大きさ］$\times e^{j\theta}$で表すと

Zの大きさは，第7章の（公式3）を用いて，

$$\sqrt{180^2 + 96^2} = 204$$

Zの位相は，同じく（公式4）を用いて「電卓ポン！」で，

$$\tan^{-1}\frac{96}{180} = -28° = -0.49\,\mathrm{rad} = -0.16\pi\,\mathrm{rad}$$

つまり，定型フォームでのインピーダンスZの表現は下記となり，手順②が活用できます．

$$Z = 204\,e^{-j0.16\pi}\,\Omega \quad \cdots\cdots (8\text{-}3)$$

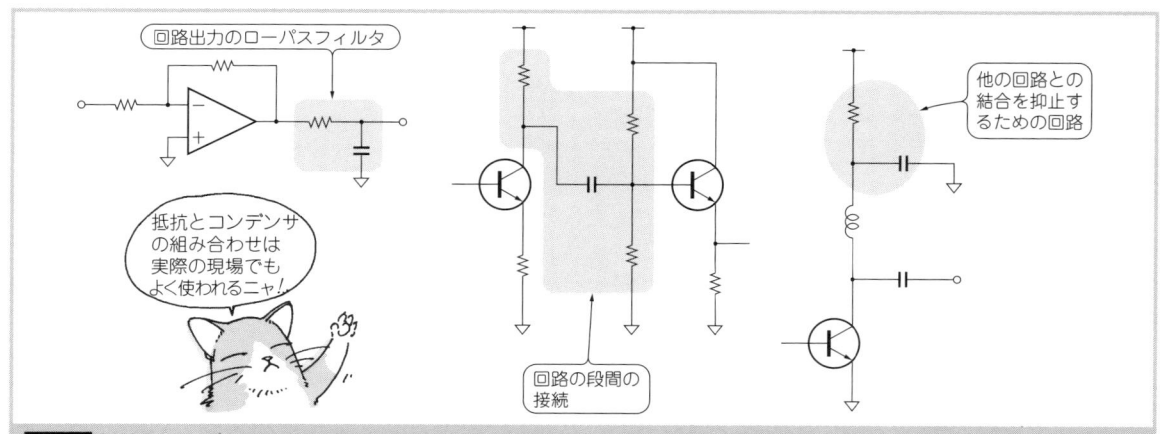

図8-6 抵抗とコンデンサを組み合わせた回路のいろいろ
実際の電子回路設計現場では，簡単な抵抗とコンデンサの組み合わせ回路が多用される．より複雑な回路もあるが，まずは基本的な考え方をしっかり理解しておこう．

●手順①で電流を求めるのに共役複素数が活躍

交流電源電圧を10 Vとすれば，回路に流れる電流Iは**図8-7**のようにオームの法則と手順①を用いて，

$$I = \frac{10\text{ V}}{180 - j96\text{ }\Omega} = \frac{10(180 + j96)}{(180 - j96)(180 + j96)}$$

$$= \frac{10(180 + j96)}{180^2 + 96^2} = \frac{10}{41616}(180 + j96) \cdots (8\text{-}4)$$

が得られます．ここで，分子/分母に$(180 + j96)$を掛け算して計算していますが，$180 - j96$に対する**虚数部分の符号が違う**$(180 + j96)$を「共役複素数」と言います．この共役複素数が計算上でとても活躍します．詳しくは**コラム8-2**を参照してください．また，以降でもこの計算をたくさん使います（なお$e^{j\theta}$の共役複素数は$e^{-j\theta}$になる）．

この計算で得られた電流Iは，

$$I = 0.043 + j0.023 \text{ [A]}$$

と計算できます．

▶電流の大きさと位相を求めてみる

さて，式(8-4)から(公式3)と(公式4)を用いて電流Iの大きさと位相量を求めてみます．電流Iの大きさは，(公式3)を用いて，

$$\frac{10}{41616}\sqrt{180^2 + 96^2} = 0.049 \text{ A}$$

電流Iの位相は，(公式4)を用いて，

$$\tan^{-1}\frac{96}{180} = +28° = +0.49\text{ rad} = +0.16\pi \text{ rad}$$

と表せます．電流Iの大きさが49 mA，位相が進み位相で，$+0.16\pi$ rad $(+28°)$だということがわかります．

▶[大きさ]$\times e^{j\theta}$で電流Iを表すと

これらから，定型フォームでの電流Iは，

$$I = 0.049\, e^{+j0.16\pi} \text{ A} \quad\cdots\cdots\cdots(8\text{-}5)$$

となります．

計算結果を**図8-3**の実測値と比較してみましょう．電流の大きさ(電流プローブを使っているので直読ではない)も位相も，この計算結果と同じになっていますね．

なお，この例では計算が単純なので，定型フォーム$e^{j\theta}$のままでも，オームの法則で電流を計算できます．その計算をひきつづき示していきましょう．

●手順②で定型フォームのままオームの法則で電流Iを計算すると

写真8-1に示したくらいの単純な回路の計算であれば，定形フォームの苦手な$e^{j\theta 1} + e^{j\theta 2}$という足し算が出てきませんから，手順②の定型フォームでも計算は可能です．

定型フォームのままで**写真8-1**の回路の電流の大きさを求めるには，以下の手順になります．

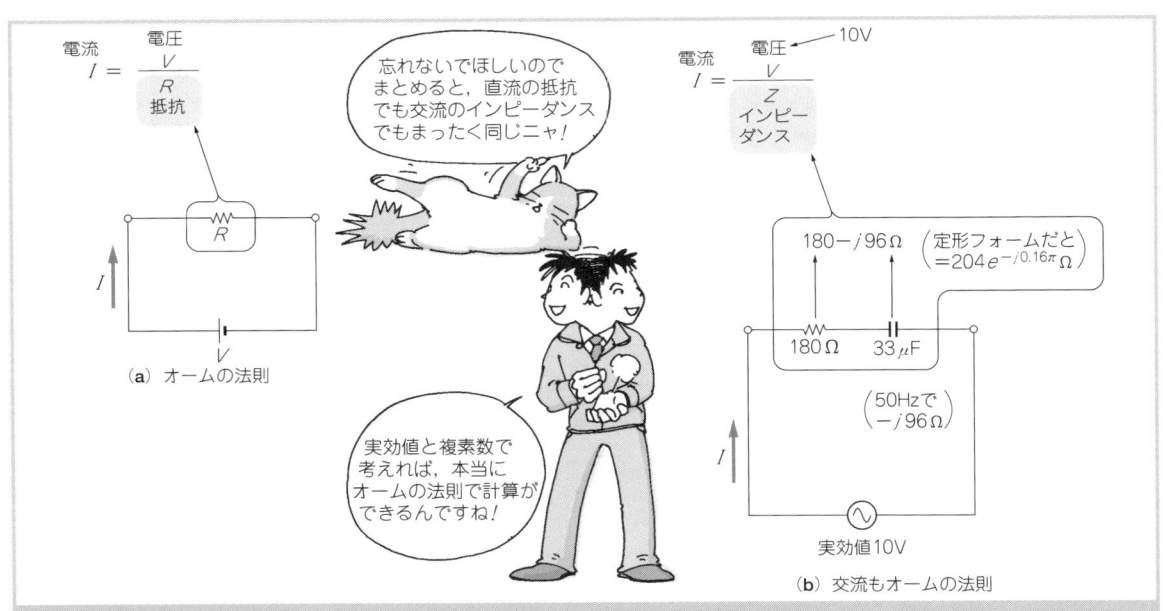

図8-7 直流の抵抗も交流のインピーダンスも同じようにオームの法則で計算できる
最初のツール「オームの法則」はまだまだ有効．直流回路のオームの法則に，実効値表記と複素数で位相を表す意味合いを追加すれば，交流回路も直流回路と同じように計算できる．

8-3 実際に複素数で計算してみよう(初級編)

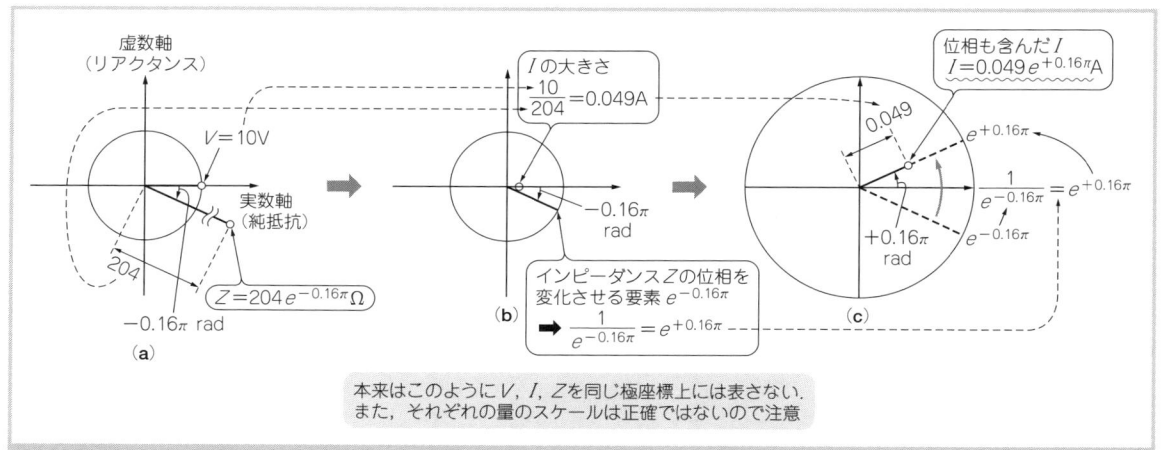

図8-8 電流Iを求める計算の過程を極座標表示で示す
同一スケールではないので注意．左から(a)はインピーダンスを極座標で表したもの，(b)は電流Iの大きさだけを求めてZで位相を変化させていく意味合い，(c)は電流Iを位相を含んだ形で極座標で考えたもの．

① オームの法則で大きさを求める
② 定型フォームで位相を変化させる

なお$Z = R \pm jX$での手順①でも，定型フォームでの手順②でも，やりかたが異なるだけでやっていることは同じです．結局同じことをしているだけなのです．

それでは，電流Iを求めてみましょう．上記の①と②に注意して，以下の式を見てください．また図8-8にこの計算の過程を極座標表示で示します．式中で参照してください．

$$I = \frac{10}{204\, e^{-j0.16\pi}} \quad (\text{オームの法則で}10/204\text{を計算})$$

$$= \frac{10}{204} \times \frac{1}{e^{-j0.16\pi}} = 0.049\, \frac{1}{e^{-j0.16\pi}}$$

定型フォームで位相を変化させる．定型フォームでの共役複素数$e^{+j0.16\pi}$を分子/分母にかける．もしくは第6章の(公式2)を用いる

$$= 0.049\, \frac{e^{+j0.16\pi}}{e^{-j0.16\pi} \times e^{+j0.16\pi}} \quad (\Rightarrow \text{分母が1になる})$$

$$= 0.049\, e^{+j0.16\pi} \quad \cdots\cdots\cdots\cdots (8\text{-}6)$$

このように，得られる結果は$Z = R \pm jX$の手順①から得られた式(8-5)とまったく同じです．

●抵抗とコンデンサでの電圧降下を求める

写真8-1の回路に流れる電流Iがわかったので，抵抗RとコンデンサCそれぞれの電圧降下(端子電圧)を計算してみましょう．

▶抵抗Rの端子電圧V_R

$V_R = I \times R$ですから，式(8-4)の答えを使って

$$V_R = \frac{10}{41616}(180 + j96)\,\text{A} \times 180\,\Omega$$

$$= \frac{1800}{41616}(180 + j96)\,\text{V} \cdots\cdots\cdots (8\text{-}7)$$

と計算できます．

V_Rの大きさと位相を求めるために，式(8-4)から

コラム8-1　$e^{j\theta}$は$\exp(j\theta)$とも書く

回路理論関連の参考書で，$e^{j\theta}$を$\exp(j\theta)$と表記しているものを多くみかけます．説明の最初に「$e^{j\theta}$を$\exp(j\theta)$として表記する」と書いてはあるのですが，見逃してしまい，「exp？これは何だ？」となるかもしれません．

違いですか？…ありません．ただ紙面の都合上，eの右肩上に表記すると**文字のサイズが小さくなる**から，代わりにexp("exponential"；「指数」から来ている．Excelや他の科学技術計算ソフトウェアも，この関数e^xはEXPになっている)を用いているだけなんです．それだけなんです．

$$e^{j\theta} = \exp(j\theta)$$

ということを頭にいれておきましょう．

式(8-5)への過程のように，(公式3)と(公式4)を用いて，定型フォームに変換してみると，

$$V_R = \frac{10}{41616}(180 + j96)\,\text{A} \times 180\,\Omega$$
$$= 8.8\,e^{+j0.16\pi}\,\text{V} \quad \cdots\cdots\cdots\cdots\cdots (8\text{-}8)$$

という大きさ(8.8 V)と位相(+ 0.16π rad)になります．

この結果を**図8-4**の実測値と比較してみましょう．抵抗Rの端子電圧の実測値V_Rが，この計算結果と同じになっていますね．

▶抵抗Rの端子電圧V_Rを定型フォームのまま計算してみる

ところで定型フォームのままオームの法則で，抵抗Rの端子電圧V_R(= $I \times R$)を計算してみると，

$$V_R = 0.049\,e^{+j0.16\pi}\,\text{A} \times 180\,e^{j0}\,\Omega$$
$$= 8.8\,e^{+j0.16\pi}\,\text{V} \quad \cdots\cdots\cdots\cdots\cdots (8\text{-}9)$$

と計算できます．式(8-8)と式(8-9)はどちらでも同じですね．

▶コンデンサCの端子電圧V_C

抵抗Rに流れる電流Iも，コンデンサCに流れる電流Iも，「直列回路」なので同じ電流Iが流れます．コンデンサCの端子電圧を，$V_C = I \times X_C$として，ここでもオームの法則で考えると，式(8-1)のX_Cを利用して，

$$V_C = I \times X_C = I \times \frac{-j}{2\pi fC} \quad \cdots\cdots (8\text{-}10)$$

となります．コンデンサCのリアクタンスX_Cは，式(8-1)以降の計算結果により$-j96\,\Omega$です．そのため，

$$V_C = \frac{10}{41616}(180 + j96)\,\text{A} \times (-j96)\,\Omega$$
$$= \frac{10}{41616}[180 \times (-j96) + (+j96)(-j96)]$$
$$= \frac{10}{41616}(9216 - j17280) \quad \cdots\cdots (8\text{-}11)$$

という答えが得られました．

ここで，V_Cの大きさと位相を求めるために，上記のV_Rでの計算のように定型フォームに変換すると，

$$V_C = \frac{10}{41616}(9216 - j17280) = 4.7\,e^{-j0.34\pi}$$
$$\cdots\cdots\cdots\cdots\cdots (8\text{-}12)$$

という大きさ(4.7 V)と位相(− 0.34π rad)になります．

この結果を**図8-5**の実測値と比較してみましょう．コンデンサCの端子電圧の実測値V_Cが，この計算結果と同じになっていますね．

▶コンデンサCの端子電圧V_Cを定型フォームのまま計算する

定型フォームのままオームの法則で，コンデンサCの端子電圧V_Cを計算してみると，

$$V_C = 0.049\,e^{+j0.16\pi}\,\text{A} \times (-j96)\,\Omega$$
$$= 0.049\,e^{+j0.16\pi}\,\text{A} \times 96\,e^{-j\pi/2}\,\Omega$$
$$= 4.7\,e^{-0.34\pi}\,\text{V} \quad \cdots\cdots\cdots\cdots\cdots (8\text{-}13)$$

となります．式(8-12)，式(8-13)のどちらでも同じですね．

この程度の簡単な計算では，定型フォームでも計算が可能です．しかし次のような計算になると，なかなかそういうわけにもいかなくなってきます．

8-4 少し高度な回路も複素数で計算してみよう(中級編)

今度は，もう少し難しい回路で計算してみましょう．**図8-9**のような回路を計算します．まずは回路全体のインピーダンスを求めて，抵抗の端子電圧を計算します．ここでも複素数が入っているとはいえ，オームの法則そのものです．なお，交流電圧源の実効値は10 V，周波数は50 Hzです．

●最初はインピーダンス量を計算する

▶まずはじめはリアクタンス量を計算する

コンデンサのリアクタンス量X_{C1}とX_{C2}を考えます．これは式(8-1)から，下記のように計算できます．

$C_1 = 33\,\mu\text{F} \Rightarrow X_{C1}$

$$X_{C1} = \frac{-j}{2 \times \pi \times 50\,\text{Hz} \times 33 \times 10^{-6}\,\text{F}} = -j96\,\Omega$$

$C_2 = 10\,\mu\text{F} \Rightarrow X_{C2}$

$$X_{C2} = \frac{-j}{2 \times \pi \times 50\,\text{Hz} \times 10 \times 10^{-6}\,\text{F}} = -j320\,\Omega$$

▶RとC_2との並列接続のインピーダンスZ_{RC2}を計算

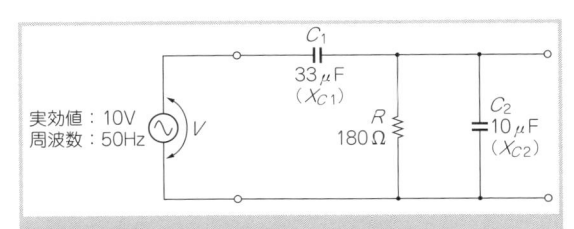

図8-9 抵抗1個とコンデンサ2個の回路
もう少し難しい回路を計算する．最初に回路全体のインピーダンスを求め，抵抗の端子電圧を計算する．複素数が入った計算だとはいえ，これもオームの法則そのもの．

する

ここでは R と C_2 との並列接続のインピーダンスを計算してみましょう．別に難しいことはありません．並列接続の合成抵抗の計算は，

$$\frac{1}{R} = \frac{1}{R_1} + \frac{1}{R_2} \quad \text{または} \quad R = \frac{R_1 \times R_2}{R_1 + R_2}$$

でしたね．この式を使って "j" を含めて計算してしまえばよいのです．つまり，

$$Z_{RC2} = \frac{R \times X_{C2}}{R + X_{C2}} = \frac{180 \times (-j320)}{180 - j320}$$

$$= \frac{180 \times (-j320)(\mathbf{180 + j320})}{(180 - j320)(\mathbf{180 + j320})} \leftarrow \text{共役ぶん}$$

コラム8-2　複素数の性質をうまく利用して効率良く計算しよう

① 実数と虚数は完全分離

複素数では実数部と虚数部は完全に分離して計算します．

$$(A + jB) + (C + jD) = (A + C) + j(B + D)$$

ただ単純に「別モノ」として計算すればよいだけです．一つだけ例外があって，以下の共役複素数でも使いますが，$j \times j$ となった場合は $j \times j = -1$ とします．これは虚数のもともとの考えどおりですね．

② 共役複素数

本文でも出てきましたが，共役複素数は便利に使えます．とくに分数の形で，**分母が複素数のときに，分母を実数にするため**(式全体を「実数＋虚数」の形にするため)にとても便利です．例えば「$180 - j96$」の共役複素数は「$180 + j96$」です．何のことはない，**虚数部の符号が逆になるだけ，それだけ**です．しかし，これを使うととても便利に計算ができます．

共役の意味合いを理解するために，定型フォームで表してみましょう．

$180 - j96 = 204 e^{-j0.16\pi}$
$180 + j96 = 204 e^{+j0.16\pi}$ ← 共役複素数

この二つは図8-Aのようになります．この二つを掛けると，

$(180 - j96) \times (180 + j96)$
$= 204 e^{-j0.16\pi} \times 204 e^{+j0.16\pi} = 41616 e^0$

となり，$e^0 = 1$ ですから，$e^{j\theta}$ の定型フォームの部分が消えて，**すべてが実数になります**(これも図8-Aに記載してある)．ただ実数化することをやっているのです．「$R \pm jX$」で計算してみると，

$(180 - j96) \times (180 + j96) = 180^2 + 96^2 = 41616$

と，それぞれの2乗の和になり，上記の定型フォームの結果と同じになります．

共役複素数を掛けておけば，「機械的に実数化できるのだ」と考えて計算してしまってかまいません．とはいえ，$(A + jB) \times (A - jB) = A^2 + B^2$ になる理由も簡単に示しておきましょう．

$(A + jB) \times (A - jB) = A(A - jB) + jB(A - jB)$
$= (A^2 - jAB) + (jAB - j^2B^2)$

ここで，$j^2 = -1$ なので，$-j^2B^2 = B^2$ となり，ま

た jAB の項はプラス/マイナスそれぞれの項が打ち消されて，結局 $A^2 + B^2$ が残ることになります．A と B の二つの項の「2乗どうしの足し算」になっていることに注目してください(複素数表現から電力を計算するときにも，共役複素数を使って求める．詳細については回路理論の本を参照)．

③ $j \times j = -1$ になる計算

上記の①，②でも説明しましたが，$j \times j = -1$ です．このパターンが出てくるのは，上記の共役複素数の場合だとか，

$$\frac{1}{j} = \frac{j}{j \times j} = \frac{j}{-1} = -j$$

という場合が多いです．オームの法則を使って電流を求めたり，インピーダンスを計算する場合によく出くわします．

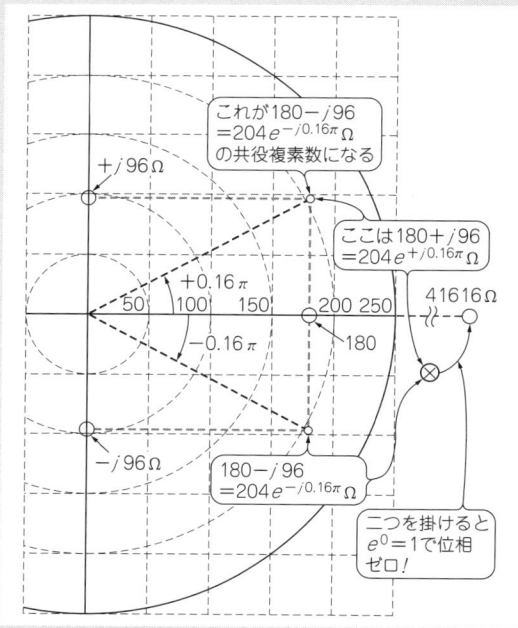

図8-A　共役複素数を定型フォームで表して，極座標上の点で示す
共役複素数は虚数の符号を反転させるものだが，定型フォームで表してみると，このように位相ゼロ(X軸方向)を基準として±の関係になっている．掛け合わせると位相がゼロになる．

$$= \frac{180 \times (-j320)(180 + j320)}{180^2 + 320^2} = 137 - j77 \ \Omega$$

このように「純抵抗＋リアクタンス」の形になりますね．

▶回路全体のインピーダンスを計算する

回路全体のインピーダンス Z は，R と C_2 の並列接続（上で計算したもの）と C_1 が直列になっているので，

$$Z = X_{C1} + \frac{R \times X_{C2}}{R + X_{C2}}$$
$$= -j96 + (137 - j77) = 137 - j173 \ \Omega$$

［大きさ］$\times e^{j\theta}$ の形にすると，次のようになります．

$$Z = 220 \times e^{-j0.29\pi} \ \Omega$$

●回路に流れる電流から抵抗の端子電圧を計算する

▶回路全体に流れる電流

$I = V/Z$ から，

$$I = \frac{10}{220 \times e^{-j0.29\pi}} = 0.046 \ e^{+j0.29\pi} \ \text{A}$$

▶抵抗 R の端子電圧

図8-9の抵抗 R は，R と C_2 の並列接続になっています．このインピーダンス Z_{RC2} は，

$$Z_{RC2} = \frac{R \times X_{C2}}{R + X_{C2}} = (137 - j77) = 157 \ e^{-j0.16\pi} \ \Omega$$

ですから，これに電流 I が流れると，電圧 V_R は $V_R = I \times Z_{RC2}$ で求まり，

$$V_R = 0.046 \ e^{+j0.29\pi} \times 157 \ e^{-j0.16\pi} = 7.2 \ e^{+j0.13\pi} \ \text{V}$$

と計算でき，V_R の大きさが 7.2 V，位相が $+0.13\pi$ rad $= +23°$ と求まりました．

▶コンデンサ C_1 の端子電圧 V_C は

同じく図8-9のコンデンサ C_1 の端子電圧 V_C は，

$$V_C = 0.046 \ e^{+j0.29\pi} \times (-j96)$$
$$= 4.4 \ e^{+j(0.29 - 0.5)\pi} = 4.4 \ e^{-j0.21\pi} \ \text{V}$$

と計算でき，V_C の大きさが 4.4 V，位相が -0.21π rad $= -38°$ と求まりました．

●実測で確認してみる

▶電源 V と抵抗 R の端子電圧 V_R を比較する

それでは，ここまで計算した結果が正しいか，それぞれ測定してみましょう．

図8-10は，交流電圧源 V（実効値 10 V）と抵抗の端子電圧 V_R をオシロスコープで測定したものです．V の位相を基準にして見ると，抵抗 V_R の位相は $+23°$ です（周期20 msの23/360 = 1.3 msになる．画面上の符号はマイナスだが「進み位相」）．電圧のピーク値の大きさも $7.2 \times \sqrt{2} = 10$ V で計算結果と同じです．

▶電源 V とコンデンサ C_1 の端子電圧 V_C を比較する

次に，図8-11は交流電圧源 V（実効値 10 V）とコンデンサの端子電圧 V_C を測定したものです．V の位相を基準にしてみると，V_C の位相は $-38°$（周期20 msの $-38/360 = 2.1$ msの「遅れ位相」）になっていることがわかります．電圧のピーク値の大きさも $4.4 \times \sqrt{2} = 6.2$ V で計算結果と同じですね．

このように教科書どおりの計算をした結果と，実際の回路を測定したときの値とが同じになっています．今までテスト対策で勉強してきた回路理論が，実際の回路でそのまま動いているのです．

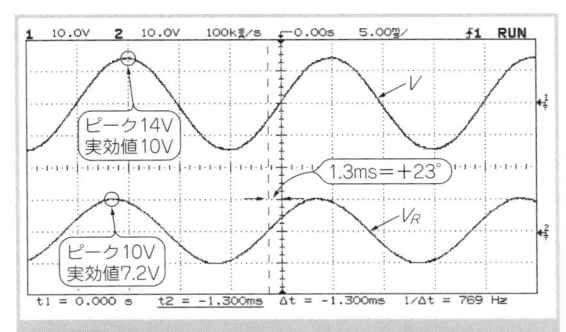

図8-10 交流電圧源の電圧 V と抵抗の端子電圧 V_R をオシロスコープで測定する
図8-9の回路を実測する．上の波形は交流電圧源 V（実効値10 V），下の波形は抵抗の端子電圧 V_R．V の位相を基準にすると V_R は $+23°$ の「進み位相」（周期20 msの23/360 = 1.3 ms）．画面上の符号はマイナスだが V_R のほうが早い．電圧ピーク値も $7.2 \times \sqrt{2} = 10$ V で計算結果と同じ．

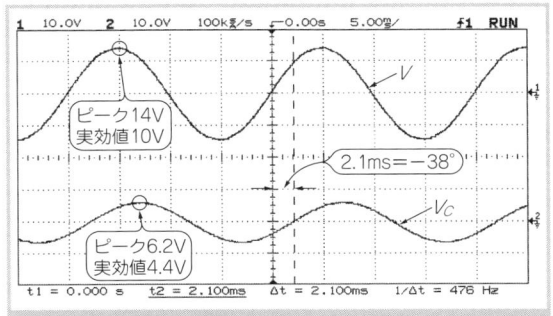

図8-11 交流電圧源の電圧 V とコンデンサ C_1 の端子電圧 V_C をオシロスコープで測定する
図8-9の回路を実測する．上の波形は交流電圧源 V（実効値10 V），下の波形はコンデンサ C_1 の端子電圧 V_C．V の位相を基準にすると V_C は $-38°$ の「遅れ位相」（周期20 msの $-38/360 = 2.1$ ms）．画面上の符号はプラスだが V_C のほうが遅い．電圧ピーク値も $4.4 \times \sqrt{2} = 6.2$ V で計算結果と同じ．

コラム8-3　全体のインピーダンスはベクトルを継ぎ足して終点と原点を結ぶ

図7-7，図8-2，そして特に7-3節から本章にかけて「インピーダンスはピタゴラスの定理による合成そのもの」と説明してきました（また最初から，「インピーダンス＝純抵抗＋リアクタンス」だとも）．

この図7-7，図8-2では純抵抗のベクトル（大きさと方向を持つ矢印の意味．つまり極座標表示）と，リアクタンスのベクトルが，90°向きが異なっており，それらのオシリ同士をつなげた図として示しました．これは**極座標表示から個別の素子へ**，という話の進め方で説明したためであり，実際は以下のように考えたほうが，より直感的に理解しやすいと思います．

●ベクトルの先端とオシリをつなげて作図する

図8-Bは，図8-2を少し書き直して，二つのベクトル（純抵抗量とリアクタンス量）の先端とオシリをつなげて作図し直したものです．図上部の回路図では，純抵抗量とリアクタンス量が**直列につながって**います．

これをそのまま，図として表してみると，純抵抗量のベクトルとリアクタンス量のベクトルが，それこそ**直列につながっている**と考えることができるわけです．

そうすれば求める合成された直列インピーダンスZの大きさが，ピタゴラスの定理のとおり，三角形の三辺のうちの一辺になり，純抵抗量とリアクタンス量が残りの二辺になり，「図として直感的に」理解できると思います．

●と言っても，今までの説明と何ら答えは変わらない

当然リアクタンス量のベクトルを描く位置を変えただけですから，得られる答え（インピーダンスZ）はここまで説明してきたことと何ら変わりません．

ここでの話は，図7-8(b)で二つの抵抗と二つのコンデンサを直列接続したときに，「大きさと位相を足し合わせる」として，二つのベクトルの先端とオシリをつなげた説明をしましたが，それと全く同じ意味なのです．

●より複雑なベクトル図のときも活用できる！

ここまでは2素子を接続したときの考え方をベースに説明してきましたが，実際の計算で素子数がより多いとか複雑なベクトル図を描くときは，この「ベクトルの先端とオシリをつなげる」ということを基本に考えながら，複数のベクトルを図上で連結していくと良いでしょう．

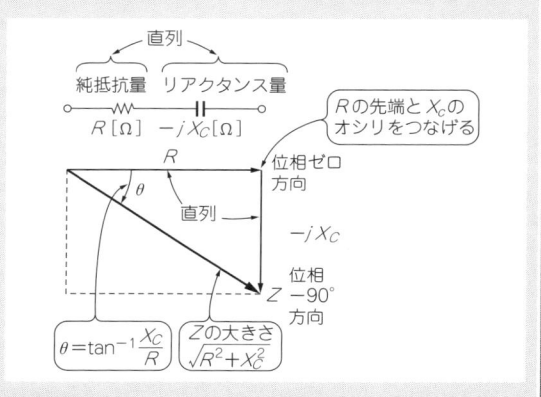

図8-B　図8-2を少し書き直して，二つのベクトルの先端とオシリをつなげて作図する

純抵抗量とリアクタンス量が回路で直列につながっているように，ベクトル同士も直列につながっていると考えられる．合成されたインピーダンスZは，ピタゴラスの定理の三角形の一辺になり，純抵抗量とリアクタンス量が残りの二辺になる．図にすると直感的に意味合いが理解できる．

●まとめ

ここまで，第3章から全6章にわたって「インピーダンスと位相と複素数」について説明してきました．まとめてみると，以下のたった数点に集約することができます．

(1) インピーダンスZは$Z = R \pm jX$で表す
(2) $X_L = j2\pi fL$
(3) $X_C = 1/j(2\pi fC) = -j/(2\pi fC)$
(4) これで，**コラム8-2**の複素数計算のキーポイントを使って，オームの法則で計算していけばよい
(5) なお，X_LとX_Cには周波数fが入っているので，この答えは計算に使った周波数で成り立ち，異なる周波数だと答えが変わる

これらのポイントだけわかればよいのです．本書のここまでの説明で，さらにその背景もわかってきていますから，自信をもって実際の回路にチャレンジしてください．

第8章のキーワード解説

①等価(とうか)
　二つの異なるモノであるが，それらがまったく同じであるということ．

②実効値
　交流回路の計算で，電力($P = IV$)の計算も含めて，オームの法則を用いて直流回路とまったく同じに計算できるよう，波形の大きさを決めたもの．正弦波の場合，ピーク値の$1/\sqrt{2}$になる．

③インピーダンス(impedance)
　交流における抵抗量(電流を妨げる量)に相当する．その要素は抵抗(純抵抗成分)と，コイル/コンデンサ(それぞれリアクタンス成分)に分けられる．

④純抵抗
　直流/交流(さらに周波数)に関わりなく，電流を妨げる量がいつも一定で，電圧と抵抗に流れる電流との間の位相関係も$0°$となるもの．電力を消費する．

⑤リアクタンス
　コイル/コンデンサでの電流を妨げる量．周波数に関係してリアクタンスの大きさは変化する．また電力を消費しない．電圧の最大点で電流はゼロになり，電圧がゼロのところで電流が最大になっている．

⑥指数(しすう)
　ある値aのb乗，a^bとして表すときのbを指数(またはべき指数)という．本文では「ある値a」は"定数$e = 2.71828\cdots$"のこととして説明している．

⑦科学技術計算ソフトウェア
　各種の数学演算，数学関数をもつ科学技術における数値演算を行うソフトウェア．代表的なものにMATLAB，Scilabがある．

⑧電流プローブ
　リード線に流れる電流量を電圧量に変換する装置．電流により発生する磁界をピックアップして，電圧に変換する．リード線をこのプローブにはさんで測定する．本来オシロスコープは電流をそのまま測定できないので，これを用いてオシロスコープに接続して電流を測定する．

⑨直読(ちょくどく)
　その物理量を直接に読み取れること．本文では，電流プローブを使うことは，電流が直接その量として読み取れない…という文意で使っている．

⑩有効数字
　物理量を数値として表記したときに精度が保てる桁数．例えば，面積を求めるのに，1辺が「約10 m」で別の辺が「7.246801357 m」だとして，答えの確からしさは何桁まで？　と考えると，意味を理解しやすい．

⑪電力
　電力Pは次の計算で算出できる．$P = V^2/R = I^2R$. 複素数を用いた電力の計算ではVやIを共役複素数V^*やI^*を用いて，$P = VV^*/R = II^*R$として計算する．これにより位相をキャンセルできる．

第3部
対数と時定数

　第3部で紹介する「対数と時定数」は，電子回路に限らず，いろいろな設計現場で利用されるとても大事なツールです．

　これらの考え方と，それが実際の波形や回路とどのように物理的に関係しているかを理解することで，先輩とも十分に議論できるまでの力をつけることができます．

| ツール4 対　数 | 第 9 章　微小値から巨大値までを一つのグラフ上に表してくれる「log」 |
| 第10章　自然対数 $\log_e$ の使い方と対数の便利さを実体験 |

| ツール5 時定数 | 第11章　回路の俊敏さや緩慢さを表す「時定数」 |
| 第12章　「時定数」を実際の電子回路や信号の制御に使う |

第9章
ツール4 対数

想像以上に大きく変化する電圧比や電力比の細部と全体が見やすくなる

微小値から巨大値までを一つのグラフ上に表してくれる「log」

　対数とは，長さを例にすれば，ある値（例えば1 km）を基準として，陽子のサイズや分子のサイズ，太陽系のサイズ，銀河系のサイズまでも，その大きさごとに見合った比率を維持したままで，それらの値を一つのものさしで表すようなものです．つまり，机の上に乗る程度の一つの図表の上で，これらのまったく異なるスケールのものを取り扱えるものだと言えます．

　電子回路においても，取り扱う信号の大きさや周波数の範囲がとても広いことがあります．プロの回路設計実務では，このために対数がツールとして用いられます．まずは対数の基本的な考え方を説明し，引き続き電子回路の設計現場で日常用いられる対数について，二つの章に分けて，その使い方を説明していきましょう．

9-1 電子回路が取り扱う大きさの範囲はとても広い

　対数は，電子回路の動きを見やすい形でグラフ/数値化できるツールです．数学的に深いところに入り込まずに，回路計算で知っていればよいレベルをここでは見極めてみましょう．

●電圧の大きさはどのくらいの範囲を扱うか

　実際の電子回路を設計するという視点で見てみると，「部品の精度がかなり悪い」と言っても数パーセントのオーダですが，取り扱う信号の大きさの範囲となるとかなり広くなります．視点は電子回路ですが，範囲という考えでは図9-1と同じだと言えます．

▶音響システムの場合は数mV～数百V

　マイクの入力を一例として考えてみると，ささやき声から叫び声まで，とても広い範囲の大きさの信号が入ってきます．ドーム球場で開催されるような大型コンサートで，歌手の歌声を拾うマイクの信号の大きさ（数mV程度）を大出力アンプで増幅して，ドーム天井にある大型スピーカを大音響で鳴らす（数百V程度）などという場合は，その取り扱う電圧の大きさの範囲はかなり広くなります．

　広い範囲とは言っても，これらを一つのグラフとして図式化したときに，マイクの1 mVと2 mVとは区別でき，スピーカを駆動する100 Vと200 Vも区別して図中で見えるようにしておきたいですね．

▶深宇宙探査衛星の場合は天文学的！

　また，深宇宙探査衛星が海王星あたりから数十W

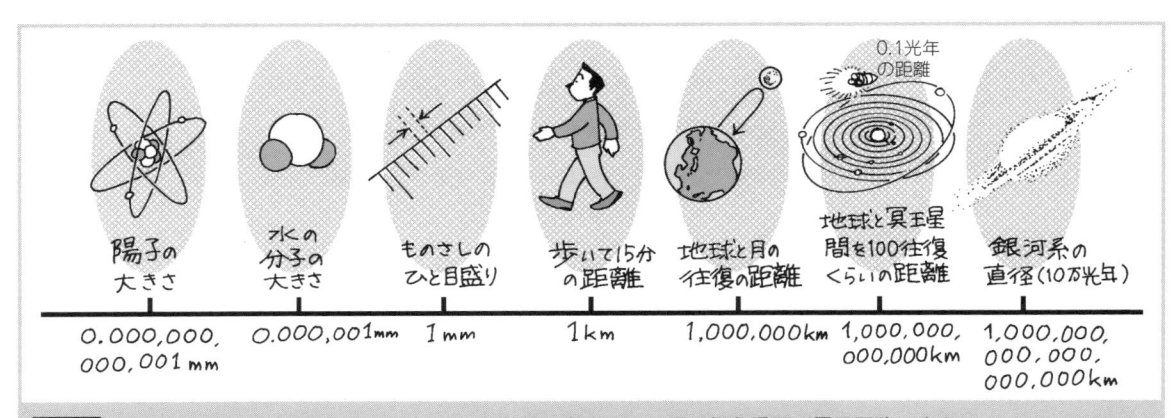

図9-1 陽子のサイズから銀河系のサイズまで…広範囲の数を一つの図で扱う場面が電子回路にもある
長さを例にすれば，たとえば1 kmを基準として，陽子のサイズ，分子のサイズ，太陽系のサイズ，銀河系のサイズまで，その大きさに見合った比率を維持したまま，机の上に乗る程度の一つの図表のうえで表したいことがある．対数はそれができるツール

陽子の大きさ	水の分子の大きさ	ものさしのひと目盛り	歩いて15分の距離	地球と月の往復の距離	地球と冥王星間を100往復くらいの距離	銀河系の直径(10万光年)
0.000,000,000,001 mm	0.000,001 mm	1 mm	1 km	1,000,000 km	1,000,000,000,000 km	1,000,000,000,000,000 km

第3部 対数と時定数

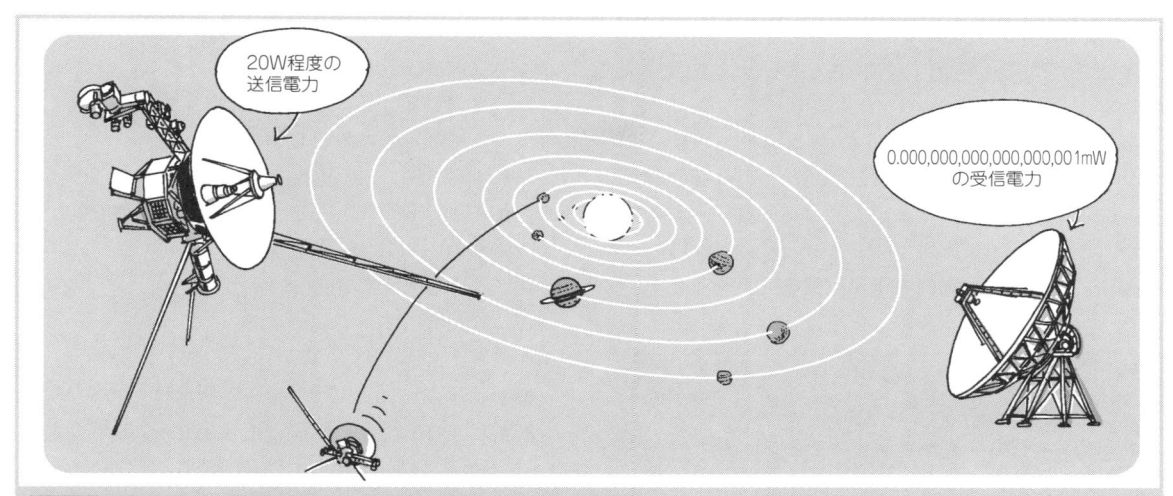

図9-2 電子回路でも本当に天文学的な数の範囲を扱う場合もある
深宇宙探査衛星は海王星あたりから20W程度の送信出力で映像を送り出す．大型パラボラ・アンテナでも受信レベルは0.000,000,000,000,000,001 mW程度になる．これを再度かなりの増幅率で増幅する．

（吹き出し：20W程度の送信電力／0.000,000,000,000,000,001mWの受信電力）

の送信出力で映像を送ってくる無線信号の場合などは，大型パラボラ・アンテナで受信した出力のレベルでも大体0.000,000,000,000,000,001 mW（10^{-18} mW）程度になります（図9-2）．この微小な無線信号のレベルから，アナログ-ディジタル変換回路で認識できる数Vのレベルまで増幅するにはかなりの増幅率が必要です．

これも「天文学的数値」ともいえるような（宇宙探査なので当然天文学だが）範囲の大きさを取り扱う電子回路システムだといえます．この数Vのレベルから天文学的微小なレベルも，一つのグラフだとか，見やすい数値の形で，何とか表しておきたいですね．

● 周波数はどのくらいの範囲と分解能が必要か

周波数についても同じです．オーディオ機器などの場合は数Hzから数十kHzという，これも非常に広い範囲の周波数を取り扱います．「数Hzから数十kHz？その間を単純に直線的に考えればいいんでしょ？」という疑問も当然出てくるでしょう．

ところが実際は，10 Hz対20 Hzと，10 kHz対20 kHzとの関係は，同じ分解能でグラフ上で見分けたいのです．

▶ピアノを例にしてみると周波数に応じた分解能の意味が理解できる

これは例えば，写真9-1のようなピアノでは，①のド（131 Hz）と，②のド（262 Hz）は1オクターブ（周波数で2倍），かつ③のド（1047 Hz）と④のド（2093 Hz）も1オクターブの関係になっています．この例から，「周波数に応じた同じ比率の分解能で見分けたい」という意味合いがわかってもらえるかと思います．

しかし「10 Hz対20 Hz」と「10 kHz対20 kHz」との関係を，図9-3のように普通のグラフで表してしまうと，10 Hzと20 Hzの違いを見分けることができません．

● 対数は電子回路を「見える化」する実際のツール

これらを解決するのが「対数」です．学校の数学の

写真9-1 ピアノの鍵盤に見られるキーの周波数関係が実は対数
周波数に応じた同じ比率の分解能で見分けたい例．①のド（131Hz）と②のド（262Hz）は1オクターブ（周波数で2倍），かつ③のド（1047Hz）と④のド（2093Hz）も1オクターブの関係．

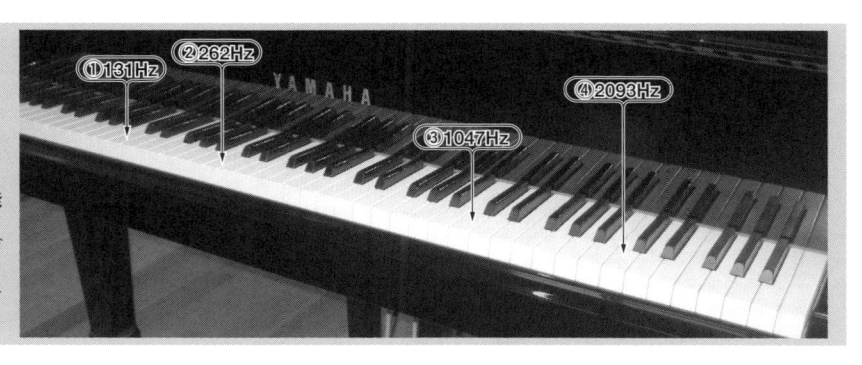

（写真キャプション：①131Hz　②262Hz　③1047Hz　④2093Hz）

9-1　電子回路が取り扱う大きさの範囲はとても広い

授業で，機械的に問題を解いていた「対数」が，実際のツールとして，本当にプロの現場で活用されているのです．

余談ですが，いま産業界では「見える化」というキーワードがはやりです．「製品の品質や管理/経営状況を，図表で簡単にわかるようにしよう」というものですが，上記の「10 Hz 対 20 Hz と 10 kHz 対 20 kHz との関係」のとおり，**対数も電子回路を「見える化」するツールの一つと言えるでしょう**．

9-2 対数をイメージとして理解しよう

ここでは，以降に説明する「対数の底」は 10，および定数 e（ここまで定形フォームとして説明してきた $e = 2.71828\cdots$ と同じもの）だとして考えます．

● 増殖する細菌という身近なイメージで考えてみよう

1 時間に 10 倍（10 個）に増殖する細菌があったとします．培養フラスコに細菌を 1 個入れて，その細菌がたくさんに増殖し，100 万個になっていくとします．「はたして何時間後に 100 万個に増殖するのか？」の答えが，対数で求められます．

1 時間後に 10，2 時間後には $100 (= 10 \times 10 = 10^2)$，3 時間後は $1,000 (= 10^3)\cdots$，6 時間後が $1,000,000 (= 10^6)$ ですね．これで 1 個の細菌が，6 時間を経て 100 万個になることがわかります．この「6」が 1,000,000（百万）の対数です．

逆に考えてみましょう．今この時間に，細菌が 100 万個の状態だったとします．1 時間前はその 1/10，2 時間前は 1/100，3 時間前は 1/1,000 …，6 時間前が 1/1,000,000（百万）ですね．これで 6 時間前が 1 個の細菌だったことがわかります．6 時間前が 1/1,000,000 であることから，現在の時間から 6 時間前（− 6 時間）が，1 個の細菌だったわけで，この「− 6」が 1/1,000,000 の対数になります．

表 9-1 にこれらをまとめて示します．

このように，10 を n 回掛けたものが「ある大きさ/数」になるとすれば，この n が「ある大きさ/数」の「対数」になるわけです．

ここで，この 10 のことを**対数の底**と言います．

▶ 10 だけが底ではない

ここまでの例は底が 10 という整数でした．しかし 10 だけが底ではありません．数学的には底の大きさは何でもよいのです．

電子回路設計として 10 以外でよく使う「底」に，先に示した e があります．$x = e \times e = e^2$ だとすると，先ほどと同じように，この場合（底が e の場合）の対数は「2」になります．$x = e \times e \times e = e^3$ だとすると，この対数は「3」です．

● 対数も小数点以下がある

確かに底を n 回掛ける「n」が対数の値だということはわかりました．しかし「ある大きさ/数」，それがきちんと底を n 回掛けたもの（底が 10 だとしたら，

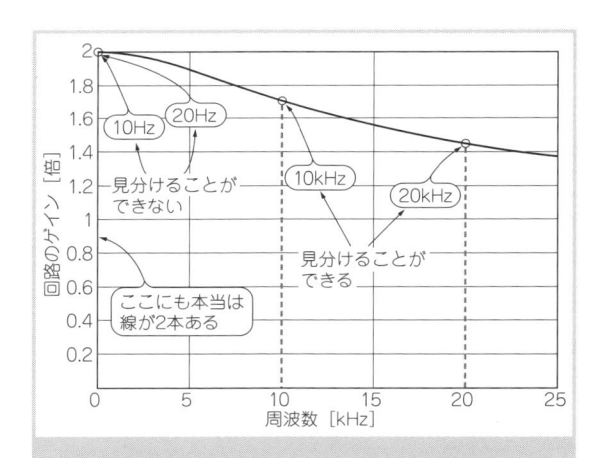

図 9-3 普通のグラフでは 10 Hz と 20 Hz の違いを見分けることができない
普通のグラフで「10 Hz 対 20 Hz」と「10 kHz 対 20 kHz」の相互関係を表すと，10 Hz と 20 Hz の違いはよく見分けることができない．どうしたらいいだろうか．

表 9-1 細菌の例をあらためて対数で表す	元の数との比	対数表記	元の数との比	対数表記
1 時間に 10 倍に増殖する細菌を例にする．100 万個になるには 6 時間かかるが，それを計算するのが対数．右欄のように逆方向も考えられる（この場合はマイナスになる）．	1 倍(同じ)	$\log_{10} 1 = 0$	1 分の 1(同じ)	$\log_{10} 1/1 = 0$
	10 倍	$\log_{10} 10 = 1$	10 分の 1	$\log_{10} 1/10 = -1$
	100 倍	$\log_{10} 100 = 2$	100 分の 1	$\log_{10} 1/100 = -2$
	1000 倍	$\log_{10} 1000 = 3$	1000 分の 1	$\log_{10} 1/1000 = -3$
	10000 倍	$\log_{10} 10000 = 4$	10000 分の 1	$\log_{10} 1/10000 = -4$
	100000 倍	$\log_{10} 100000 = 5$	100000 分の 1	$\log_{10} 1/100000 = -5$
	1000000 倍	$\log_{10} 1000000 = 6$	1000000 分の 1	$\log_{10} 1/1000000 = -6$

100は2, 1000は3など)であることは，現実にはそれほどないでしょう．実際は底が10だとしても，123とか，4723とかいう値の対数を求めたいことが実際でしょう．

その一方で対数自体も整数であるわけもなく，1.5とか，8.05とかいう大きさも当然考えられます．これらの相互の関係はどう見ればよいでしょうか．

▶底をn回掛けたぶんとそれ以外のぶんを分けてみると，分けられた部分が対数の小数点以下になる

底が10のときの4723の対数を考えてみましょう．10を3回掛ければ1000になります．そこで，

$4723 = 1000 \times 4.723$

と分割してみましょう．なお，

$\log_{10} 4723 = 3.674$

です．1000の対数は3であり，分割された4.723が「4723の対数"3.674"」の小数点以下，つまり0.674になります．このように，

- 10をn回掛けたものが対数の整数部分
- 10をn回掛けたもの(上記だと1000)と対数にしたい元の「大きさ」の比のぶん(上記だと4723/1000 = 4.723)が対数の小数点以下の部分

になります．図9-4に，この比のぶんが対数になるときの大きさをグラフ化したものを示します．なお，底が10以外ではカーブのようすは変わってくるので，注意してください．

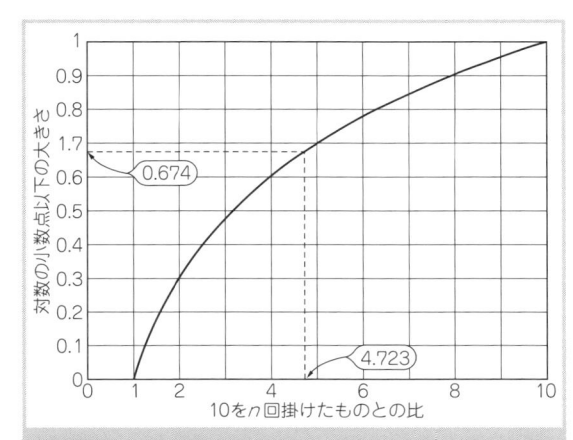

図9-4 10をn回掛けたものとの比のぶんが対数の小数点以下の部分になる

たとえば10を3回掛けたもの(1000)と，対数にしたい元の「大きさ」の比のぶん(4723/1000 = 4.723)が対数の小数点以下の部分(0.674)になる．

● 「対数のものさし」の目盛り間隔

表9-1のように普通の数値を「底が10の対数」にしてみると，10倍で1ずつ大きくなっています．この考えを拡張して，図9-5の対数のものさしを見てください．対数のものさし上では，ある値をm倍すると，それがどんな値であっても，それぞれをm倍した値までの距離は，すべて同じになっています．例えば，

- 1.5とそれを**3.3倍**した4.95(図中①)
- 145とそれを**3.3倍**した478.5(図中②)

この1.5～4.95の長さ(図中①)と145～478.5の長さ(図中②)は**同じ**になります．

▶小さいところは拡大されて見えるようになる

それでは，逆に小さくなるところはどうでしょうか．同じく図9-5を見てください．

- 1.5とそれを**1/3.3**した0.4545(図中③)
- 145とそれを**1/3.3**した43.94(図中④)

この0.4545～1.5の長さ(図中③)と43.94～145の長さ(図中④)はそれぞれ同じであり，また1.5～4.95(図中①)や145～478.5(図中②)の長さと比べてもすべて**同じ**になります．

このように，$1/m$されるところの距離も同じになるのです．つまり「小さいところは拡大されて見える」ということです．

コラム9-1 値が正でも1より小さければ対数をとると負になる

表9-1のように，対数がマイナスになることがあります．これはもともとの「ある大きさ/数」がマイナスだということではありません．「1より小さい場合(底がいくつであっても)」に対数がマイナスになります．表9-1の右欄を見てもわかると思います．1からどんどん小さく(細かく)なればなるほど，対数はマイナスに大きくなります．

$1/x = x^{-1}$という関係を使えば，

$\log_{10}(1/100) = \log_{10}(100^{-1}) = -\log_{10}(100)$

となり，表9-1の右半分の分数になるときの計算は，マイナス符号が付くだけで，左欄の計算と同じになるわけです．

また，対数がゼロというのは，比が1ということです．

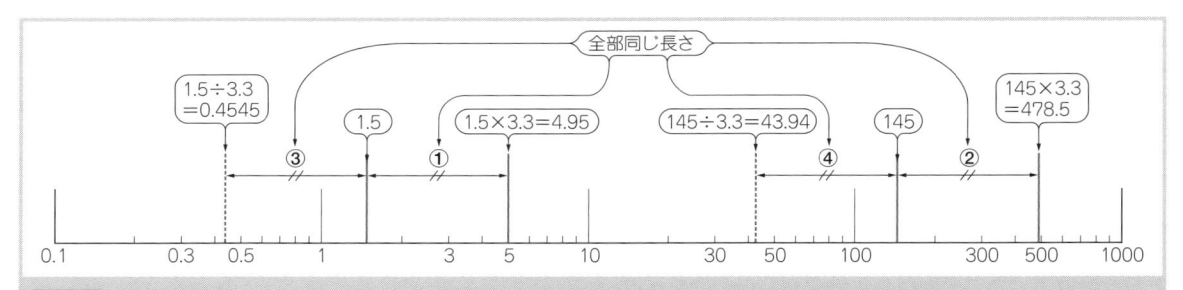

図9-5 「対数のものさし」では目盛りのどの位置でもm倍した大きさの位置までの距離はそれぞれ等しい
1.5の3.3倍＝4.95（図中①）と，145の3.3倍＝478.5（図中②）と，1.5の1/3.3倍＝0.4545（図中③）と145の1/3.3倍＝43.94（図中④），これらの間隔は対数のものさし上では同じ長さになる．

9-3 覚えておくべき基本的な対数の種類と意味

対数は以下のように表します．

$$y = \log_a x \quad \cdots\cdots(9\text{-}1)$$

ここで，x，yの大きさは$x = a^y$という関係です．aを「底」と言い，xを「真数」（ここまでの説明の「ある大きさ／数」）と言います．説明のとおり数学的に対数は「xという大きさが，aを何乗したものであるか」という意味です．

●電子回路で使われる底は10とe

先に述べたように，$\log_a$のaを「底」と呼びます．英語では"base"と呼ばれ，「元になる基準の数」という意図を示しています．

高校の数学の勉強であれば，対数は$\log_a B$というように，底aはどんな数でもよいとして覚えてきたと思います．

しかし電子回路を取り扱ううえで対数を使うのであれば，底は10とeの二つだけです．なおディジタル回路などでは2を底として用いる場合もありますが，ここではアナログ回路を主体にしているので除外しておきます．

また対数は，対数グラフとしてグラフ化する場合以外でも，二つの大きさの比率を考えるために使うことが多いと言えます．

とにかく，$\log_{10} x$と$\log_e x$の二つだけを覚えておけばよいでしょう．それぞれの特徴を示しましょう．

▶$\log_{10}$は10を単位とし，「常用対数」と呼ばれる

$\log_{10}$は常用対数と呼ばれるものです．次で説明するような用途で用いられます．常用対数は底を略して$\log$とか$\log 10$などと書かれることもあります．しかし，ややこしい話ですが，以下の$\log_e$のほうを$\log$で表す場合（分野）もあるので，ただ単に$\log$だけ書いてあるときは，説明の前後をよく確認してください．

ひとつおまけですが，それこそ天文学的数値の桁の範囲であっても，常用対数を使えば**表9-2**のように，**10という区切りを意識したままで日常で使う範囲の桁数に変換する**ことができます．

▶$\log_e$はeを単位とし，「自然対数」と呼ばれる

$\log_e$は自然対数と呼ばれます．こちらは次の章に説明するような物理現象を表す用途で用いられます．

自然対数は「自然」という言葉どおり，自然界のふるまい，つまり電子回路としてのふるまいを計算するうえで意味深い対数の表し方です．自然対数は$\ln$とか$\log$とか略して書かれます（上記のとおり$\log_{10}$のほうを$\log$で表す場合もかなり多いので注意）．

表9-2 常用対数を使って天文学的数値を日常で使う範囲の桁数に変換する
銀河系の大きさやアンドロメダ星雲までの距離などの，想像を絶する天文学的数値の桁数でも「見える化」した形で，また10という区切りを意識したままで見やすい桁数に変換できる．

比較する量	距離 [m]	常用対数にした場合
隣の駅まで	1,240	3.093
地球と月の距離	384,400,000	8.585
太陽の直径	1,392,000,000	9.144
太陽から海王星までの距離	4,504,000,000,000	12.654
1光年	9,640,000,000,000,000	15.984
銀河系の大きさ（約）	964,000,000,000,000,000,000	20.984
アンドロメダ銀河までの距離	22,172,000,000,000,000,000,000	22.346

9-4 レベルの比を対数を使ってdBで表そう（常用対数の使い方）

ここでの説明は，二つの大きさの比率を考えるために対数を使うことがポイントです．その点を意識して読み進めてください．

さて，先の9-1節で説明したように，電子回路で取り扱う信号の大きさの範囲はかなり広いものです．例えばアンプを例にして，実効値2mVのマイクからの入力信号と，スピーカを駆動する出力信号200V（実効値）を考えます．

このアンプの電圧増幅率を考えるのに，対数が用いられ，さらに「dB」という単位がとても良く用いられます．ここでは常用対数の使い方として，dBについて詳しく説明します．

● 「ディー・ビー」とか「デー・ビー」とか先輩が言っているけど？

dBはデシ・ベル（Deci Bell）と読みますが，プロの回路設計現場では「ディー・ビー」とか「デー・ビー」とか言う人がかなりいます．また，例えば3dBのことを「さんデシ」と，「デシ」だけで言うことも，かなりあります（図9-6）．

dBは二つの大きさの比率として，常用対数を使って表します．入力電圧を $V_{in} = 2$ mV，出力電圧を $V_{out} = 200$ V とすると，次式で対数値のdBを計算します．

$$A\,[\text{dB}] = 20 \times \log_{10}(V_{out}/V_{in}) \quad \cdots\cdots\cdots (9-2)$$

$$A = 20 \times \log_{10}(200/0.002)$$
$$= 20 \times \log_{10}(100000) = 100\,\text{dB}$$

logの前にある倍数が20倍ですが，**電圧で考えるから20倍**であり，もともとの定義である電力比だと10倍になります．10倍/20倍の理由はコラム9-3で説明します．なお，**電流でも倍数は20倍**になります．

図9-6 プロの回路設計現場では"dB"はいろいろな言い方がされている

プロの回路設計現場では「デシ・ベル」を「ディー・ビー」とか「デー・ビー」とか言う人がかなりいる．また3dBを「さんデシ」と「デシ」で言うこともかなりある．正当に「デシ・ベル」とも当然言う．すべて同じこと．

コラム9-2 「ディーとデー？」，「ティーとテー？」その理由はビジネスにあり

本文のとおり，dBは「デー・ビー」と良く言います．学校で英語を何年も習って，会社に入ってきたフレッシャーズは，当然Dは「ディー」であり，Tは「ティー」です．私もそうでした．

しかし，会社に入ると「デー」とか「テー」とか言う人がけっこういますし，最初は違和感があるものの，気がつくと慣れてしまい，それを使うようになっています．

これは単純に英語が苦手な人が多いというわけでもなく，とくにビジネス上で電話（音質が悪かったり雑音がある）でのやりとりなどで，誤解を招かないように意識的に「デー」と「テー」が使われるという点があります．**間違わないということが，ビジ**ネスで非常に大切だからです．

「電話でのやりとり」と言えば，例えば国際電話でE-mailアドレスのやりとりをするときに，「アイ・エス・エイチ…」とやっても意外と通じず，間違いを起こすもとです．「I for India, S for Spain, H for Hawaii…」と英単語の頭文字を使いながら伝えることが適切です．無線通信でも「フォネティック・コード」というものがよく用いられます（アマチュア無線が身近な例）．

英語が若い頃から好きだった私も，「朱に交われば赤くなる」ではありませんが，「デー」とか「テー」とかを使うことへの違和感が，とうの昔になくなってしまっていることに，改めて気づかされます．

● もともとのdBは電力の比率で定義されている

dBはもともと，**電力の比率**を常用対数で対数化して，相対比較のために用いるものです（**図9-7**）．増幅器の場合は**電力増幅率**のことです．なお，電力の比率だけでなく，上記のようにアンプの電圧増幅率も（入出力間の相対量として）dBで表しますし，回路設計現場では，（電圧増幅率として）電圧で考える使い方が圧倒的に多いと言えます．

デシ・ベルの「デシ」はデシ・リットルのデシ（deci）と同じで，「その単位（この場合はベルB）自体を1/10の大きさを基準として考える」というものです．ミリとかキロとかと同じものです．デシとして1/10を基準で表すのは，**単に値として直感的にわかりやすくするため**です．

電力の比率で10倍が10dBになるため，見た目でわかりやすいということです（電圧/電流は倍数が20．比率10倍が20dBになる．**コラム9-3**に説明のとおり）．

二つの電力 P_1，P_2 を対数，dBで比較するときは，

$$A[\mathrm{dB}] = 10 \times \log_{10}(P_2/P_1) \quad \cdots\cdots(9\text{-}3)$$

と計算します．式(9-2)のアンプの電圧増幅率と同じで，P_1 を入力電力，P_2 を出力電力と考えればよいだけです．増幅器の場合は**電力増幅率**になります．なお「デシ」のため，また電力の比率のため，値自体を10倍しています．

● 絶対電力を表す用途で用いられる単位「dBm」

実際の用途としては，特に無線通信分野で1mWを基準として（比率ではなく）**絶対値**として表すことも多く，最後にmWの"m"を付けて，これをdBm（ディー・ビー・エム）と呼び，よく使われます（ほかにも μV，W，i，d，cなどを付けるものがある）．

これは，上記の式(9-3)の P_1 が1mWになるというものです．したがって，1mWは0dBm，1Wは+30dBm，10^{-18}mWは−180dBmとなります．

● 対数は掛け算が足し算になる

このように増幅率などをdBで表すことで，以下のようなシステムの計算が簡単にできます．

図9-8に示すシステムは，マイクからの入力信号を複数のアンプを経由して増幅させ，スピーカを駆動する出力を作り出すものです．このような複数アンプのシステムでは，全体で100,000倍の電圧増幅率を実現するために，それぞれのアンプが数十倍ずつの電圧増幅率を分担していることが一般的です．

マイク・アンプで20倍，プリアンプで500倍，パワー・アンプで10倍に増幅するとします．このとき，全体の電圧増幅率は20×500×10＝100,000倍と計算できます．しかし桁数が多くて「電圧増幅率は何倍なのか？」が一目でわかりづらいという問題があります．

▶ dBに変換すると，足し算で全電圧増幅率が計算でき，「見える化」も実現できる

これをそれぞれdBに変換して考えると，**図9-8**の下側の大きさになります．20倍＝26dB，500倍＝54dB，10倍＝20dBとなります．

dBに変換すると［式(9-2)のとおり］，全電圧増幅率は26dB＋54dB＋20dB＝100dB＝100,000倍となり，**足し算で全電圧増幅率が計算できます**．この「足し算でできる」というのがポイントです［$\log(a \times b)$

もともと電力の比率であるdBは $A = 10\log\dfrac{P_2}{P_1}[\mathrm{dB}]$

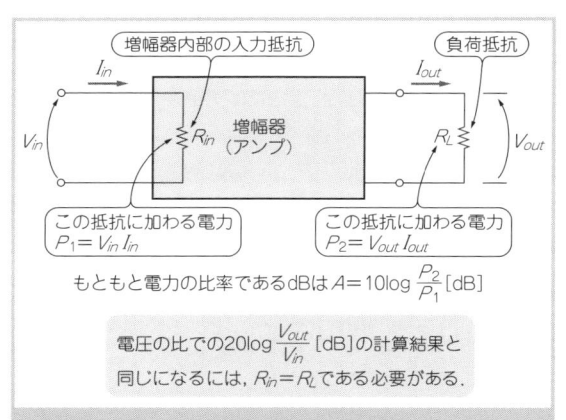

電圧の比での20$\log\dfrac{V_{out}}{V_{in}}$[dB]の計算結果と同じになるには，$R_{in} = R_L$ である必要がある．

図9-7 もともとのdBは電力の比で考える
dBはもともと電力の比率を常用対数化して相対比較のために用いるもの．電力の比率だけでなくアンプの電圧増幅率もdBで表す．実際の回路設計現場では電圧増幅率として電圧で考える使い方が圧倒的に多い．

図9-8 複数のアンプを経由して最後のスピーカを駆動する出力を得るシステム
全体の電圧増幅率を普通に計算すると桁数が多く，また掛け算のため電圧増幅率が何倍かが一目でわかりづらい．dBに変換すると足し算で全電圧増幅率が計算でき，また「見える化」も実現できる．

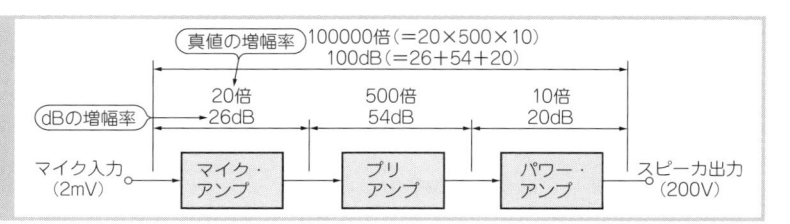

真値の増幅率 100000倍（＝20×500×10）
100dB（＝26＋54＋20）

| dBの増幅率 | 20倍 26dB | 500倍 54dB | 10倍 20dB |

マイク入力(2mV) → マイク・アンプ → プリアンプ → パワー・アンプ → スピーカ出力(200V)

コラム9-3　電力比[dB]は $10\log_{10}x$, 電圧比[dB]は $20\log_{10}x$

このことはよく質問が出るポイントです．本文で説明するように，dBは電力比で考えることが基本です．図9-Aも使って考えていきましょう．まず式(9-3)を再掲すると，

$$A[\text{dB}] = 10 \times \log_{10}(P_2/P_1)$$

ここで，$P_1 = V_1^2/R$, $P_2 = V_2^2/R$ ですから，

$$A = 10 \times \log_{10}(V_2^2/R)/(V_1^2/R)$$
$$= 10 \times \log_{10}(V_2/V_1)^2$$

$\log b^c = c \log b$ という関係から，

$$A = 2 \times 10 \times \log_{10} V_2/V_1$$

と計算でき，$2 \times 10 = 20$ になります．これで電圧でdBが計算でき，係数が20になるというわけです．

普段は何気なく電圧の比率でdBを用いていますが，本文のように本質論としては，負荷抵抗の大きさが同じである必要があります（抵抗の大きさが異なるとdB値も変わってくる）．

逆に，**負荷抵抗の大きさが同じであれば，電圧の測定結果をdBにしても，電力での測定結果をdBにしても，答えは同じになります．**

しかし本文のように，電圧増幅率などでは，その点を気にせずに，ただ入出力の電圧の比 V_{out}/V_{in} だけで，$20\log_{10}$ で計算してしまっているのが実態です．

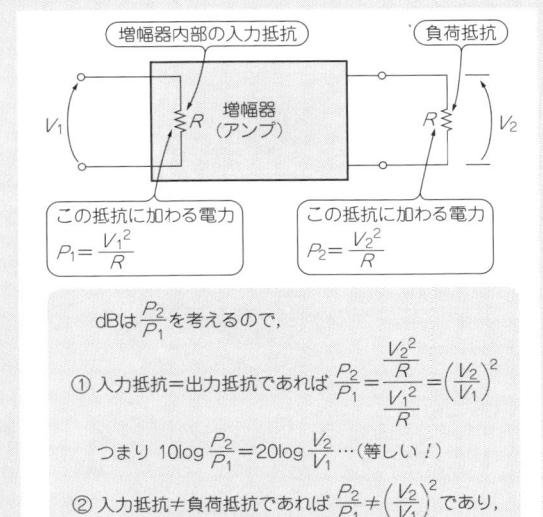

図9-A　dBを電圧と電力で考えるときの違い
入力抵抗と負荷抵抗の大きさが同じ場合は，電圧で求めたdB値と電力で求めたdB値は一致する．大きさが異なる場合は計算結果は同じにならない（しかし実際はこの点を気にせずに計算してしまう）．

$= \log(a) + \log(b)$ という関係があるため］．

もう一つのポイントは先に問題として挙げたように，**「電圧増幅率は何倍なのか？」が一目でわかる**，つまりここでも「見える化」が実現できるということです．

一つ注意点として，入力/出力それぞれ入力抵抗/負荷抵抗の大きさも考えることが本来のdBの計算ですが（電力 $P = V^2/R$ で考えるのがもともとのdBなので），上記のような場合には「気にしないで計算してしまう場合がほとんど」ということがあります（図9-9，しかし一つの回路システムで電圧のdBと電力のdBを混在使用しないこと）．

本質論としては，入力抵抗/負荷抵抗の大きさが異なる場合のdB値は，電圧と電力の計算結果は同じになりません．

● dBを再確認！

最後に確認しておきましょう．

電圧/電流で考えるときは $20 \times \log_{10}$, 電力で考えるときは $10 \times \log_{10}$ です．**負荷抵抗が同じ場合**，電圧/電流を測って計算しても，電力を測って計算しても，dB値は同じになります（しかし実際は電圧レベルだけでdBを計算してしまう場合がほとんど）．

● まとめ

本章では対数のイメージを一般的な話と，より電子回路に踏み込んだ例として，「見える化」というキーワードで説明してきました．

結局のところ対数は，電子回路の動きを見やすい形でグラフ化/数値化できるツールです．特に本章で説明した常用対数を使ったレベルの違いを表す「dB」は，プロの設計現場で必ずとも言えるほど出てくる用語です．しっかりと理解しておきましょう．

次の章ではこの「dB」をさらに深く理解し，回路のふるまいを計算するための自然対数の使い方，そして対数を体感してみる実験…というように話を進めていきましょう．

図9-9 本来は電力の比の計算がdBだが，抵抗の大きさを気にしないで計算してしまう場合がほとんど

本来のdBの計算は入力/出力それぞれ入力抵抗/負荷抵抗の大きさも考えるべきだが（電力での考えが基本），現実の回路設計現場では「一切気にしないで」計算してしまう場合がほとんど．

第9章のキーワード解説

①見える化

「製品の品質や，管理/経営状況を，図表で簡単にわかるようにしよう」というもの．本書では電子回路の動きが簡単にわかるようになるという意味で使われている．

②深宇宙探査(Deep Space Exploration)

宇宙の広大な話はhttp://4d2u.nao.ac.jp/「4D2Uナビゲーター」が興味深い．パイオニアやボイジャーは現時点ですでに150,000,000,000 km程度まで行っている．

③アナログ-ディジタル変換回路

A-D(Analog-Digital)変換器とかADC(エー・ディー・シー；A-D converter)とも言う．現代の電子回路はアナログ信号をディジタル値に変換して処理することが一般的．

④パラボラ・アンテナ(parabola antenna)

とても利得の高いアンテナ．利得が高いため，微弱な信号も受信できる．衛星通信とか深宇宙探査などにも大型のパラボラ・アンテナが用いられている．

⑤オクターブ(octave)

1オクターブは周波数が2倍や1/2になる関係のことを言う．例えば，440 Hzの1オクターブ上が880 Hz（これは時報の音，また「ラ」の音階の例）．

⑥真数(しんすう)

対数となる前の，もともとの大きさのこと．真数が100だとすると，それを常用対数で対数化したものが2になる．

⑦電圧増幅率

増幅器の入力対出力の増幅度を電圧の大きさの比で考えるもの．低周波回路の増幅器で特性図や設計に使われることが多い．

⑧電力増幅率

増幅器の入力対出力の増幅度を電力の大きさの比で考えるもの．高周波回路の増幅器で特性図や設計に使われることが多い．

第3部 対数と時定数

第10章
ツール4 対数

log₁₀, log_e の使い分けと変化量の大きい電波を受信する実験
自然対数 $\log_e$ の使い方と対数の便利さを実体験

　第9章では対数を日常的な話でイメージし,「見える化」というキーワードで電子回路設計への応用について説明しました.また,常用対数を使った「レベルの違いを表すdB(デシベル)」について詳しく説明しました.
　本章でも,「見える化」をキーワードにして,対数の応用である「dB」を,さらに深く理解していきましょう.そして回路のふるまいを計算するための自然対数の使い方,実際の実験により,対数を本物の回路の動きから理解するという話に進めていきましょう.なぜ対数が電子回路で必要なツールなのかがわかると思います.

10-1 測定結果を対数グラフで表そう（常用対数の使い方）

　ここでの説明は,まったく異なるスケールのものを一度に取り扱えることがポイントです.その点を意識して読み進めてください.

●非常に広範囲な数値をグラフ化するときに対数が役に立つ

　前章の最初に「見える化」という話をしました.実際の電子回路設計での見える化は,見たいところがよくわかるグラフのことだと言えるでしょう.
　電子回路で「見える化」したいのに,普通にグラフをプロット(グラフの線を描く意味)するとわかりにくいものに,以下のような場合が挙げられます.
(1) 図10-1のように,回路が動作する周波数帯域が非常に広いもの(低いところから高いところの比として…という意味.ハイファイ・オーディオや高周波測定器などが例) ⇒ これはだいたいグラフのX軸方向の大きさとして作図される
(2) 図10-2のように,信号のレベルが非常に広範囲にわたっているもの(音響システムや無線通信,深宇宙探査衛星通信の場合が例) ⇒ これはだいたいグラフのY軸方向の大きさとして作図される
　この2点はそれぞれ電子回路として考えるまでもなく,日常生活で「このようなものは結構広範囲である」ことは直感的にわかるでしょう.
　さて図10-1のように,普通のグラフで表すと,高い周波数(4186 Hz〜8372 Hz)のあたりの変化は図から読み取れますが,低い周波数(32.7〜65.4 Hz)での

違いを「見える化」できていません.
▶広い周波数範囲で大事な部分を「見える化」するには対数が必要
　これを対数で考えてみましょう.前章の図9-5のように「対数のものさし」上では,n倍する前と後の大きさ同士の距離は,もとの値が何であっても同じで

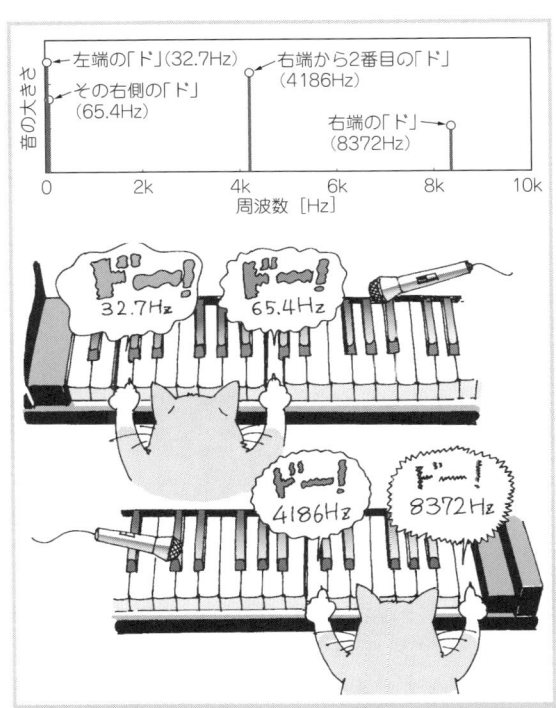

図10-1 普通にグラフをプロットするとわかりにくいもの①
周波数帯域(グラフのX軸)が非常に広いもの.普通の直線グラフで表すと,高い周波数(4186〜8372 Hz)のあたりの変化は図から読み取れるが,低い周波数(32.7〜65.4 Hz)の違いを「見える化」できない.

図10-2 普通にグラフをプロットするとわかりにくいもの②
音の大きさの範囲（グラフのY軸）が非常に広いもの．普通の直線グラフで表すと，大きい音（大声のカラオケ～ジェット・エンジン）のあたりの変化は図から読み取れるが，小さい音（虫の声～ささやき声）の違いは「見える化」できない．

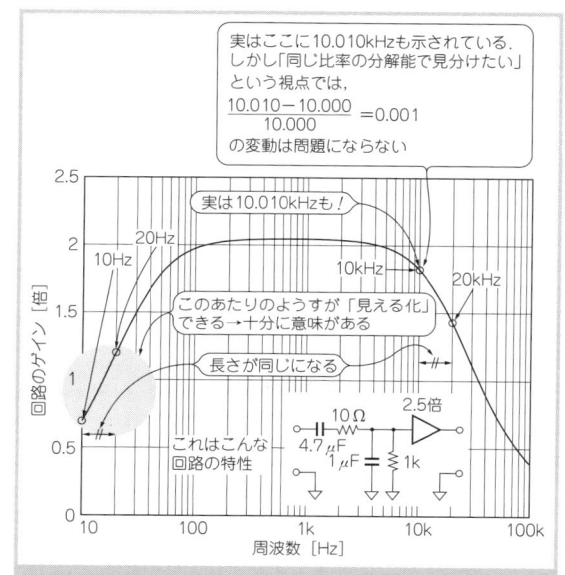

図10-3 10.000～10.010 kHzの10 Hz変動はあまり問題ではないが，10～20 Hzでの変動は十分に見る意味がある
ピアノの鍵盤の説明のとおり，固定の分解能でなく，それぞれの周波数に応じた，同じ比率の分解能で見分ける（考える）という視点が重要．

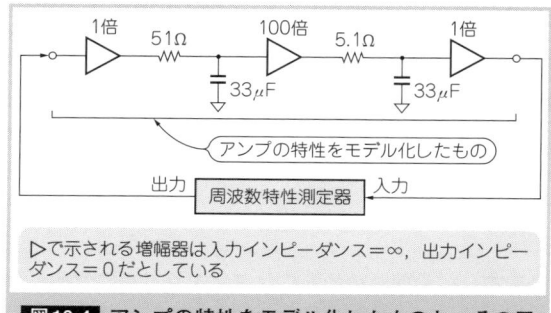

図10-4 アンプの特性をモデル化したものと，その周波数特性を測定するシステム
Y軸側の軸目盛りを対数としたものとして，アンプの利得のグラフ化がある．ここではアンプの電圧増幅率の周波数特性を抵抗とコンデンサでモデル化している．この周波数特性を測定すると考える．

した．この特徴のためX軸を対数にすれば，**図10-3**で考えると，グラフ上でも10 Hz～20 Hzの距離と10～20 kHzでの距離が同じになります．そのため10～20 Hzのあたりの変化のようすを「見える化」させることができます．

その一方で，同じく**図10-3**に示すように「10 Hzに相当する10～10.010 kHzの間の変動は見えなくてもよいのか？」という疑問が生じます．これについては，前章のピアノの鍵盤の話で説明したとおり，それぞれの周波数に応じた**同じ比率の分解能で見分けたい**という視点では，「(10.010 kHz − 10.000 kHz) ÷ 10.000 kHz = 0.001の変動はあまり問題ではない．逆に10～20 Hzでの2倍の変動は十分に見る意味がある」ということがわかると思います．

▶非常に広範囲にわたっている信号のレベルの場合も同じこと

ここまでの説明は，X軸側での軸目盛りとしてよく利用される「周波数」で説明してきました．一方で，**図10-2**のようなY軸側の軸目盛りとして利用されるもの，それ自体は多岐にわたりますが，一番多いのはアンプのゲインをグラフ化することでしょう．

このようすを**図10-4**と**図10-5**に示します．**図10-4**は，アンプの電圧増幅率の周波数特性を抵抗とコンデンサでモデル化した一例と，その周波数特性を測定するシステムです．

図10-5(a) X軸を対数として図10-4の増幅率を真数で表したもの（Y軸が急激に小さくなる）

図10-5(b) Y軸も対数(dB)に変換して図10-4の増幅率を表したもの（グラフが直線になる）

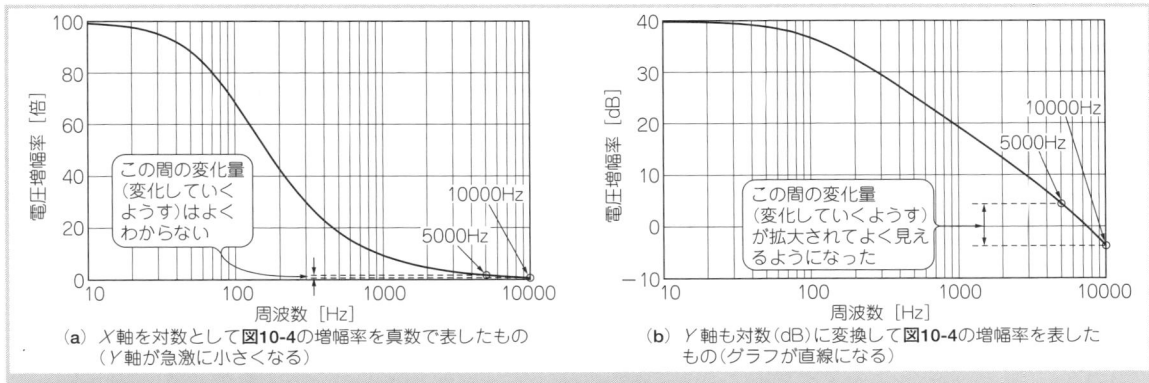

図10-5 電圧増幅率をプロットして真数の場合と対数(dB)の場合で比較する
図10-4のアンプの電圧増幅率対周波数特性．X軸は対数になっている．(a)のように真数で表すと，増幅度が低下してきたようすはよくわからない．そこで(b)のように対数を用いてdBに変換すると，拡大されるように「見える化」できる．

図10-6(a) X軸を対数として式(10-1)の関係を表したもの（Y軸が急激に大きくなる）

図10-6(b) Y軸も対数に変換して式(10-1)の関係を表したもの（グラフが直線になる）

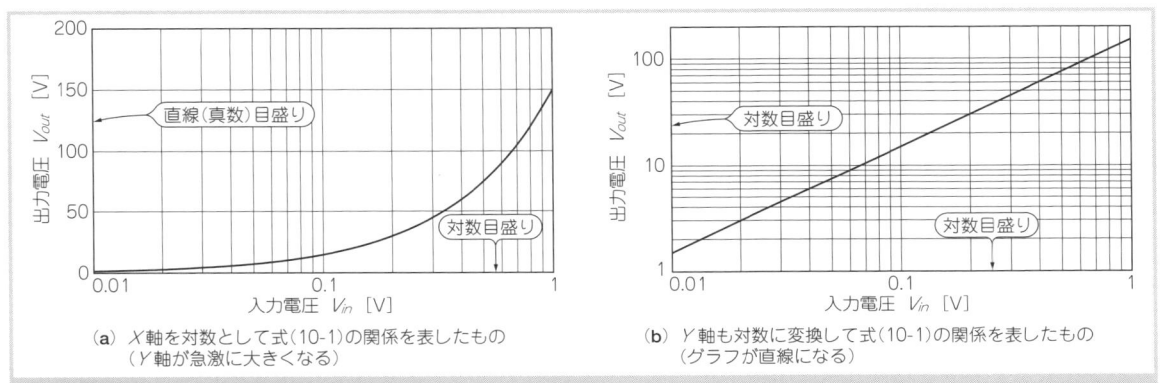

図10-6 直線グラフは対数でも直線
増幅率150倍の直線のグラフについて，X軸の入力電圧レベル V_{in} を対数にすると，Y軸(V_{out})が急激に大きくなり意味がない．そのためY軸も対数化すると，グラフが直線になる．入出力をdBにして直線軸グラフで表しても同じこと．

この電圧増幅率をそのまま（真数）で表すと，**図10-5(a)**のようになります．横軸である周波数軸は対数にしてあることに注意してください．これだと，増幅度が低下してきた（周波数が高くなってきた）ところの**変化していくようす**，例えば5000 Hzから10000 Hzの変化量…はよくわかりませんね．

そこで対数を用いて，縦軸のY軸をdBに変換してプロットしてみます．dBに変換して，その値を**直線軸目盛り**としてグラフ化すれば対数グラフになります．これが**図10-5(b)**です．dBに変換すると，増幅度が低下してきたあたりの変化のようすが**拡大されるよう**に，よく「見える化」されていることがわかります．これは対数にすると，大きさが小さいものは拡大されて見えるようになるためです．

● **直線グラフは対数でも直線**（入出力の信号レベル比較など）

本来なら増幅器は，入力電圧レベル V_{in} に対して，出力電圧 V_{out} がぴったりと比例して，

$$V_{out} = AV_{in} \quad \cdots \cdots \cdots (10\text{-}1)$$

として，広い入力電圧レベル範囲にわたってきちんと出力が出てほしいものです．ここで A は電圧増幅率です．これは直線のグラフになりますね．

この関係を対数グラフとして表すとどうなるでしょうか．**図10-6(a)**は増幅器の入出力特性（V_{in} 対 V_{out}）を示しています．ここでは，X軸の入力電圧レベル V_{in} だけを対数として，式(10-1)の関係を表したものです（増幅率 $A = 150$ としている）．

しかし同図でわかるように，このままではY軸（出力電圧レベル V_{out}）が急激に大きくなるグラフになってしまいます．当然ですが，これではあまり意味

がありません.

▶ X軸が対数化してあればY軸も対数化する

そのため実際は，Y軸のほうも対数化してプロットします．そうすると，図10-6(b)のようにグラフが直線になります．「**直線グラフは対数にしても直線**」です．このことは覚えておいてください．

10-2 物理現象は自然対数で表す（自然対数の使い方）

次の第11章で「時定数」を説明します．時定数は回路だけではなく，自然界の物理現象として，いろいろな事象に当てはまるものです．時定数も，ここまで説明してきた"e"を基準にして動いています．

ここに使われる対数が$\log_e$，つまり「自然対数」です．$\log_e$は，自然界や物理現象で生じる事象の計算に最適なものです．

さて，図10-7のような回路を考えます．この回路の電源スイッチSをONにした瞬間から，コンデンサCが充電されて安定になるまでの間に生じる変化のようすを，「過渡現象」とか「過渡状態」と言います．この過渡現象の変化の速度を表す値が「時定数」です．

細かい話は次章の説明に譲るとして，図10-7の回路のコンデンサCの端子電圧$v(t)$は，

$$v(t) = V(1 - e^{-\frac{t}{RC}}) \quad \cdots\cdots\cdots\cdots (10\text{-}2)$$

と時間tの経過によって変化していきます．ここで，Vは電源の電圧，Rは図10-7の抵抗の大きさ[Ω]，Cは同じくコンデンサの容量[F]です．$v(t)$をグラフで示すと図10-8になります．ここでは$R = 100\,\Omega$，$C = 10\,\mu\text{F}$としています．

● $\log_e$を過渡現象で利用してみよう

この図10-8で，$v(t)$が10%になる時刻から90%になるまでの時間を求めてみましょう．このような用途で自然対数が用いられます．プロの設計現場では「立ち上がり時間」としてよく用いられるものです．式(10-2)の$V = 1\,\text{V}$としてみると，10%と90%はそれぞれ，

$$0.1 = 1(1 - e^{-t/RC})$$
$$e^{-t/RC} = 1 - 0.1 = 0.9 \cdots\cdots\cdots\cdots (10\text{-}3)$$
$$0.9 = 1(1 - e^{-t/RC})$$
$$e^{-t/RC} = 1 - 0.9 = 0.1 \cdots\cdots\cdots\cdots (10\text{-}4)$$

となります．まず，式(10-3)を$\log_e$の対数にすると，

$$\log_e e^{-t/RC} = \log_e 0.9$$

後述の式(10-9)を左辺に使って，

$$-t/RC \log_e e = \log_e 0.9$$

$\log_e e = 1$，$\log_e 0.9 \fallingdotseq -0.11$（関数電卓使用）ですから，

$$-t/RC \fallingdotseq -0.11$$

次に，RCを式の右に移します．マイナスの符号は打ち消し合うので消えます．$v(t)$の波形が10%になる時間t_{10}は，

$$t_{10} = 0.11 RC$$

と求められます．同じく式(10-4)から，波形が90%になる時間t_{90}は（$\log_e 0.1 \fallingdotseq -2.3$より），

$$t_{90} = 2.3 RC$$

となり，10%～90%の時間t_rは，$t_r = t_{90} - t_{10}$から，

$$t_r[\text{sec}] = 2.3 RC - 0.11 RC \fallingdotseq 2.2 RC$$

と計算できます．

* *

この自然対数$\log_e$は過渡現象だけで使われるものではありません．理工学全般で同じように使われます．考え方と使い方さえ覚えておけば，電子回路理論以外の分野でも，いろいろと応用できます．

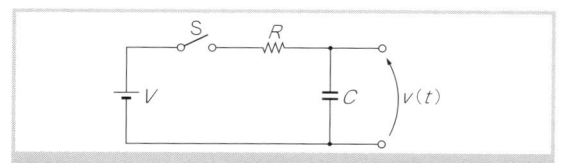

図10-7 コンデンサと抵抗の回路で過渡現象を考える
電源スイッチSを入れた瞬間からコンデンサが充電されて安定になるまでの変化を「過渡現象」と言う．詳しくは第11章以降で説明する．ここに自然対数$\log_e$が使われる．

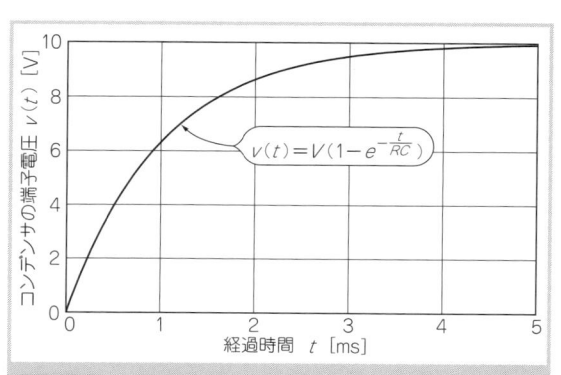

図10-8 コンデンサの端子電圧$v(t)$が過渡現象で変化するようす
図10-7の回路を$R = 100\,\Omega$，$C = 10\,\mu\text{F}$，電源電圧10Vとして過渡現象を計算した．この$v(t)$が10%になる時間から90%になる時間を求める．

10-3 覚えておきたい計算上のポイント

●覚えておくべき数値（概略の大きさでよい）

基本的には関数電卓とかExcelで計算させればよいのですが，暗算でさっと計算が必要な場面も結構あります．そのためには下記を覚えておけば十分でしょう．

$\log_{10} 2 = 0.30$
$\log_{10} 3 = 0.48$（0.5と覚えてもよい）
$\log_{10} 5 = 0.70$
$\log_{10} 10 = 1$
電圧で$\sqrt{2}$倍は3 dB，2倍は6 dB
電力で2倍は3 dB，4倍は6 dB

●覚えておくべき関係（公式）

同じく，覚えておくべき関係（公式）として以下が挙げられます．式(10-5)～式(10-7)は「底」は何でも成り立つので，表記を省略しています．

$$\log(ab) = \log a + \log b \quad \cdots\cdots\cdots (10\text{-}5)$$

（使用例：複数縦列に接続されたアンプの増幅率を足し算で求める）

$$\log \frac{a}{b} = \log a - \log b \quad \cdots\cdots\cdots (10\text{-}6)$$

（二つの数の比率を暗算で計算する）

$$\log \frac{1}{a} = -\log a \quad \cdots\cdots\cdots (10\text{-}7)$$

（1/10000の対数の計算を10000に変換して計算する）

また，以下は数学の授業では出てきましたが，現場ではあまり使われないものです．覚えられる余裕があれば覚えておいてください．

$$\log_a c = \frac{\log_d c}{\log_d a} \quad \cdots\cdots\cdots (10\text{-}8)$$

$$\log_a b^c = c \log_a b \quad \cdots\cdots\cdots (10\text{-}9)$$

10-4 実験で対数を体感しよう

無線通信の分野では，取り扱う電力の範囲が天文学的数値といえるほど広いため，電力をdBm（1 mWを0 dBmとした単位）で表すことが一般的です．無線通信で利用される対数変換回路の動作を測定することで，対数"dB"を計算ではなく，電子回路上でのふるまいとして見ていきましょう．

図10-9は無線機の受信回路と実験のための周辺回路です．信号発生器からの入力信号の波形をオシロスコープで，受信信号の大きさがdB値で直流電圧出力されるRSSI信号出力（キーワード解説参照）を電圧計で，それぞれ測定してみましょう．なお，「天文学的範囲の無線信号レベル」なのですが，オシロスコープで見えるレベルとして±20 dBで話を進めます．

●まず基準として中間くらいの大きさを見てみよう

図10-9では，信号自体をオシロスコープで確認できるように，信号発生器から比較的大きなレベルで出力されています（測定電圧振幅がdBm表記値の2倍になっているのは負荷抵抗なしで開放端として測定しているため）．受信回路自体は小さい信号レベルのところで動くようにできていますから，信号発生器と受信回路の間に－20 dB（電力で1/100にする）の電力減衰器（信号のレベルを小さくするもの）を入れてあります．

それでは，測定してみましょう．**図10-10**は信号発生器から－20 dBm（0.01 mW）の電力を出力させ，

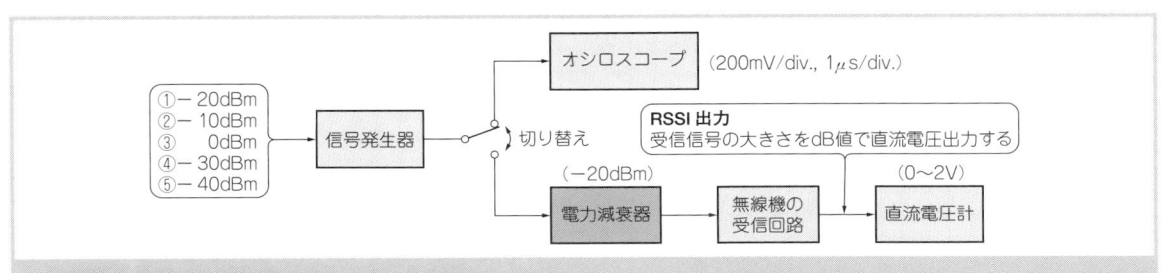

図10-9 無線機の受信回路と実験のための周辺回路
無線通信の対数変換回路を測定し対数を体感する実験．入力信号をオシロスコープで，受信信号強度のRSSI信号（dB値）出力を電圧計で，それぞれ測定する．オシロスコープで見えるレベルとして±20 dBで実験を進める．

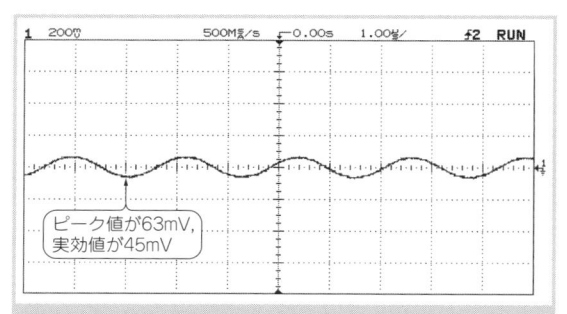

図10-10 −20 dBmを信号発生器から出力したときの信号レベル

オシロスコープは200 mV/div．，1 μs/div．に設定．−20 dBm(0.01 mW)をオシロスコープで測定した波形．この大きさを基準とする．測定電圧振幅がdBm表記量の倍だが，負荷抵抗なしで測定しているため．

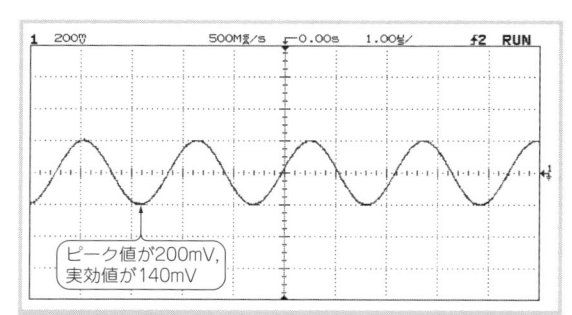

（ピーク値が63mV，実効値が45mV）

図10-11 −10 dBmを信号発生器から出力したときの信号レベル

オシロスコープは200 mV/div．，1 μs/div．に設定．図10-10のプラス10 dB，−10 dBm(0.1 mW)を出力．電圧振幅は図10-10の3.2倍．3.2倍が+10 dBになるのは20×log(3.2)=10となるから．

（ピーク値が200mV，実効値が140mV）

写真10-1 −20 dBmを信号発生器から出力したときのRSSI出力電圧

RSSI出力電圧は1.45 Vになっている．この大きさを基準とする．

写真10-2 −10 dBmを信号発生器から出力したときのRSSI出力電圧

RSSI出力電圧は1.70 Vになっている．写真10-1の基準から+0.25 Vの上昇．

オシロスコープでこの信号を測定した波形です．このとき**写真10-1**のようにRSSI出力は1.45 Vと読めます(この直流電圧はdBmの絶対量として出てくるが，ここでは何Vが何dBmであるという絶対量の大きさは考えない)．

▶ 10 dB大きくなると電圧が3.2倍，20 dBで10倍

次に，信号発生器から図10-10のプラス10 dB，−10 dBm(0.1 mW)を出力させた場合を見てみましょう．**図10-11**のように電圧の振幅は先ほどの3.2倍，**写真10-2**ではメータの電圧が1.70 Vと読めます(+0.25 Vの上昇)．

電圧が3.2倍で+10 dBになるのは，20 log(3.2) = 10となるからです．

さらにプラス10 dB，**図10-10**からプラス20 dB大きくしたもの(0 dBm = 1 mW)が**図10-12**です．電圧の振幅は**図10-10**の10倍になっています．**写真10-3**のように，メータの電圧は1.95 Vです(さらに+0.25 Vの上昇)．信号の大きさはもともとの10倍になっていますが，メータの電圧は3.2倍と同じステップ(0.25 V)で変化しています．

▶ 10 dB小さくすると電圧は1/3.2，−20 dBで1/10

今度は**図10-10**から10 dB小さくしてみましょう(−30 dBm = 0.001 mW)．これが**図10-13**です．電圧の振幅は**図10-10**の1/3.2倍になっていますが，ほとんど見えません．とはいえ**写真10-4**のように，メータの電圧は1.20 Vです(**写真10-1**から−0.25 Vの

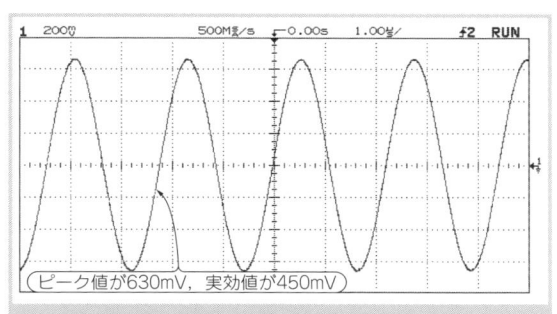

図10-12 0 dBmを信号発生器から出力したときの信号レベル
オシロスコープは200 mV/div., 1 μs/div.に設定. 図10-11からさらにプラス10 dB, 図10-10からプラス20 dBの0 dBm(1 mW)を出力. 電圧の振幅は図10-10の10倍になっている.

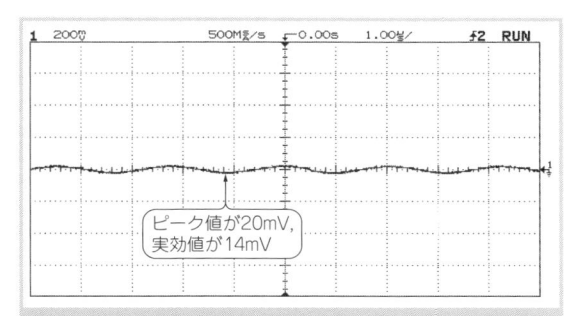

ピーク値が630mV, 実効値が450mV

図10-13 −30 dBmを信号発生器から出力したときの信号レベル
オシロスコープは200 mV/div., 1 μs/div.に設定. 今度は図10-10から10 dB小さく(−10dB)して−30dBm(0.001 mW)を出力. 電圧振幅は図10-10の1/3.2倍になっているが, すでにほとんど見えない.

ピーク値が20mV, 実効値が14mV

写真10-3 0 dBmを信号発生器から出力したときのRSSI出力電圧
RSSI出力電圧は1.95 Vになっている. 写真10-1の基準から+0.50 V, 写真10-2からは+0.25 Vの上昇(同じステップ).

写真10-4 −30dBmを信号発生器から出力したときのRSSI出力電圧
RSSI出力電圧は1.20 Vになっている. 写真10-1の基準から−0.25 Vの下降.

下降).

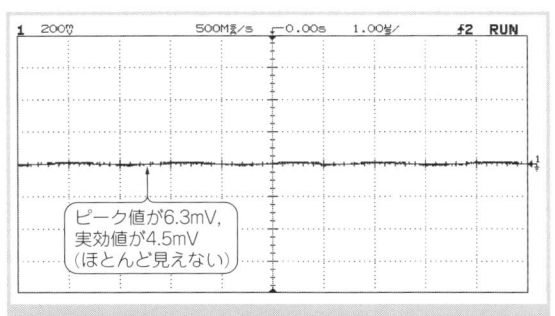

さらに10 dB小さくしてみましょう(−40 dBm = 0.0001 mW). **図10-14**の電圧の振幅は**図10-10**の1/10になるので, もう見えませんね.

しかし**写真10-5**のようにメータの電圧は0.95 Vで, **写真10-1**から**写真10-4**への変化量(−0.25 V)と同じになっていますね. 波形自体がかなり小さくなっても, レベルの変化のようすがRSSI信号出力で「見える化」されています.

▶変化のようすが「見える化」は本当だ

ためしに, **写真10-6**のように, さらに−10 dB(−50 dBm = 0.0001 mW)してみましょう. ここでもメータの電圧は0.70 Vで, さきほどと同じステップで

ピーク値が6.3mV, 実効値が4.5mV (ほとんど見えない)

図10-14 −40 dBmを信号発生器から出力したときの信号レベル
オシロスコープは200 mV/div., 1 μs/div.に設定. 図10-13からさらに10 dB小さくして, 図10-10からは−20 dB, −40 dBm(0.0001 mW)を出力. 電圧振幅は図10-10の1/10になるので, ほとんど見えない.

10-4 実験で対数を体感しよう

写真10-5 −40 dBmを信号発生器から出力したときのRSSI出力電圧
RSSI出力電圧は0.95 Vになっている．写真10-1の基準から−0.50 V，写真10-4からは−0.25 Vの下降（同じステップ）

写真10-6 さらに信号レベルを小さくして−50 dBmを出力したときのRSSI出力電圧
RSSI出力電圧は0.70 Vになっている．写真10-1の基準から−0.75 V，写真10-5からは−0.25 Vの下降（同じステップ）

写真10-7 さらに−10 dB信号レベルを小さくして−60 dBmを出力したときのRSSI出力電圧
RSSI出力電圧は0.45 Vになっている．写真10-1の基準から−1.00 V，写真10-6からは−0.25 Vの下降（これも同じステップ）

小さくなっています．オシロスコープでの波形は見えなくなっていますが，まだレベルの変化がわかります．

さらにもう−10 dBしてみましょう．**写真10-7**のように，同じステップでメータの電圧が小さくなっており，まだまだ変化がわかりますね．

●dB値として対数相当グラフにプロットしてみる

それでは，**写真10-1〜写真10-7**の結果を，対数

コラム10-1　直線変化を対数変化に変換するログ・アンプ

数学的に$\log(A)$として計算するのは簡単かもしれませんが，電子回路でこの対数特性を実現できるでしょうか．これを実現するのがログ・アンプ回路です．

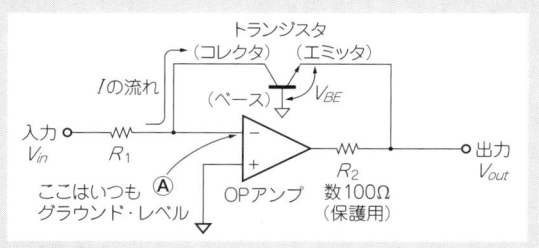

OPアンプとトランジスタを用いたログ・アンプ回路の原理図を**図10-A**に示します．なお断っておきますが，このままだと温度特性が実用にならないほど悪いので，実際には補償回路などが入り，より複雑になります．

Ⓐ端子の電圧は（OPアンプの動作原理上）いつもグラウンド・レベルになります．そのため，この回路の入力に電圧V_{in}が加わると抵抗R_1に流れる電流は，

$$I = \frac{V_{in}}{R_1} \quad \cdots\cdots (10\text{-}A)$$

になります．しかしこの電流IはⒶ端子には流れ込まず，図中のトランジスタがあるほうに全部流れていきます．トランジスタは，そのベース-エミッタ間の電圧V_{BE}に対して，流れる電流Iが，

$$I \fallingdotseq k_1 e^{k_2 V_{BE}} \quad \cdots\cdots (10\text{-}B)$$

という特性を示します．k_1，k_2というのはトランジスタの特性で決まる定数です（とはいえ周囲の温度で変化してしまう）．そこで逆にこれを$\log_e A = x$，$A = e^x$という関係から，流れる電流Iに対してのV_{BE}の式を求めてみると，

$$V_{BE} = \frac{1}{k_2} \log_e \left(\frac{I}{k_1} \right) \quad \cdots\cdots (10\text{-}C)$$

ここでIは式(11-A)でV_{in}に比例しており，このV_{BE}がログ・アンプ回路の出力V_{out}になりますから，

$$V_{out} = V_{BE} = \frac{1}{k_2} \log_e \left(\frac{V_{in}}{k_1 R_1} \right) \quad \cdots\cdots (10\text{-}D)$$

という，V_{in}に対して対数特性をもつ回路を実現することができます．

トランジスタを使ってアナログ電子回路を設計すると「トランジスタのベース-エミッタ間の電圧は0.6〜0.7 Vくらいで一定だよ」と先輩からほぼ間違いなく言われると思いますが，（ちょっと高度ですが）このログ・アンプ回路の場合は，そこまでいかない0〜0.7 Vの間にある非線形性……それが対数特性なのですが，それを用いているのです（そのため出力電圧レベルが低いので，後段で増幅させる必要がある）．

実際の電子回路では，ログ・アンプ専用のICが販売されています．これを利用することが安定で良いでしょう．

図10-A OPアンプとトランジスタを用いたログ・アンプ回路の原理図
この回路は原理図であり，実際には温度特性が良くないのでより複雑な回路が用いられる．

に相当するグラフとして図10-15にプロットしてみましょう．といってもX軸はdBmとしての対数値，Y軸は対数に相当するDCレベルが出てくるので，普通の**直線軸**グラフにプロットするだけで，**対数相当の結果**になるのです．

図10-15のように結果は「直線」ですね．これまでの説明，そしてそれぞれのオシロスコープとメータでの測定結果との比較で，対数の「見える化」のイメージが理解できたと思います．

● まとめ

複素数と同じく，対数も見ようによっては面白い数の表し方ですね．

結局対数は，電子回路のグラフや数値の見たいところをよく見えるようにしてくれる，「見える化」させるツールだということです．

特に注意したいのは，たとえば比の大きさをdBで表されている数値が数十という大きさであっても，実際の値としてはその違いは**とても大きくなっている**という点です．

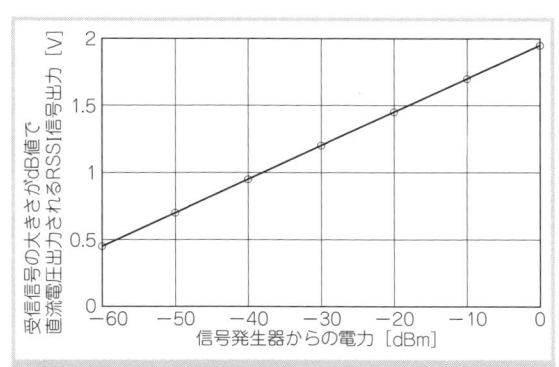

図10-15 信号発生器の出力レベルとRSSI出力電圧
写真10-1～写真10-7の測定結果を対数に相当するグラフとして示す．X軸をdBmの対数値，Y軸は対数に相当するDCレベルが出るので，普通の直線軸グラフにプロットする．X軸，Y軸とも対数「相当」となり結果は直線．

回路設計の現場では非常に便利な，よく使われるツールですから，ぜひ積極的に利用していきたいものです．

第10章のキーワード解説

①見える化
「製品の品質や，管理／経営状況を，図表で簡単にわかるようにしよう」というもの．本文では電子回路の動きが簡単にわかるようになるという意味で使っている．

②天文学的数値
普段の生活のイメージからかけ離れた，桁数がとても大きな数字のこと．天文学からきている．本文では「天文学的数値ぶんの1」という小さい数字も，この「天文学的数値」として説明している．

③プロットする
最近は大きな図面を印刷するときもプリンタが主流であるため，ペンがガチガチッと音をたてて紙の上をなめていくプロッタは会社でも見ないかもしれない．"plot"は「作図する」という意味．

④RSSI(Received Signal Strength Indicator)
無線通信において，受信した電力をログ・アンプを通して対数化し，それを直流電圧に変換したもの（dBmに比例する）．受信強度出力．

⑤過渡現象
回路の電源スイッチをONした瞬間から，回路が定常レベルに達するまでの過渡的な電圧や電流の変化．第11章で時定数と併せて詳しく説明する．

⑥信号発生器
信号の周波数と大きさをパネルで設定することで，その周波数と大きさの正弦波を出力してくれる装置．正弦波でなく任意の低周波波形を発生するものもある．

第11章

ツール5 時定数

信号の立ち上がりや立ち下がりにかかる時間で評価する
回路の俊敏さや緩慢さを表す「時定数」

2章に分けて時定数について説明します．まず，実際の回路設計現場において，時定数がどのような回路や場面で使われるかを紹介していきます．

電子回路の，ある状態でのもともとの電圧や電流の大きさから，電圧や電流の大きさが異なる状態に移っていくときに，当然ある時間がかかります．この時間的な変化速度が時定数です．

具体的な時定数の意味については後で詳しく説明しますが，まずは「なぜ時定数?」という疑問に答えられる程度で，最初に説明しておきましょう．

11-1 なぜ時定数を考えるのか

●電圧や電流の変化には時間がかかる

以下に示すように**時定数をもつ回路**での，電圧や電流の変化のようすは，X軸を時間，Y軸を電圧もしくは電流の変化率としてみると，**図11-1**のようになります（ここでは変化しているようすをパーセントで示している）．もともと落ち着いていた状態の大きさから，違う状態に変化していき，最終的にある大きさに落ち着きます．

この変化していくカーブは，これから示していく回路形状の場合，回路部品の定数により時間的な変化速度の違いはあるものの，**その形はどれも同じです．**

●カーブの形状が同じなら「それぞれの差異」の基準を「時間」で決めればよい

このように，変化していくそれぞれの動きの違いを何かで表すとすれば，「異なっているものは変化速度だけ」ですから，何らかの時間（変化の経過時間）を評価基準値として決めて，その時間がどれだけかで回路の動作の違いを表せばよいことは，容易に思いつくでしょう．

そこで**図11-1**内に示してあるように，63％に変化（理由は後述）するまでの時間を，「その回路の変化の俊敏さと緩慢さを指し示す数値」として，「その回路固有の時間」として決めておきます．

これが**時定数**です（単位は秒[sec]，ミリ秒[ms]，マイクロ秒[μs]など）．電圧にV，電流にI，時間にtという記号を用いたように，時定数は数式上では$τ$（ギリシャ文字の「タウ」）を用います（ただし表記上の話であって，本質論は何を記号として使っても同じ）．

11-2 設計現場で遭遇する時定数に関係する回路

実際のプロの回路設計現場では，時定数をさまざまな場面で検討したり議論します．なお，電子回路ではコイルと抵抗による時定数を考えることはあまり多くありません．大体はコンデンサと抵抗の回路で時定数を考えることが多いと言えます．そのため，ここでもコンデンサと抵抗の回路を例として説明しています．

●リセット回路のリセット継続時間

図11-2は，電源を入れたときにマイコン自体をリセットさせるリセット回路の例です．コンデンサCを

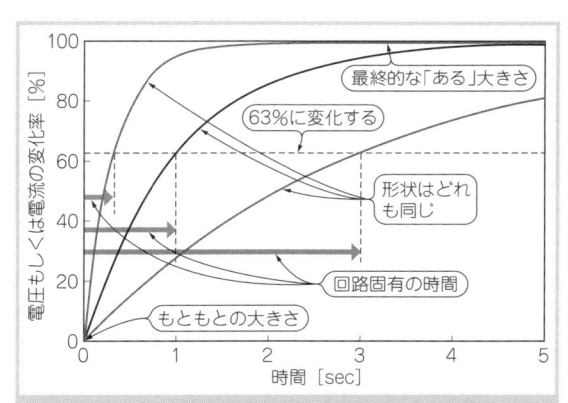

図11-1 もともとの電圧や電流の大きさから，違う状態に移っていくときに時間がかかる
回路部品の定数により時間的な変化速度の違いはあるものの，その形状はどれも同じ．そこで回路ごとの固有の時間を考える．なおこの図では，変化率をパーセントで示している．

第3部 対数と時定数

抵抗Rを通して充電し，図中の電圧比較回路で基準電圧の大きさと④端子の電圧を比較し，基準電圧を越えたところでマイコンへのリセットを終了させます．

このリセット時間を決めるのが，抵抗RとコンデンサCです．このRとCが大きいほど，リセット時間が長く取れます．この**リセット時間**が時定数に関係します．

●信号の立ち上がり/立ち下がり時間

図11-3のような回路は，ディジタル信号伝送などでよく使うフィルタ回路です．入力端子から入ってきた信号は，信号の伝送途中で雑音が混入することがあります．そのため図中のような抵抗とコンデンサによる雑音除去回路を通して波形を整えて，それを電圧比較回路に通してきれいな（雑音をなくした）ディジタル

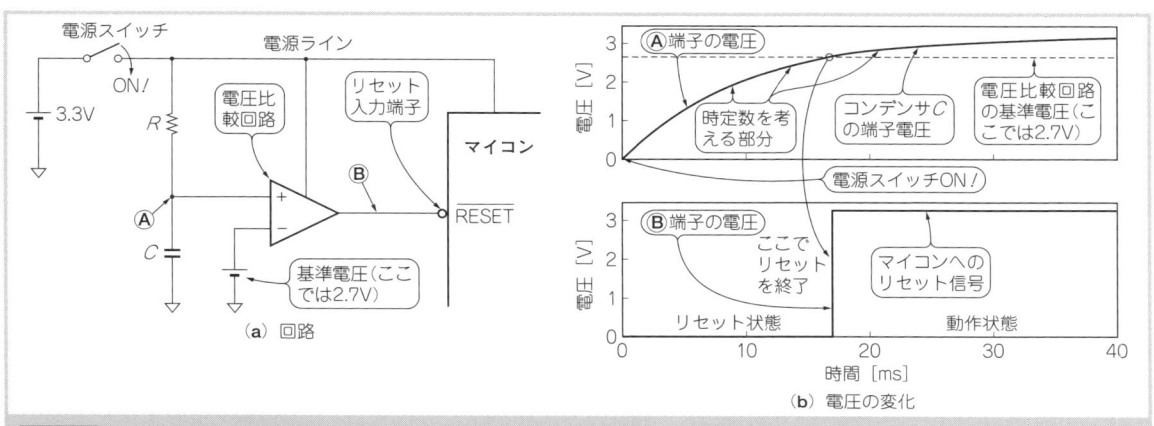

図11-2 マイコン用のリセット回路の例
コンデンサCを抵抗Rを通して充電し，ある電圧を超えたところでリセットを終了させる．このリセット時間を決めるのが抵抗RとコンデンサC．このRとCが大きいほどリセット時間が長く取れる．なお説明を単純化するためヒステリシス回路は割愛している．

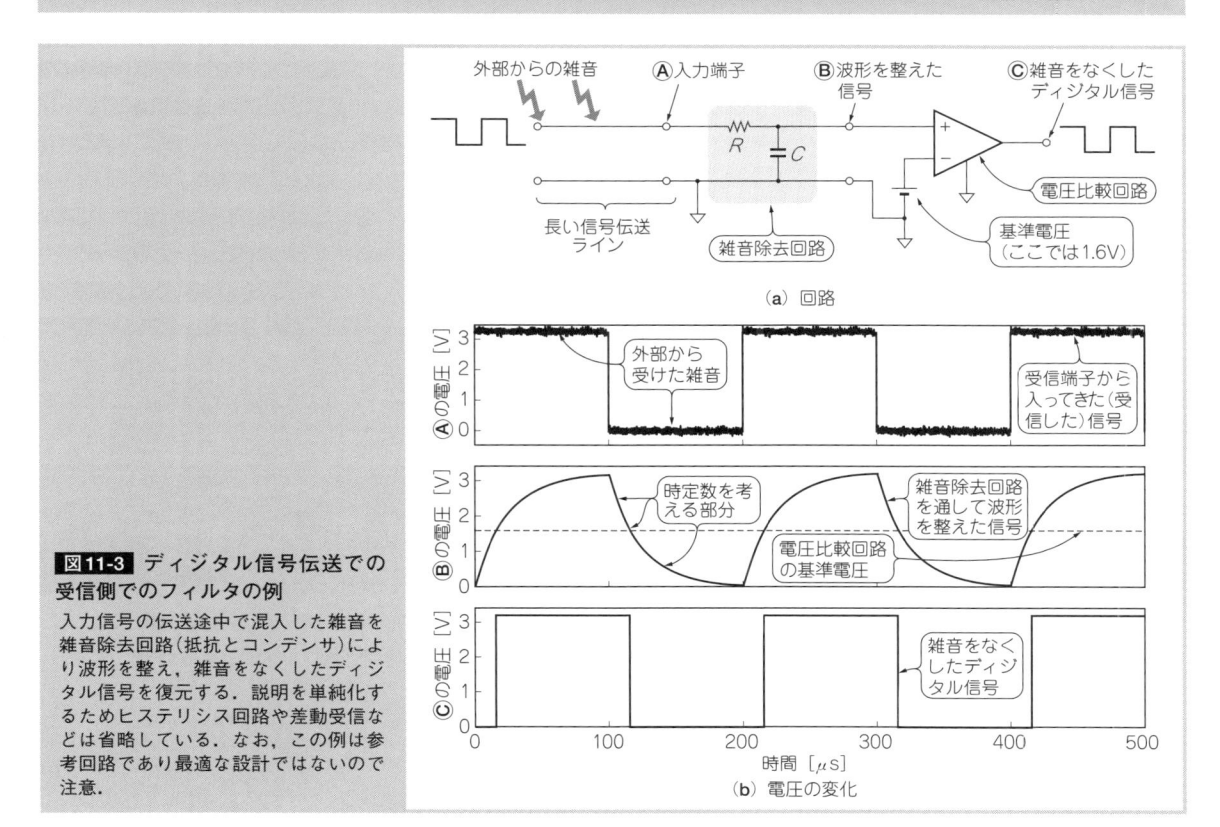

図11-3 ディジタル信号伝送での受信側でのフィルタの例
入力信号の伝送途中で混入した雑音を雑音除去回路（抵抗とコンデンサ）により波形を整え，雑音をなくしたディジタル信号を復元する．説明を単純化するためヒステリシス回路や差動受信などは省略している．なお，この例は参考回路であり最適な設計ではないので注意．

11-2 設計現場で遭遇する時定数に関係する回路

図11-4 ディジタル信号の微分回路の例

ディジタル出力を「パルス回路」や「微分回路」と呼ばれる回路（抵抗とコンデンサ）を通すことで，パルス状の信号にする．パルス幅の時間が時定数に関係する．この回路は実際の電子回路でもよく用いられるもの（最近は用途が若干減っているが）．

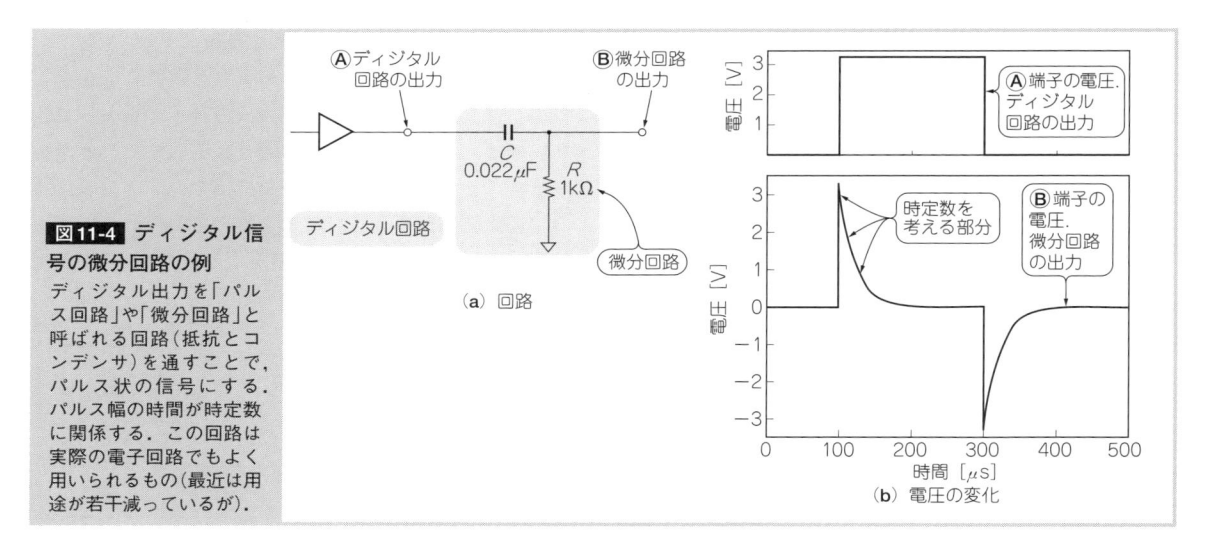

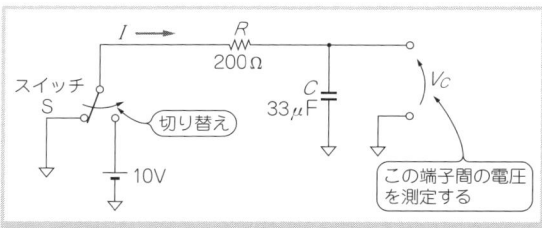

Ⓐディジタル回路の出力
Ⓑ微分回路の出力
C 0.022μF
R 1kΩ
ディジタル回路
微分回路
(a) 回路

Ⓐ端子の電圧．ディジタル回路の出力
時定数を考える部分
Ⓑ端子の電圧．微分回路の出力
(b) 電圧の変化

図11-5 時定数を考える基本回路

直流電源を10V，抵抗 R を200Ω，コンデンサ C を33μFとしている．もともとの電圧（例えば $V_C=0$ V）や電流から，スイッチSが切り替わり10Vの電源が回路に加わることで，回路内の各部の電圧や電流が変化していき，最終的に一定量の電圧や電流の大きさに落ち着く．

信号を復元します．

この抵抗 R とコンデンサ C による雑音除去回路の出力は，信号が図11-3(b)のようにダラダラと大きくなっていき，ダラダラと小さくなっていきます．この時間をそれぞれ立ち上がり時間/立ち下がり時間と言います．この**立ち上がり時間/立ち下がり時間**が時定数に関係します．

● パルス回路や微分回路の波形応答を計算する

図11-4(a)は，ディジタル回路の出力を「パルス回路」とか「微分回路」と呼ばれるものを通すことにより，パルス状の信号にする回路です．

この微分回路の出力波形は**図11-4(b)**のような形になります．この**パルス幅の時間**が時定数に関係します．

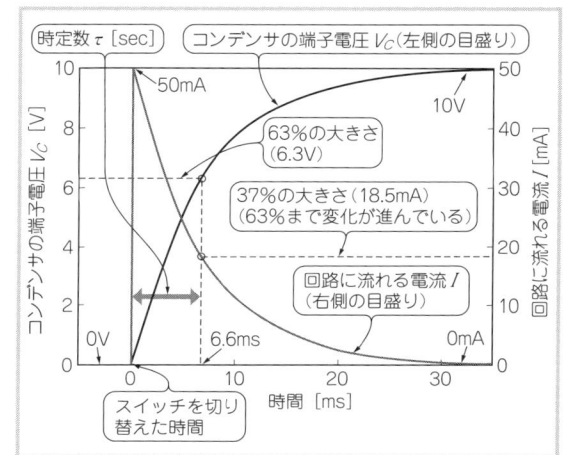

図11-6 図11-5の回路でスイッチを切り替えたときにコンデンサの端子電圧 V_C と回路に流れる電流 I の変化していくようす

この変化していくようすを過渡現象と呼ぶ．時定数は最終的に落ち着く大きさの63％になるまで「どのくらい時間がかかるか」の時間量．回路の電圧と電流が変化していく俊敏さと緩慢さを特徴づける，あるいは指し示す数値で，基準時間とも言える．時定数が短いと変化速度が速い．

11-3 時定数は過渡現象の変化の俊敏さや緩慢さを指し示す数値

ここまで時定数の基本的な考え方を説明しました．ここでは過渡現象との関係を明らかにしながら，より深く掘り下げていきましょう．

(a) からっぽ
(どんどん食べられる)

(b) だいぶたまってきた
(食べるペースが落ちてきた)

(c) おなかいっぱい
(もうほとんど食べられない)

コンデンサも充電されると端子電圧が大きくなってくる．Vが一定なので，電流 I が小さくニャってくるのだ．胃袋と同じニャ！

図11-7 コンデンサの波形のカーブのようすはだんだんと「おなかいっぱい」になってくるのと同じ
最初はいっぱい食べられる(コンデンサの端子電圧は小さく，流れる電流は大きい)．だんだんとおなかにたまってきて，最後は「もうおなかいっぱい」に近くなる(端子電圧はほぼ V [V]，流れる電流はかなり小さくなる)．

● 時定数 τ は電圧や電流が変化するときの回路ごとの基準時間

以降では，電源は**直流電圧源**を考えます．さて図 **11-5** の回路と図 **11-6** の電圧や電流の変化のグラフを見てください．時定数 τ [sec] は，

① もともとあった状態(例えば電源が 0 V の状態)から，
② スイッチが切り替わり，10 V の電源電圧が回路に加わることで，
③ 回路内の各部の電圧や電流が変化していき，
④ 最終的に一定量の電圧や電流の大きさに落ち着くが…，
⑤ この④で落ち着いた大きさの 63 %(この理由は後述)の大きさになるまで，
⑥ ②の時点を測定開始点として，**いったいどのくらい時間がかかるか**

という時間量のことを言います．また，このように変化していくようすを**過渡現象**と呼びます．

つまり時定数 τ [sec] は(⑤で「63 %」と決められているように)，この回路の電圧と電流が変化していく俊敏さと緩慢さを指し示す数値であり，**基準時間**とも，評価基準値とも言えるでしょう．

また，電流や電圧が変化している**速度**という観点で考えてみれば，「時定数 τ [sec] が短いと，変化していく速度が速い」とも言えます．

● コンデンサやコイルがないと時定数は考えられない

ところで，回路が理想的な抵抗(純抵抗成分しかもたない)だけで構成されている場合は，電源(直流電圧源)を切り替えれば，すぐに回路各部の電圧や電流が確定するので，そのような回路では時定数という概念はありません．時定数は，コンデンサやコイルなどの素子が回路中にある必要があります．

しかし実際には，回路設計現場でコンデンサやコイルのない回路など考えられません．抵抗にも実際には浮遊成分としてコンデンサやコイルが存在するからです．つまり必ず時定数のある回路を設計しています．

話が少し飛びますが，本書のここまで，コンデンサやコイルを**リアクタンス量**として説明してきましたが，「リアクタンス量は損失が生じない」ことと，時定数でのコンデンサやコイルのふるまいは**物理現象としてはまったく同じこと**なのです．

● 直線で変化してもよさそうだけど，変化していくカーブの形状は決まっている

図 **11-6** のようなカーブにならずに，「もとの状態から違う状態に移っていくのなら，電圧や電流の変化は，直線的に変化してもいいんじゃないの？」と考えるのは当然です．

しかし実際は，図 **11-6** のようなカーブの形状になるのです．この理由を説明しましょう．以下はコンデ

11-3 時定数は過渡現象の変化の俊敏さや緩慢さを指し示す数値　119

ンサの動きを例として説明しています．コイルは動きが異なるので，注意してください（次章で説明する）．それでは**図11-7**を見てください．

▶最初はいっぱい食べられる（端子電圧は小さく，流れる電流は大きい）

電源（直流電圧源）を切り替えて，同図(a)のような状態になったときには，コンデンサC（ここではコンデンサは風船だとか胃袋のようなものだと思えばよい）の中はからっぽで何もありません．このときにはコンデンサCの端子電圧V_C[V]はゼロですから，抵抗に流れる電流I[A]は，

$$I = \frac{V - V_C}{R} = \frac{V - 0}{R} = \frac{V}{R} \quad \cdots\cdots\cdots (11-1)$$

となります．

▶だんだんと「おなかいっぱい」になってくる（端子電圧は少し大きく，流れる電流は小さくなってくる）

コンデンサCは流れる電流量と時間に比例して（貯蓄する量に比例して），端子電圧V_Cが大きくなってきます．この現象を**充電**と言います．例えば**図11-7**(a)からある時間が経過して，端子電圧$V_C = V/2$[V]になったとします．このとき抵抗Rに流れる電流I[A]は，

$$I = \frac{V - V_C}{R} = \frac{V - V/2}{R} = \frac{V}{2R} \quad \cdots\cdots (11-2)$$

と式(11-1)の半分になります．

▶「もう満腹状態」に近くなる[**図11-7**(c)．端子電圧はほぼV[V]で，流れる電流はかなり小さくなる]

さらに時間が経過して，端子電圧$V_C = 0.99\,V$になったとします．このとき抵抗に流れる電流は，

$$I = \frac{V - V_C}{R} = \frac{V - 0.99\,V}{R} = \frac{0.01\,V}{R} \quad \cdots (11-3)$$

と式(11-1)の0.01倍にしかなりません．

●流れる電流量とコンデンサの端子電圧は「だんだんとおなかがいっぱいになる」のと同じ

コンデンサCは「電流を貯蓄でき，電流量と時間（貯蓄量）に比例して端子電圧V_Cが高くなってくる」と説明してきました．流れる電流IとコンデンサCの端子電圧V_Cとの関係は，

① 電源（直流電圧源）の電圧Vは一定なので，
② コンデンサの端子電圧V_Cが大きくなってくれば，
③ 抵抗Rに流れる電流Iも小さくなってくる．
④ 流れる電流Iが小さくなってくれば，
⑤ コンデンサの端子電圧V_Cが上昇する速度も低下してくる

これらの関係で，電流IとコンデンサCの端子電圧V_Cが決まり，これが**図11-6**に示されたカーブになるわけです．これは本当に「だんだんとおなかいっぱいになってきて，食べられなくなる」のと同じですね．

11-4 カーブの形状をもっと詳しく見ると時定数も見えてくる

●電流IとコンデンサCの端子電圧V_Cのカーブの形の違いを考える

本章の最初に「変化していくカーブの形状はどれも同じ」と説明しました．しかし**図11-6**では，電流IとコンデンサCの端子電圧V_Cのカーブの形状が違いますね．これはどういうことでしょうか．

コンデンサの端子電圧V_Cのカーブを，ひっくり返してみてください．そうすると，これは「電流Iの波形のカーブそのものだ」ということがわかります．

つまり，いずれにしても「大きくなっていくか，小さくなっていくか」の違いだけで，**基本的な「変化し**

コラム11-1　本書で言う「過渡現象」とは

過渡現象についての説明は，教科書や参考書では「スイッチがONしたとき」を基準として考えています．しかし実際の電子回路の設計現場では，ある部分の電圧があるレベルから異なるレベルに変化するときのようすを，過渡現象として考える場合のほうが多いと言えます．

そのため本書では，現場で体験する現実に合わせて，「スイッチがONしたとき」という視点をあえて採っていません．

なお，電子回路での「スイッチがOFFしたとき」の過渡現象は，リレー・コイルの逆起電力が代表的なところです．このスイッチがOFFする場合と，本書での大きさが変化する場合との考え方の違いは，スイッチが切られることによる回路内の抵抗量の変化です．それぞれの違いをよく吟味する必要はあります．

一方で，高圧送電などの強電分野の場合には，遮断器とか開閉器と呼ばれる送電/配電用スイッチのON/OFFが，過渡現象にまつわるとても重要な問題になります．

コラム11-2 容量と抵抗を掛け合わせるとなぜ時間になる？

本文で，時定数 τ は $\tau = CR$, $\tau = L/R$ であると説明しました（コイルに関しては次章で説明する）．τ の単位は [sec] です．一方でコンデンサの容量 C の単位は [F]（ファラド），コイルのインダクタンス L の単位は [H]（ヘンリ），抵抗 R の単位は [Ω] ですね．

では，容量 C と抵抗 R を掛けたもの；CR, インダクタンス L を抵抗 R で割ったもの；L/R, がなぜ時間 [sec] の単位になるのでしょうか．

●コンデンサでの時定数 $\tau = CR$ について

コンデンサには $Q = It = CV$ という関係があります．Q は電荷量，I は [A]，t は [sec]，V は [V] ですね．つまり単位で考えると，$C = Q/V = It/V = [A][sec]/[V]$ です．一方で同じく，$R = V/I = [V]/[A]$ となります．

これにより，
$$\tau = CR = \frac{[A][sec]}{[V]} \times \frac{[V]}{[A]} = [sec]$$

が得られます．

●コイルでの時定数 $\tau = L/R$ について

コイルには $V = L\,dI/dt$ という関係があります．dI/dt は微分ですが，ここではわからなくてもかまいません．I の時間変化という意味です．つまり $dI/dt = [A]/[sec]$ です．

ここでも単位で考えると，
$$L = \frac{V}{dI/dt} = \frac{[V]}{[A]/[sec]} = \frac{[V][sec]}{[A]}$$

です．これにより，
$$\tau = \frac{L}{R} = \frac{\frac{[V][sec]}{[A]}}{\frac{[V]}{[A]}} = [sec]$$

が得られます．

つまりいずれにしても，電流と電圧の単位を基本に考えていけば，時間の単位 [sec] が得られるというわけです．このような考え方を**次元解析手法**と言います．

ていくカーブの形状はどれも同じ」だということがわかります．これも大事なことです．

▶このカーブの変化するようすを数式で表すと

式 (11-1) ～ (11-3) の関係こそが微分方程式で表され，以下の式が導かれるものなのですが，そのような式の生い立ちの説明をすると難しくなりますから，ここではこのカーブの式だけを示しておきます．これだけわかっていれば十分です．

さて，コンデンサ C の端子電圧 V_C の時間 t での変化を $v_C(t)$ [V]，回路に流れる電流 I の時間変化を $i(t)$ [A] として式にすると，

$$v_C(t) = V(1 - e^{-t/\tau}) = V\left(1 - \frac{1}{e^{t/\tau}}\right) \cdots (11\text{-}4)$$

$$i(t) = \frac{V}{R} e^{-t/\tau} = \frac{V}{R} \frac{1}{e^{t/\tau}} \cdots\cdots\cdots\cdots (11\text{-}5)$$

$$\tau [sec] = CR \cdots\cdots\cdots\cdots\cdots\cdots\cdots (11\text{-}6)$$

という関係式になります．e は，ここまで複素数や対数の説明でも利用した定数 e ($e = 2.71828\cdots$) です．おもしろいですね．それぞれ関係ないような複素数，対数，時定数ですが，同じ定数 e が用いられているのです．

ところで，式 (11-4)，式 (11-5) とも，$e^{-t/\tau}$ を $1/e^{t/\tau}$ とも書けます．$1/e^{t/\tau}$ のほうがわかりやすいとも言えますが，一般的に教科書でも $e^{-t/\tau}$ が使われます．そこで本書でも $e^{-t/\tau}$ という表記を用いていきます．

●時定数 τ はカーブが最終の大きさの63%まで到達する時間

式 (11-6) のように時定数は，コンデンサの大きさ C と抵抗の大きさ R を掛け合わせたものです．時間量なので単位は秒 [sec] です．なぜこうなるかは**コラム11-2**を参考にしてもらいたいのですが，**設計現場では $\tau = CR$ [sec] だけ覚えておけば十分**です．

さて，あらためて図11-6を見てください．図11-5の回路で抵抗 R を 200 Ω，コンデンサ C を 33 μF としているので，この回路での時定数 τ は $\tau = 200 \times 33 \times 10^{-6} = 6.6$ ms になります．

時定数ぶんの $t = 6.6$ ms が経過したときの，図11-6のコンデンサの端子電圧 $v_C(t)$ の大きさはどれほどになっているでしょうか．最終の大きさの63%(6.3 V) になっていることがわかりますね．

▶回路に流れる電流 I は？

コンデンサは，時定数 τ [sec] ぶんの時間だけ経過すると，その端子電圧 $v_C(t)$ は 6.3 V，つまり最終の大きさの63%になることがわかりました．それでは回路に流れる電流はどうなるでしょうか．

これも図11-6に描かれていますが，**最初の大きさの37%に低下**しています．見方を変えてみると，最初の大きさから最終の大きさ（実際は0Vであるが）に変化していくうちの「63%まで変化が進んでいる」と考えることができます．

　これは結局，先のコンデンサの端子電圧$v_C(t)$が63%になることと同じで，カーブの進んでいく進み具合自体は63%（100%－37%＝63%）になっているわけで，「ひっくり返してみれば同じカーブだ！」ということがわかりますね．

▶式(11-4)と式(11-5)の数式で考える「進み具合という視点で波形の変化を見ればどちらも同じ」

　それでは数式でどうなるのかを考えてみましょう．経過した時間t[sec]が，時定数τ[sec]と同じ時間のときを考えますから，$t=\tau$になりますね．

　式(11-4)においては，コンデンサCの端子電圧V_Cの最終の大きさは，V[V]（$V=10$ V）です．この式に$t=\tau$として代入してみると，

$$v_C(\tau) = V(1-e^{-\tau/\tau}) = V(1-e^{-1})$$
$$= V(1-1/e) \fallingdotseq 0.63\,V$$

が得られます．これが63%です．

　同じく式(11-5)においては，電流Iの最初の大きさはV/R[A]（10÷200＝0.05 A）で，ここでも$t=\tau$として代入してみると，

$$i(\tau) = \frac{V}{R}e^{-\tau/\tau} = \frac{V}{R}e^{-1} = \frac{V}{R}\frac{1}{e} \fallingdotseq 0.37\frac{V}{R}$$

となるわけです．これが37%です．これを上の説明のように「カーブの進んでいく進み具合」という視点で見ると，どちらも63%だけ変化が進んでいるということになります．

● 結局時定数は「回路の変化の俊敏さと緩慢さを指し示す数値」

　先に「変化していくカーブの形状はどれも同じ」と説明しました．また「カーブの形状が同じなら，**それぞれの差異の基準を時間で決めればよい**」とも説明しました．

　結局は「その回路の変化の俊敏さと緩慢さを指し示すため」の「評価基準値」として，カーブの変化が63%変化するまでの時間を「時定数」として決めています．

▶抵抗RとコンデンサCどちらを大きくしても時定数は比例して大きくなる

　式(11-6)でわかるように，図11-5のような抵抗

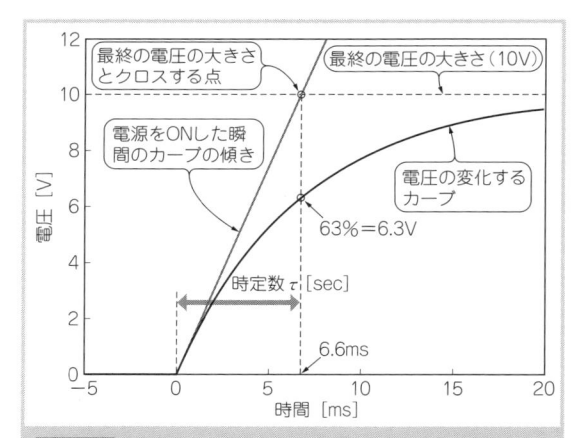

図11-8 変化具合をそのまま直線でずっと伸ばして最終の大きさに到達したときの時間が時定数τ（図11-6の電圧のグラフを用いている）
ここでは図11-5の回路の動作を例に示す．図11-6の電圧のグラフを用いている．電圧（直流電圧源）を切り替えた瞬間のカーブの変化量（波形の傾き/微分値）は波形の時間変化の俊敏さと緩慢さの「最初の意気込み」．時定数はこの意気込みに基づく時間だといえる．

RとコンデンサCが接続された回路の場合，時定数τは$\tau=CR$と，素子ごとの大きさの掛け算になっています．

　つまり時定数を大きくしたいときは，抵抗を2倍にしても，コンデンサを2倍にしても，どちらを大きくしても，時定数は2倍になるわけです．

　なお，実際の選定では，コンデンサの種類，精度，もれ電流，回路上の制限などもあるため，どちらを変えるかは先輩にアドバイスをもらいましょう．この選定方法については**コラム11-3**も参考にしてください．

● なぜ時定数τが「評価基準値」であり「63%」になっているのか

　説明したように「評価基準値」として時定数τを決めていますから，逆にいえば63%でなくても50%でもよいわけです．ここで時定数τの時間が本質的にどんなものであるか，またどのように決まっているかを考えてみます．

　「$\tau=CR$である」とか，「時間がτだけ経過すると，カーブが最終の大きさの63%まで到達する」とか，「$(1-1/e)$になるとき」とかいう話もありますが，もっと基本的なことで考えてみましょう．

　図11-8を見てください．これは図11-5の回路のV_Cが変化するようす，図11-6を再掲したものです．

　過渡現象がスタートしたときの最初の変化具合（電

コラム11-3　コンデンサは適材適所で選んで使う

本文で実際のコンデンサの選定では，種類，精度，もれ電流，回路上の制限など，各種のキー・ポイントやノウハウがあると説明しました．ここではその選定について少し説明します．

写真11-Aは数あるコンデンサの種類の中でも主に電子回路設計で用いられる，(左から)電解コンデンサ，フィルム・コンデンサ，セラミック・コンデンサです．それぞれ**表11-A**のような特徴や特性を持っています．実際の設計ではそれぞれの部品の特性を理解し，それが目的としている回路で活用できるのか(特に欠点が許容できるのか)が大切なポイントになります．

1種類のコンデンサでは，目的の性能がカバーできない場合もあります．この場合は種類の異なる(当然容量も異なる)コンデンサを複数並列に接続して，使用することも多々あります．

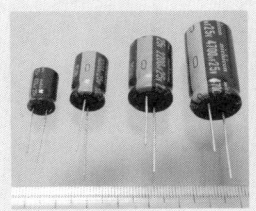

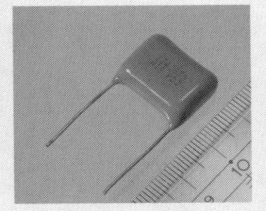

(a) 電解コンデンサ　　(b) フィルム・コンデンサ　　(c) セラミック・コンデンサ

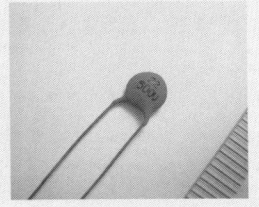

写真11-A いろいろなコンデンサの種類
(a)から順に対応する容量が大きい，中くらい，小さいものになる．目的の特性が一つのコンデンサで対応できない場合もあり，種類の異なる(容量の異なる)コンデンサを並列接続することも多い．

表11-A いろいろなコンデンサの特徴と特性
コンデンサにはいろいろ制限事項がある．それぞれの特性をよく理解し，適切なコンデンサを上手に活用すること，欠点をうまくカバーできるような回路設計が重要．

種類	電解コンデンサ	フィルム・コンデンサ	セラミック・コンデンサ
構造	電解質という液体が絶縁物・誘電体として入っている	フィルム状の絶縁物を巻いて作られている	セラミックを焼成して作られている
容量	数F～数μF程度の大容量	数10μF～数10pF程度の中容量	数μF程度～pF以下までの小容量
もれ電流	大きめ	ほとんどない	ほとんどない
高周波特性	悪い．MHzまで行かないものもある	中程度．主にオーディオ周波数に用いられる	良好．そのため高周波回路にも用いられる
精度	全体的にあまり良くない	高精度品も販売されている	高精度品(小容量品)と低精度品(大容量品)がある
寿命	一般的な使用方法で数年で性能劣化する．周囲温度が上昇すると寿命が短くなる	長寿命	長寿命
その他	プラス/マイナスの極性がある	異なるフィルム材によるいろいろな種類がある	圧電効果により，振動で雑音を生じやすい

源をONした瞬間の線の傾き)を元に考えて，その変化具合をそのまま直線でずっと伸ばしていったと考えてみます．このようすを図11-8を示しています．
▶時定数は時間変化の「俊敏さと緩慢さ」の「最初の意気込み」でもある

その直線は，最終の電圧の大きさとある時間でクロスします．このクロスするまでの時間が時定数なのです．

この電圧(直流電圧源)を切り替えた瞬間のカーブの変化量(波形の傾き/微分値)というのは，波形がそれ以降，どのように変わっていくか，時間変化の「俊敏さと緩慢さ」の「最初の意気込み」なわけですね．

時定数τは，このスタート時の意気込みが，そのまま直線的に継続したと仮定したとき，最終の大きさに到達できる時間だといえます[e^xはxの値がいくつであっても，その点での傾き(つまり微分値)もe^xである．ここでのe^tの傾きe^tは$t=0$で$e^0=1$になる．また$1-e^{-t/\tau}$を微分すると$(1/\tau)e^{-t/\tau}$になるので，これらのことからもこの説明が理解できるだろう]．

11-4 カーブの形状をもっと詳しく見ると時定数も見えてくる　　123

11-5 過渡現象の三つの基本波形と時定数τを実際に測定してみる

それでは，実際の回路を測定してここまでの説明を確認しましょう．設計の現場では，コンデンサと抵抗の回路で時定数を考えることが多いと言えます．そのため，以下の測定例ではこの組み合わせに限定します．コイルと抵抗の場合は次章で簡単に紹介します．

● 電子回路の設計現場では「大きさが変わっていく」のを過渡現象で考える

教科書での過渡現象の説明は「スイッチをONしたとき」とか「OFFしたとき」の説明が多いのですが，現実の電子回路の設計現場で用いられるのは，前に挙げたような回路での，

- 電圧/電流の大きさが切り替わったことで，
- 回路各部分の電圧/電流が変化していく過程

を考えるのが圧倒的に多く，また特に電圧レベルが変化するようすを考えることが多いと言えます．

▶ 過渡現象と時定数は，これら1次系の回路だけわかっていれば当面は十分！

回路初心者としては，ここで示していく1次系(詳細は次章で説明)の回路だけわかっていればOKです．この1次系の回路では，以下に測定例として挙げるような過渡現象の変化状態しかありません．これらを押さえておけば，かなりの場面で対応できるでしょう(さらに2次系振動波形など複雑なものもあり，次章で対処法は説明するが，電子回路設計初心者が回路と向き合って勝負する実戦では，これで十分)．

● 立ち上がり/立ち下がりがダラダラする電圧波形

図11-9(a)の回路の測定結果を，同図(b)に示します．図中の上が入力の波形で，下が過渡現象の波形です．「オシロスコープでよく見る波形だな…」と思いませんか？…そうです，そのよく見る波形こそ**時定数をもった過渡現象の波形**なのです．

さて，ここで同図(b)の太い矢印で示す時間長が時定数τになります($\tau = CR$. 電圧の大きさが最終の電圧値…この場合は5Vの63%になったところの時間)．ここでは$\tau = CR = 0.22$ msと読み取れます．この波形を数式で表すと，

$$v(t) = V(1 - e^{-t/\tau})$$
$$= 5(1 - e^{-t/(0.22 \times 10^{-3})}) \quad \cdots\cdots (11\text{-}7)$$

これは式(11-4)そのものです．「だんだんとおなかいっぱいになってくる」ようすが，そのまま実際の仕事で

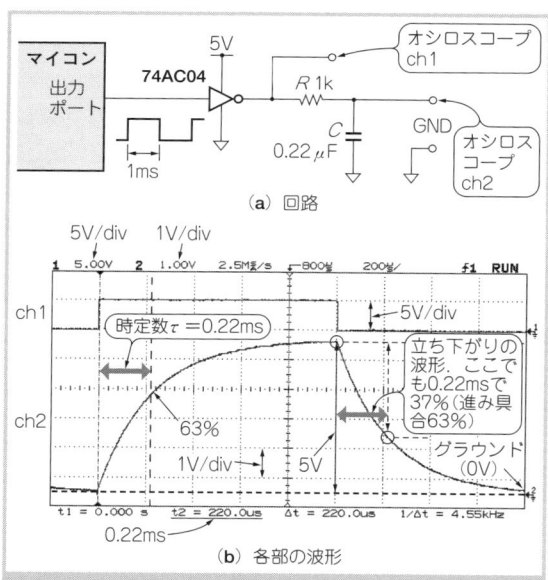

図11-9 立ち上がりや立ち下がりがダラダラする波形を測定する
上が入力波形，下が過渡現象の波形．このような波形はオシロスコープでよく見る波形だと思う．太い矢印線の時間長が時定数$\tau = C_R = 0.22$ ms．立ち下がりのようすも同じ形になっている．

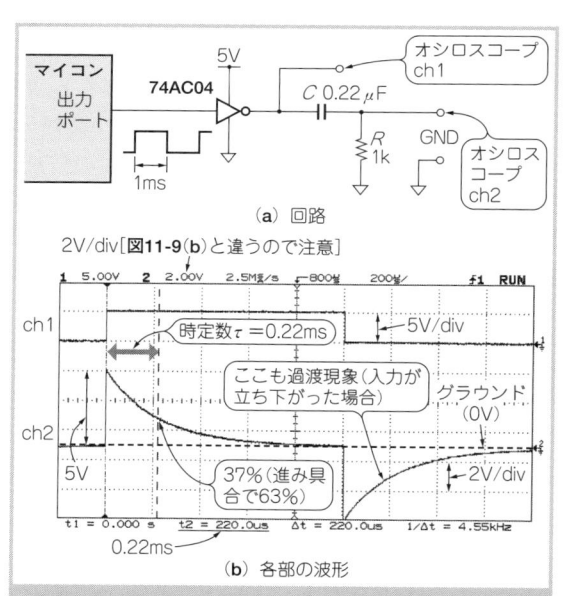

図11-10 立ち上がりや立ち下がりが急峻で，それからダラダラする波形を測定する
上が入力波形，下が過渡現象の波形．この波形を微分波形と呼ぶ．太い矢印線で示す時間長が時定数$\tau = CR = 0.22$ ms．入力が立ち下がった場合もプラス/マイナスの符号を逆に考えれば立ち上がりと全く同じ．

第11章のキーワード解説

①微分方程式
　回路の動作を，比例と微分の形との足し算/掛け算で方程式として表したもの．この方程式を解いて，実際の信号のふるまいを得る．ばねの運動方程式なども「微分方程式」である．

②ギリシャ文字
　「なぜ不思議な形をしたギリシャ文字を使うの？」という質問も当然と思う．英数字の26文字では種類の多い物理的な量を，それぞれ異なる別の文字で「一般表現として」表しきれないので，ギリシャ文字が使われている．

③コンデンサ
　平面板を2枚向かい合わせた構造の部品．直流ではまったく電流を通さず，交流だと周波数に比例して徐々に通すようになる．

④コイル
　導体をぐるぐると巻いた構造の部品．直流では電流が素通しになり，交流だと周波数が高くなるのに反比例して徐々に通さなくなる．

⑤フィルタ回路
　抵抗，コイルとコンデンサ，場合によってはOPアンプを用いた，一部の周波数の信号を通過させる特性をもつ回路．ロー・パス・フィルタ，ハイ・パス・フィルタ，バンド・パス・フィルタなどがある．

⑥微分
　何かしらの関数のカーブの傾き量を計算する手法．第13章でも取り上げるトピックでもある．

⑦微分回路
　入力の信号の変化量(傾き量)を出力する回路…ではあるが，アナログ回路で作ると，完全に数学どおりの微分にはなっていない(というより無理)．

⑧もれ電流
　本来コンデンサは直流は通さないが，性能が悪いコンデンサ(電解コンデンサに多い)では直流も通してしまうものがある．このコンデンサに流れる直流電流のことを言う．

も，オシロスコープの波形として体感できるでしょう．

▶立ち下がりがダラダラとしていくところも一緒

　図11-9(b)には立ち下がりの波形も示されています．ここでも太い矢印で示す時間長(電圧値が37％のところ)が時定数 τ です(ここでも $\tau = CR = 0.22$ ms)．変化するカーブの進み具合で考えれば，63％(100％ − 37％)なわけですね．この波形も数式で表すと，

$$v(t) = Ve^{-t/\tau} = 5 \times e^{-t/(0.22 \times 10^{-3})} \quad \cdots\cdots (11-8)$$

で，式(11-5)とほぼ同じ形をしています[式(11-5)は電流を示しているが]．

●立ち上がり/立ち下がりが急峻で，それからダラダラしていく電圧波形

　図11-10(a)の回路の測定結果を，同図(b)に示します．ここでも上が入力の波形で，下が過渡現象の波形です．この波形を「**微分波形**」と呼びます．
　矢印で示す時間長が時定数 τ で，$\tau = CR = 0.22$ ms になっています．最終の電圧値の37％，進み具合で63％なのは先ほどとまったく同じです．この波形を数式で表すと，先の式(11-8)と同じになります．

▶立ち下がり方向の波形も一緒

　入力が立ち下がった場合も，図11-10(b)の右側のようになります．これはプラス/マイナスの符号を逆に考えてみれば，式(11-8)と同じことで，

$$v(t) = -Ve^{-t/\tau} = -5 e^{-t/(0.22 \times 10^{-3})} \cdots (11-9)$$

になります．

●まとめ

　本章では回路での基準時間や評価基準値である時定数について，コンデンサと抵抗の回路を例として過渡現象の話と絡めて説明しました．
　時定数はその回路の過渡現象での変化状態の「俊敏さと緩慢さ」を指し示す数値，ツールであることがわかったと思います．「変化速度」という考えで，ある評価基準値を決めて「変化の経過時間がどれだけか」で回路の違いを表せばよいということです．
　次の章では抵抗とコイルの場合はどうなるかについて簡単に説明し，過渡現象の変化がたどる，単純かつ美しいカーブの奥に深く秘められた，より深い時定数の意味について，さらに踏み込んでいってみましょう．

第12章

ツール5 時定数

過渡的に変化する波形あばれの制御にも挑戦

「時定数」を実際の電子回路や信号の制御に使う

第11章に引き続き，時定数を説明します．時定数は，ある回路での電圧や電流の大きさが切り替わったとき，その回路内部の変化状態（過渡現象）の「俊敏さや緩慢さ」を指し示す数値，ツールです．

教科書や参考書では「スイッチON！（OFFもあるが）」の過渡現象を考えています．しかし本書では電子回路らしく，電圧や電流の大きさが変化するときの過渡現象を考えます．

本章では，より深く時定数を理解するために必要なことがらについて引き続き説明していきましょう．

12-1 コイルの場合の過度現象のふるまい

前章では電子回路設計現場で実際によく出くわす，コンデンサと抵抗の回路について説明してきました．しかし一部とはいえ，コイルと抵抗を使った回路も当然ながら存在します．

そこで，ここでは簡単に，コイルと抵抗の回路での過渡現象のようすと，その時定数の考え方を紹介しておきます．

いずれにしても今の段階としては，これから説明する「1次系」（前章でも少し紹介した．コラム12-2を参照）の動きを理解しておけば十分です．

●コイルと抵抗の回路の時定数は τ＝L/R

コンデンサと抵抗の回路の時定数 τ [sec]は，$\tau = CR$ でした．コイルと抵抗の回路の時定数は $\tau = LR$ ではなく，次のようになります．

$$\tau [\text{sec}] = \frac{L}{R} \quad \cdots\cdots\cdots\cdots\cdots\cdots\cdots\cdots (12-1)$$

ここで，L[H]はインダクタンスです．抵抗R[Ω]が分母になります．これは注意してください．

▶コイルに流れる電流の変化量でコイルの端子電圧が決定する

コンデンサでは「だんだんとおなかがいっぱいになってくる」と説明しました（前章の図11-7参照）．コイルの動きは（同じリアクタンスを発生させる素子でありながら），コンデンサとはまったく正反対なのです．

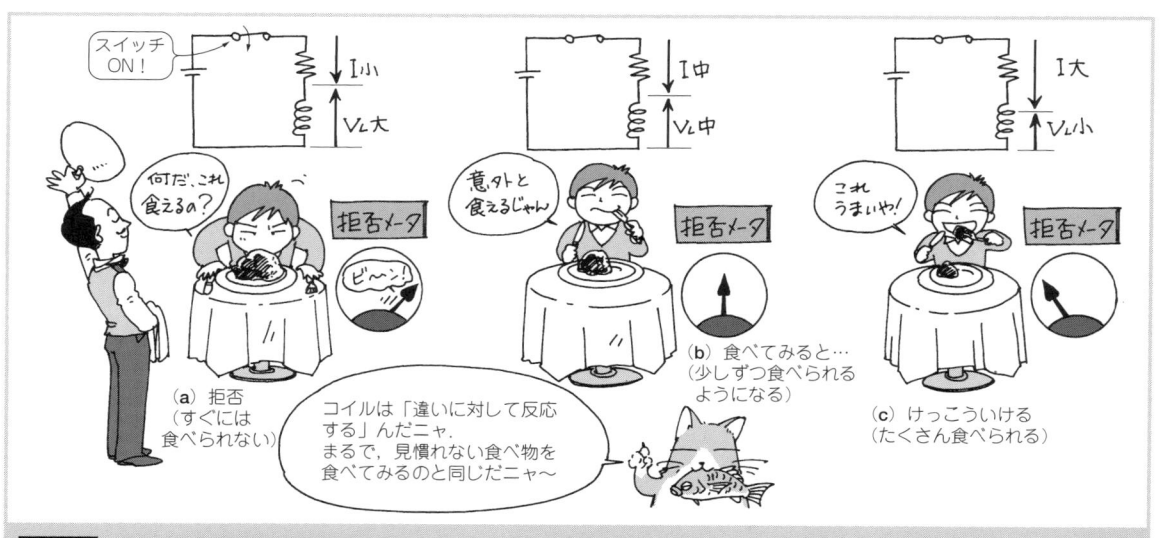

図12-1 コイルは「違いに対して反応する」

図11-7のコンデンサでは「だんだんとおなかいっぱいになってくる」と説明した．コイルも同じくリアクタンスを発生させる素子だが，コンデンサとは正反対．コイルは流れる電流の変化量で，コイルの端子電圧が決定する．この動きが以降の考え方の基本．

第3部 対数と時定数

　図12-1を見てください．コイルは，コイルに流れる電流の**変化量**でコイルの端子電圧が決定します．「コイルは違いに対して反応する」と言えるでしょう．この動きが図12-2以降の動きの基本になっています．

▶コイルが違いに反応するので抵抗の電圧波形は立ち上がりがダラダラになる

　コイルと抵抗の回路の場合，図12-2の**立ち上がり部分**のような波形は，図12-3(a)の回路で見られます．これと同じ波形になるコンデンサと抵抗の組み合わせは，図12-3(b)の回路です．コイルやコンデンサと抵抗の位置が逆ですね．

　図12-2の波形が現れる端子は，図12-3(a)の抵抗Rの端子電圧です．これはコイルが**違いに対して反応**し，電流を急に通さないからです．そのため抵抗の電圧波形は立ち上がりがダラダラになります．これは同図(b)のコンデンサの端子電圧を測定する場合と同じ波形になります．一方で，図12-3(a)のコイルLの端子電圧を測定すると，ここまでの説明のように，コイル自体が違いに対して反応しているようすがわかります（以後の図12-4，図12-5にも示す）．これも同図(b)の抵抗Rの端子電圧波形と同じなのです．

　コイルとコンデンサは，それぞれリアクタンスになる素子ではありますが，ふるまいがまったく逆なのです．しかし，素子の種類と配置位置にこそ違いはあれ，図12-3(a)と(b)それぞれの出力端子で同じ電圧/電流の波形カーブになるように動いていることは，とても面白いですね．これら図12-3の組み合わせを「1次系」と呼びます．詳しくはコラム12-2を参照してください．

　時定数τは，図12-2の矢印で示す時間長になります（電圧の大きさが最終の電圧値の63％になるまでの時間）．この波形$v(t)$を数式で表すと，次のようになります．

$$v(t)[\text{V}] = V(1 - e^{-t/\tau}) \quad\cdots\cdots\cdots (12\text{-}2)$$

この式は，前章の式(11-4)と同じです．なお，$\tau = CR = L/R$であれば，図12-2の波形は図12-3(a)でも(b)でもまったく同じ時間軸になります．

▶コイルが違いに反応するので抵抗の電圧波形は立ち下がりも同じくダラダラになる

　図12-2の**立ち下がり部分**のような波形も，図12-3の回路で見られます．ここでも，矢印で示す時間長が時定数τになっています．電圧の大きさが，最終の大きさの37％になったところが時定数τになります．変化するカーブの進み具合で考えれば，63％（100％−37％＝63％）なわけですね．

　ここでも，時定数$\tau = L/R$です．この波形を数式で表すと，次のようになります．

$$v(t)[\text{V}] = Ve^{-t/\tau} \quad\cdots\cdots\cdots\cdots (12\text{-}3)$$

この式は，前章の式(11-5)と同じですね．

▶コイル自体は違いに反応するので立ち上がりが急峻

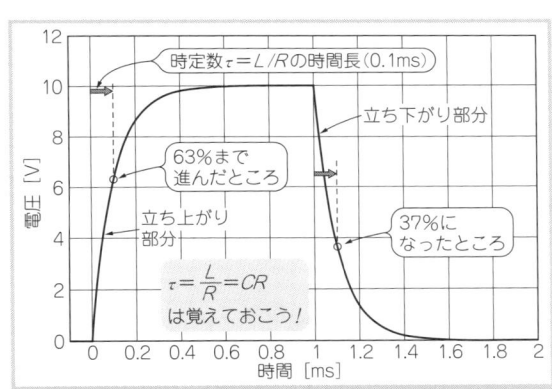

図12-2 立ち上がり/立ち下がりがダラダラとしていく電圧波形は図12-3(a)の抵抗の端子電圧
ここでは，$V = 10\text{ V}$，$L = 1\text{ mH}$，$R = 10\text{ }\Omega$としている．これと同じ波形になるコンデンサと抵抗の組み合わせは図12-3(b)の回路であり，その回路のコンデンサの端子の電圧に相当する．コイル/コンデンサと抵抗の位置関係が逆である．

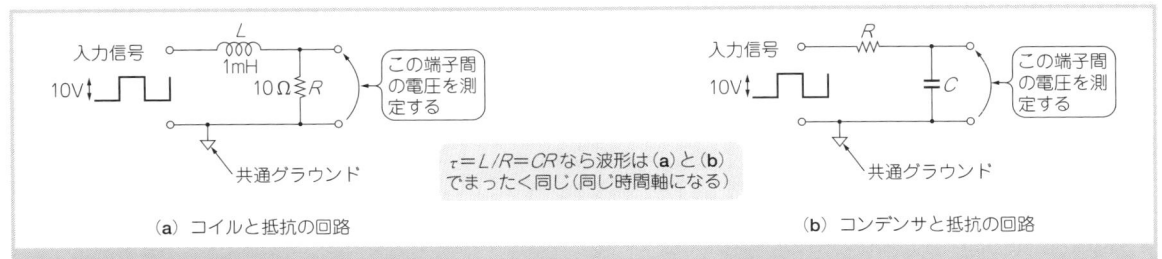

図12-3 図12-2の波形になる回路の例
図12-2の電圧波形を示す端子は，(a)の抵抗Rの端子と(b)のコンデンサCの端子になる．(a)のコイルLの端子電圧は，(b)の抵抗Rの端子電圧と同じ．これは同じリアクタンス量だが振る舞いが異なるため．しかし素子の位置は違っても，同じ電圧/電流の波形カーブになる．

12-1　コイルの場合の過度現象のふるまい

で，それからダラダラしていく電圧波形

図12-4のような波形は，図12-5(a)のような回路で見られます．この波形を「微分波形」と呼びます．これは図12-3(a)の回路のところで説明した，コイルが違いに対して反応しているようすをそのまま示していますね．

この回路と同じ波形になるコンデンサと抵抗の組み合わせは同図(b)の回路になります．これも抵抗の位置が逆ですね．なお，これら図12-5の組み合わせも「1次系」です．

図12-4のように，ここでも矢印で示す時間長が時定数τになっています．最終の電圧値の37%，進み具合で63%なのは先ほどとまったく同じです．

時定数もτ＝L/Rです．この波形を数式で表すと，式(12-3)と同じになります．

また図12-4のように，この波形の場合は，立ち下がり方向の波形になる場合もあります．これはプラス/マイナスの符号を逆に考えてみれば，式(12-3)とまったく同じことで，

$$v(t)[\text{V}] = -Ve^{-t/\tau} \quad \cdots\cdots\cdots (12\text{-}4)$$

になります．

● コイルの回路とコンデンサの回路との相似点/相違点

- コイル/コンデンサでも変化カーブは同じ（素子の位置が違う）
- $\tau = L/R$, $\tau = CR$とすれば，変化カーブの時定数は同じになる
- 同じ変化カーブを示す回路構成は，それぞれコイル/コンデンサと抵抗の位置が逆である
- 素子の位置が逆という違いこそあれ，同じ端子位置ごとでは同じ電圧/電流の波形カーブとなる

12-2 時定数τのn倍の時間が経つとどのくらいになるか

実際の回路ではコイルはあまり使われないので，図12-2のカーブは図12-3(b)のコンデンサと抵抗の回路について説明していると思ってもらったほうが，より現場的/現実的でしょう．とはいえ前節のまとめのように，いずれにしても図12-3(a)でも同図(b)でも同じ変化カーブを示します．

● 変化していくカーブの変化量を詳しく見る

時定数τだけ経つと，波形は最終的に到達する電圧や電流の大きさの63%になると説明してきました．グラフ上では図12-2のようなカーブですが，もっと細かい大きさの変化を確認しておきましょう．表12-1はこのカーブで，時定数をn倍したnτごとの大きさです．

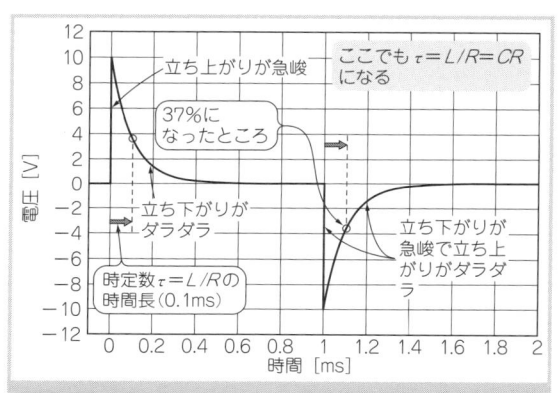

図12-4 図12-5(a)のコイルの端子は立ち上がり/立ち下がりが急峻で，それからダラダラしていく電圧波形
ここでは，V＝10 V，L＝1 mH，R＝10 Ωとしている．これと同じ波形になるコンデンサと抵抗の組み合わせは図12-5(b)の回路であり，その回路の抵抗の端子の電圧に相当する．コイル/コンデンサと抵抗の位置関係が逆である．

(a) コイルと抵抗の回路

(b) コンデンサと抵抗の回路

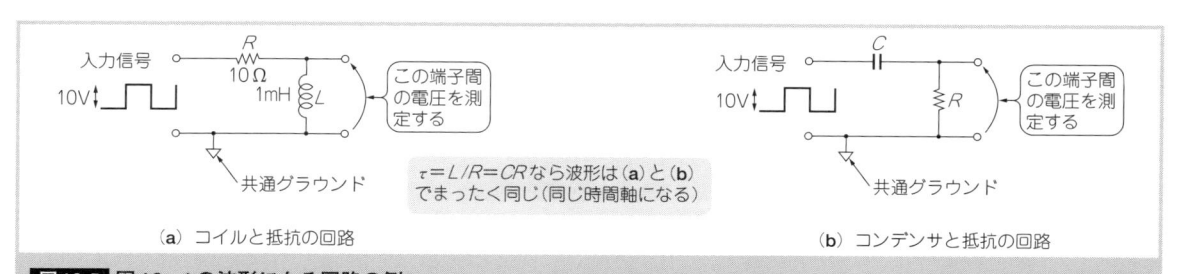

τ＝L/R＝CRなら波形は(a)と(b)でまったく同じ（同じ時間軸になる）

図12-5 図12-4の波形になる回路の例
図12-4の電圧波形を示す端子は，(a)のコイルLの端子と(b)の抵抗Rの端子になる．(a)の抵抗Rの端子電圧は，(b)のコンデンサCの端子電圧と同じ．これは同じリアクタンス量だが振る舞いが異なるため．しかし素子の位置は違っても，同じ電圧/電流の波形カーブになる．

図12-6 電圧比較回路などで遅延時間を作ると，電子部品自体の精度誤差が大きいので正確な時間を得ることは難しい

86%になる時間が2τ[sec]であり，R_2とR_3で86%に相当する比較電圧を作ると考える．しかし抵抗の精度誤差が大きく，実際には比較電圧の誤差により正確な時間を得ることはできない．なお説明を単純化するためヒステリシス回路などは割愛している．

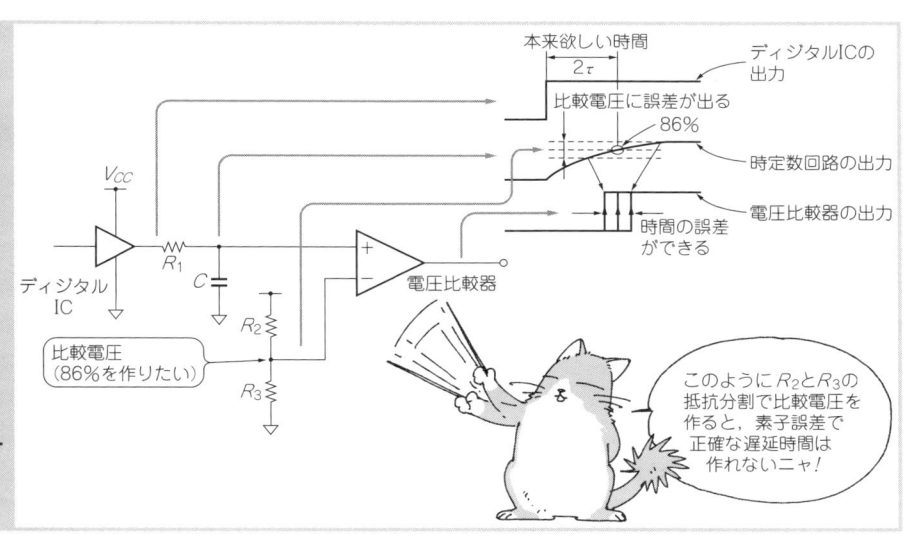

2列目の欄が「立ち上がりがダラダラ波形」，3列目の欄が「立ち下がりがダラダラ波形」です．一番右が，3列目の立ち下がり波形の「変化の進み具合」で，2列目と同じ大きさですね．前章の説明のとおり，「ひっくり返してみれば同じカーブだ！」ということです．

▶設計の現場では3τで「最終の大きさまできた」としてよい場合が多い

過渡現象の波形のカーブは，いつまで経っても「最終の大きさまできた」とは言えないのかもしれません（これを「漸近する」という）．しかし回路設計をするうえで，「大体このくらいなら最終の大きさと言える」イコール「安定した」と経験的に言われている数値があります．

それは「3τ」です．3τになれば，**表12-1**のように95%まで到達します．プロの設計現場では，このあたりを「回路が安定した」レベルとして考えているのです．

一方で，「周波数特性で考えたときの，変化しない／一定と考えられる領域」についてもあとで説明してますので，参考にしてください．

▶現実は電子部品自体の精度誤差のほうが大きい

図12-6のような電圧比較回路で，2τの遅延時間を作ることを考えます．時定数をもつ回路は，このような使われ方が多いといえます．**表12-1**を見ると86%になる時間が2τなので，図中のようにR_2とR_3の抵抗分割で86%に相当する比較電圧を作るとします．

しかし，この抵抗器などの実際の電子部品の精度誤差は数%もあるので，実際に回路を組み上げるときには，比較電圧の誤差により正確に2τぴったりの時間を得ることはできません（必ずこれらの誤差も考えて設計すること．特に高精度回路の場合は仕様や回路構成をよく吟味することが重要）．

●大きさがA[V]からB[V]になるまでの時間を実際に計算してみる

表12-1の計算結果で，τのn倍での変化量はわかりました．一方で，任意の大きさから任意の大きさに変化するのに，何τかかるでしょうか．ここではそれ

表12-1 $n\tau$ごとの変化カーブの大きさ

2列目の欄が「立ち上がりがダラダラ波形」，3列目の欄が「立ち下がりがダラダラ波形」．一番右が3列目の「変化の進み具合」で，2列目と同じ大きさ，かつ「ひっくり返してみれば全て同じカーブだ！」ということがわかる．灰色の部分が63%のところ．

$n\tau$	大きさ[%]		立ち下がり変化率[%]
	立ち上がり	立ち下がり	
0τ	0.0000	100.0000	0.0000
1τ	63.2121	36.7879	63.2121
2τ	86.4665	13.5335	86.4665
3τ	95.0213	4.9787	95.0213
4τ	98.1684	1.8316	98.1684
5τ	99.3262	0.6738	99.3262
6τ	99.7521	0.2479	99.7521
7τ	99.9088	0.0912	99.9088
8τ	99.9665	0.0335	99.9665
9τ	99.9877	0.0123	99.9877
10τ	99.9955	0.0045	99.9955

これらは同じ値

を計算してみます.

これは第10章の「対数」で説明したことそのままですが, 実際の時定数の計算例として, あらためてここで示します.

▶ 10%から90%の大きさになるまでの時間を計算する

図12-7で, $v(t)$が10%になる時間から90%になる時間を求めてみましょう. 自然対数を用いて計算します. 式(12-2)で$V=1$Vとしてみると, 10%と90%はそれぞれ,

$$0.1 = 1 - e^{-t/\tau}$$
$$e^{-t/\tau} = 1 - 0.1 = 0.9 \cdots\cdots(12-5)$$
$$0.9 = 1 - e^{-t/\tau}$$
$$e^{-t/\tau} = 1 - 0.9 = 0.1 \cdots\cdots(12-6)$$

となります. ここでRは抵抗の大きさ, Cはコンデンサの容量です. まず式(12-5)を$\log_e$の対数にすると,

$$\log_e e^{-t/\tau} = \log_e 0.9$$

ここで$\log_e e = 1$, $\log_e A^B = B \log_e A$の関係を使って, また$\log_e 0.9$は関数電卓で計算すると,

$$-\frac{t}{\tau} = -0.11$$

次に, τを式の右に移します. マイナスの符号は打ち消しあうので消えます. $v(t)$の波形が10%になる時間$t_{10\%}$は,

$$t_{10\%}[\sec] = 0.11\tau$$

同じく式(12-6)から, 波形が90%になる時間$t_{90\%}$は($\log_e 0.1 = -2.3$より),

$$t_{90\%}[\sec] = 2.3\tau$$

となり, 10%〜90%までの時間t_rは, $t_r = t_{90\%} - t_{10\%}$から,

$$t_r[\sec] = 2.3\tau - 0.11\tau = 2.2\tau$$

と計算できます(有効数字2桁のため2.19としていない. プロの現場ではこのくらいラフでOK).

12-3 時定数と周波数特性(周波数軸)の関係

図12-8のような回路の入力端子に交流電圧を加えてその周波数を変化させると, 出力に現れる電圧の振幅(波形の大きさ)と, 入力に対する出力の位相が変わります. これを周波数特性とも言いますが(第5章でも説明した), 時定数(時間変化)と周波数特性はどのような関係になるのでしょうか.

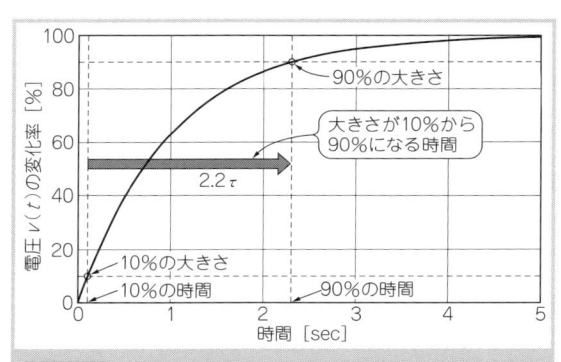

図12-7 $v(t)$が10%から90%になるまでの時間を求めてみる
時定数$\tau=1$secの場合. 10%から90%になる時間は自然対数を用いた計算で2.2τに相当する. この10%から90%の時間は, 半導体デバイスなどの信号立ち上がり時間としてデータシートなどにもよく出てくるので, とても重要.

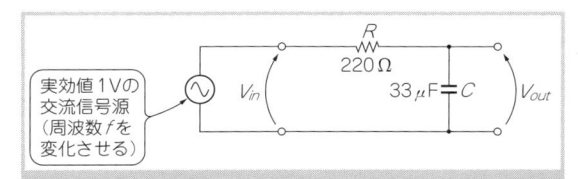

図12-8 過渡現象の時定数τと周波数特性を考える回路
図12-3(b)の再掲だが, $C=33\mu$F, $R=220\Omega$としてある. この回路はここまでは時定数(過渡現象)を考える回路として説明してきた. この入力端子に交流電圧を加えて周波数を変化させると, 出力電圧の振幅と位相が変化する(周波数特性). この「周波数特性」と「時定数」との関係を考える.

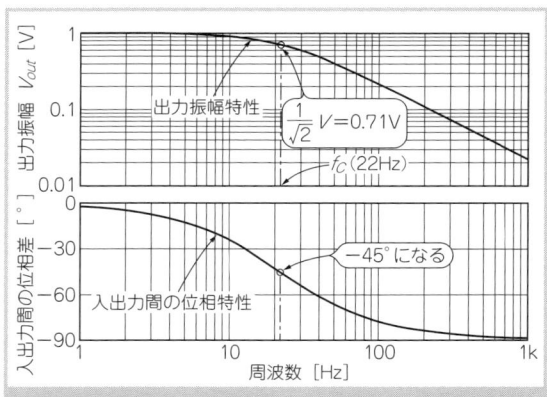

図12-9 図12-8の回路出力V_{out}の振幅対周波数特性(上)と入出力間の位相対周波数特性(下)
周波数軸と振幅はそれぞれ対数軸, 位相は直線軸なので注意. 電圧源の実効値を1Vとしている. 振幅と位相の周波数による変化のようすが描かれている. 振幅特性が$(1/\sqrt{2})V=0.71$Vになる周波数(-3dBカットオフ周波数)は22Hz. その周波数での位相差は-45°になっている.

● 周波数特性のカットオフ周波数と時定数との関係

コラム12-1にも示しますが，交流信号に対しての回路の動きというのは，過渡現象とは言いません．周波数応答は定常状態での回路の動きです．なお，**過渡/定常と異なるもののようですが，言い方を区別しているだけで，回路がせかせかと働いている状態自体はまったく同じなのです**．

まず，この図12-8の回路の時定数 τ を計算すると，

$$\tau = CR = 33 \times 10^{-6} \times 220 = 7.3 \text{ ms}$$

になります．

▶ －3 dBカットオフ周波数特性を求めてみる

図12-9は図12-8の回路の V_{out} の周波数特性です．入力 V_{in} は実効値1 Vの交流信号です（**コラム12-2**も参照のこと）．振幅と位相の周波数による変化のようすが描かれています．

まず，振幅特性が $1/\sqrt{2}$ V = 0.71 Vになる周波数を計算で求めます．ここは－3 dBの**カットオフ周波数 f_C** と呼ばれますが，22 Hzになっていますね．また**入出力間の位相差は－45°**になっていることがわかります．

これを計算してみましょう．コラム12-2の式（12-A）を利用し，V_{out} の大きさを $1/\sqrt{2}$ Vとします．

$$V_{out} = \frac{1}{1 + j2\pi f_C CR} = \frac{1}{\sqrt{2}} \text{ V}$$

コラム 12-1 交流信号は定常状態？ それとも過渡状態？

直流は停止していると考えるので，当然安定している状態ですね．これを「定常状態」と呼びます．一方で過渡現象は「ある状態から異なる状態」に変化している状態です．これはここまでの説明でわかりますね．それではいつも変化している交流信号は，過渡現象なのでしょうか？ この考えは「教科書（つまり理論）と現場のインターフェース」という点で重要なので，説明しておきます（なお，本文および本コラム最後に示すように，回路がせかせかと働いている状態自体はまったく同じ）．

● 交流は定常状態である

交流で動作している状態を定常状態と呼ぶことは，理解しがたいことかもしれません．なぜなら回路がずっと変化しながら動いているわけですから．

これは以下を例にして理解することができるでしょう．図12-Aはひもの先におもりのついた振り子です．この振り子は円を描くように回転しています．このようすを横から見ると，振り子の先のおもりは左右に振れているように見えます（これは交流信号を $e^{j\omega t}$ で表したものを，実数部つまりcos成分で見て信号のふるまいと考えることとほぼ同じ）．

しかし，おもり自体の上に乗って，その進んでいく様子を自分自身の感覚としてみると，回転する外側に向かって一定の遠心力が加わり（細かい話だが，おもり自体には向心力が加わる），進んでいる速度も一定に感じられます．

つまり運動しているとはいえ，変化していることはとくに感じません．交流における定常状態はまさしくこのような状態と同じであると言えるでしょう．

● 過渡現象と定常状態は回路の動きとしては何ら変わらない

ここまで時折触れてきましたが，時定数が考慮される過渡現象は，回路自体が特別な動きとして反応しているものではありません．回路に普通にサイン波が入力され回路が応答して動いていく状態と，過渡現象の状態とは，回路自体のふるまいや動作としては何ら変わらないのです．

ただ単に定常的に（いつもと変わらない状態で）動いている状態のことと，ある状態から別の状態に変化して動いている間のことを，回路動作を理論的に検討する目的のために，分けて名前付けしているだけなのです（なお，交流でも「電源スイッチON！」などは過渡現象になる）．

図12-A ひもの先におもりのついた振り子が円を描くように回転している
おもり自体の上に乗って，進んでいくようすを自分自身の感覚でみると，一定の遠心力が加わり，進んでいる速度も一定に感じられる．運動していても変化はとくに感じない．交流における定常状態はまさしくこのような状態．

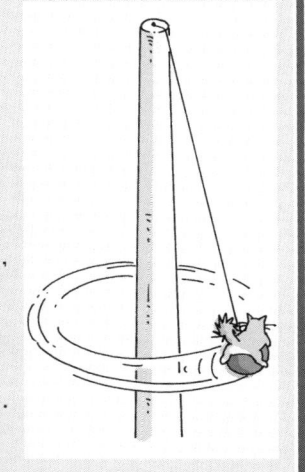

この分母同士だけを考えて，それぞれを2乗した大きさとしてみます．$A+jB$の「複素数の大きさ$\sqrt{A^2+B^2}$」の2乗を計算するため，共役複素数を掛けます．

$(1+j2\pi f_C CR)(1-j2\pi f_C CR)$
$=1^2+(2\pi f_C CR)^2=2$
$2\pi f_C CR=1, \quad f_C=1/(2\pi CR)$

が得られます．$C=33\mu F$，$R=220\Omega$を代入すると，$f_C=22$ Hzになるわけです．

▶−3 dBカットオフ周波数特性と時定数の関係はとても単純

時定数$\tau=CR$との関係は，

$$f_C [\text{Hz}] = \frac{1}{2\pi\tau} \quad\cdots\cdots\cdots\cdots (12-7)$$

$$f_C = \frac{1}{2\pi \times 7.3 \times 10^{-3}} = 22\text{ Hz}$$

ということもわかりますね．また角周波数$\omega_C=2\pi f_C$で考えれば，

$\omega_C(=2\pi f_C)=1/\tau=1/CR$ [rad/sec]

という関係になりますね．つまり，

$$\frac{1}{7.3 \times 10^{-3}} = 140\text{ rad/sec}$$

となるわけです．

● $f_C/10$になれば振幅/位相の変化をほぼ考えなくてよい

12-2節で「設計の現場では，3τになれば最終の大きさになったとしてよい場合が多い」と説明しました．周波数特性のほうでは「周波数特性が変化しない／一定と考えられる領域」は，どのくらいで考えればよいでしょうか．

図12-8のような低域通過型の場合は，およそ$f_C/10$と一般的に言われています．つまり，2.2 Hzより低い周波数領域だと，回路出力の振幅と位相に対して，この回路による影響がほぼなくなる（変化しない／一定になる…ただし高精度回路では仕様をよく吟味すること）ということです．

12-4 現場で出くわす2次系回路の過渡現象を抵抗1個で封じ込める

時定数は基本的な1次系を主として考えればよいと説明してきました．しかし難しい話は抜きにしても，現場では2次系の過渡現象によく出くわし，そして苦労します．トラブル対策の方法くらいは知っておきましょう．

● プリント基板上に自然とできあがる2次系の回路で波形が暴れる

図12-10のようなプリント基板上でインダクタンスL[H]と容量C[F]の2次系回路ができあがり，信号の波形が暴れて（これを**オーバシュート**とか**リンギング**とか言う），対策に苦慮することがあります．とくに電磁放射規格が厳しい機器などを設計する現場では，皆さんの先輩さえも苦労しているのを見ることでしょう．

さて，図12-10(a)はプリント基板上のパターンとCMOS ICの入力端子です．このパターンがコイル成分(L)になり，CMOS ICの入力がコンデンサ成分(C)になります．そして同図(b)のような等価的な回路ができあがっています（実際は同図に示すようなロス抵抗が若干存在している）．

▶プリント基板上の回路を擬似的に実験してみる

このようすを実際のコイルとコンデンサを使って擬似的に実験したものが，図12-11になります．このようにディジタル回路とはいえ，信号の立ち上がりが大きく暴れていることがわかります（ロス抵抗ぶんがあるためこの程度になる．ロス抵抗が小さいほど暴れ

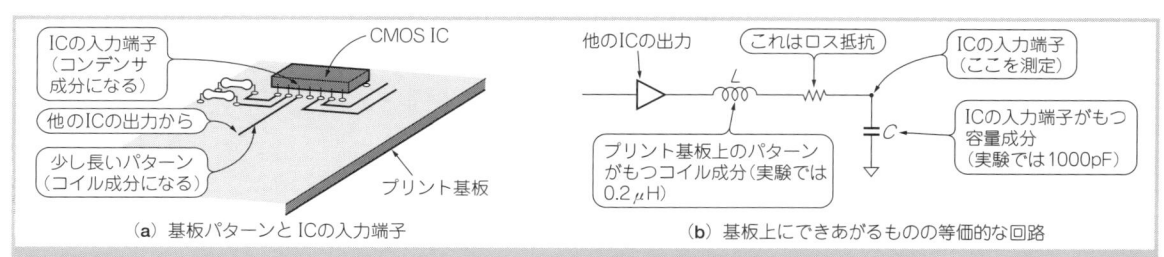

図12-10 プリント基板上に2次系回路ができてしまい，過渡現象で波形が暴れる
パターンの寄生インダクタンスL[H]とICの入力容量C[F]で，(b)のような等価的な回路ができ上がる（ロス抵抗Rが若干存在する）．これにより信号の波形が暴れて，対策に苦慮することがある．これ以外にも，第17章に示す信号の反射でも同じような波形が生じる．

(a) 基板パターンとICの入力端子
(b) 基板上にできあがるものの等価的な回路

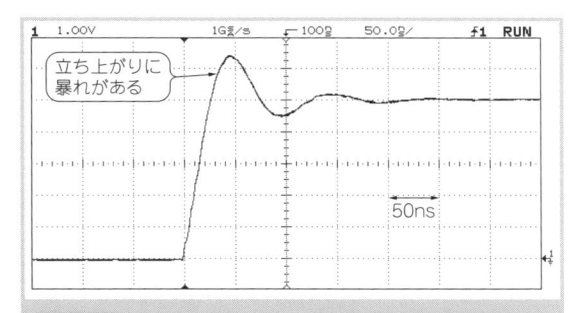

図12-11 プリント基板上のようすを擬似的に実験する
波形をわかりやすくするために、L/Cの素子定数は実際のプリント基板上で生じる浮遊成分量よりも大きめにしてある（$L=0.2\,\mu H$, $C=1000\,pF$）．ディジタル回路とはいえ，信号の立ち上がりが大きく暴れている（ロス抵抗が小さいほど暴れが大きく，長い時間継続する）．この暴れが周辺回路への悪影響や不要電磁放射として出てくる．

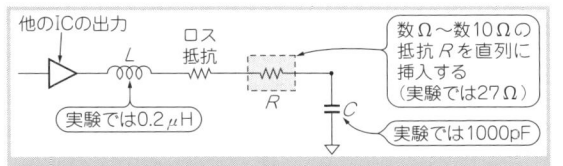

図12-12 図12-10(b)の回路に対して直列に数Ω～数10Ωの抵抗Rを挿入する
抵抗Rを挿入すると波形の暴れが止められる．図12-13のような素直な波形になる．抵抗Rは数式的に求められるが，現実はオシロスコープを見ながら「とっかえひっかえ」で決める．オシロスコープ測定での波形再現性（シグナル・インテグリティ）についてよく注意すること．

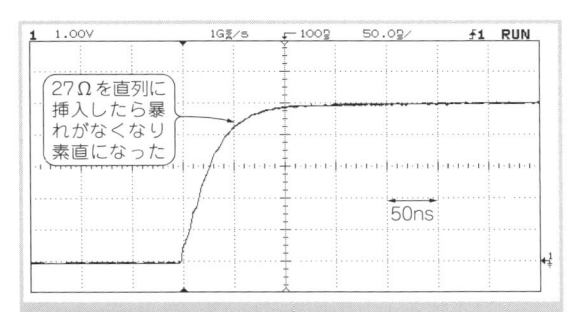

図12-13 直列に抵抗（27Ω）を挿入すると暴れが収まり，素直な波形になる
式（12-8）よりRが小さくても，ロス抵抗もあるので十分なこともある．さらにRが小さくても，波形は少しオーバーシュートするが問題ないレベルになる．いずれにしてもオシロスコープでの波形再現性（シグナル・インテグリティ）の測定テクニックが大切．

が大きく，長い時間継続する）．この暴れが周辺回路への悪影響や不要電磁放射として出てきます．

それでは，どのように対策をすればよいのでしょうか．

▶抵抗を直列に挿入して暴れを封じ込める

ここに図12-12の回路図のように，図12-10(b)の回路に対して直列に抵抗を挿入してみます．大体数Ω～数10Ωの抵抗Rを挿入すると，この暴れが止まって，図12-13のような素直な波形になります．

現場では，この抵抗Rの選定は，上記の範囲内の抵抗を「とっかえひっかえ」して，オシロスコープを見て実験しながら決定します（測定方法は十分に注意）．

数式的には抵抗Rが，

$$R > 2\sqrt{\frac{L}{C}} \quad \cdots\cdots\cdots\cdots\cdots\cdots\cdots\cdots (12-8)$$

という条件であれば，波形はオーバーシュートがなくなります．しかし，現実は特にパターンのインダクタンスやロス抵抗の予測が難しいと思われるので，「とっかえひっかえ測定しながら」が実際のところでしょう．

なお，式（12-8）よりRが小さくても，ロス抵抗もあるので十分な場合もあります．同じくRが小さくても，それなりに適度な大きさであれば，波形は少しオーバーシュートしますが，問題のないレベルになります．

このように「LとCの2次系では波形が振動する（暴れる）」ということと，「抵抗Rで振動が抑制できる」ということは，設計現場では重要なポイントです．

● もうちょっと難しい回路の場合はどうするか（特に2次系以上の場合）

▶ラプラス変換を使って，応答を直接式として求める

コラム12-2にもちょっと出てきますが，「ラプラス変換」という手法があります．これは過渡現象の計算を，微分方程式を用いずに，回路を直接「足す・引く・掛ける・割る」の回路方程式に変換できて，結果が得られるというものです．

なお，これはだいぶ高度な話になるので，本書では詳しい説明をしません．ラプラス変換の参考書を参照してください（第19章のコラム19-2でもラプラス変換の例を示している）．

▶回路シミュレーションでグラフィカルに求めてみる

いずれにしても現在の回路設計では，難しい回路は電子回路シミュレータを利用することが近道であり，現実的です．回路図を入力すれば，ボタン一発で答えがグラフィカルに得られます．

しかし，その結果を評価したり，問題を解決するためには，ここまで説明した「基礎的理解」が**絶対に必要**

コラム12-2　時定数を使うのはたいてい C や L が1個だけの1次系回路

●「1次系」と呼ばれる基本的回路は $C-R$ か $L-R$ の回路

「1次系」の回路は，図12-3や図12-5，そして図12-B(a)のようにリアクタンスになる素子1個（1種類）と抵抗が接続された回路です．時定数は，この「1次系」と呼ばれる回路でよく使われる概念です．実際の設計現場では，このレベルの回路の動きだけわかっていればほぼ十分です．

図12-B(b)のような，抵抗/コンデンサが2個ずつ接続された回路とか，コイルとコンデンサの両方が接続された回路を2次系と言います（次数自体はさらに3次，4次と高次のものもある）．これらでは時定数はほとんど使いません（使えないことはないが）．

●2次系はリアクタンスが2種類か2個

ここで簡単に1次系，2次系とは何かについて触れておきましょう．この図12-Bのそれぞれの回路で，左側が入力端子 V_{in}，右側が出力端子 V_{out} だとします．ここに周波数 f [Hz]（周波数 f が変化するものとする），1Vの交流電圧を V_{in} に加えたとき，図12-B(a)の「1次系」回路の出力電圧 V_{out} は，

$$V_{out} = \frac{1}{1 + j2\pi fCR} \quad \cdots\cdots\cdots\cdots (12-A)$$

になります．これを「伝達関数」と言います（実際は V_{out}/V_{in} の比として表される）．

図12-B(b)の「2次系」回路の出力電圧は，

$$V_{out} = \frac{1}{1 + j2\pi fCR - (2\pi f)^2 LC} \quad \cdots\cdots (12-B)$$

と計算できます．ここで f が2乗の形，f^2 の部分がありますね．式(12-A)のように f だけで2乗の項のないものを1次系，式(12-B)のように f^2 の形になっているものを2次系と呼びます（実際には角周波数 $\omega = 2\pi f$ で考える）．

しかし普段触っている電子回路は，コンデンサと抵抗での単純な回路が多いので（コイルはあまり使われない），「1次系の回路だけわかっていれば当面は十分！」と言ったのです．

これ以上は結構難しい話なので，詳細は過渡現象やラプラス変換とか，自動制御などの参考書を見てください注12-A．

●普段接する回路では1次系がほとんどであり時定数を考えるうえではそれで十分

実際の回路を考えるうえでは，かなり広範囲に見たとしても，1次系か2次系かを考えるのが大体のところです．また3次より大きい高次は，だいたい高次の項が無視できるレベルになっているため，よほど正確/厳密に計算する場合や，特殊な場合（コイル/コンデンサが多段に接続されたフィルタ回路やPLL回路，制御工学などは別格）以外は，3次系より大きい場合でも，それらの項を無視してしまい，2次系以下で考えてしまうことも多いといえます．

そのため電子回路では，3次以上の系を考えることはめったにありません．結局は **1次系の回路だけの理解でほぼ十分** なのです．

注12-A：少し補足しておくと，n 次系というのは，ラプラス変換され s 領域で表された伝達関数の分母である，特性多項式の根の数（n 個）を意味する［式(12-A)，式(12-B)の分母のこと］．ここでいう $\omega = 2\pi f$ がラプラス変数 s に関係する（$s = \sigma + j\omega$）．

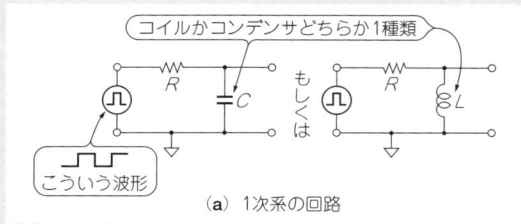

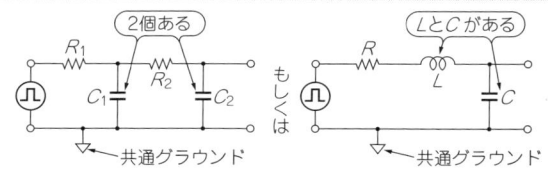

図12-B　1次系と2次系の回路の違い
リアクタンスになる素子1個（1種類）と抵抗が接続された回路は1次系．設計現場ではこのレベルがわかれば十分．抵抗/コンデンサが2個ずつ接続された回路とか，コイルとコンデンサの両方が接続された回路を2次系と言う．

です．その点は十分に認識しておいてください．

いずれにしても，これらの話はだいぶ本格的なので，より詳細は他の参考書なり教科書を参考にしてください．

●まとめ

2章にわたって時定数について説明しました．時定数はコイルやコンデンサを含んでいる回路で，電圧/

第12章のキーワード解説

①伝達関数

回路への入力信号が回路内部で増幅されるなりして変換され，出力に出てくるとき，入力対出力の周波数特性を関数の形で表したもの．

②角周波数

位相量という角度の視点で周波数を考えた場合，その周波数をもつ信号が極座標上で位相として回転していく角度の変化速度．周波数 f に対して 2π をかけたもの．角速度とも呼ぶ．$\omega = 2\pi f$ [rad/sec]．記号は ω（オメガ）．

③ラプラス変換

積分変換という手法の一つ．時間で表現された関数をラプラス変数 s で積分変換し，この s という特殊な数学世界で計算させ，微分方程式や過渡現象などの答えを得るもの．電子回路解析でもよく使われる手法．

④漸近する

時間を限りなくかけて，その値に近づいていくが，その値ぴったりにはならないこと．数学的には limit（極限的）でイコールになると定義している．

⑤PLL回路

Phase Locked Loop 回路．基準周波数発振器を用意して，別のあまり安定ではない発振回路の周波数を，基準周波数発振器の n 倍に同期させるもの．

⑥カットオフ周波数

周波数特性で，信号の振幅（大きさ）が $1/\sqrt{2}$ になる…つまり -3 dB になる周波数のこと．

⑦オーバシュート・リンギング

信号が急峻に変化するときに，波形の立ち上がり部分が最終値の大きさを超えてしまう状態をオーバシュートと言い，波形の立ち上がり部分が波打つような状態になることをリンギングという．いずれにしても信号の暴れであり良くない．

⑧電子回路シミュレータ

SPICE（Simulation Program with Integrated Circuit Emphasis，スパイス）と呼ばれる計算プログラムを起源とするものが多い．

電流の大きさを切り替えたときに，回路内の各部で電圧/電流の大きさが変化していくよう（過渡現象）の「俊敏さや緩慢さ」を指し示す数値，ツールだということがわかりましたね．またカーブの形は（1次系であれば）全部同じで，2種類しかありません．

ずっと説明してきたように実際の設計現場では，1次系の回路の過渡現象の変化カーブがイメージできて，その時定数が手で計算できるだけで十分です．より難しい回路は電子回路シミュレータを使いましょう．でも「教科書と現場のインターフェース」ができているかどうかで，先輩からもらった難問が解決できるかできないかが決まりますよ！

第4部
積分と微分

　電子回路の基本的な振る舞いは，積分と微分を使って説明することができます．この積分や微分は，電子回路上でどのように生かされているのでしょうか？
　第4部を読み進めると，すべての電子回路計算は積分と微分が基礎になっていることがわかると思います．
　実際の信号波形と積分や微分とのつながりがイメージできるようになりましょう．

| ツール6
積分と微分 | 第13章　リアクタンスや過渡現象，そして回路の動きを累積で考える「積分」
第14章　リアクタンスや過渡現象，そして回路の動きを傾斜で考える「微分」 |

第13章
ツール6
積分と微分

コンデンサに流れ込む電流量から両端の電圧を求めたり…
リアクタンスや過渡現象, そして回路の動きを累積で考える「積分」

　数式をやっていると必ず出てくる記号「積分記号∫」に, 「難しいなあ」とひるんでしまい, あきらめてしまうのはとても損です. 実は回路計算に応用するのであれば, 積分は非常に範囲は狭く, またぜんぜん難しくありません.
　一方で, プロの回路設計現場では, 積分を使って式を立てながら, 式計算によって回路を検討していくことは, ほぼありません.
　しかし, 教科書や参考書で書かれている公式どおりに回路が動いている以上, その公式が積分記号を使って表されていれば, 回路の動きを理解するために, 積分の考え方を理解しておくことは大切です. まず, 本章で積分の「意味合い/基礎/イメージ」を理解してください.
　なお, 本章の積分と第14章の微分を一つのツールとしています.

13-1 電子回路の計算で必要とされる積分の意味合いを理解する

　たくさんある積分公式の一つ一つをここでは述べません. 本書では, 本当に電子回路の計算で必要とされる最小限の公式に絞って説明し, その意味合いを理解していきましょう.

● $\sin\theta$ と $\cos\theta$ とは積分で相互に関係している

　「積分はグラフの面積になる」…この考え方を元にして, 正弦波の信号波形である $\sin\theta$ と $\cos\theta$ のそれぞれの積分と, 相互の関係について考えてみましょう.

▶ $\cos\theta$ を積分すると $\sin\theta$ になる

　図13-1(a)は $\cos\theta$ の波形です. $\theta = 0 \sim 2\pi$ rad とし, それを1000点に細かく分けて考えます. 1点ごとの θ 方向の大きさは $2\pi/1000$ rad になります. 積分を「面積を求めること」と考え, $\cos\theta$ のそれぞれの「幅の細い縦長の面積(とても細い帯)」を, $\theta = 0$ から X 軸上の任意の θ のところ(θ_1)まで足し合わせて(累積して)新しいグラフを描くと, 図13-1(b)のようになります. これは $\sin\theta$ の形になっていますね.

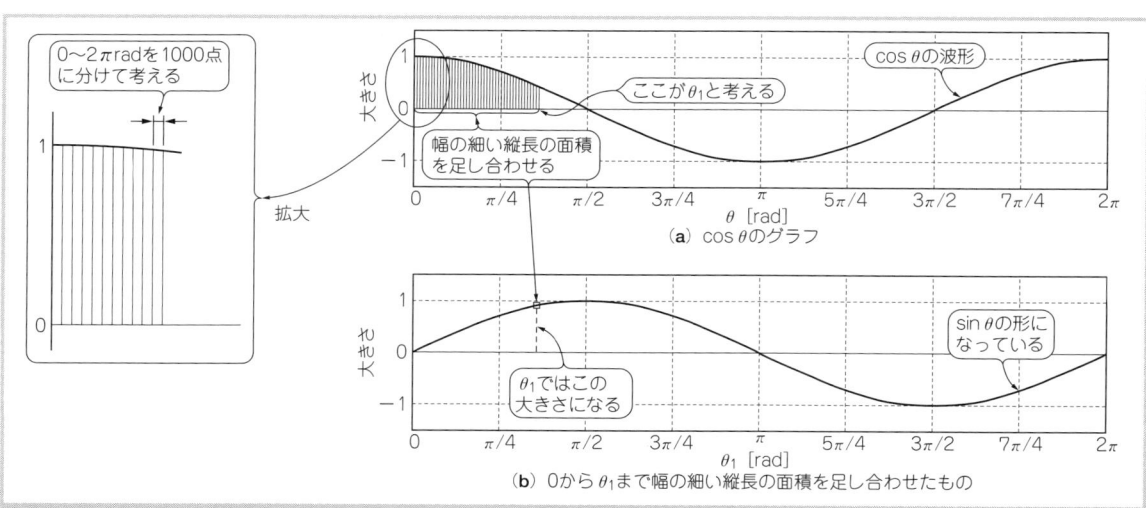

図13-1 $\cos\theta$ を積分すると $\sin\theta$ になる
$\theta = 0$ rad $\sim 2\pi$ rad を1000点に細かく分けている. 1点ごとの θ 方向の大きさは $2\pi/1000$ rad. 積分を「面積を求めること」と考え, 幅の細い縦長の面積(とても細い帯)を $\theta = 0$ から θ_1 まで足し合わせると, 図(b)の $\sin\theta$ の形になる.

(a) $\cos\theta$ のグラフ
(b) 0から θ_1 まで幅の細い縦長の面積を足し合わせたもの

第4部 積分と微分

図中の θ_1 のところを式で表すと，

$$\int_0^{\theta_1} \cos\theta\, d\theta = \sin\theta_1 \quad \cdots\cdots\cdots\cdots (13\text{-}1)$$

と書きます．ここで，

- ∫ は「累積（積分）していく」という意思を示す積分記号．ただ，**積分する意思を表しているだけ**．…ただ，それだけ．
- $d\theta$ は「短い長さ（横軸．時間など）」．ここでは1000点に細かく分けた小さい区間 $2\pi/1000$ rad（厳密には**これを無限に小さくする**）のこと．

と考えればよいのです．つまり，$\cos\theta \times d\theta$ でグラフ中の各部分の「幅の細い縦長の面積」を考えて，それを ∫ という積分する意思で，累積（積分）させていくわけです．

∫ の下の 0 と上の θ_1 は「積分範囲」というもので，X 軸，つまり θ を $0 \sim \theta_1$ の間で累積（積分）していくという意味です．

▶ $\sin\theta$ を積分すると $-\cos\theta$ になる

図13-2(a) は $\sin\theta$ の波形です．同様に，この $\sin\theta$ を $\theta = 0$ から θ の任意の点 θ_1 まで累積（積分）していくと，**図13-2**(b) のように，その波形は $-\cos\theta_1$ になりますね．

ところで，ここで $-\cos\theta_1$ がゼロを中心として動いていないことに気が付くと思います．また，この累積（積分）のスタート点が変われば，中心となる位置（値）も変わることも容易に想像できます（**図13-1**で $\cos\theta$ を積分するときも同じこと）．

この波形の中心位置がゼロからずれている量のことを「積分定数」C と呼びます（定数 "constant" から C がよく使われる．なおここでは，定義の厳密性を若干損なわせて説明している．また，**本来はこのような定積分では積分定数はない**）．本書の積分定数の考え方はコラム13-1を参照してください．

θ_1 での関係を式で表すと，

$$\int_0^{\theta_1} \sin\theta\, d\theta = -\cos\theta_1 + 1 \quad \cdots\cdots\cdots\cdots (13\text{-}2)$$

となります．この式や**図13-2**の場合は，$C = +1$ になっています．

●「積分したらこんな波形になりますよ」が不定積分…積分定数 C は積分自体には関係のない量

不定積分は積分する範囲を（$\theta = 0 \sim \pi$ rad などと）決めずに「累積（積分）していくと，こんな波形になりますよ」ということを示すもので，**図13-1**や**図13-2**は，不定積分ではそれぞれ，

$$\int \cos\theta\, d\theta = \sin\theta + C \quad \cdots\cdots\cdots\cdots (13\text{-}3)$$

$$\int \sin\theta\, d\theta = -\cos\theta + C \quad \cdots\cdots\cdots\cdots (13\text{-}4)$$

と表します．積分定数 C は定数であり，積分すること自体には関係ありません．

●ある期間の累積量を求めるのが定積分…積分定数 C はキャンセルされる

図13-1や**図13-2**においては，スタート時を累積量ゼロと仮定して，ある期間の累積量を求めるという方法をとっています．この方法を**定積分**と呼び，グラフ上でその範囲の面積を求めることに相当します．

定積分は上記の不定積分の式が原型になります．例

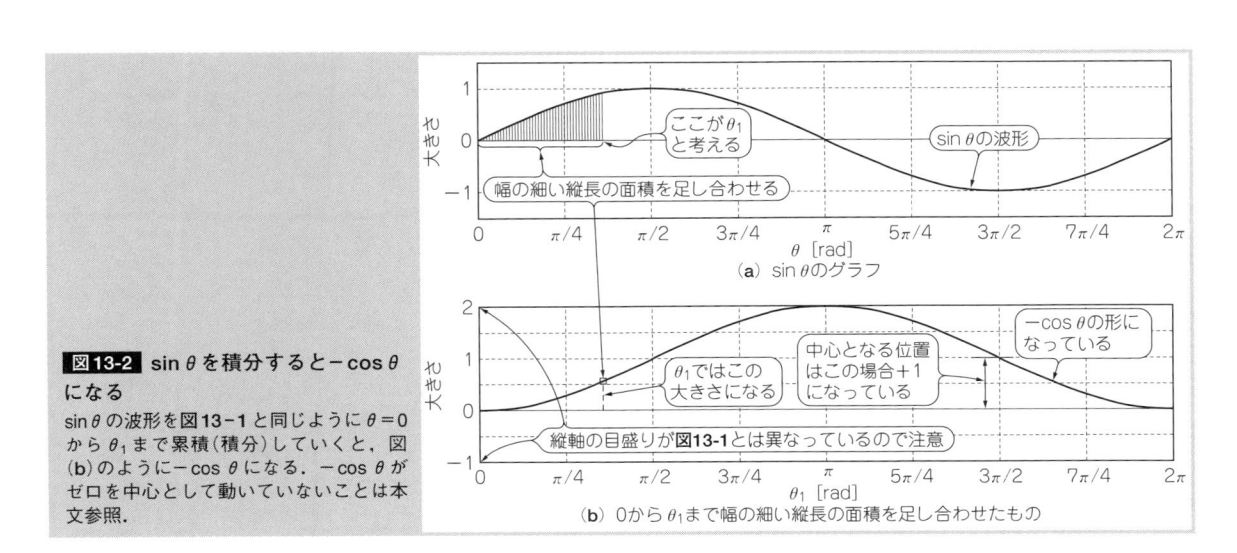

図13-2 $\sin\theta$ を積分すると $-\cos\theta$ になる

$\sin\theta$ の波形を**図13-1**と同じように $\theta = 0$ から θ_1 まで累積（積分）していくと，図(b)のように $-\cos\theta$ になる．$-\cos\theta$ がゼロを中心として動いていないことは本文参照．

(a) $\sin\theta$ のグラフ

(b) 0から θ_1 まで幅の細い縦長の面積を足し合わせたもの

13-1 電子回路の計算で必要とされる積分の意味合いを理解する

えば図13-1と式(13-3)を例にして，初期値(積分定数)$C=0$だとして，範囲$\theta_A \sim \theta_B$の定積分計算を図13-3に示してみましょう．まず$\theta=0$から積分範囲の最初θ_Aまで，$\theta=0$から最後θ_Bまで，それぞれ$\sin\theta$を累積した量を求めると，

- 範囲の最初θ_Aについて，
  $\cos\theta$の$\theta=0 \sim \theta_A$までの累積量は$\sin\theta_A$
- 範囲の最後θ_Bについて，
  $\cos\theta$の$\theta=0 \sim \theta_B$までの累積量は$\sin\theta_B$

となります．

範囲$\theta_A \sim \theta_B$の累積量，つまり積分量は引き算で，
$$\sin\theta_B - \sin\theta_A \quad \cdots\cdots(13-5)$$
として積分範囲$\theta_A \sim \theta_B$の定積分計算，つまり図13-3の$\theta_A \sim \theta_B$の面積が求められるわけです．

もし積分定数Cがあったとしても引き算によりキャンセルされます（$\theta=0$から累積計算しているが，これは「仮に」決めた位置であり，実際はどこからでもよいし，この$\theta=0$とした点は定積分の計算上では使われるものでもない）．そのためここを最後にして，積分定数Cは**記載しないもの**とします．

● $\sin\theta$と$\cos\theta$の関係のまとめ

式(13-1)と式(13-2)を見てみると，以下のように関係づけることができます．

- $\cos\theta$を積分すると$\sin\theta$の形
- $\sin\theta$を積分すると$-\cos\theta$の形
- $-\cos\theta$を積分すると$-\sin\theta$の形
- $-\sin\theta$を積分すると$\cos\theta$の形（元に戻る）

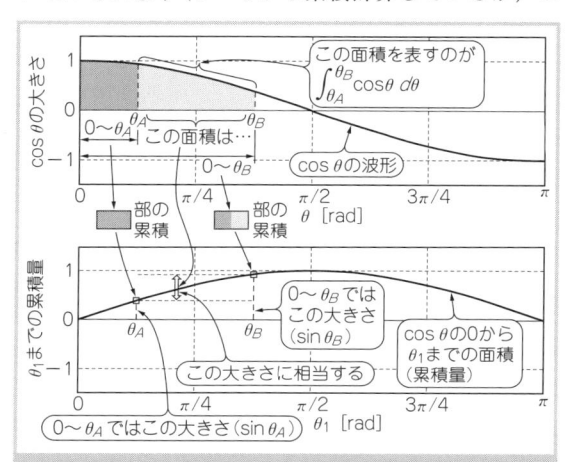

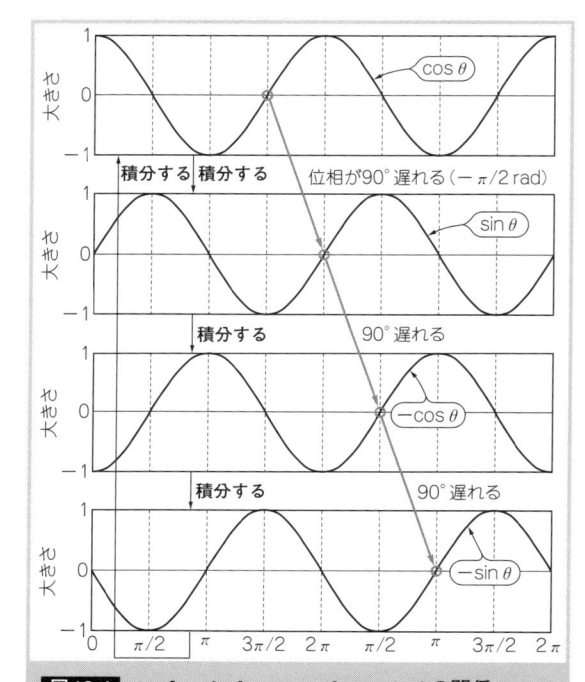

図13-3 不定積分の考え方から積分範囲をもつ定積分を考える
積分範囲$\theta_A \sim \theta_B$の積分計算を考える．これは積分範囲$\theta=0 \sim \theta_A$までと，$\theta=0 \sim \theta_B$までの累積した量を求め，それらの引き算として$\theta_A \sim \theta_B$の積分計算ができる．このグラフの$\theta_A \sim \theta_B$の面積を求めることになる．積分定数Cは引き算でキャンセルされる．

図13-4 $\cos\theta$，$\sin\theta$，$-\cos\theta$，$-\sin\theta$の関係
1回積分すると位相が90°遅れて($-\pi/2$ rad)いく．積分していくとこの関係が1回する．これは90°ずつ位相が遅れ方向に変化していることだ．

コラム13-1　積分定数Cは考えなくていい

「累積のスタート点により中心点が変わる」のが積分定数Cの本質ではありません．積分定数Cは電子回路で考えれば，「積分を開始する前の回路中の電圧や電流の初期状態/初期値」というほうが正しい理解です．

しかし，実際の電子回路では積分定数Cを考えることはほぼありません（積分回路も初期化して使用する）．定常状態を一般的に考えますし，微分方程式として積分定数が必要な過渡現象でも，ラプラス変換で計算してしまうからです．

そのため本書ではばっさりと，積分定数は使わない/表記しない説明をとっています．数学的には不足かもしれませんが，実際の回路設計とすれば必要十分と考えて，このような説明としています．

これをもとに**図13-4**を見てください．1回積分すると位相が90°遅れて（−π/2 rad）いきますね．**正弦波を積分することは，位相が90°遅れる（−π/2 rad）ことなのです．**これは，回路動作と積分の関係を理解するためのとても重要なポイントです．

● e^t は積分しても e^t

第12章の時定数で出てきた e^t のグラフを**図13-5**に示します（変数 t は時間と考える）．この e^t は面白い関数で，同図(**a**)のように $t=0$ から t の任意のところまで累積（積分）していっても，**図13-5**(**b**)のように，その波形は e^t のままになっています．e^t は積分しても e^t です．不定積分の形では，次の式で表せます．

$$\int e^t \, dt = e^t \cdots\cdots\cdots\cdots\cdots\cdots\cdots (13\text{-}6)$$

また，一定量 c を積分すると，

$$\int c \, dt = ct \cdots\cdots\cdots\cdots\cdots\cdots\cdots (13\text{-}7)$$

と時間 t の項が付きます．これは例えば，自動車が一定速度 c[m/s]で走っていた場合の移動距離ですね．本章の後半で示す積分回路も，この式（13-7）が基本になります．

13-2 少なくとも置換積分の意味合いは理解しておこう

「置換積分」という積分方法があります．置換積分は電子回路の計算ではよく出てくる，何気なく使われているものです（「部分積分」という積分方法もあるが，ほとんど使われない）．

● 置換積分を図からイメージとして理解する

置換積分の数学的な意味合いについて，上記の「累積」の話から考えてみましょう．

▶ $\cos t$ と $\cos 2\pi ft$ をそれぞれ累積（積分）するとピーク値が異なっている

例えば $\cos t$ と $\cos 2\pi ft$ という波形を考えてみましょう^{注13-1}．f[Hz]は周波数です．以降では $f=1$ Hz と仮定しています．

注13-1：ここまでは $\cos\theta$ としてあったが，以降では $2\pi ft$ との関連性を示す意図から，変数を θ[rad]ではなく時間 t[sec]とした．変数は θ でも t でも本質的な考えかたは同じである．

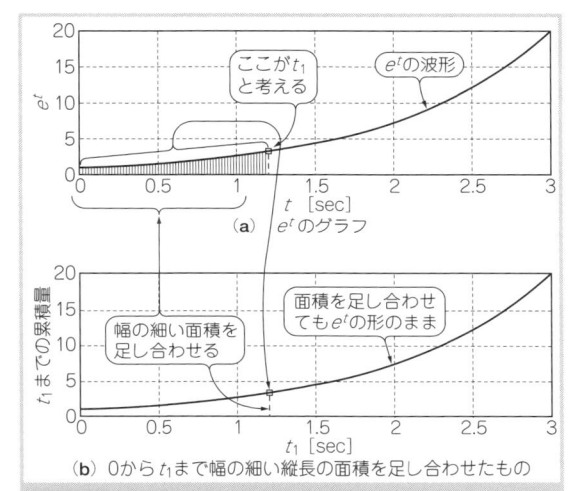

図13-5 e^t は積分しても e^t のままである
e^t は面白い関数で $t=0$ から t_1 まで累積（積分）していっても，その波形は e^t のまま．つまり e^t は積分しても e^t．

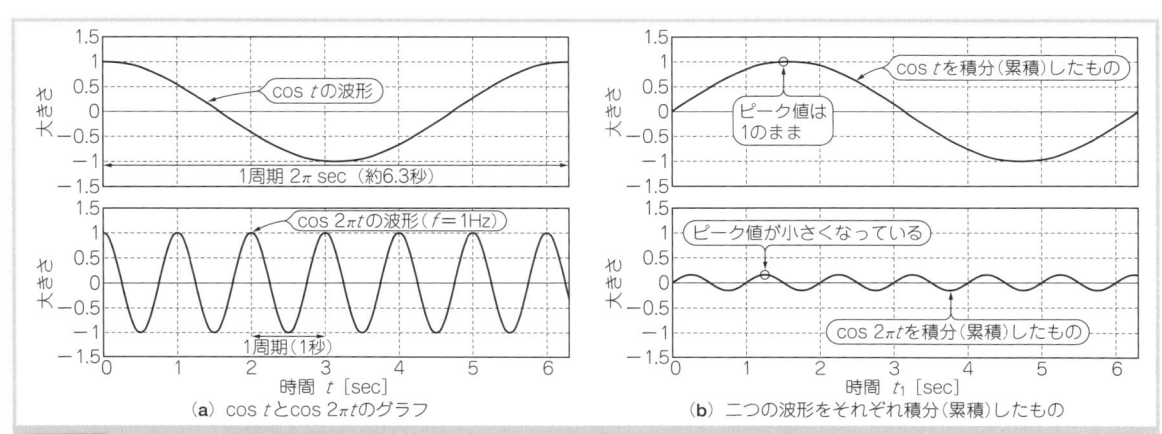

図13-6 $\cos t$ と $\cos 2\pi ft$ をそれぞれ積分するとピーク値が異なっている
二つの波形の周期は 2π sec（6.3 sec）と 1 sec．図(**b**)の積分した波形のピーク値は周期が 1 sec の $\cos 2\pi t$ を積分したほうが小さくなっている．

二つの波形の1周期はそれぞれ2π sec（約6.3秒），1 secになります．グラフ化してみると図13-6(a)のようになります．

図13-6(b)にこの二つの波形をそれぞれ（図13-1や図13-2でやったように），任意の点t_1まで積分したものを示します．このとき，波形のピーク値において，$\cos t$を積分したものと比べて，$\cos 2\pi ft$を積分したものは小さくなっていることがわかりますね．

▶ $\cos 2\pi ft$でピーク値が小さくなるのは1周期の面積が小さいから

$\cos t$では$t = 0 \sim 2\pi$ secで波形が1周期です．$f = 1$ Hzと仮定した$\cos 2\pi t$では（$f = 1$ Hzなので$2\pi ft$は$2\pi t$になっている）$t = 0 \sim 1$ secで1周期になっているため，1周期ぶんの面積の違うことがポイントです．

図13-7はこのようすを示しています．それぞれの波形の1周期の面積で考えると$2\pi f$，とくに周波数fが大きいほうが面積が小さくなることがわかりますね（1周期が終了すれば累積量はいったんゼロになる．そのため1周期を基本として考えておけばよい）．

▶ 置換積分とは圧縮される比率（補正係数）が掛けられているということ

図13-6のように$\cos 2\pi t$の波形は，$\cos t$の波形が$1/(2\pi)$に圧縮されていますから，面積もこの率で**圧縮**され，それゆえ積分された値のピーク値もこの率で小さくなるわけです．つまり，積分された大きさは圧縮される比率"$2\pi f$"に反比例して，

$$\int_0^{t_1} \cos 2\pi ft\, dt = \frac{1}{2\pi f}\sin 2\pi ft_1 \cdots\cdots (13-8)$$

という式になります．$2\pi f$に反比例してピーク値が小さくなることが，図と数式でわかりましたね．

ここまで説明したように，$2\pi ft$を一つの変数として積分を考えてみると，圧縮される比率$2\pi f$というものが見えてきます．この「圧縮される比率（補正係数）」が置換積分の考え方の基本なのです．

ここまでの説明のように**正弦波を積分したものは，周波数fに反比例して小さくなります**．これは実際の回路計算でも非常に重要なポイントになります．

● 置換積分の電子回路計算での数式上のエッセンス
▶ 置換積分のポイントは補正係数

式(13-8)を使って置換積分を考えます．$\cos 2\pi ft$の$2\pi ft$を変数θで**置換（変換）**してみましょう．すると，

$$\int \cos 2\pi ft\, dt = \int \cos\theta\, \frac{dt}{d\theta}\, d\theta \cdots\cdots (13-9)$$

という形で**置き換えられ**，変数θで積分することができます．ここで$dt/d\theta$という部分が，$2\pi ft = \theta$と置換した$\cos\theta$を積分するときの，上記の**圧縮される率**と言え，

$$2\pi f dt = d\theta,\quad \frac{dt}{d\theta} = \frac{1}{2\pi f} \cdots\cdots (13-10)$$

と計算できます．なお，**定積分においてはdtから$d\theta$の置換に応じて，積分範囲も変わるので注意してください**．詳細は積分の参考書を読んでください．

▶ よく使う置換積分の公式は覚えておこう

実際の電子回路でよく使われる，置換積分が応用された基本公式は，次のようなものです．

$$\int f(t)\, dt = F(t)\text{とすれば,}$$

$$\int f(at+b)\, dt = \frac{1}{a}F(at+b) \cdots\cdots (13-11)$$

となり，式(13-9)とまったく同じ構造であることがわかると思います．

● 実際に現場でよく出会う式（置換積分）

この式(13-11)を用いた例をさらに示しておきます（ここでは「こんな形になる」不定積分の形で説明している．積分定数Cは取り去っている）．

$$\int \cos 2\pi ft\, dt = \frac{1}{2\pi f}\sin 2\pi ft \cdots\cdots (13-12)$$

$$\int e^{j2\pi ft}\, dt = \frac{1}{j2\pi f}e^{j2\pi ft} \cdots\cdots (13-13)$$

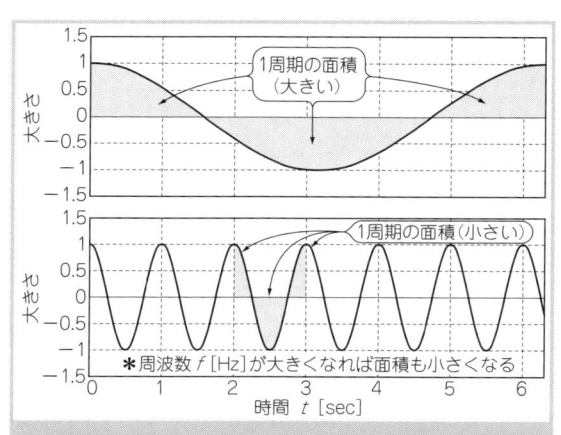

図13-7　$\cos t$と$\cos 2\pi ft$の面積を比較してみる
ここで$2\pi ft$は$f = 1$ Hzとした．それぞれの波形の1周期の面積で考えると，$2\pi f$，特に周波数fが大きくなれば面積も小さくなることがわかる．なお1周期が終了すれば，累積量はいったんゼロになるので，1周期を基本として考えておけばよい．これが置換積分を正弦波に適用したときの考え方．

j は虚数単位です．式(13-13)を $\omega = 2\pi f$ として角周波数 ω という変数で考えれば，次のようになります．

$$\int e^{j\omega t}\,dt = \frac{1}{j\omega}e^{j\omega t} \quad \cdots\cdots\cdots\cdots (13\text{-}14)$$

いずれにしても，周波数 f に反比例していることがわかりますね．また，虚数の j がなくても，

$$\int e^{at}\,dt = \frac{1}{a}e^{at} \quad \cdots\cdots\cdots\cdots\cdots\cdots (13\text{-}15)$$

となります．

13-3 回路の現象を表す積分と回路理論とはつながっている

回路の一番基本的な動作が積分（と微分）で表されます．それを基本として，ここまで本書で説明しているような回路理論ができあがっているようなものです．ここではコンデンサについて，積分と回路理論との関係を示していきます．

なお，コイルについては次章で「微分」を説明して，ここと同じような「微分と回路理論のつながり」を示します．ぜひ，そちらとつなげて読んでください．

●積分とコンデンサのリアクタンス X_C の関係

▶コンデンサの端子電圧は電流量が充電されたもの

図13-8のようにコンデンサは，時間を t とすると，流れる電流 $i(t)$ がコンデンサに貯蓄される量に比例して（第3章の**図3-13**のように，コンデンサは風船のようなもの），端子電圧 $v_C(t)$ が大きくなってきます．この現象を**充電**と言います．

コンデンサの容量を C[F] とし（積分定数 C と同じ記号を使うが異なるので注意），これを不定積分の形で表すと，

$$v_C(t) = \frac{1}{C}\int i(t)\,dt \quad \cdots\cdots\cdots\cdots (13\text{-}16)$$

となります（最初 $t = 0$ ではコンデンサの端子電圧はゼロとして，積分定数 $C = v_C(0) = 0\,\text{V}$ にしている）．

例えば流れる電流が交流で，

$$i(t) = I\cos 2\pi ft \quad \cdots\cdots\cdots\cdots\cdots (13\text{-}17)$$

だとしましょう．I は電流のピークの値です．これを積分したものは式(13-12)から，

$$\int i(t)\,dt = \frac{I}{2\pi f}\sin 2\pi ft$$

になりますね．つまり式(13-16)は，

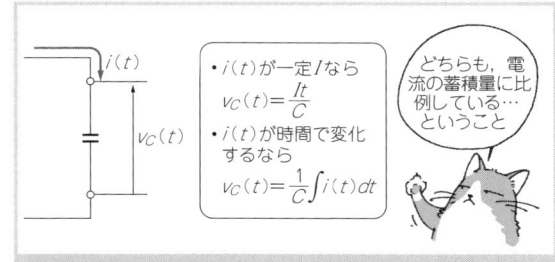

図13-8 流れる電流 $i(t)$ でコンデンサ C が充電されるに従って端子電圧 $v_C(t)$ が大きくなる
コンデンサは風船のようなもの．この現象を充電と言う．電流 I が一定なら端子電圧 v_C はコンデンサに流れる時間 t に比例する．時間で変化する場合は積分で表現できる．

$$v_C(t) = \frac{1}{C}\frac{I}{2\pi f}\sin 2\pi ft \quad \cdots\cdots\cdots (13\text{-}18)$$

とサイン波になり，電圧 $v_C(t)$ と電流 $i(t)$ は 90°位相が異なることがわかります．

▶リアクタンス X_C も積分計算から導かれる

リアクタンス $X_C = V/I$ で考えると，次のように表せます．

$$X_C = \frac{v_C(t)}{i(t)} = \frac{(I/2\pi fC)\sin 2\pi ft}{I\cos 2\pi ft} \quad \cdots\cdots (13\text{-}19)$$

ここで**図13-4**のように，$\sin\theta$ は $\cos\theta$ に対して位相が 90°遅れています（$-\pi/2\,\text{rad}$）．そのため $\cos 2\pi ft$ を基準の位相と考えると，$\sin 2\pi ft$ は位相ぶんとして $e^{-j\pi/2} = -j$ と表され（位相だけを考えるため，角周波数成分の $2\pi ft$ は取り去っている），

$$X_C[\Omega] = \frac{1}{2\pi fC}e^{-j\pi/2} = -j\frac{1}{2\pi fC} \quad \cdots (13\text{-}20)$$

と計算できます．これは，そのままコンデンサのリアクタンス（位相を変化させる "$-j$" も付いた状態）ではないですか！これで，

- コンデンサの端子電圧と流れる電流の位相が 90°異なることがわかる
- リアクタンスの**大きさ**が求められる
- リアクタンスの**位相を変化させる要素** $e^{-j\pi/2}$ も示されている

なんと，コンデンサのリアクタンス計算の要素すべてを積分で求めることができました．

●積分と時定数の関係

▶回路の「物理現象としての動き」を積分を使った式で表してみる

図13-9を見てください．これは過渡現象（時定数）

の計算で出てくる回路です．この回路を式で表してみます．

電源電圧をV[V]とします．時間$t = t_1$でのコンデンサC[F]の端子電圧V_Cは，回路に流れる電流$i(t)$をスタートの時間$t = 0$から$t = t_1$まで積分してCで割ったものですから，時間$t = t_1$での電圧の関係は，

$$V = \underbrace{Ri(t_1)}_{V_R} + \underbrace{\frac{1}{C}\int_0^{t_1} i(t)\,dt}_{V_C} \quad \cdots\cdots\cdots (13\text{-}21)$$

これをRで割ると，

$$\frac{V}{R} = i(t_1) + \frac{1}{CR}\int_0^{t_1} i(t)\,dt \quad \cdots\cdots (13\text{-}22)$$

という式になります．答えを先に言ってしまうと，

$$i(t_1)[\text{A}] = \frac{V}{R} e^{-t_1/CR} \quad \cdots\cdots\cdots\cdots (13\text{-}23)$$

であれば，この計算が成立します．

▶ $i(t)$を代入すると式が成り立ち，これはそのまま過渡現象の式だった

検算してみます．式（13-22）の右辺第2項は不定積分の形では$-CVe^{-t/CR}$になります．この項を$t = 0$～t_1まで定積分すると式（13-22）は，

$$\frac{V}{R} = \frac{V}{R} e^{-t_1/CR}$$
$$+ \frac{1}{CR}\left[-CVe^{-t_1/CR} - (-CVe^{-0/CR})\right]$$
$$= \frac{V}{R} e^{-t_1/CR} - \frac{V}{R} e^{-t_1/CR} + \frac{V}{R} \cdots (13\text{-}24)$$

右辺の第1項目と第2項目が消え去り，右辺がV/Rになり，先に示した答えである式（13-23）で，式（13-21）が成り立つことがわかります（答えが先にわかっている説明をしているが，こういう式にも大体決まった形があるため「それに当てはめているだけ」と理解してもらえばよいと思う）．

つまり式（13-22）を満足する$i(t_1)$は，

$$i(t_1) = \frac{V}{R} e^{-t_1/CR} \quad \cdots\cdots\cdots\cdots\cdots (13\text{-}25)$$

これはそのまま，抵抗とコンデンサの時定数回路の過渡現象の式ではないですか！ ここでも，積分計算で過渡現象のすべてを表すことができることがわかりましたね．

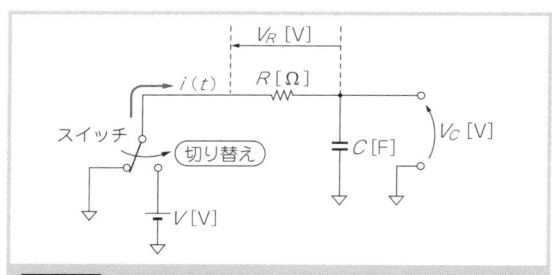

13-4 OPアンプ回路で積分を体感してみる

実際の電子回路でも「積分回路」があります．回路の動きとしては，ここまで数式上で説明してきたものとまったく同じです．ここでは積分回路の動作を説明し，実験により積分動作を実際に確認してみましょう．

以下に示すV_{in}，V_{out}は時間の関数ですが，厳密に表現しようとすると逆にわかりずらくなるため，(t)の表記をわざと略しておきます．

図13-9 過渡現象の計算でよく出てくる抵抗とコンデンサによる時定数回路
この回路の抵抗の端子電圧V_Rと，回路に流れる電流（コンデンサに流れる電流に等しい）を積分して得られる端子電圧V_Cを足し合わせると電源の電圧になる．電流はスイッチをオンしてから流れ始めるので，そこをスタートとして過渡現象が始まる（コンデンサの端子電圧V_Cが上昇していく）．

図13-10 OPアンプを用いた積分回路
入力波形を4種類用意して，実際に回路上での積分動作のようすを見る．この回路は式（13-26）のように出力の極性が反転しているが，説明を簡単にするために，以降ではオシロスコープの極性を反転させて（回路での極性反転をキャンセルさせて）測定する．

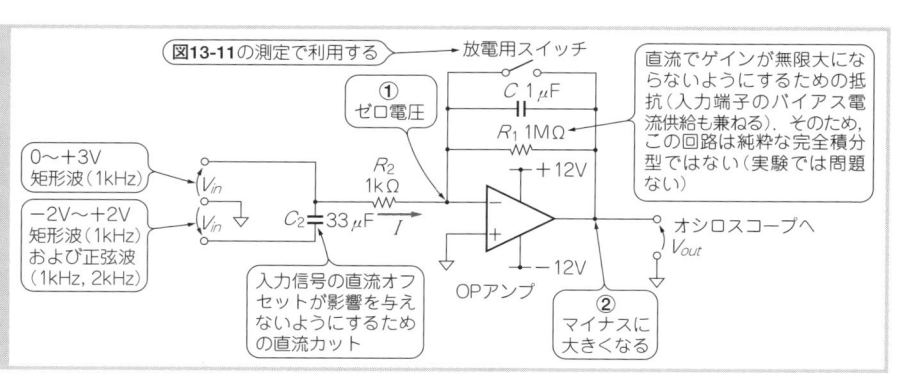

144　第13章　リアクタンスや過渡現象，そして回路の動きを累積で考える「積分」

● OPアンプによる積分回路の説明

図13-10はOPアンプを用いた積分回路です．OPアンプの動作の特徴として，プラス入力端子とマイナス入力端子の電圧が同じになるという点があります．この特徴があるため，抵抗R_2に流れる電流Iは（マイナス端子がゼロ電圧であるため），入力端子の電圧V_{in}をR_2で割ったものになります．入力電圧V_{in}が時間で変化する$V_{in} = v(t)$だとすれば，電流は$i(t) = v(t)/R_2$になります．

さらに（電子回路初心者やフレッシャーズは「不思議だ」ときっと思うだろうが），この電流$i(t)$はOPアンプのマイナス端子内には流れ込まず，すべて図中のコンデンサCの方向に流れます（ちょっと難しいので当面は「そういうものだ」という理解でOK）．

そうすると，コンデンサCに電流$i(t)$が流れ込み，コンデンサCがどんどん充電されていきます．

コンデンサCの端子電圧は，コンデンサを充電する電流量$i(t)$の積分に比例し［式(13-16)と同じく］，①の電圧はゼロなので，回路の出力電圧V_{out}は（充電していくと②の電圧がマイナスに大きくなるので），

$$V_{out} = -\frac{1}{C}\int_0^{t_1} i(t)\ dt = -\frac{1}{C}\int \frac{v(t)}{R_2} dt$$
……………………………………(13-26)

という動作になります．しかし実際には，この図のような積分回路では，回路内のずれ量であるオフセット電圧が積分されていき，波形の直流レベルが**徐々にプラスかマイナスにシフトしていくので注意してください**．

● 実際に実験して積分を体感してみる

入力波形を4種類用意して，実際に回路上での積分動作のようすを見てみましょう．**図13-10**の回路は式(13-26)のように出力の極性が反転していますが，オシロスコープの**表示上で極性を反転させて**（回路での極性反転をキャンセルさせて）測定し，式(13-26)の符号がプラスだとして考えます．

▶0Vと+3Vとの繰り返し信号をV_{in}として入力する

図13-11は0Vと+3Vとの繰り返し信号を入力

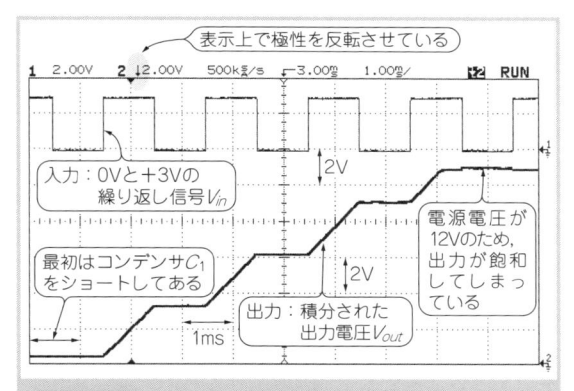

図13-11 0Vと+3Vとの繰り返し信号を入力したときの積分回路の出力

上の波形が図13-10のV_{in}，下の波形がOPアンプの出力（積分された出力電圧）V_{out}．$V_{in} = 0$VでV_{out}は一定，$V_{in} = +3$VでV_{out}が直線的に増加する．図の右側ではV_{out}が飽和している．実際の積分回路はこうなりやすいので，注意が必要．

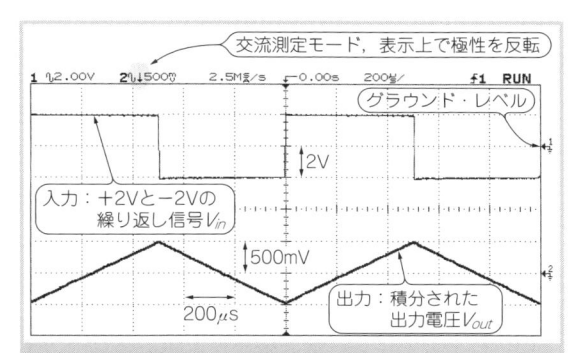

図13-12 +2Vと-2Vとの繰り返し信号を入力したときの積分回路の出力

上の波形がV_{in}，下の波形がV_{out}．余計な直流誤差が見えないようにするため，オシロスコープは交流測定モードにしている．V_{out}は直線的に増加，減少している．V_{in}がマイナスなら，積分されたV_{out}は減少する．OPアンプ出力は極性が反転しているので注意．

コラム 13-2　コンデンサは流れる電流を積分する部品

コンデンサの端子電圧は，式(13-16)から式(13-18)の正弦波定常状態の場合も，式(13-21)の過渡現象の場合でも，同じ積分の形になっています．

ただ積分される量（コンデンサに充電される電流）が正弦波であるか，過渡現象で変化していくものであるかの，見かけ上の違いだけなのです．

過渡現象と定常状態のどちらも，コンデンサ自体が回路の中でせかせかと働いている状態は，**電流量を積分したものが端子電圧になっている**だけで，何ら変わらないのです．

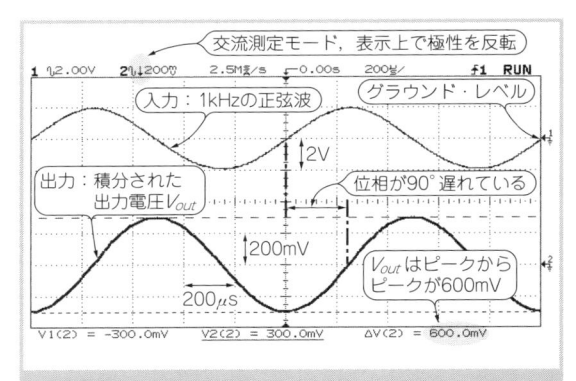

図13-13 1kHzの正弦波を入力したときの積分回路の出力

1 kHzの正弦波を V_{in} に入力．上の波形が V_{in}，下の波形が V_{out}．図13-4の $\sin\theta$ と $\cos\theta$ の関係のように出力が90°遅れている（$-\pi/2$ rad）．OPアンプ出力は極性が反転しているので注意．またピークからピークは600 mVと読める．

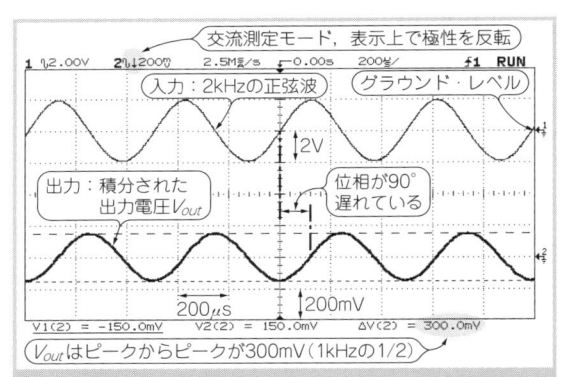

図13-14 2kHzの正弦波を入力したときの積分回路の出力

2 kHzの正弦波を V_{in} に入力．今度は図13-13と比較して V_{out} が300 mVになり，1 kHzのときの1/2になっていることがわかる．これは積分したものが周波数 f に反比例しているからで，置換積分の話そのまま．

したときの測定結果です．上側が V_{in} で式（13-26）の $v(t)$ に相当します．下側はOPアンプの出力，つまり積分された出力電圧 V_{out} です．

V_{in} が0Vのとき出力電圧 V_{out} は一定のままで，V_{in} が＋3Vになると直線的に出力電圧 V_{out} が増加していきます．これは式（13-7）や式（13-16）のとおりですね（OPアンプの実際の出力電圧は極性が反転しているので注意）．

▶ ＋2Vと－2Vとの繰り返し信号を V_{in} として入力する

次に入力電圧 V_{in} として＋2Vと－2Vとの繰り返し信号を入力してみます．**図13-12**の上側が V_{in} で，下側が V_{out} です．

V_{in} が＋2Vのときは直線的に出力が増加していきます．一方，V_{in} が－2Vのときは，出力電圧 V_{out} は直線的に減少していきます．これは積分本来の決まりといっしょですが，入力信号 V_{in} の符号がマイナスであれば，累積量である積分された大きさ，出力電圧 V_{out} は減少していきます（OPアンプの出力極性反転に注意）．

▶ 正弦波信号を V_{in} として入力する

1 kHzの正弦波を V_{in} に入力してみます．**図13-13**は上側が V_{in} で，下側が V_{out} です．**図13-4**の $\sin\theta$ と $\cos\theta$ の関係のように出力が90°遅れていることがわかります．

次に，2 kHzの正弦波を V_{in} に入力してみます（**図13-14**）．今度は**図13-13**と比較して，V_{out} が1/2になっていることがわかります．これは積分したものが周波数 f に反比例しているからで，置換積分の話そのままですね．

● まとめ

数学分野と思われる積分も，実は電子回路の動作や位相，インピーダンスに深く関係していることがわかりましたね．

特に正弦波を積分すると位相が90°遅れる点や，$2\pi f$ に反比例してくる点が実際の電子回路設計ではポイントといえるでしょう．

積分は難しくありません．ただ単に量を足し合わせる（蓄積していく）だけだと思ってください．なお第12章で示した時定数でも，実は積分は非常に重要な役割をしています．そこでも「足し合わせる」だけなのです．

次章では積分とペアになっている「微分」について，電子回路との関係を見ていきましょう．

コラム13-3　微小面積を足し合わせていく数値積分も意外に使える

積分公式を用いて計算できない(積分の式を求められない)場合には，実際の設計現場では「数値積分」してしまうことも手です．素子の誤差が数%もある場合が多いので，「大体の大きさがわかれば十分」だからです(精密計算には台形公式やシンプソンの公式を利用する)．

● 正弦波の実効値がピークの$1/\sqrt{2}$の理由を数値積分で考えよう

「正弦波の交流の実効値はピークの$1/\sqrt{2}$」です．ここではなぜ$1/\sqrt{2}$かを積分を使って計算してみます．数式での計算方法はちょっと難しいので，数値積分でやってみましょう．

交流波形を実効値で考える理由は，電力の計算も含めて**直流と交流を同じように取り扱えるようにする**ためです(第2章でも説明した．なお，電流での計算の場合でも同じ)．電力P[W]は，

$$P = \frac{V^2}{R} \text{[W]} \quad \cdots\cdots(13-A)$$

で計算します．ここでVは直流の電圧[V]，Rは電圧Vが加わる抵抗[Ω]です．交流でも直流と同じように，抵抗Rに加わる一瞬一瞬の電圧の大きさごとの電力は，この式で計算します．この一瞬一瞬の電力の1周期ぶんの平均値が，直流電圧V[V]のときの電力Pと等しくなる大きさ，その大きさを「交流電圧の実効値がV[V]」だとします．

▶ 交流の一瞬一瞬の電力から電力の平均値を計算する

図13-A(a)は正弦波の電圧$A\sin 2\pi t$[V]の波形です．tは時間[sec]，ピーク値を仮にA[V]，周波数は$f = 1$Hzとしています(そのため式は$2\pi ft$ではなく$2\pi t$になっている)．ここで一瞬一瞬の電力相当値は，

$$P = \frac{(A\sin 2\pi t)^2}{R} \text{[W]} \quad \cdots\cdots(13-B)$$

と計算できますから，$R = 1$と考えてRの項を取り去ってしまい，$(A\sin 2\pi t)^2$の1周期ぶんの平均値が，直流V[V]の2乗と同じになれば，交流と直流で電力が同じになります[$(\sin \theta)^2$は，より数学的には$\sin^2 \theta$と書く]．

このときのAが直流V[V]に相当する交流のピーク値になるわけです．

さて，$(A\sin 2\pi t)^2$は**図13-A**(b)のように，半周期(0〜0.5 sec)ごとの繰り返しになります．つまり0〜0.5までを考えれば良いといえます．またA^2は積分計算には関係ありませんから，$(\sin 2\pi t)^2$のみ

を以下の計算では考えます(結局はこれがA^2の係数になる)．そこでこの**図13-A**(b)の，

$$\int_0^{0.5} (\sin 2\pi t)^2 dt \quad \cdots\cdots(13-C)$$

を数値積分して，これを半周期の長さ0.5 secで割って，1周期1 secでの平均電力を求めてみましょう[注：電力は1 secでの仕事(仕事率)なので，時間長0.5 secで割る]．

● Excelを使って数値計算で積分してみる

図13-BはExcelを使って式(13-C)を数値に展開したものです．半周期0.5 secを1000に分割しています(分割した長さを$dt = 0.5/1000$とする)．いちばん左のセルはtで**図13-A**のX軸になります．次のセルは$\sin 2\pi t$，さらにその右が**図13-A**(b)のY軸である$(\sin 2\pi t)^2$です．

そして，いちばん右のセルが$(\sin 2\pi t)^2$に「X軸の分割した長さ」$dt = 0.5/1000$をかけたものです．このセルの値が積分のもととなる，累積されていく**幅の細い縦長の面積**になります．

この面積を足し合わせれば積分になり，**図13-B**のようにこの合計 " = SUM(D2：D1002)" が積分された値(答え)です．0.25になっていますね．

▶ Excelで計算した答えの意味を考える

式(13-C)を数値積分したものが0.25だとわかりました．上記に説明したように，これを「半周期の

(a) 正弦波$A\sin 2\pi t$の波形

(b) $(\sin 2\pi t)^2$は半周期(0〜0.5)ごとの繰り返し

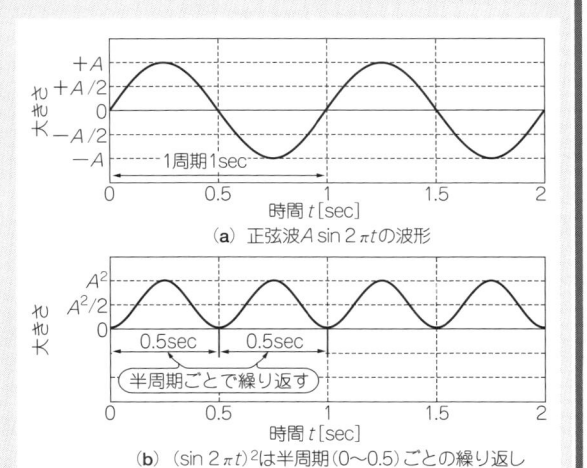

図13-A　正弦波とそれを2乗した大きさ
(a)の$A\sin 2\pi t$[V]は周波数$f = 1$Hzとしている．そのため$2\pi ft$ではなく$2\pi t$になっている．$P = V^2/R$で電力を考えると，(a)の2乗で(b)のようになる．この波形は半周期(0〜0.5 sec)ごとに繰り返している．

長さ 0.5 sec」で割り，1周期 1 sec での平均値を計算すると，0.25/0.5 = 0.5 と計算できます．

これに対して式(13-A)から式(13-C)にかけての説明をもとに考えると，交流電力の平均値と，式(13-A)の直流電力を等しくしたいなら，式(13-B)以降の説明のように（$R = 1\,\Omega$ として R は取り去っている），

$$0.5 \times A^2 [\text{W}]\,(\text{交流}) = V^2 [\text{W}]\,(\text{直流})$$

とすればいいことがわかります．これから交流電圧のピーク値 A[V] を求めると，

$$A = \frac{V}{\sqrt{2}}\,[\text{V}] \quad\cdots\cdots\cdots\cdots\cdots\cdots\cdots\cdots (13\text{-}D)$$

と計算でき「正弦波の実効値がピークの $1/\sqrt{2}$ の理由」が見事，Excel 上での単純な足し算の計算で求められることがわかりましたね．

ここでは数値積分を示しましたが，本来の積分だって，この dt を無限に小さくして考えているだけなんです．

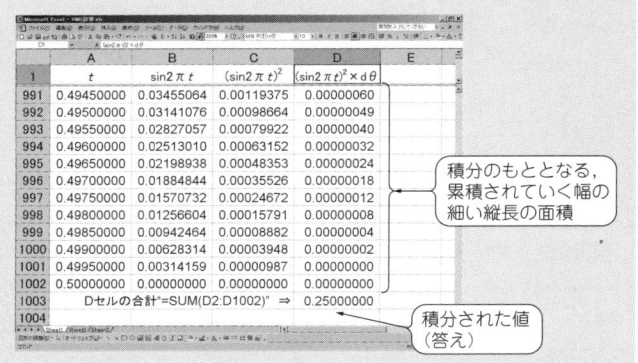

図13-B Excel を使って数値計算で $(\sin 2\pi t)^2$ を積分してみる
半周期 0.5 sec を 1/1000 に分割（$dt = 0.5/1000$）．セルは左側から t，$\sin 2\pi t$，$(\sin 2\pi t)^2$，$(\sin 2\pi t)^2 \times dt$．この一番右のセルを足し合わせれば積分になり，答えは 0.25 となる．

（右側吹き出し：積分のもととなる，累積されていく幅の細い縦長の面積／積分された値（答え））

第13章のキーワード解説

①積分記号 ∫
足す(sum)のラテン語 summa の最初の文字 s を縦に長く引き伸ばしたもの．「積分する」という意思を示すためだけの記号だと，わかってしまえば何ということはない．

②微分
積分と対となる考え方．ある関数が変化していく度合いを関数の「傾き」という観点で表す．微分と積分の両方がわかって「微分積分学」という大きな体系が理解できる．次の章で説明する．

③物理現象
身の回り（自然界）に存在する物理的な量（大きさ，強さ，速さ，明るさなど）が変動していくようすを言う．物理現象の数式化は実体を取り扱う数学といえる．

④位相
同じ周波数（周期）の二つの正弦波（サイン波）間の位置ずれ．1周期を360°（弧度法で 2π ラジアン）として，ずれ量を表す．

⑤1周期
交流波形が1回行ったり来たりする繰り返しの時間単位（単位は秒[sec]）．周波数 f[Hz] の逆数．

⑥角周波数 ω
位相量という角度の視点で周波数を考えた場合，その周波数をもつ信号が極座標上で位相として回転していく角度の変化速度．角速度とも呼ぶ．
$\omega = 2\pi f\,[\text{rad/sec}]$．

⑦OPアンプ（オペアンプ）
プラス/マイナス（非反転/反転）の入力端子があり，その差分量を理想的には無限大に増幅する素子．一般的に抵抗などで帰還回路を外部に形成して利用する．電子回路では多用される．

⑧オフセット電流/電圧
電子回路上で本来は流れてほしくないところに流れる電流や，素子の非対称性により生じてしまう電圧．回路電圧のずれを生じさせてしまう成分となる．

第4部 積分と微分

第14章
ツール6 積分と微分

電流の時間変化率からコイル両端の電圧を求めたり…

リアクタンスや過渡現象,そして回路の動きを傾斜で考える「微分」

　第13章では積分を説明しました.積分と本章の微分は対となる考え方で,両方がわかって「微分積分学」という大きな体系を理解することができます.微分を理解して積分とともに使えるようになることで,電子回路理論の基礎となる,回路の物理的なふるまいを完全に理解することができるのです.
　積分公式と同様に,微分の公式もたくさんあります.本書では,本当に電子回路の計算で必要とされる,最小限の公式に絞って説明し,その意味合いを理解していきます.

14-1 電子回路の計算で必要とされる微分の意味合いを理解する

● sin θ を微分すると cos θ になる

　図14-1(a)は sin θ の波形です.θ = 0〜2π rad とし,それを同図(b)のように1000点に細かく分けてみます(この1000点の分割数は前の章の積分の説明と同じにしており,関連性を示すため.また厳密にはこれを無限に小さくする).
　1点ごとの θ 方向の大きさは 2π/1000 rad です.ここで図14-1(b)のように,各点において,その点と隣の点との間の波形の変動量を,波形の傾斜量として考えます.
　この傾斜量,つまり大きさを図としてプロットしたものが,図14-1(c)です.これは cos θ の形になっていますね.これを式で表すと次のようになります.

$$\frac{d}{d\theta}\sin\theta = \cos\theta \quad \cdots\cdots(14\text{-}1)$$

この $d/d\theta$ は「変数 θ で微分する」という意味です.

● cos θ を微分すると −sin θ になる

　図14-2(a)は cos θ の波形です.sin θ の説明と同じように,この cos θ を1000点に細かく分けて,その傾斜量の大きさを図としてプロットしてみましょう.
　これが図14-2(b)になりますが,この波形の形は −sin θ になります.式で表すと次のようになります.

$$\frac{d}{d\theta}\cos\theta = -\sin\theta \quad \cdots\cdots(14\text{-}2)$$

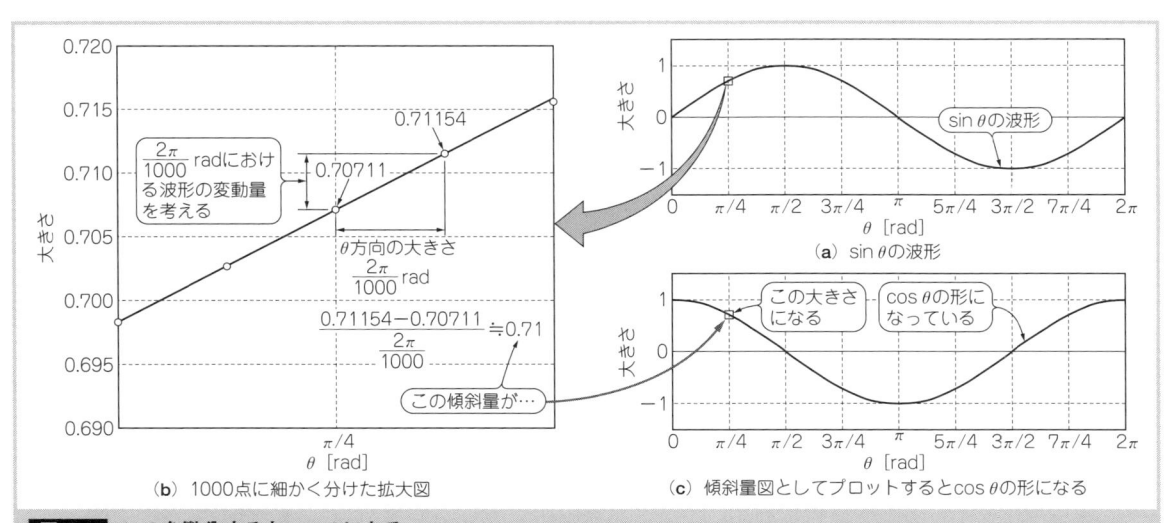

図14-1 sin θ を微分すると cos θ になる
(a)は sin θ の波形.この θ = 0 rad〜2π rad を1000点に細かく分ける(2π/1000 rad).次に(b)のように隣どうしの波形の変動量を傾斜量として考える.この傾斜量を大きさとしてプロットしたものが(c)で,cos θ の形になっている.

● ここまでわかったことを確認してみる

この式(14-1)と式(14-2)を見ると，以下のように関係づけることができます．

- $\sin\theta$ を微分すると $\cos\theta$
- $\cos\theta$ を微分すると $-\sin\theta$
- $-\sin\theta$ を微分すると $-\cos\theta$
- $-\cos\theta$ を微分すると $\sin\theta$（もとに戻る）

これをもとに図14-3を見てください．1回微分すると位相が90°進んで（$+\pi/2$ rad）いきますね．**正弦波に対して微分することは「位相が90°進む（$+\pi/2$ rad）」**ことなのです．これは後でも示しますが，回路動作と微分の関係を理解するとても重要なポイントです．

また，前の章でも「1回積分すると位相が90°遅れて（$-\pi/2$ rad）いく」と説明しました．これでも微分と積分が逆の関係であることがわかりますね．

● e^t は微分しても e^t

時定数で出てきた e^t は面白い関数で，変数 t の任意の点の傾斜量を求めても（微分しても），その波形は e^t のままになります．e^t は微分しても e^t です（積分しても e^t のまま）．つまり，下記のように表せます．

$$\frac{d}{dt}e^t = e^t \quad\cdots\cdots\cdots\cdots (14\text{-}3)$$

● 傾斜量 a の直線の微分は a

傾き a の直線，$f(t) = at + b$ を微分したものは，傾きである a になります．

やはり，微分は「傾斜量」なのです．

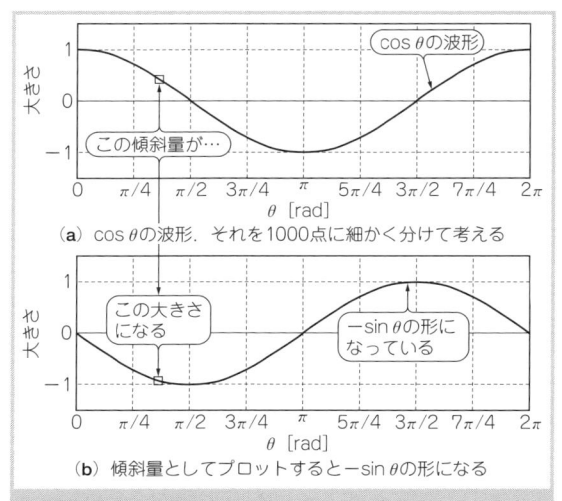

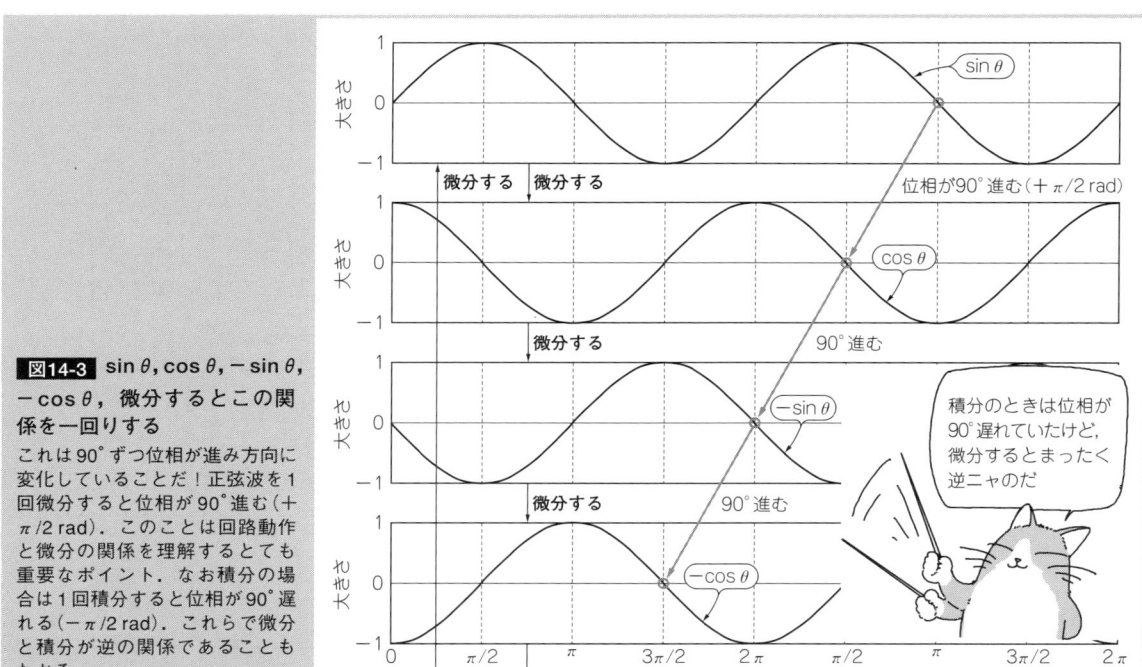

図14-2 $\cos\theta$ を微分すると $\sin\theta$ になる
(a)は $\cos\theta$ の波形．図14-1の $\sin\theta$ と同じように，この $\cos\theta$ を1000点に細かく分けて，傾斜量を大きさとしてプロットしたものが(b)．この波形は $-\sin\theta$ になっている．

図14-3 $\sin\theta, \cos\theta, -\sin\theta, -\cos\theta$，微分するとこの関係を一回りする
これは90°ずつ位相が進み方向に変化していることだ！正弦波を1回微分すると位相が90°進む（$+\pi/2$ rad）．このことは回路動作と微分の関係を理解するとても重要なポイント．なお積分の場合は1回積分すると位相が90°遅れる（$-\pi/2$ rad）．これらで微分と積分が逆の関係であることもわかる．

積分のときは位相が90°遅れていたけど，微分するとまったく逆ニャのだ

14-2
合成関数の微分は実際の電子回路計算で活用される

● $\sin t$ と $\sin 2\pi ft$ をそれぞれ微分するとピーク値が異なっている

例えば，$\sin t$ と $\sin 2\pi ft$ という波形を考えてみましょう注14-1．これがそれぞれ時間 t の関数だとします．

注14-1：ここまで，および以降でも $\sin \theta$ としてあるが，ここでは $2\pi ft$ との関連性を示したい意図から，変数を θ ではなく t にした．

二つの波形をグラフ化してみると（$\sin 2\pi ft$ は周波数 $f=1$ Hz と仮定した），**図14-4**(a)のようになります．波形の1周期はそれぞれ 2π sec（約6.3秒），1 sec です．

図14-4(b)にこの二つの波形をそれぞれ（**図14-1**や**図14-2**でやったように），各点ごとに微分したものを示します．このときの波形のピーク値は，$\cos t$ の大きさと比べて，$\cos 2\pi t$（$f=1$ Hz なので $2\pi t$）は大きいピーク値になっていることがわかります．

▶ $\sin 2\pi ft$ でピーク値が大きくなるのは波形の形が圧縮され傾斜が大きくなるから

これは，$\sin t$ では $t=0 \sim 2\pi$ sec で波形が1周期になるところが，$\sin 2\pi t$ では，$t=0 \sim 1$ sec で1周期に

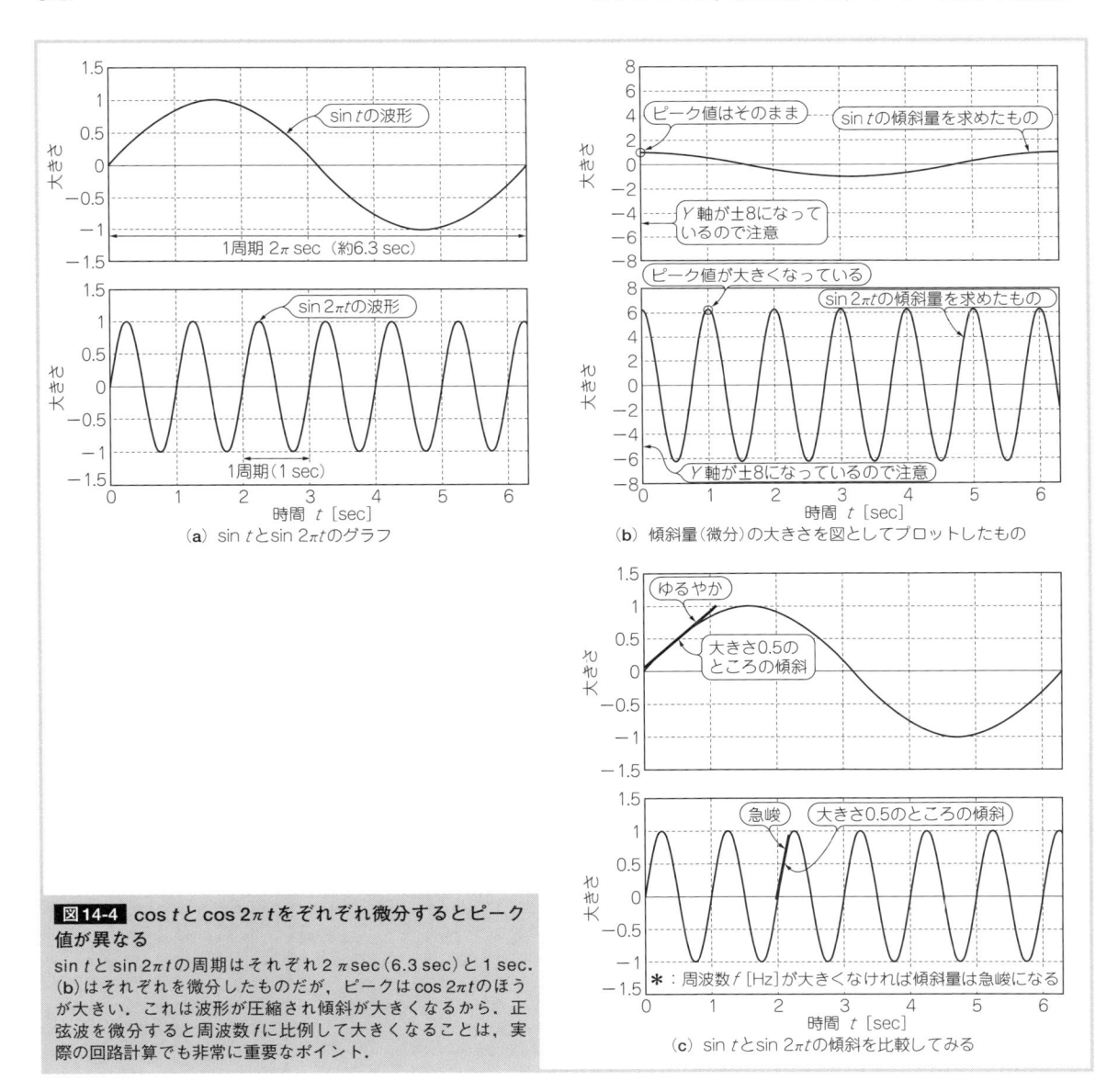

図14-4 $\cos t$ と $\cos 2\pi t$ をそれぞれ微分するとピーク値が異なる

$\sin t$ と $\sin 2\pi t$ の周期はそれぞれ 2π sec（6.3 sec）と 1 sec．(b)はそれぞれを微分したものだが，ピークは $\cos 2\pi t$ のほうが大きい．これは波形が圧縮され傾斜が大きくなるから．正弦波を微分すると周波数 f に比例して大きくなることは，実際の回路計算でも非常に重要なポイント．

(a) $\sin t$ と $\sin 2\pi t$ のグラフ

(b) 傾斜量（微分）の大きさを図としてプロットしたもの

(c) $\sin t$ と $\sin 2\pi t$ の傾斜を比較してみる

＊：周波数 f [Hz]が大きくなければ傾斜量は急峻になる

なっている…この点がポイントです．

図14-4(c)はこのようすを示しています．$\sin 2\pi t$の波形は，$\sin t$の波形が$1/(2\pi)$に圧縮されていますから，傾斜もこの率で圧縮され，急峻になり，それゆえ微分（傾斜量を求める）された大きさもこの率で大きくなるわけです．つまり，微分された大きさは圧縮される率"$2\pi f$"に比例して，

$$\frac{d}{dt}\sin 2\pi ft = 2\pi f\cos 2\pi ft \quad\cdots\cdots(14\text{-}4)$$

となります（1 Hzはfに戻してある）．$\cos$の前に$2\pi f$があり，fに比例してピーク値が大きくなることが図と数式でわかりました．$\sin t$を$\cos t$にして，$\cos t$を微分しても同じ考えでよいこともわかりますね（答えは$-2\pi f\sin 2\pi ft$）．

このように正弦波を微分したものは，周波数fに比例して大きくなります．これは実際の回路計算でも非常に重要なポイントになります．

● 「合成関数の微分」の電子回路計算でのエッセンス

上記に示したものは「合成関数の微分」というやりかたを正弦波に応用したものです．ここではさらに合成関数の微分のうち，電子回路計算での数式上のエッセンスを説明しておきます．

▶ 合成関数の微分のポイントは補正係数なんだ！

例えば式（14-4）を再度考えてみます．$\sin 2\pi ft$のうち，$2\pi ft = \theta$としてみましょう．こうすると，

$$\frac{d}{dt}\sin 2\pi ft = \frac{d}{d\theta}\sin\theta \, \frac{d\theta}{dt} \quad\cdots\cdots(14\text{-}5)$$

という形で，別の変数θを用いて微分できます．しかし，ここで$d\theta/dt$という部分があります．これは$2\pi ft = \theta$と変換した$\sin\theta$を微分するときの「補正係数」といえるもので，

$$2\pi f dt = d\theta, \quad \frac{d\theta}{dt} = 2\pi f \quad\cdots\cdots(14\text{-}6)$$

これは微分して傾斜量を求めていくうえでの「補正をするもの」，ここまでの「圧縮率の話と同じだ」と考えることができます．

● 実際に現場でよく出会う式（合成関数の微分を用いたもの）

よく出てくる合成関数の微分の公式をいくつか紹介しておきます．これらは数学として微分を考えるまでもなく，実際に現場でよく出てくる波形でもあります．

$$\frac{d}{dt}\sin 2\pi ft = 2\pi f\cos 2\pi ft \quad\cdots\cdots(14\text{-}7)$$

$$\frac{d}{dt}\cos 2\pi ft = -2\pi f\sin 2\pi ft \quad\cdots\cdots(14\text{-}8)$$

$$\frac{d}{dt}e^{j2\pi ft} = j2\pi f e^{j2\pi ft} \quad\cdots\cdots(14\text{-}9)$$

jは虚数単位です．これらを，$\omega = 2\pi f$として角周波数ωという変数で考えれば，

$$\frac{d}{dt}\sin\omega t = \omega\cos\omega t \quad\cdots\cdots(14\text{-}10)$$

$$\frac{d}{dt}\cos\omega t = -\omega\sin\omega t \quad\cdots\cdots(14\text{-}11)$$

$$\frac{d}{dt}e^{j\omega t} = j\omega e^{j\omega t} \quad\cdots\cdots(14\text{-}12)$$

と表せます．また，式（14-12）は虚数のjがなくても，

$$\frac{d}{dt}e^{at} = ae^{at} \quad\cdots\cdots(14\text{-}13)$$

となります．

14-3 回路の物理現象を表す微分と回路理論とはつながっている

積分とともに，回路の基本的な動作が微分で表されます．その派生として，ここまで説明してきた回路理

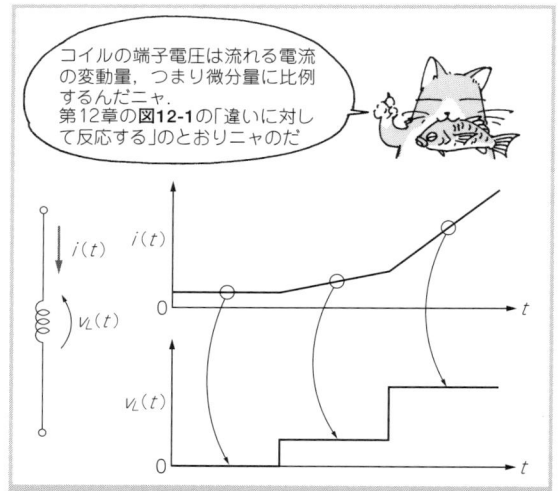

図14-5 流れる電流$i(t)$の変動量に比例して，端子電圧$v_L(t)$が大きくなる

この現象はコイルが発電をしているのと同じように動くため，$v_L(t)$を逆起電力と言う．電圧$v_L(t)$と電流$i(t)$は微分の関係になるため，流れる電流$i(t)$を正弦波で考えると，$v_L(t)$と電流$i(t)$の位相が90°違う（電流の位相が$-\pi/2$ rad遅れている）ことがわかる．

論ができているようなものです.ここではコイルについて,微分と回路理論との関係を示していきます.

●微分とコイルのリアクタンス X_L の関係
▶コイルの端子電圧は電流の変動量に比例する

図14-5のようにコイルは,時間を t とすると,コイルに流れる電流 $i(t)$ の変動量に比例して,端子電圧 $v_L(t)$ が大きくなります.この現象はコイルが発電をしているのと同じように動くため,$v_L(t)$ を**逆起電力**と言います.コイルのインダクタンスを $L[H]$ とし,これを微分の形で表すと,

$$v_L(t) = L\frac{d}{dt}i(t) \quad \cdots\cdots\cdots\cdots (14-14)$$

となります.例えば,流れる電流が交流で,

$$i(t) = I\sin 2\pi ft \quad \cdots\cdots\cdots\cdots (14-15)$$

だとしましょう.ここで,I は電流のピーク値です.$\sin 2\pi ft$ を微分したものは式(14-7)から,$2\pi f\cos 2\pi ft$ になります.つまり,式(14-14)は式(14-15)を微分したものとして,

$$v_L(t) = LI(2\pi f\cos 2\pi ft)$$
$$= 2\pi fLI\cos 2\pi ft \quad \cdots\cdots\cdots (14-16)$$

となります.電圧 $v_L(t)$ と電流 $i(t)$ は位相が90°違う(電圧の位相が $+\pi/2\,\text{rad}$ 進んでいる)ことがわかります.

▶リアクタンス X_L は微分計算から導かれる

リアクタンス $X_L = V/I$ で考えると,式(14-15)と式(14-16)から,次式が得られます.

$$X_L = \frac{v_L(t)}{i(t)} = \frac{2\pi fLI\cos 2\pi ft}{I\sin 2\pi ft} \quad \cdots\cdots (14-17)$$

ここで,$\cos\theta$ は $\sin\theta$ に対して位相が90°進んでいます($+\pi/2\,\text{rad}$).そのため $\sin 2\pi ft$ を基準の位相と考えると,$\cos 2\pi ft$ は位相ぶんとして $e^{+j\pi/2} = +j$ と表され(位相だけを考えるため,角周波数成分の $2\pi ft$ は取り去っている),

$$X_L = 2\pi fL\,e^{+j\pi/2} = +j2\pi fL \quad \cdots\cdots\cdots (14-18)$$

と計算できます.これは,そのままコイルのリアクタンス(位相を変化させる"$+j$"もついた状態)ではないですか!これで,

● コイルの端子電圧と流れる電流の位相が90°異なることがわかる
● リアクタンスの**大きさ**が求められる
● リアクタンスの**位相**を変化させる要素 $e^{+j\pi/2}$ も示されている

なんと,コイルのリアクタンス計算の要素のすべてを微分で求めることができました.

14-4 抵抗とコンデンサで作った微分回路でピーク値が変わっていくのを見てみよう

ここでは14-2節で示した「正弦波を微分したものは,周波数 f に比例して大きくなる」ということを実際の回路を例にして,その動きを説明します.

図14-6は図11-4の再掲で,電子回路でよく用いられる微分回路というものです.パルス回路とも呼ばれます.この図14-6(b)ではディジタル回路出力の急激なレベル変化が,微分回路の出力として(急激な変化量がその大きさとして)現れてきます.

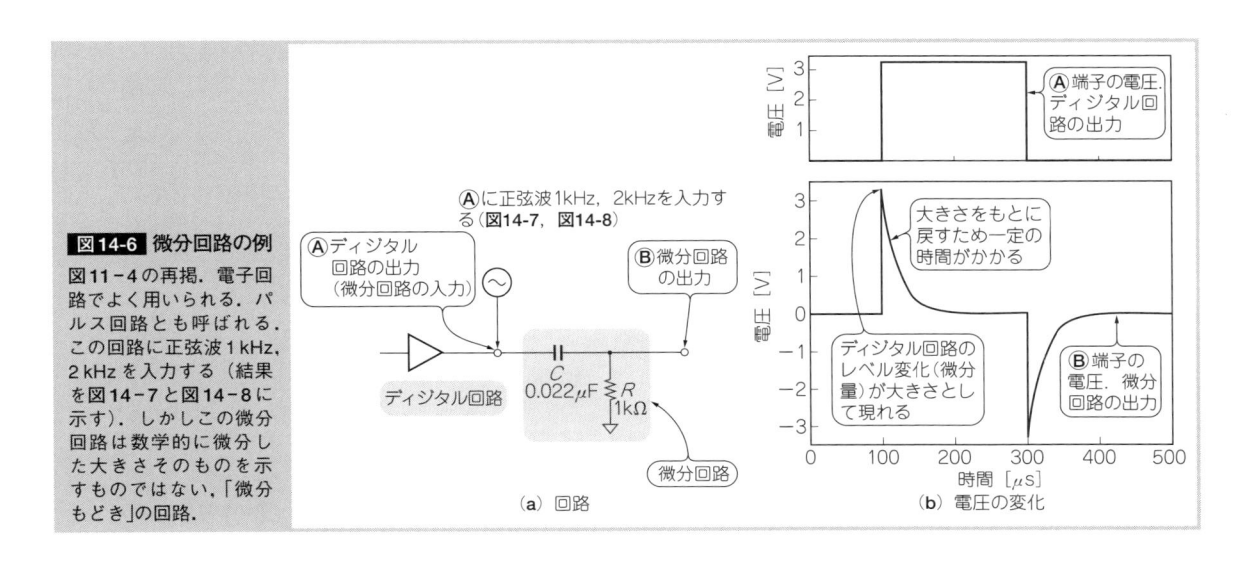

図14-6 微分回路の例
図11-4の再掲.電子回路でよく用いられる.パルス回路とも呼ばれる.この回路に正弦波1 kHz,2 kHzを入力する(結果を図14-7と図14-8に示す).しかしこの微分回路は数学的に微分した大きさそのものを示すものではない.「微分もどき」の回路.

(a) 回路
Ⓐディジタル回路の出力(微分回路の入力)
Ⓐに正弦波1kHz,2kHzを入力する(図14-7,図14-8)
Ⓑ微分回路の出力
C 0.022μF
R 1kΩ
ディジタル回路
微分回路

(b) 電圧の変化
Ⓐ端子の電圧,ディジタル回路の出力
大きさをもとに戻すため一定の時間がかかる
ディジタル回路のレベル変化(微分量)が大きさとして現れる
Ⓑ端子の電圧,微分回路の出力

● **しかしこの微分回路は数学的な微分の大きさを示すものではない**

もしこの微分回路に入力される，ディジタル回路出力のレベル変化が微分値としてかなり大きいとしても（レベル変化がとても急激だとしても），この微分回路は実際は「微分もどき」であり，正確な微分値を出力するものではありません．

あくまでも，微分したイメージに近い信号を出力するだけのものが，この微分回路です．とくに入力信号（ディジタル回路出力）が急激に変化したあとにも，微分回路出力の信号の大きさをもとに戻すために，**図14-6(b)** のようにある一定の時間がかかっています．これは第11章と第12章で示したように，この時間が「時定数」に関係し，「過渡現象」として動作しています．

● **ある周波数より低い正弦波が入力されると数学的な微分が成り立つ**

とはいえ正弦波をこの回路に入力したときには，ある周波数(カットオフ周波数，$f = 1/2\pi CR$)より低い正弦波信号の場合に，ここまで説明してきた数学的な微分としての動作をしてくれます．

図14-6(a) は $R = 1\,\text{k}\Omega$，$C = 0.022\,\mu\text{F}$ で，上記の「ある周波数」は7.2 kHzになります．そこでこの微分回路にディジタル回路出力からの信号ではなく，電圧ピーク値1Vの正弦波，それも1 kHzと2 kHzを入力してみます．

この場合の微分回路の入力と出力を，**図14-7**（1 kHzの場合）と**図14-8**（2 kHzの場合）に示します．このように，14-2節で示した「正弦波を微分したものは，周波数 f に比例して大きくなる」が，きちんと実際の回路の動作として，「微分した答え」が出ていることがわかりますね．

だだし，ここでも依然として微分した答えの大きさ自体にはなっていませんし，1 kHzと2 kHzでぴったり2倍になっていないので注意してください．大体「ある周波数」の1/10以下が精度が出る目安です．

ところで，第12章の**コラム12-1**に過渡現象と定常状態の差異について説明しましたが，実はここで説明していることも，この**コラム12-1**に深くかかわっています．

このように，一般的に電子回路における微分動作は，**数学的な微分がいつでも成り立っているというものではない**ことを覚えておいたほうがいいでしょう．

(a) 微分回路に入力する正弦波の波形．電圧ピーク1V, 周波数1kHz

(b) 微分回路出力の波形．電圧ピーク0.14V（微分した答えの大きさ自体にはなっていない）

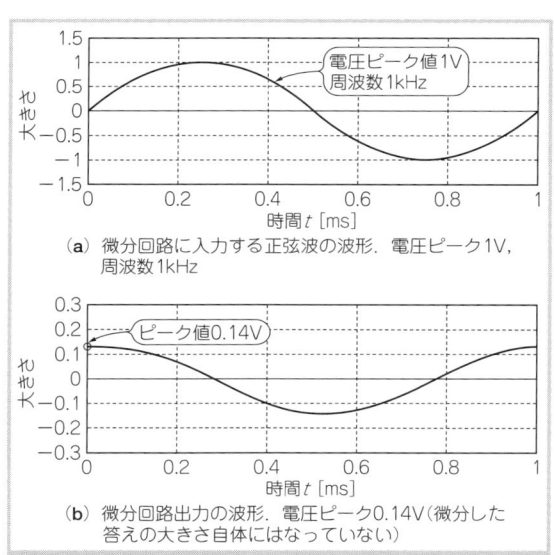

図14-7 電圧ピーク値1V，1 kHzの正弦波を図14-6の微分回路に入力したときの入力と出力の電圧波形
入力する正弦波形に対して出力は位相が90°進む（$+\pi/2$ rad）．この微分回路はいずれにしても「微分もどき」の回路であるため，回路出力の波形は微分した答えの大きさそのものにはなっていない．

(a) 微分回路に入力する正弦波の波形．電圧ピーク1V, 周波数2kHz

(b) 微分回路出力の波形．電圧ピーク0.27V［図14-7(b)と比較して約2倍の振幅になっている］

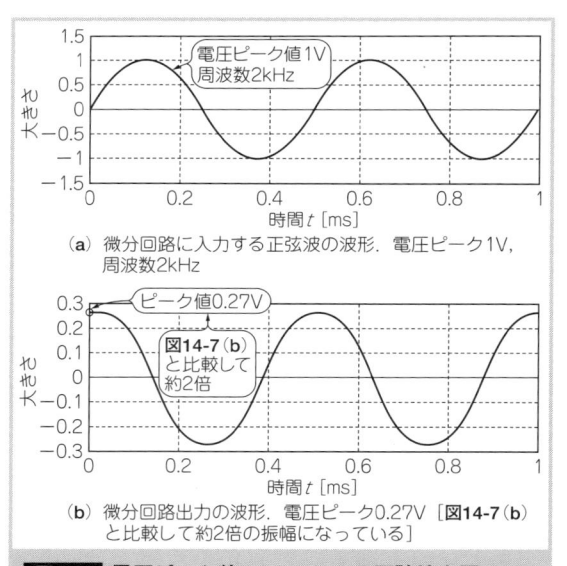

図14-8 電圧ピーク値1V，2 kHzの正弦波を図14-6の微分回路に入力したときの入力と出力の電圧波形
図14-7(1 kHz)と比較して，この2 kHzの場合は，微分回路出力の波形が大きくなる．正弦波を微分したものは，周波数 f に比例して大きくなることがわかる．だだし，ここでも1 kHzと2 kHzでぴったり2倍になっていないので注意．

コラム 14-1　ラプラス変換の s と $j\omega$ の深〜い関係

少し難しい話になりますがラプラス変換というものがあります（第12章でも出てきた）．これは回路の時間的な動きを，

$$s = \sigma + j\omega$$

という「減衰 σ と振動 ω」の二つの項で表す数学的な手法です．

ラプラス変換では，回路の動きとしての積分関係（前章で説明したコンデンサの電流と電圧が例）は「係数 s で割り」，微分関係（本章で説明するコイルが例）は「係数 s を掛ける」計算方法になります（厳密には初期値を考える必要はあるが）．

一方，$e^{j\omega t}$ は，前章の式（13-14）のように積分すると $1/j\omega$ の項が前に出てきて，本章の式（14-12）のように微分すると $j\omega$ の項が前に出てきます．

それらと上記の $1/s$ や s のことを考えると，s と $j\omega$ は似たような関係であることに気が付きます．

ラプラス変換を使った実際の回路計算では，**定常状態で回路方程式を（伝達関数として）考える場合は，s を $j\omega$ と置いて計算できます**．

14-5　FETで実験しながら電子回路で使われる微分を考える

コイルやコンデンサの電流と電圧の関係は微分で表せますから，式（14-14）のようになり，ここで実験例として取り上げることもできます．

しかし，それでは訴求力に乏しいことから，ここでは実際に電子回路を取り扱うときに，微分を考えざるをえない場面を例として挙げてみたいと思います．

● FETは入力電圧対出力電流値がカーブして変化する

図14-9は2SK30AというFET（電界効果トランジスタ）を使った増幅回路の基本構成です．FETは入力の電圧に応じて出力の電流値が変化します．抵抗 R_1 の大きさを適切に選べば（図では $R_1 = 2.2\text{k}\Omega$ としている），抵抗 R_1 による電圧降下で，結果的に電圧増幅回路を構成することができます．

ここで図14-10のように，このFETの入力電圧対出力電流の特性を最初に測定してみます（以降，「**V-I特性**」と説明する．単位はジーメンス［S］だが難しくなるので詳細は示さない）．なお，この入力電圧のことを，以降では**設定電圧**として説明していきます．

さて，図を見てみると，この $V\text{-}I$ 特性はカーブしていることがわかります．直線ではありません．

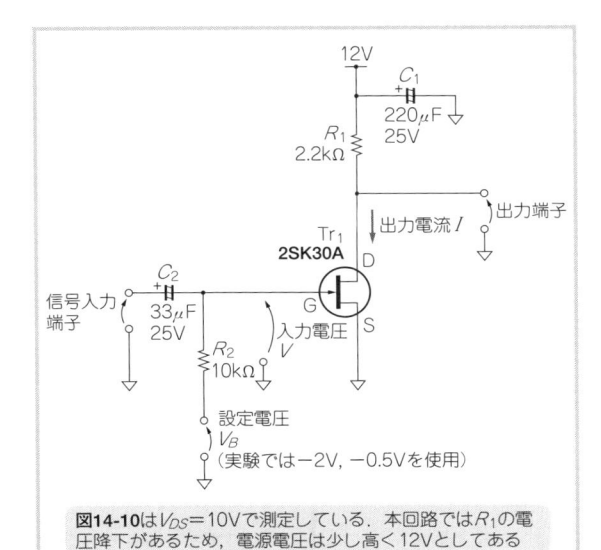

図14-9 2SK30Aを使った増幅回路の基本構成
FETは入力電圧（Gで示すゲート電圧）に応じて出力の電流値（Dで示すドレイン電流）が変化する．抵抗 R_1 の大きさを適切に選べば電圧増幅回路を構成できる．まずは図14-10で，この2SK30Aの入力電圧対出力電流の特性を測定する．

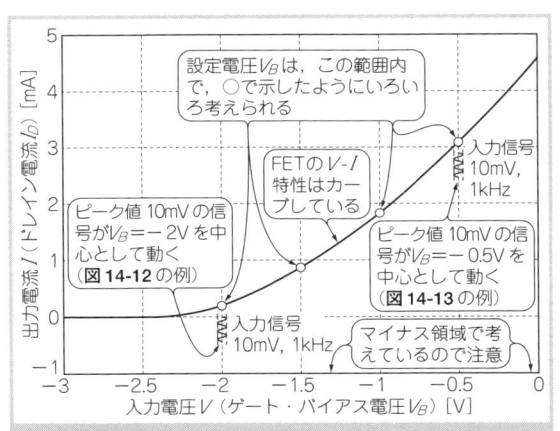

図14-10は $V_{DS}=10\text{V}$ で測定している．本回路では R_1 の電圧降下があるため，電源電圧は少し高く12Vとしてある

図14-10 FETの $V\text{-}I$ 特性と入力信号がその上で1kHzで動くようす
図14-9の2SK30Aの「$V\text{-}I$ 特性」を測定する．つづいて入力電圧（ゲート・バイアス電圧 V_B）を「設定電圧」として説明していく．$V\text{-}I$ 特性はカーブしていることがわかる．以降この設定電圧 V_B を変え，それぞれの増幅率を測定する．

▶設定電圧を中心として，10 mV の 1 kHz の信号電圧が加わることを考える(これが微分に関係している)

ここに図 14-9 の**信号入力端子**からピーク値 10 mV の 1 kHz の信号(これを増幅したいとする)を入力してみます．図 14-9 の回路は，先ほど説明した V-I 特性(図 14-10)での，ある電圧対電流の点が基本位置(静状態という)になるように，FET の入力に設定電圧 V_B が加わっています．電子回路ではこのように基本となる直流電圧を設定する必要があります(これを「バイアス電圧」という)．

▶設定電圧は回路が動く範囲内でいろいろと考えられる

この 1 kHz/10 mV の入力信号は，この設定電圧 V_B を中心として動くことになります．設定電圧 V_B の電圧位置は図 14-10 の範囲内でいろいろと考えられます．例えば，設定電圧 V_B = $-$2 V，$-$1.5 V，$-$1 V，$-$0.5 V などと設定できます．これを中心にして入力信号が 1 kHz/10 mV で振動します．

この設定電圧 V_B のそれぞれの位置では図 14-10 の**カーブの傾斜量/傾き**が違いますね．これが「微分を考えざるをえない場面」に関係しています．

● 実験で増幅率を考えてみる

それでは図 14-11 のような構成で，増幅率を測定してみましょう．オシロスコープで観測できるように，後段に電圧増幅率 10 倍のアンプを接続しています．

図 14-12 は V_B = $-$2 V とした場合で，出力の電圧ピーク値は 190 mV となっています．10 倍のアンプのぶんを取り除くと，実質は 190 mV/10 = 19 mV で，この場合の回路の**電圧増幅率**は 19 mV/10 mV = 1.9 です．

一方，図 14-13 は V_B = $-$0.5 V とした場合です．電圧ピーク値は 560 mV で，上記と同じ計算をすると，この場合の**電圧増幅率**は 56 mV/10 mV = 5.6 です．増幅率が設定電圧 V_B によって違いますね．

▶電圧増幅率は V-I 特性の微分値に比例する

実験で増幅率が異なった理由を，図 14-10 と図 14-14 で説明します．

10 mV の入力信号に対する増幅動作というのは，図 14-10 の FET の V-I 特性上では，設定電圧 V_B の周りの**ほんの小さな一部分**です．つまり，このときの電圧増幅率は，図 14-10 の V-I 特性カーブの**傾斜量**…「単位電圧あたりの電流変動量」…つまり**微分値に比例する**と考えることができます(出力電圧は出力電流に抵抗 R を掛けた大きさである)．

図 14-10 の傾斜量が小さければ増幅率が小さく，大きければ増幅率が大きいということですね．

図 14-11 測定システムの構成
図 14-9 の特性を測定するシステム．入力レベルが 10 mV と小さいので，後段に電圧増幅率 10 倍のアンプを接続し，オシロスコープで観測できるレベルまで増幅させている．

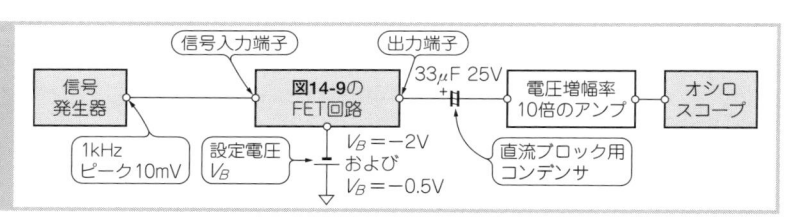

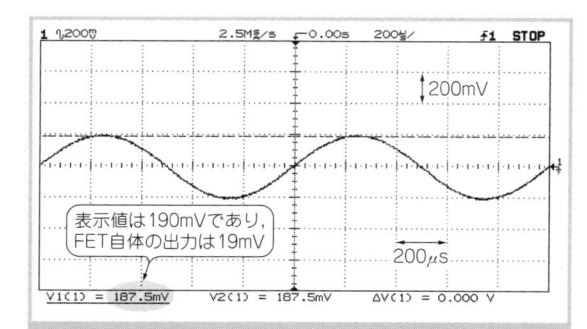

図 14-12 V_B = $-$2 V とした場合の出力電圧波形
図 14-11 のように後段に 10 倍のアンプをつけて増幅している．出力の電圧ピーク値は 190 mV．10 倍のアンプのぶんを取り除くと，実質は 190 mV/10 = 19 mV で，このとき図 14-9 の回路の電圧増幅率は 19 mV/10 mV = 1.9 となる．

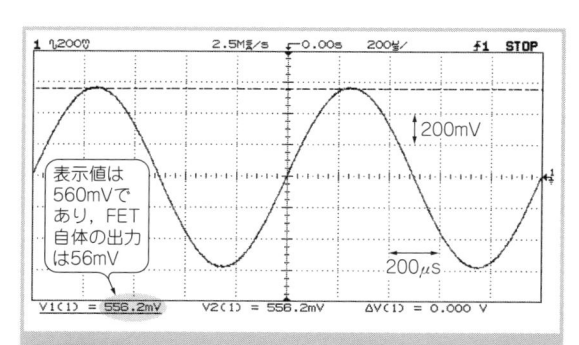

図 14-13 V_B = $-$0.5 V とした場合の出力電圧波形
図 14-11 のように後段に 10 倍のアンプをつけて増幅している．出力の電圧ピーク値は 560 mV．10 倍のアンプのぶんを取り除くと，実質は 560 mV/10 = 56 mV で，このとき図 14-9 の回路の電圧増幅率は 56 mV/10 mV = 5.6 となる．

表14-1 ここまで説明してきた増幅度の関係のまとめ

設定電圧 $V_B=-2$ V と $V_B=-0.5$ V での増幅率の計算値と実測値を比較する．計算値は V-I 特性の微分値の大きさ(図14-14)を用いた．3列目と4列目はほぼ同じ結果で，図14-9の回路の電圧増幅率は図14-10の微分値に比例していることがわかる．

図14-14での大きさ		左の大きさに$R_1=2.2\mathrm{k}\Omega$を掛ける（電圧増幅率の計算値）	実験による電圧増幅率
V_B	微分値[mS]		
-2V	0.9	2.0倍	1.9倍
-0.5V	2.6	5.7倍	5.6倍

▶実際のグラフから増幅率の違いを確認してみる

この考えを基本として図14-14と表14-1を見てください．図14-14は図14-10の V-I 特性カーブを**微分値**として書き直したものです(単位はジーメンス[S])．この大きさが実際の増幅率に比例するのです．

表14-1に，図14-14上の $V_B=-2$ V と $V_B=-0.5$ V での V-I 特性の微分値の大きさと，ここまで説明してきたことをまとめて示しています．

3列目(計算値)と4列目(実験値)をそれぞれ比較するとほぼ同じですね．このように，10 mVの入力信号の電圧増幅率は図14-10のカーブの微分値に比例しているのです．

● プロの回路設計の現場で注意したいこと2点！
▶電子回路シミュレータは小信号特性という微分した増幅率で考えている

回路初心者やフレッシャーズも電子回路シミュレー

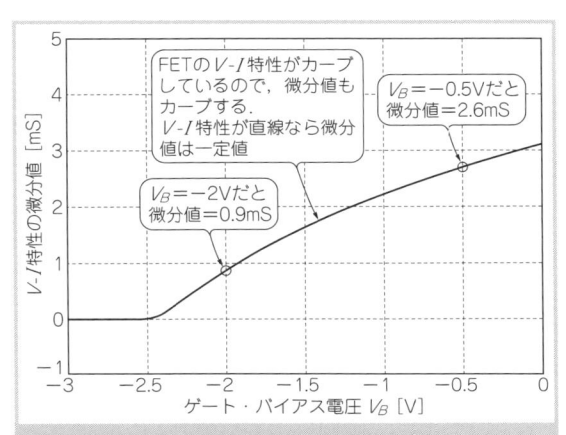

図14-14 FETの V-I 特性の微分値を考える
図14-10の V-I 特性カーブ(図14-9の2SK30Aの増幅回路)を微分値として書き直した．この微分値が実際の増幅率(小信号特性)になる．2点の V_B (-2 V, -0.5 V)について表14-1にまとめた．微分値の単位はジーメンス[S]．

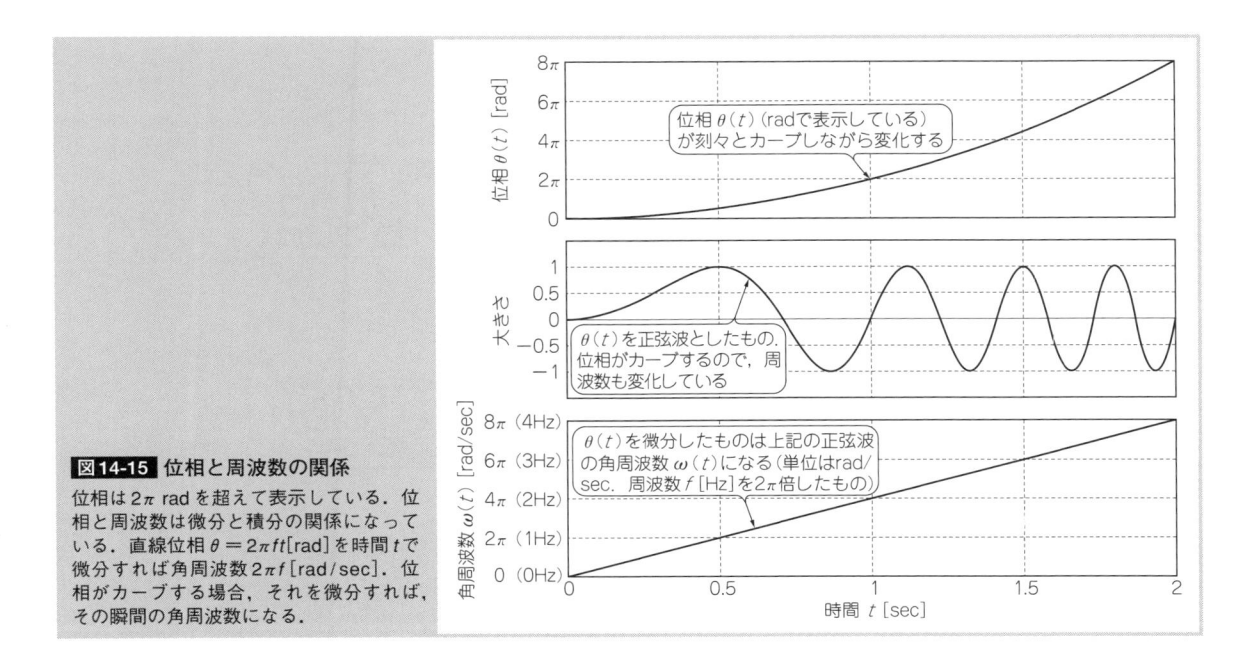

図14-15 位相と周波数の関係
位相は 2π rad を超えて表示している．位相と周波数は微分と積分の関係になっている．直線位相 $\theta=2\pi ft$ [rad] を時間 t で微分すれば角周波数 $2\pi f$ [rad/sec]．位相がカーブする場合，それを微分すれば，その瞬間の角周波数になる．

14-5 FETで実験しながら電子回路で使われる微分を考える

タを使うことが多いでしょう．このうちAC解析という解析機能で計算される増幅率などの回路の動きを求めるときは，回路を動作させている**設定電圧位置**での，ここで説明した「微分した増幅率」を用いて計算しています．これを**小信号解析**と言います．

信号レベルが大きくなったり，設定電圧が違う位置であったり，FETやバイポーラ・トランジスタなどの素子ばらつきがあったりすると，シミュレーションの結果と実測が異なるので注意しましょう．

▶ばらつきなども許容する設計をしている

設定電圧 V_B が異なることや，素子ごとに図14-10の V-I 特性カーブがばらついたりすることで，結果的に増幅率は変わってしまいます．

とはいえ，実際のプロの電子回路設計では，このような電子素子自体が原因となる特性差やばらつきが見えてこないように回路を形成し（負帰還技術，差動増幅，V_B の最適化，ランク指定など），製品化しています．この辺が，皆さんが師事する先輩たちのノウハウなのです．

コラム14-2　微分は実際の回路でもいろいろ利用される

● A-D変換器のDNLも微分のようなもの

アナログ信号をディジタル値に変換するIC，A-D（Analog to Digital）変換器は，アナログ値がぴったりとディジタル値に変換されるわけではなく，いくらかの誤差がどうしても出てしまいます．その誤差を以下の2種類の表し方で評価します．ディジタル値をアナログ信号に変換するIC，D-A（Digital to Analog）変換器でも考え方は同じです．

▶ DNL［Differential Non Linearity(error)：微分非直線性誤差］

DNLは，入力出力の各ステップを個別に見た場合の理想ステップとのズレを意味します（**図14-A**）．

これは本来の微分の意味合いである「無限に小さい区間」ではありませんが，電子回路で微分の考え方が応用されるものです．

図14-Aのように，本来のディジタル出力が変化すべきアナログ電圧レベルから，実際にディジタル出力が変化するアナログ電圧レベルとの差分をDNL誤差として（最小分解能1 LSB；Least Significan Bit を単位として），

$$\frac{\text{次のポイントの変化点} - \text{あるポイントの変化点}}{\text{理想ステップ}} - 1 \,[\text{LSB}] \quad \cdots\cdots (14\text{-A})$$

として求めるものです．

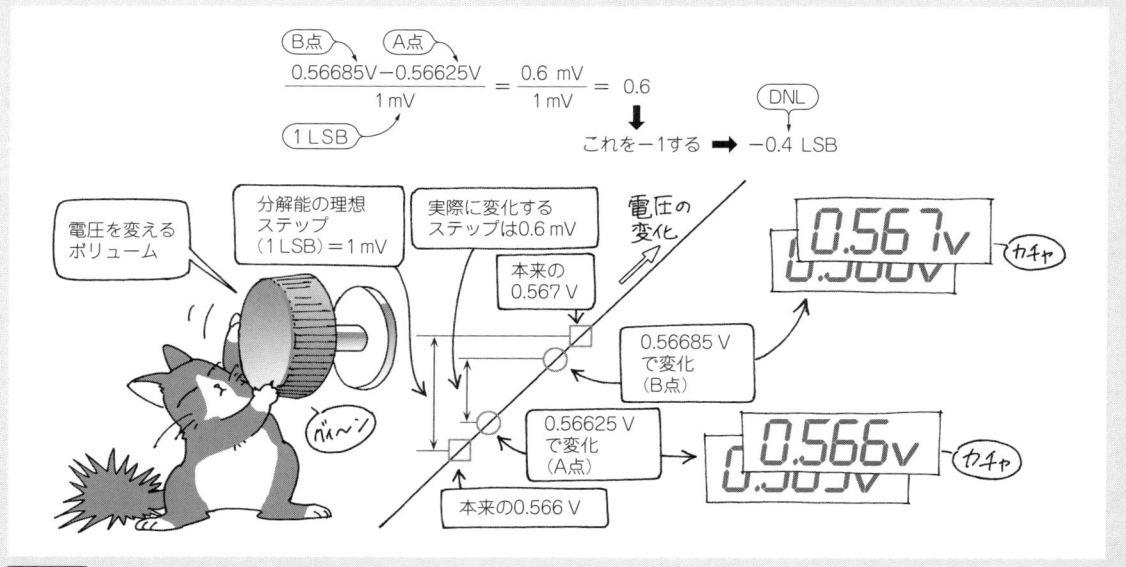

図14-A A-D変換器のDNL誤差の考え方
本来ディジタル出力が変化すべきアナログ電圧レベル（0.567 V－0.566 V＝1 mV）から，実際に変化するアナログ電圧レベル（0.56685 V－0.56625 V＝0.6 mV）との差分を求めるもの．なおこの図はイメージ．

14-6 回路評価で必要とされる微分の考え方

ここでは，上記以外でも実際に回路を評価するときに微分の考え方が必要になる，その他のシーンについていくつか例を挙げてみます．なお電磁気学では積分と微分は必須の知識です．

●位相と周波数は相互に微分と積分の関係

位相と周波数は微分と積分の関係にあります．一定周波数 f[Hz]で考えると，位相 θ は $\theta = 2\pi ft$[rad]ですから，位相を時間 t で微分したもの，つまり $2\pi f$[rad/sec]は角周波数を表すことがわかります．

図14-15のように位相が刻々とカーブしながら変化する場合[図では位相を $\theta(t)$ としている．周波数変調波などが例]を考えます．これを微分したものが，その瞬間の周波数 $f(t)$ を 2π 倍したもの[角周波数 $\omega(t)$]になります．つまり，

$$\omega(t) = 2\pi f(t) = \frac{d}{dt}\theta(t) \quad \cdots\cdots\cdots\cdots (14-19)$$

この話を逆に積分で考えると，周波数を積分した

▶INL[Integral Non Linearity(error)：積分非直線性誤差]

またINLという評価方法もあります．A-D変換器の入力電圧全体にわたって，出力の非直線性を表します．詳しくはA-D変換器に関する書籍などを参考にしてください．

●微分を使って最大電力の伝達計算ができる（最大・最小の計算）

図14-B(a)のような電圧源に出力抵抗 R_S がある場合に，負荷抵抗 R_L を接続したときに，R_L に供給される電力を最大にする条件も微分で計算できます（この条件は $R_S = R_L$ になる）．この説明もちょっと複雑なので，エッセンスだけ説明しておきます．まず，

$$P = I^2 R_L = \left(\frac{V}{R_S + R_L}\right)^2 R_L \quad \cdots\cdots (14-B)$$

として式を立て，これを R_L で微分すると，図14-B(b)の下のグラフのように電力変化の傾斜量（微分値）が求められます．

これをイコール・ゼロとして，電力変化の傾きがゼロ，つまりこの場合は最大点…のポイントを求めることができます（答えは $R_S = R_L$ のときになる）．

なお厳密には，これだけで最大かどうかはわかりません．最小の可能性もあるからです．式(14-B)を例として説明すると，この式をさらにもう一回微分して，この式の R_L に先ほど求めた大きさを代入し，この答えがマイナスの場合に「最大のポイント」だと判定することができます．

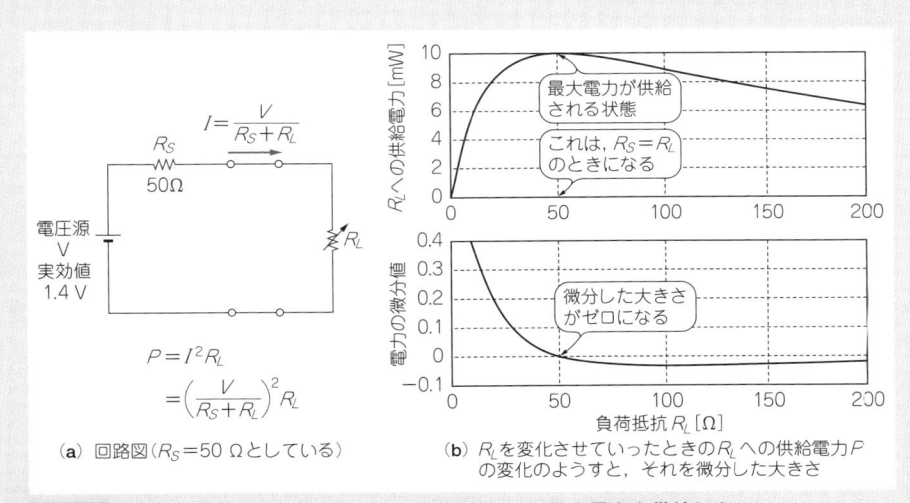

(a) 回路図（$R_S = 50\,\Omega$ としている）

(b) R_L を変化させていったときの R_L への供給電力 P の変化のようすと，それを微分した大きさ

図14-B 電圧源に抵抗 R_S がある場合に，負荷抵抗 R_L に最大電力を供給したい
R_L に供給される電力を最大にする条件も微分で計算できる．電力 P を R_L で微分すると，電力の微分値が求められる．この傾きがゼロのポイントが最大の条件（$R_S = R_L$ のときになる）．

第14章のキーワード解説

①積分
　変動する量を積み重ねた(累積させた)全体量(それぞれの量を関数として考える)を計算する方法．微分と対になり「微分積分学」という体系を構成する．

②電磁気学
　電圧，電流，電界，磁界を基本とした電気のふるまいを考える学問．基本中の基本の学問ではあるが，マクスウェルの方程式(さらには量子力学，相対性理論にもまたぐ)などの難解な分野まで幅広い．

③位相
　同じ周波数(周期)の二つの正弦波(サイン波)間の位置ずれ．1周期を360°(弧度法で2π rad)として，ずれ量を表す．

④積分定数
　積分を開始する前の初期値/初期状態．定数であるため，積分定数のある関数を再度微分すると，この定数は消えてしまう．

⑤ラプラス変換
　積分変換という手法のひとつ．時間で表現された関数をラプラス変数sで積分変換し，このsという特殊な数学世界で計算させ，微分方程式や過渡現象などの答えを得るもの．

⑥定常状態
　静止した状態．電子回路で言えば直流回路がこれに該当する．しかし交流回路も正弦波信号については，安定して動いているとみなされており，この場合も定常状態と呼ぶ．

⑦ジーメンス[S] (Siemens)
　抵抗量[Ω]の逆数(I/V)の単位．電気導電率とかコンダクタンスと呼ばれる．かつてはΩの記号を逆さにしたモー(℧，mho)という記号が用いられていた．FETなどは入力がVで出力がIなので，伝達関数がI/Vであり「トランス・コンダクタンス」素子とも呼ばれる．

⑧ランク指定
　同じ型番のトランジスタやFETでも増幅率がばらついて大きく異なるため，2～4種類に増幅率を区分けして販売されている場合がある．製造部品指定をするときに，この区分けを指定することを言う．

⑨群遅延特性
　アンプやフィルタなどでの，入力信号に対しての出力信号の周波数ごとの遅延時間．波形のひずみに影響を与える量．次の第15章で説明する．

ものが位相になるので，刻々と変化する周波数$f(t)$の場合(これも周波数変調波などが例となる)の位相$\theta(t)$は，

$$\theta(t) = 2\pi \int_0^{t_1} f(t)\,dt + \theta_0 \cdots\cdots(14-20)$$

となります．式には最初の位相ということでθ_0(初期値．積分定数Cの意味)を入れています．

●群遅延特性は位相を周波数で微分する

　次の章で詳しく説明しますが，回路の角周波数ω($=2\pi f$)ごとの入力対出力の位相の関係を，群遅延量$\tau(\omega)$[sec]として以下のように表します．

$$\tau(\omega)\,[\text{sec}] = \frac{d\theta(\omega)}{d\omega} \cdots\cdots(14-21)$$

　　$d\theta(\omega)$：位相量変化量[rad]
　　$d\omega$：角周波数変化量[rad/sec]

●まとめ

　前章と本章の2章にわたって，積分と微分について説明しました．学校で機械的に覚えてきた積分/微分は，実際の物理的/日常的現象を数式で表すものなのです．その数式を電子回路に適用して考えてみれば，回路の動きのより深いところを理解できるといえるでしょう．

　しかし一方で，難しいところまで理解する必要もありません．電子回路シミュレータで電子回路を精密に解析できる現在では，「基本的にどんな感じで動いているのか」というところがわかっていれば，かなりの場面で対応できます．

　次の章では，この微分を活用したツール，「群遅延」について理解していきましょう．

第5部
群遅延と特性インピーダンス

　電子回路は，アナログ回路かディジタル回路かを問わず，ハイスピード化が進んでいます．これらの高速・高周波信号を扱う回路を正しく設計し，正しく評価するためには，第5部で説明する「群遅延」と「特性インピーダンス」の理解が欠かせません．
　信号が伝わるには時間がかかること，信号は実際には「波」として伝わっていること，この二つを十分に理解して，高度なシステムにも対応できるハイレベルな技術者を目指しましょう．

ツール7 群遅延	第15章　回路が信号波形を変形させる度合い「群遅延」

ツール8 特性インピーダンス	第16章　ケーブル内を伝わる交流信号の電圧と電流の比「特性インピーダンス」 第17章　特性インピーダンスの目でケーブル内の電圧と電流を透かし見る

第15章
ツール7 群遅延

アナログ回路での信号評価の重要ポイント
回路が信号波形を変形させる度合い「群遅延」

群遅延は，特にフィルタ回路(それも無線通信の変復調信号を扱うものでは最重要)やオーディオ・システムで，波形の再現性を考えるときに重要な概念です．

群遅延は，回路や素子の入出力間を信号が伝わっていくときの通過時間量です．しかし，単純な通過時間量として定義されていないところが，ちょっと厄介です(そのため本章では繰り返して説明をする)．とはいえ群遅延を使えば，回路やフィルタを通過した信号の波形の崩れや，再現性がどれだけ悪くなるかを評価できるので，便利なツールとして実際の回路設計現場でもよく使われます．

15-1 群遅延の必要性と意味をまず理解しよう

読んでいくなかで混乱するといけないので，本章で使う用語のなかで大事なものを，まず表15-1に定義しておきましょう．

群遅延 t_g [時間量なので t，「群」の意味をこめて g (group)を付けている]は「群遅延時間」とも呼ばれ，単位は時間[sec]です．回路理論的，数学的な話をするまえに，最初に日常的/直感的なたとえ話で，群遅延の意味合いをイメージしてみましょう．

●コーラスを例にして群遅延をイメージする

例えば，図15-1のように3人がコーラスで歌っていることを考えます．それぞれが低・中・高域の自分のパートを担当しています．このコーラスを目の前で聞くと，全体で美しい和音となって聞こえます．

それでは，これを同図のように，それぞれの声をそれぞれのパイプを通して，さらにそのパイプのうち1本だけが非常に長く，そのため他の2本と比べて半テンポ遅れてパイプから音が出てくるとします(どのパイプにも減衰や損失はないものとする)．

この3本のパイプから出てきた音を聞いてみると，一つだけ半テンポ遅れて聞こえますから，まともなコーラスには聞こえません(美しく聞こえない)．

この図15-1のパイプの通過時間を電子回路に置き換えたものが，群遅延の基本的な意味合いを示しています(本当はこれは位相遅延のこと．群遅延はもう少

表15-1 本章で使う大事な用語を定義しておく
用語が不明確のままだと，読んでいくなかで混乱するといけないので，きちんと定義しておく．一般的に使われる用語と本書で定義する用語が混在するので注意いただきたい．

用語	定義
通過時間	入力から出力に信号が伝わっていくときにかかる時間．絶対的な量という意味を込めている(本書で定義する用語)
位相遅延 t_p	経過時間と同じこと(一般的に使われる用語)
相対遅延時間	群遅延と同じことだが，通過時間と区別するため用いている(本書で定義する用語)
群遅延 t_g	本書の主題(一般的に使われる用語)

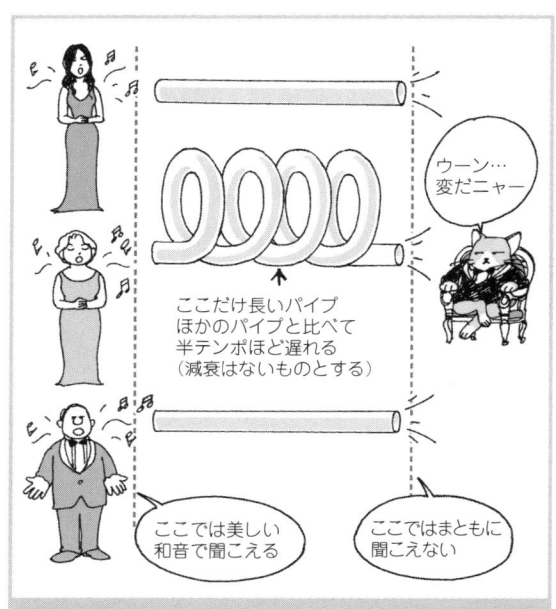

図15-1 コーラスで1人だけ半テンポ遅れるとまともに聞こえない
それぞれが低・中・高域を担当．このコーラスを目の前で聞くと美しく聞こえる．しかし1パートだけを非常に長いパイプを通した場合はまともに聞こえない．このパイプの通過時間を電子回路に置き換えたものが，群遅延の基本的な意味合い．

第5部 群遅延と特性インピーダンス

し複雑に定義された時間量).この時間量のずれを評価するものが群遅延です.

なお,群遅延はちょっと複雑な概念ではありますが,逆に群遅延をこの程度で理解しているだけでも,日常の回路設計現場では十分です.

● 群遅延はビート周波数ということがポイント

次に,群遅延の必要性と意味合いをグラフィカルに理解してみましょう.

三つの周波数(3 kHz,4 kHz,5 kHz)からなる信号が,2種類のフィルタ回路に入力されることを考えてみましょう.

図15-2の2種類の回路に,3 kHz-4 kHzのペア信号①と4 kHz-5 kHzのペア信号②がそれぞれ入力されると考えます.フィルタ回路は特定の周波数を通さないようにするものですが,ここでは説明を簡単にするために,この三つの周波数は素通りし,それぞれの通過時間のみが異なるものとします.

▶ フィルタに入力する信号は二つの周波数が干渉し合って,ビートが生じている

回路に入力されるペア信号①と②の波形を図15-3(a)に示します.それぞれ二つの周波数が干渉し合い,ビートの周波数(うなり;本書では差の周波数の1/2を「ビート」と説明する.ここではどちらも0.5 kHz)が生じていることがわかります.

▶ 信号がフィルタ内部を伝わる通過時間が周波数によって変化しないとき

図15-2(a)は,フィルタ内部を信号が伝わる通過時間が0.5 ms一定で,周波数によって時間が変化しないフィルタ回路です.

ここにペア信号①と②が入力され,回路を通って出力に現れた波形を,図15-3(b)に示します.ペア信号①と②ともども,波形は同じタイミングで出力に現れていることがわかりますね(このときの群遅延は0.5 ms).

▶ フィルタ内部を伝わる通過時間が周波数で変化するとき

一方で,図15-2(b)は3 kHzと4 kHzでは通過時間が0.5 ms,5 kHzでは通過時間が0.6 msかかるフィルタ回路です.

回路を通過したペア信号①と②の波形を図15-3(c)に示します.ペア信号①は0.5 ms一定の同図(b)と同じですが,ペア信号②は通過時間が異なるために,干渉し合ったビートの波形(差の1/2の周波数;0.5 kHzの波形)が遅延していることがわかりますね(このときの群遅延t_gは1 ms.詳しくは後述.上のペア信号①の波形と比較して0.5 ms遅延している).

これではペア信号①と②が同時にフィルタを通った場合,ペア信号①と②がさらに合成された全体の波形は,形が崩れて本来の波形が得られません.これはまるで,図15-1の半テンポずれた話と同じですね.これを数値で表すツールが「群遅延」です.

● 波形崩れを考える必要があるのは,複数の波形が同時に回路を通過するから

回路を通過する信号が単一周波数の正弦波の場合は,「複数の波の相互関係」が生じませんから,その正弦波は単に遅延しただけで,同じ正弦波の波形形状を維持したままで出力に現れます.

しかし,先に説明した「ペア信号①とペア信号②が同時に…」というように,**複数の波形が同時にその回路を通過するときは,波形の崩れを考えなくてはいけません**.現実の回路では,複数の信号が合成された複雑な波形ですから,これは重要な話です.

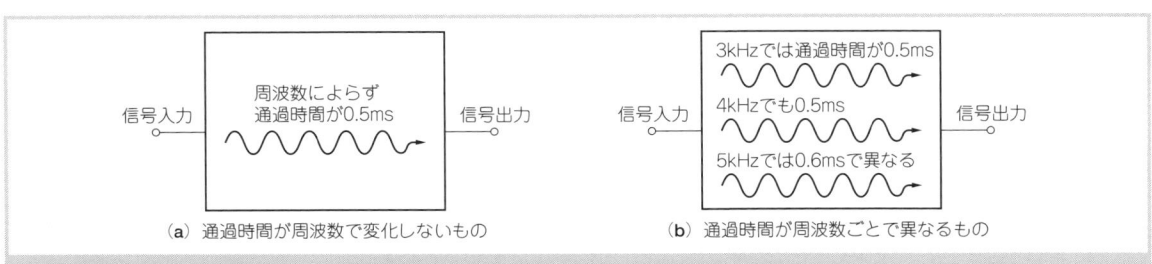

図15-2 フィルタ回路内部を伝わる通過時間の違いで群遅延の意味合いを理解する
(a)は内部の通過時間が周波数によって変化しないもの.(b)は5 kHzだけ通過時間が異なるもの.ここに3 kHz-4 kHzのペア信号①と4 kHz-5 kHzのペア信号②が入力されることを考える.説明を簡単にするため,フィルタは信号を素通しするものとする.

15-1 群遅延の必要性と意味をまず理解しよう

図15-3関連の波形図

(a) フィルタ回路に入力されるペア信号①とペア信号②
- ビートの周波数 0.5kHz
- 3kHzと4kHzのペア信号①
- ビートの周波数 0.5kHz
- 4kHzと5kHzのペア信号②

(b) 通過時間が一定のフィルタ回路を通って出力に現れた波形
- ビート周波数の遅れが0.5ms
- ビートの周波数0.5kHz
- 3kHzと4kHzのペア信号①
- ビート周波数の遅れが0.5ms
- 4kHzと5kHzのペア信号②

(c) 通過時間が異なるフィルタ回路を通って出力に現れた波形
- ビート周波数の遅れは0.5msのまま
- ビートの周波数0.5kHz
- 3kHzと4kHzのペア信号①
- ビート周波数の遅れが1ms（ペア信号①から0.5msになる！）
- 4kHzと5kHzのペア信号②

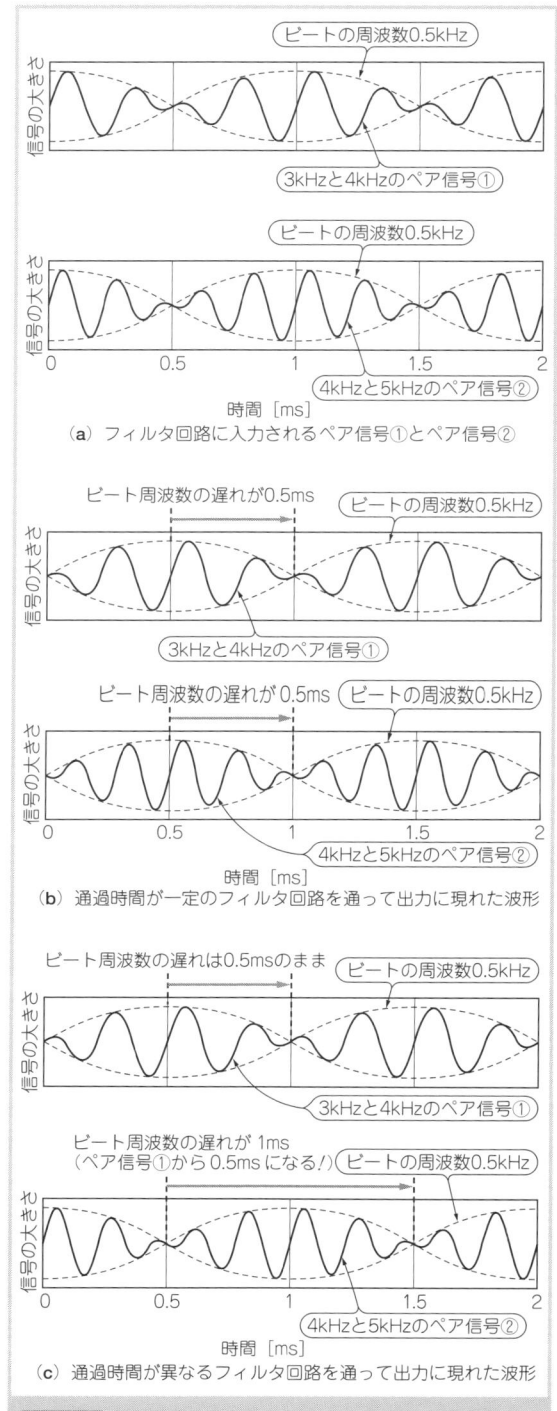

図15-3 ペア信号が図15-2のフィルタを通過するとき通過時間が異なるとビート周波数の波形が遅延する
2周波数の信号で(a)のようにビート(0.5kHz)が生じる．(b)は通過時間が一定な場合で出力のビートのタイミングが同じ．(c)は通過時間が周波数ごとに異なる場合で，出力のビートのタイミングが異なる（ペア②の群遅延 t_g はペア①と比較して0.5ms遅延している）．

15-2 通過時間を計測する「位相遅延」を群遅延の前座として理解する

本章の後半で詳しく説明しますが，群遅延はちょっとややこしく定義された「時間量」です．これ以降を読んでいくと「そんなことなら，図15-1のように入力から出力間の通過時間を計測すればいいだろう」と思うでしょう．しかし，それが簡単にできないので，群遅延が用いられるのです．

ここでは，最初に回路の通過時間を計測するための「位相遅延」という考え方を示し，位相遅延では通過時間を計測するにはちょっと不十分だということを説明していきます．

●通過時間の計測は簡単にはできない

例えば，図15-4のように1MHzの信号（周期は1μs）を回路A/B/C/D/Eに通して，その出力に現れる信号を測定し，これらの回路それぞれの通過時間を計測してみたとします．

これから説明する測定方法で求める通過時間を，「位相遅延量」t_p[sec]と言います［変数 t_p は時間量なので t，かつ「位相」の意味をこめて p（phase）を付けている］．

通過時間は，回路Aはゼロ，Bは0.25μs，Cは0.75μs，Dは1μs，Eは1.25μsとします．入力と出力の波形を図中のように位相の遅延・位相差として比較してみると，入出力間での位相差が，Aは0°，Bは$-\pi/2$ rad（$-90°$，遅れ位相なので符号はマイナス）です．

▶位相は $\pm\pi$ rad（$\pm 180°$）．しかし，この場合は遅れ位相しかないので $0 \sim -2\pi$ rad までを識別できる

ここまで本書では「位相は $\pm\pi$ rad，$\pm 180°$ である」と説明してきました．回路計算上の考え方としてはそれで間違いありません．しかし，通過時間の計測とすると，こんな場合が考えられます．

図15-4のCは $-3\pi/2$ rad です．「位相は $\pm\pi$ rad（$\pm 180°$）ではないの？」と思うでしょう．遅延量で考えるこの場合は位相が進むことはないので，$0 \sim +\pi$ rad を考える必要はありません．遅れの時間だけを考えればよいのです．そこで「$0 \sim -\pi \sim -2\pi$ rad までも識別できるのだ」と考えることができるわけですね．

▶とはいえ，さすがに -2π rad 以上は識別できない

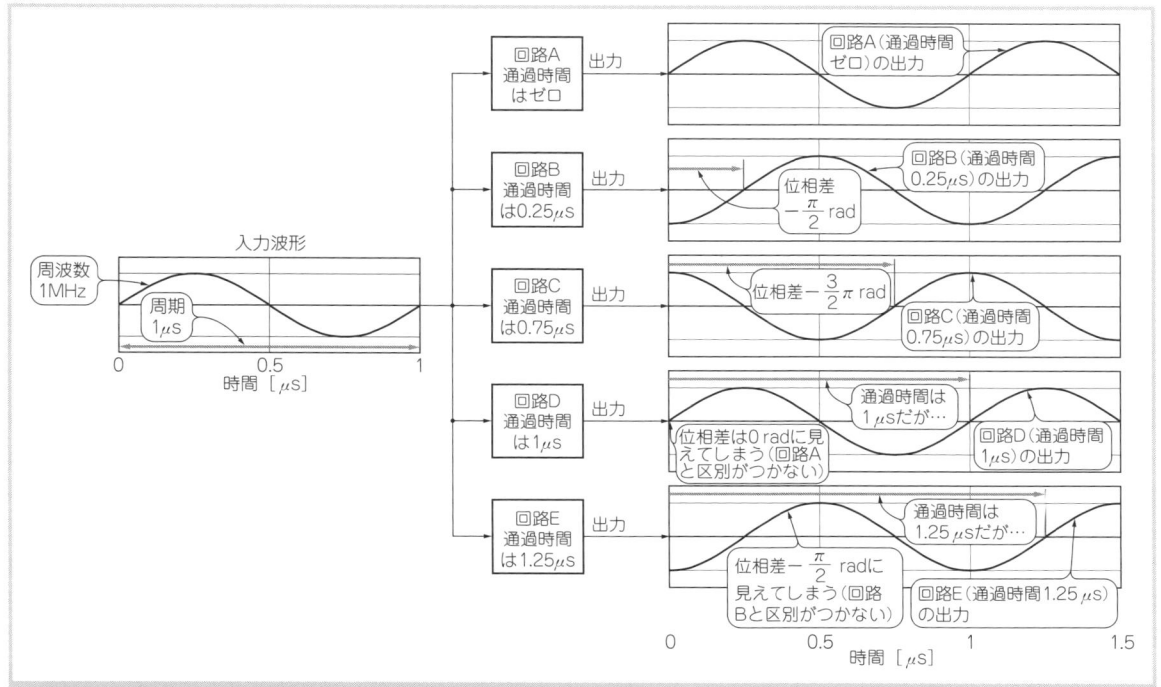

図15-4 通過時間を計測したいが，そう簡単にはいかない
信号の入出力の関係から通過時間を計測する．回路Cまでは計測可能だが，回路Dは位相は0 radに見え，回路Aと区別がつかない．回路Eも回路Bと同じように見える．通過時間が信号の1周期を超える場合，その通過時間を計算できない．

　それではもっと長い通過時間を考えてみましょう．**図15-4**の回路Dは1 μsです．ところが，この通過時間があっても（測定に使われる波形が正弦波であるために），位相は0 radに見えてしまいます．Aと区別ができないわけです．

　回路EもBと同じ$-\pi/2$ rad（$-90°$）に見えてしまいます．これでは1 μs以上の通過時間を識別することができないですね．

　このように，通過時間が信号の1周期の時間を越える回路では，位相を測定するだけでは，**きちんとした通過時間を計算することができません．**

▶そんなに通過時間が長い素子なんてあるの？…実は身近に結構多い

　ところで，信号の周期より通過時間が長いなんて「そんな素子があるのか？」と思われるでしょう．これが結構あるのです．バンド・パス・フィルタなどは，このような特性を示すものが多いのです．

●これをそのまま考えてしまうのが位相遅延（通過時間を限定条件下で求められる）

　「位相を単純に測定しても，回路の正しい通過時間を求めることが難しい」ことがわかりました．

　とはいえ，信号の1周期を越えない範囲の通過時間であれば，正しい通過時間を計算することができることもわかりましたね．この場合，「**位相遅延量 t_p＝通過時間**」で，

$$t_p(\omega) = -\frac{\theta(\omega)}{\omega} \quad \cdots\cdots\cdots\cdots\cdots\cdots (15-1)$$

$t_p(\omega)$：ωでの位相遅延量[sec]
$\theta(\omega)$：位相量[rad]
ω：角周波数[rad/sec]

と表します．ここで位相量 $\theta(\omega)$ は弧度法[rad]で表記し（他の参考書では位相遅延や群遅延での θ を記号 ϕ で説明するものが多い），周波数は角周波数 ω [rad/sec]（$\omega = 2\pi f$）です．周波数 f[Hz]をそのまま使うわけではないので注意してください．

●群遅延は回路動作で必要十分な通過時間の情報が得られる

　この通過時間と位相の問題に群遅延がツールとして威力を発揮します．**群遅延でも通過時間自体を測定することはできませんが**，実際の回路動作として必要十

分な「回路の出力端での，相対的な遅延時間量」の情報を得ることができます(ここでの群遅延の説明では「**通過時間**」のかわりに「**相対遅延時間**」という用語を用い，相対的な大きさの意味合いをもたせておく).

絶対的な通過時間がわからなくても，**図15-1**のコーラスの例を考えてみれば，相対的な違いさえわかればよいことは，直感的にも理解できるでしょう.

▶現場では周波数ごとの回路通過時間だと理解していても日常では十分

以降で説明するように，実際には**群遅延と位相遅延は異なる概念**ですが，日常の回路設計現場では，群遅延は「周波数ごとの回路通過時間」程度の理解でも十分です.

15-3 群遅延は周波数成分ごとの相対遅延時間量で評価するツール

群遅延は，出力端で測定できる，周波数ごとの「相対的な遅延時間量」の情報です．以降では，その本来の意味合いを考えてみましょう．

●素子/回路の内部通過時間から位相遅延量を求める

さて，ここまでは通過時間を「(**図15-1**のように)パイプの長さが異なる」という視点で見てきました．しかしここでは，内部を信号が通過する**通過時間が周波数ごとに異なる**素子や回路を考えます(以降「回路」と説明)．

▶位相が $0 \sim -2\pi$ rad に限定されないものとして作画してみる

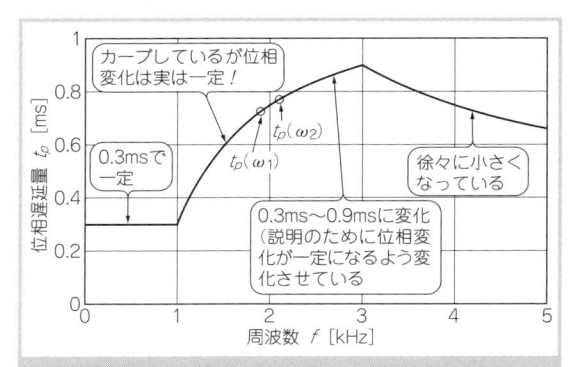

図15-5 入出力間の位相遅延量(通過時間)が変化する回路の周波数特性 $t_p(\omega)$
周波数ごとに通過時間が異なる回路．群遅延が一定(位相の傾斜が直線)になる条件で設定．位相変化が直線でも位相遅延 $t_p(\omega)$ がカーブしているところが興味深い．なお $\omega = 2\pi f$.

注15-1：ここでは各変化点では特性が折れ曲がっているという仮定をしているので，群遅延も不連続的に変化しているが，実際の回路では滑らかにそれぞれ変化する．

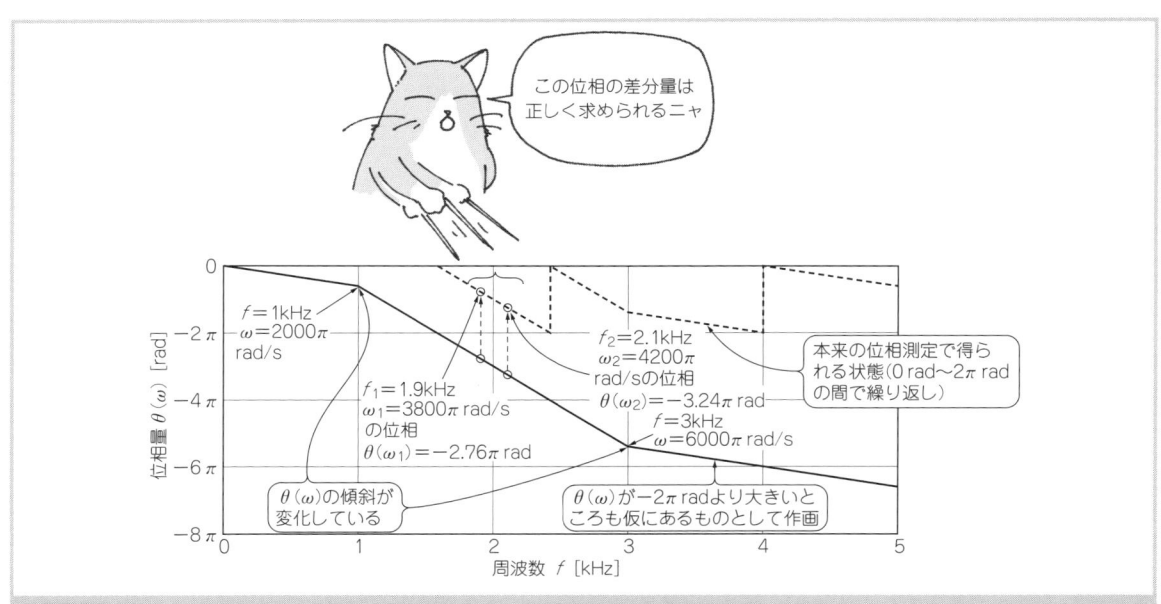

図15-6 図15-5の回路の入出力間の位相遅延 $t_p(\omega)$ を位相量 $\theta(\omega)$ として計算する
実線は -2π rad を越える部分もそのまま計算上の考え方としてプロット．破線は本来の位相測定で得られる状態でプロット．なお， $\omega = 2\pi f$.

この「周波数ごとに通過時間が異なる」回路を，例えば図15-5のような位相遅延（通過時間）の周波数特性 $t_p(\omega)$ をもつものとしてみます注15-1．1 kHzまでは0.3 msで一定，1〜3 kHzはあるカーブをもって（位相変化が一定になるように変化させている）0.9 msまで上昇し，3 kHz以上ではまた0.9 msから徐々に小さくなっていきます．

これは本書での説明をつなげていくために，群遅延が一定（位相の傾斜が直線）になる条件で作画しています．しかし，位相が直線で変化しても位相遅延 $t_p(\omega)$ が「カーブしている」ところが興味深いですね．

位相遅延の式(15-1)を変形し，

$$\theta(\omega)\,[\mathrm{rad}] = -t_p(\omega) \times \omega \quad \cdots\cdots\cdots (15\text{-}2)$$

のようにして，図15-5の位相遅延 $t_p(\omega)$ から，位相量 $\theta(\omega)$ として計算し直してみたものが図15-6です（第4章，第5章での位相の考え方どおりに，位相の基準は入力信号のタイミングを基準としている）．

これまで説明してきたように位相は「0〜−2π rad の間での繰り返し」ですが，図15-6の実線のプロットでは，式(15-2)を純粋な掛け算として，位相 $\theta(\omega)$ が −2π rad より大きいところも仮にあるものとして作画しています．実際の測定では，−2π rad より大きい結果は得られませんので注意してください．

位相 $\theta(\omega)$ の傾斜が $f = 1$ kHzと3 kHz（$\omega = 2000\pi$，6000π rad/sec）のところで変化していることがわかりますね．なお以降で実際に，この特性を用いて実験した波形を示します．

▶位相 $\theta(\omega)$ を0〜−2π rad の間の繰り返しで作画してみる

さらに，図15-6の破線部分に，本来の位相測定で得られる状態をプロットしてみます．先の説明（とくに図15-4）のとおり，位相 $\theta(\omega)$ は本来は0〜−2π rad の間で繰り返しています．これでは到底，式(15-1)で正しい位相遅延量 t_p（＝通過時間）を求められませんね．

●群遅延は位相特性の曲線の傾き

それでは，ここで図15-6の $f_1 = 1.9$ kHz（角周波数 $\omega_1 = 3800\pi$ rad/sec）と $f_2 = 2.1$ kHz（$\omega_2 = 4200\pi$ rad/sec）との差分量を考えます（これが本章の最初に説明したようなビート周波数を考えることであり，群遅延を求める基本）．

① ω_1 と ω_2 は，図15-5の位相遅延量 $t_p(\omega_1)$，$t_p(\omega_2)$（通過時間）どおりに回路内を通過していく（同図中に ω_1 と ω_2 の位置も示してある）

② この状態を測定すると，$t_p(\omega_1)$ と $t_p(\omega_2)$ の通過時間により，図15-6の破線上のように測定結果として位相が $\theta(\omega_1)$，$\theta(\omega_2)$ に得られる（本来の位相測定で得られる状態として）

③ ω_1 と ω_2 は距離がそれほど離れていないので，位相 $\theta(\omega_1)$，$\theta(\omega_2)$ は2π rad を越えて繰り返すほどの関係ではない．そのため**位相の差分量は正しく求めることができる**

④ そこで，図15-6の破線上の位相 θ_1 と θ_2 の差分量を以下のように求め，

$$\begin{aligned}\theta_2 - \theta_1 &= -3.24\pi - (-2.76\pi) \\ &= -0.48\pi \quad \cdots\cdots\cdots (15\text{-}3)\end{aligned}$$

⑤ これを式(15-1)の位相遅延 $t_p(\omega)$ の計算と同じよ

コラム15-1　数式上でも群遅延は「ビートとなる差の周波数」

よく教科書や参考書で書かれている群遅延の式は，微分の形の式(15-5)ですが，ここまでの説明を踏まえた群遅延の基礎的な考え方を，式で示してみます．

位相遅延は式(15-1)です．実際の位相量 $\theta(\omega)$ に直すと，式(15-2)のとおりです．ビートとなるペア信号を形成する個別の正弦波は，

$$\cos\{\omega_1 + \theta(\omega_1)\}t,\ \cos\{\omega_2 + \theta(\omega_2)\}t$$

この二つの正弦波を足し合わせて変形すると，差の周波数（ビート周波数）成分は，

$$\cos\left[\frac{\{\omega_2 + \theta(\omega_2)\} - \{\omega_1 + \theta(\omega_1)\}}{2}\right]$$

$$\Rightarrow \frac{(\omega_2 - \omega_1) + \{\theta(\omega_2) - \theta(\omega_1)\}}{2} \quad \cdots (15\text{-A})$$

であり，これを式(15-1)の位相遅延で考えると，

$$t_p(\omega_2 - \omega_1) = -\frac{\dfrac{\theta(\omega_2) - \theta(\omega_1)}{2}}{\dfrac{\omega_2 - \omega_1}{2}}$$

$$= -\frac{\theta(\omega_2) - \theta(\omega_1)}{\omega_2 - \omega_1} \quad \cdots (15\text{-B})$$

これはまさしく群遅延の計算式と同じです．これでも「ビートとなる差の周波数の位相遅延が群遅延の基本」であることがわかります．

うに，④の位相差分量を角周波数差分量（$\omega_2 - \omega_1$；400π [rad/sec] = $4200\pi - 3800\pi$）で割る

$$-\frac{\theta_2 - \theta_1}{\omega_2 - \omega_1} = -\frac{-0.48\pi}{400\pi} = 1.2 \text{ ms} \quad \cdots (15\text{-}4)$$

⑥ こうすることで，ω_1とω_2の遅延時間の相対的な関係（1.2 ms）が得られる

⑦ そして，これはコラム15-1にも示したように，ω_1とω_2の二つの周波数が合成された「ビート周波数」（差の1/2の周波数）の位相遅延を求めることにもなる

これが**群遅延の本来の意味合い**になります．位相をラジアン[rad]で，周波数f[Hz]を角周波数$\omega = 2\pi f$ [rad/sec]で表すことがポイントです．

▶差分量をどんどん小さくすると微分と同じになる

このω1とω2との差分量をどんどん小さくしていったもの（微分したもの）が群遅延です．微分することは，**図15-6**の位相量$\theta(\omega)$のカーブの傾きになります．これがよく参考書に出てくる「群遅延は位相量の傾き」ということなのです．

このことは，ω_1からω_2（ほとんどω_1と同じ周波数）という**幅の狭い窓**から見た，「仮の」とも「推定値」ともいえる，回路の相対遅延時間[sec]になります．

15-4 その周波数付近の信号グループ全体での遅延がわかる

式（15-4）でのω_1とω_2との周波数差を限りなく小さく（微分）したものが**群遅延** t_g[sec]で，次式で表されます．

$$t_g(\omega) = -\frac{d\theta(\omega) \text{[rad]}}{d\omega \text{[rad/sec]}} \quad \cdots (15\text{-}5)$$

こうなると，$d\omega$というとても幅の狭い窓（微小範囲）から変化量を見ているわけで，そのため位相差の差分は2π rad の繰り返しを越えません．位相差分量は単純に求められるわけですね．そしてこれは，**図15-6**のグラフのω_1の周波数での「傾き」を求めていることになります．

一例として，**図15-6**の各周波数ポイントの群遅延$t_g(\omega)$を式（15-5）で計算したものを，**図15-7**に示します．**図15-5**の位相遅延量とも違いますね．

▶群遅延は単位角周波数1 rad/sec当たりの位相の変化量になる

群遅延は，位相を角周波数で微分したものです．前

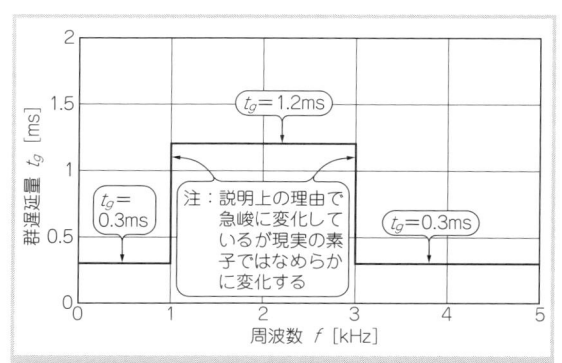

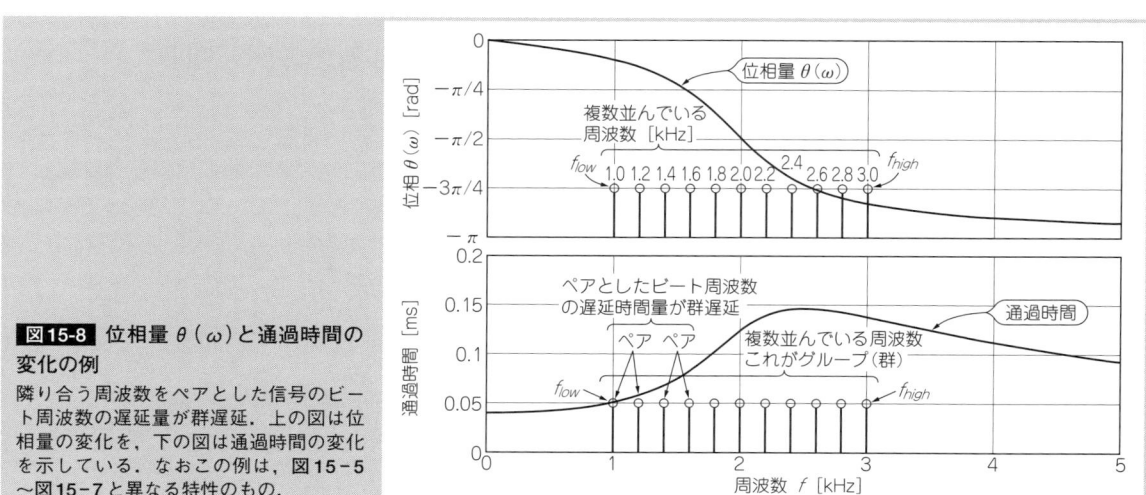

図15-7 図15-6の各周波数ポイントの群遅延$t_g(\omega)$（傾き/微分値）を計算する
群遅延は位相を角周波数で微分したもので，角周波数微小量で割られているので，単位角周波数1 rad/sec あたりの位相の変化量．つまり$d\omega$の狭い窓から，1 rad/sec 変化したときの位相変動量を推定するもの．なお$\omega = 2\pi f$．

図15-8 位相量$\theta(\omega)$と通過時間の変化の例
隣り合う周波数をペアとした信号のビート周波数の遅延量が群遅延．上の図は位相量の変化を，下の図は通過時間の変化を示している．なおこの例は，図15-5～図15-7と異なる特性のもの．

章の微分の説明と同様に考えれば，角周波数微小量で割られているので，「単位量（単位角周波数…1 rad/sec）当たりの位相の変化量」に相当します．

つまり，$d\omega$というとても幅の狭い窓から，1 rad/secだけ周波数が変化したときの位相の変動量を推定することだと言えます．

● 「とても幅の狭い窓から見た位相の変化」は，その周波数付近の信号のグループ（群）全体での遅延を示す

図15-8は実際の回路を例にした，位相量$\theta(\omega)$ ［同図（a）］と通過時間［同図（b）］の変化のようすです（図15-5や図15-6とは異なるもの）．図15-3で「ペア信号」として，周波数差の1/2がビートになると示しました．図15-8に描いてあるように，複数並んでいる周波数を考えてみると，

① 「隣り合う周波数をペアとした信号のビート周波数」の遅延時間量注15-2が群遅延．例えば，群遅延が同じ大きさになる範囲であれば，任意の周波数同士をペアとした信号のビートの遅延時間量は同じになる
② これをf_{low}〜f_{high}の周波数幅のグループに拡大しても考え方は同じ．この範囲内の複数の信号…つまり複数の周波数…の「グループ（群）」全体のビートの遅延時間量がどうなるのかを，群遅延は示している
③ グループ（群）のビートの遅延時間量が同じであれば，それぞれの個々の周波数の信号ごとの通過時間も「見かけ上」同じに見えるという意味でもある

そのため，群遅延の絶対値はあまり問題ではありません．例えば，図15-8の群遅延を計算した図15-9のように，「f_{low}からf_{high}の周波数帯域幅の間で群遅延が，幅としてどれだけ変化しているか，うねっている

注15-2：この節で用いている用語「遅延時間量」は，表15-1の「相対遅延時間」と同様の意味ではあるが，図15-3で示す「ビート周波数の遅れ時間」のことを特に伝えたいために用いた．この節だけで用いるので注意していただきたい．

るか」が重要になります．

とはいえ，これまで説明してきたように，群遅延の理解としては，日常の回路設計現場では「周波数ごとの通過時間」という程度で実用上は十分です．

15-5 群遅延のようすを測定で体感してみる

● 2.7〜3.3 kHzという帯域の信号を考える

それでは実際に，位相遅延と群遅延のようすを波形で見てみましょう．ここでは，図15-5（図15-6，図15-7でもある）の特性をもつ回路を（ディジタル信号処理も用いて）擬似的に作り，この入力波形と出力波形を比較します．

表15-2は，入力信号波形の構成です．複数の波で構成されています．

さて，この信号を図15-5の位相遅延（通過時間）特性の回路（この群遅延t_gを図15-7に示すが，1〜3 kHzまでは$t_g = 1.2$ ms，それを越える周波数は$t_g = 0.3$ ms．1 kHz以下は使用帯域外なので関係ない）に通してみましょう．図15-10は測定結果ですが，上が入力信号波形，下が回路を通った出力信号波形です（この回路は信号の振幅は変えていない．遅延時間を変えているだけ）．全体の波形形状が崩れていることがわかりますね．

▶ 2.7〜3.3 kHzの帯域内のうねる量さえ考えればよい

次に3 kHz以下は変わりませんが，それを越える周波数を$t_g = 1.1$ msとして（2.7〜3.3 kHzの帯域内全体のうねる量を0.1 msに）回路を形成し，その入力/出

表15-2 入力信号波形の周波数と信号レベルの構成

複数の波で構成されている入力信号波形の各周波数とレベル構成．これを図15-5の特性を持つ回路（ディジタル処理も用いた擬似的なもの）に入力する．

周波数	ピーク値
2.7 kHz	0.6 V
2.8 kHz	0.6 V
3.0 kHz	2 V
3.2 kHz	0.6 V
3.3 kHz	0.6 V

図15-9 図15-8の群遅延．f_{low}からf_{high}の間で群遅延t_gが幅としてどれだけ変化しているか，うねっているかが重要

「隣り合う周波数ペアのビート周波数」の遅延時間量が群遅延．群遅延量が同じ範囲なら任意のペアの遅延時間量は同じ．これを周波数帯域幅全体のグループに拡大しても同じで，グループ（群）全体の遅延時間量がどうかを群遅延は示している．絶対値はあまり問題でない．

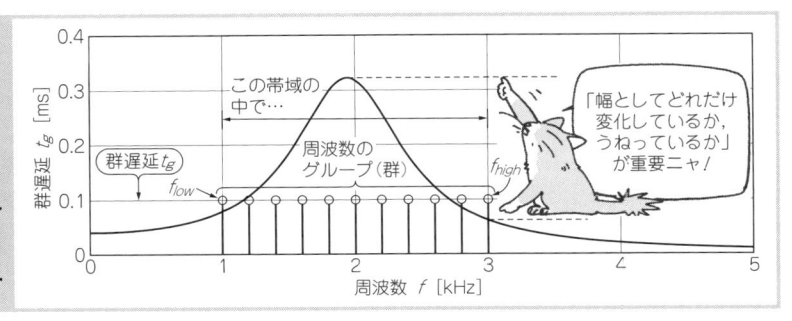

力波形を測定したものを**図15-11**に示します．波形形状の崩れがかなり小さくなっています．帯域外の1 kHz以下の群遅延は0.3 msのままですが，目的の帯域外のため，その成分がないので関係がありません．

つまり，群遅延は**使われる帯域内全体でうねる量が
どれだけか**ということを考えればよいのです．

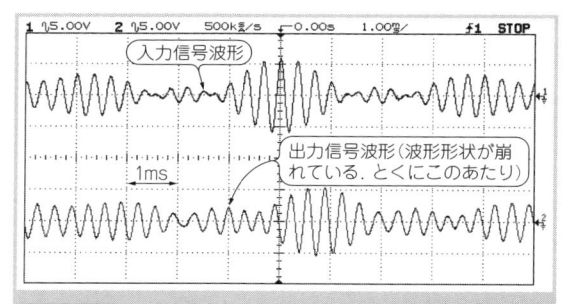

図15-10 1～3 kHzは1.2 ms，それを越える周波数は0.3 msの群遅延をもつ回路の入力信号波形（上）と出力信号波形（下）を測定したもの（波形形状が崩れている）
帯域内の群遅延のうねる量（差分量）が0.9 msある場合．出力に現れる波形形状が崩れていることがわかる．

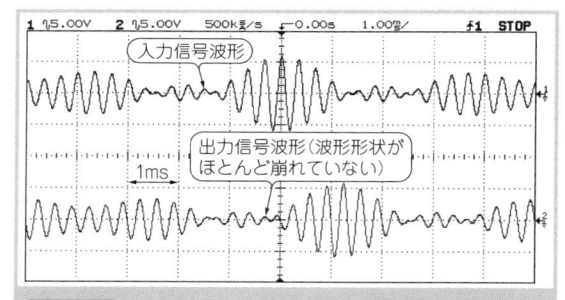

図15-11 図15-5の回路から3 kHzを越える周波数を1.1 msの群遅延とした回路の入力信号波形（上）と出力信号波形（下）を測定したもの
帯域内の群遅延のうねる量（差分量）を0.1 msに低減させた場合．出力に現れる波形形状がほとんど崩れていないことがわかる．

コラム 15-2　群遅延のことをもっと知りたい！

● ビート周波数なんてややこしい考え方は役立つの？

群遅延が「ちょっと複雑な概念」である理由は，「位相遅延」の考え方では実際の測定に限界があるから，その代替手段として使うことが一つです．

しかしそれだけでありません．「ビート周波数」で考える群遅延は，無線通信で伝送される変調信号を通すフィルタ素子の性能をダイレクトに表現してくれます．詳細は割愛しますが，フィルタを通る変調信号のうち，変調の元信号（たとえば音声だったりビット・データ）に相当する（ベース・バンド信号と呼ばれる）成分自体が「ビート周波数」に相当するからです．

● どのくらいを群遅延として許容できるのか？

設計仕様にもよりますが，実用上は（とくに上記の無線通信の場合を例とすると），群遅延のうねる大きさの幅として，帯域幅の逆数の1/2～1/10程度の大きさくらいが許容値と考えられます（図15-10や図15-11からもわかる）．

特に電子部品や回路での共振周波数付近では，位相が急激に変化するため，群遅延も大きくうねることがあります．たとえばスピーカのウーファは質量も大きいため，共振点（の周波数）では群遅延がかなり変わると言われています．

● よくよく群遅延を見ると不思議な量なんだ

プロの電子回路設計現場ではあまり深く考えずに，式（15-4）や式（15-5）を用いて「群遅延が何μsだ」と単純に考えて応用するだけです．しかしあらためて位相遅延t_pと群遅延t_gの違いを考えてみると，とても興味深いことがわかります．

図15-5の1～3 kHzの区間では，位相遅延t_pが0.3 msから0.9 msまで上昇し，位相$\theta(f)$も傾斜が他の区間と異なっています．この区間の$\theta(f)$を式としてみると（群遅延t_gは1.2 msになる），

$$\theta(f) = -1.2 \times 10^{-3} \times (2\pi f) + 1.8\pi \text{ [rad]}$$
　　　　　　　　　　　　　　　　　　　　　　　(15-C)

これから位相遅延t_p（通過時間）を求めると，式（15-C）から，

$$t_p(f) = \frac{1.2 \times 10^{-3}}{2\pi f} - \frac{1.8\pi}{2\pi f}$$

$$= 1.2 \times 10^{-3} - \frac{0.9}{f} \text{ sec} \quad \text{(15-D)}$$

これらの式（15-C）と式（15-D）は「定数の項や$0.9/f$の項がついている」ちょっと不思議な量だといえます．これは周波数ゼロから通過時間が一定ではないので，計算上こういう項が現れてしまいます．

しかし群遅延は，二つの周波数での位相の差分で考えるため，これらの項がキャンセルされるようになり，実際の回路評価の際にも，非常にすっきりとした値を得ることができるのです（説明してきたように，群遅延は微分値なので，その絶対値自体はあまり意味がないので注意）．

● 群遅延はその周波数前後での相対遅延時間量

図15-11を見てもわかるように帯域内の群遅延 t_g の差分量（うねる量）が小さくなれば波形は崩れません．逆に，群遅延の絶対量自体は，回路の評価ツールとして群遅延を使う場合にはあまり意味をもちません．

また，群遅延は回路の絶対的通過時間を求めるものではありません．例えばこの回路に，**表15-2**の 2.7 kHz と 3.3 kHz を正弦波として個別に通してみます．

図15-12は，2.7 kHzを通した入力波形（上）と出力波形（下）ですが，時間差（通過時間）は0.87 msになっています．同じく**図15-13**は3.3 kHzですが，こちらは0.85 msです．それぞれの周波数の群遅延時間量（1.2 ms, 0.3 ms）にはなっていません．これは**図15-5**の位相遅延量 t_p（通過時間）のとおりだとわかりますね．

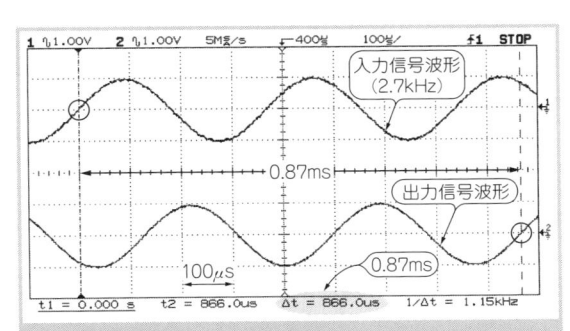

図15-12 図15-5（群遅延 t_g は図15-7）の回路に2.7 kHzの正弦波を入力したもの
群遅延時間は1.2 msだが通過時間の測定では図15-5のとおり0.87 msになっている．カーソルは複数の周期にまたいでいるが通過時間相当として表示している．

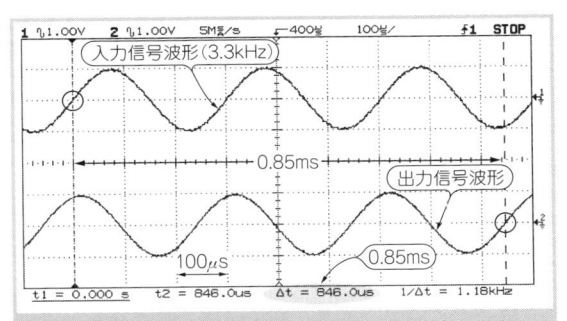

図15-13 図15-5（群遅延 t_g は図15-7）の回路に3.3 kHzの正弦波を入力したもの
群遅延時間は0.3 msだが通過時間の測定では図15-5のとおり0.85 msになっている．測定方法は図15-12と同じ．

第15章のキーワード解説

①フィルタ
コイルとコンデンサ，場合によってはOPアンプを用いた，一部の周波数の信号を通過させる（それ以外の周波数の信号を阻止する）特性をもつ回路．

②位相
同じ周波数（周期）の二つの正弦波（サイン波）間の位置ずれ．1周期を360°（弧度法で 2π ラジアン［rad］）として，ずれ量を表す．

③角周波数 ω
位相量という角度の視点で周波数を考えた場合，その周波数をもつ信号が極座標上で位相として回転していく角度の変化速度．周波数 f に対して 2π をかけたもの．角速度とも呼ぶ．$\omega = 2\pi f$ ［rad/sec］．記号は ω（オメガ）．

④周波数帯域
その回路が動作するとか，設計仕様として決められている周波数範囲，もしくはある信号がもちうる周波数成分のことを，このように言う．

⑤うねる
畝る．上下に波打つこと．ここではグラフ上の特性（群遅延）が，周波数によって上下に波打つ状態を示している．

⑥微小範囲
微分で用いる考え方．時間であればある時間での，非常に短い一瞬のことをいう．微分ではこれを無限小にして考える．

⑦微分
非常に短い区間の変動量（位置/距離/大きさ/位相の変動量など）から，その区間での単位当たりの変動量を求めるもの．グラフで考えれば，グラフの傾きに相当する．第14章を参照のこと．

⑧ディジタル信号処理
アナログ量をディジタル値として表し，数値計算で信号を作り出したり処理したりすること．

15-6 群遅延でわかったことのまとめ

群遅延は，目的の周波数帯域内での，相対遅延時間差による波形形状の崩れを評価できるツールです．以下にポイントをまとめます．

● 位相遅延と群遅延の違い

(1) 群遅延 t_g は，入力から出力までの通過時間を求めているのではない
(2) あくまでもある周波数付近（例えば f_1 付近）での相対的位相変化から，出力側で推定された**見かけ上の相対遅延時間量**を求めている
(3) 周波数によらず位相遅延量 t_p（通過時間）が一定な回路を群遅延で評価しても意味がない．**図15-5** や**図15-8(b)** の例のような**周波数ごとで位相遅延量 t_p が変化する回路**でこそ，意味がある値になる
(4) 群遅延 t_g が一定であることは，位相遅延量 t_p（通過時間）が必ずしも「周波数によらず一定」である必要はなく，ある範囲の位相変化が直線でさえあれば，そこの群遅延 t_g が一定になることもポイント（図15-5～図15-7のとおり）
(5) 位相遅延量 t_p（通過時間）と群遅延量 t_g はかならずしも一致しない（位相変化が大事）

● まとめ

群遅延 t_g を使えば，回路出力側での信号の波形形状の崩れや，再現性が評価できます．とくに「**100 Hz ～10 kHz**」だとか「**10.6 MHz～10.8 MHz**」だとか，ある周波数帯域での評価に用いられるツールです．

式(15-5)では微分の形で書いてはありますが，実際の測定では，測定した $\theta(\omega)$ の曲線を「式として微分」するわけではなく，結局は図15-6や式(15-4)のように，2ポイントの差分から傾きを求める計算を行います．

第5部 群遅延と特性インピーダンス

第16章
ツール8 特性インピーダンス

周波数の高い信号はつなぐだけじゃうまく伝わらない
ケーブル内を伝わる交流信号の電圧と電流の比「特性インピーダンス」

　特性インピーダンス（characteristic impedance）は，交流の電気信号がケーブルやプリント基板上のパターンを「波」として伝わっていくときの，電圧の波と電流の波の大きさ同士を「比」として関連づけるものです．オームの法則やインピーダンスで説明した「電流を妨げるもの」という考え方とは，だいぶ異なる概念です．

　プロの電子回路設計では，この特性インピーダンスを理解し，そして電気信号がケーブルやプリント基板上の長いパターン上でどのように「波」としてふるまうのかを理解することは（特に最近は多くの回路設計分野において），非常に需要なことです．

　第16章と第17章では，この特性インピーダンスについて，ケーブルやプリント基板のパターン上で，電圧の波と電流の波がどのように動いているかを示しながら，考えていきます．

16-1 長さのある線を交流という波が伝わっていく

●特性インピーダンスは単純な抵抗量ではない

　特性インピーダンスが50Ωとか75Ωの同軸ケーブルを現場ではよく用います．しかしこれは，ケーブル自体が図16-1のような「単純な抵抗値（例えば50Ωとか）をもっている」という概念とは異なります．この点を認識して読み進んでください．

　特性インピーダンスは純抵抗量（50Ωなど）ですが，電圧/電流の波がふるまうようすにより，ケーブルやプリント基板の上に現れるインピーダンスは**複素数の大きさにもなります**（次章で詳しく説明）．

図16-1　ケーブル自体が単純な抵抗値をもっているというわけではない
一般的に特性インピーダンスが50Ωとか75Ωの同軸ケーブルをよく用いる．ケーブル自体がこの抵抗値を持つということではなく，ケーブル上を電圧と電圧が伝わっていくときの，それぞれの大きさの「一定の相互関係」が特性インピーダンス．

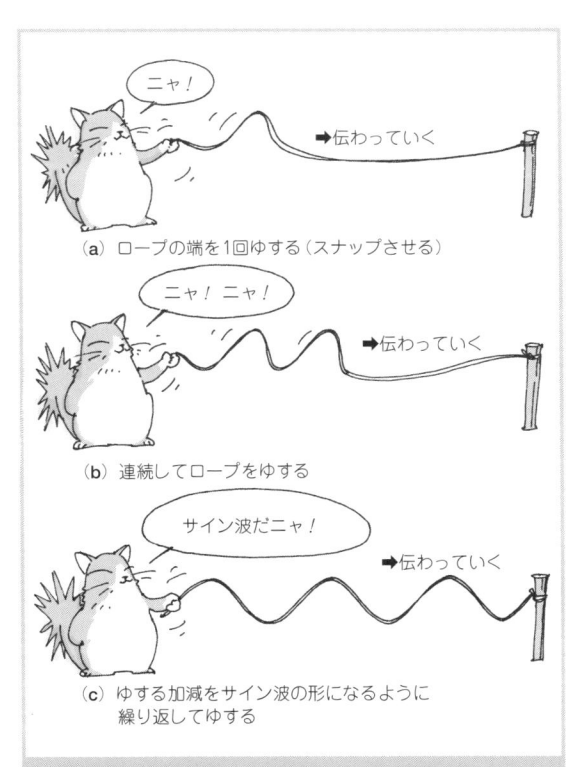

図16-2　ロープをゆする動きから波が伝わるようすを考える
ロープの端を一回ゆするとその動きがそのままロープを伝わる．連続してロープをゆすればそのまま連続して波としてロープを伝わる．サイン波として繰り返してゆすったときのようすを，電子回路（電圧と電流の波）として考えると実感できる．

●長いロープの端をゆすることで波の動きを考える

図16-2(a)のように,とても長いロープの端を1回ゆする(スナップさせる)と,ゆすったときのロープの端の動きがそのままロープを伝わっていきます.同じく(b)のように連続してロープをゆすれば,ゆすった状態がそのまま連続してロープを伝わっていきます.

この「連続してロープをゆする」ということを,もう少し電子回路的に考えてみると,(c)のようにサイン波の形になるように連続してゆすり,それを同じように繰り返せば,ロープを伝わる波の形は図中のようにサイン波になります.これは現実として実感できることでしょう.

●実際の電気信号で考えてみよう

例えば,これが交流電気信号だったとしましょう.図16-3(a)のような電線に,100 MHz(100,000,000 Hz)のサイン波の交流電圧(実効値10 V)を加えたとします注16-1.

注16-1:本章の前半では明快に説明するため,信号源インピーダンスはゼロとしてある.本章の後半および次章で説明するように,実際は特性インピーダンスと同じ信号源インピーダンスをもつ信号源を用いる.

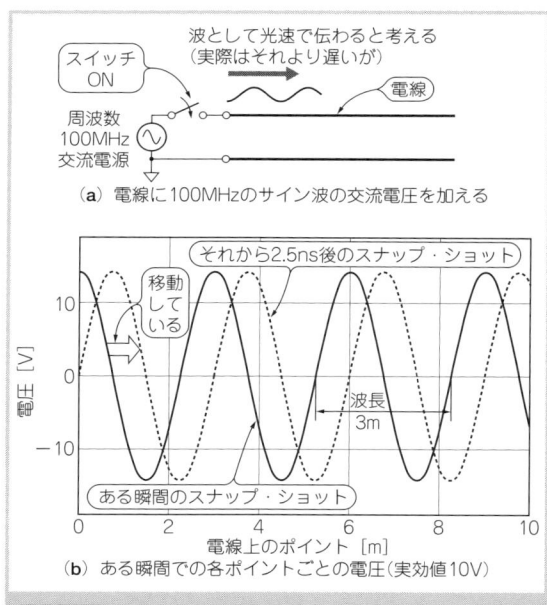

この電線上を,そこに加えた100 MHzの電圧のサイン波が,まるでロープを波が伝わっていくように,光速(300,000,000 m/s.本章の後半で説明するように,実際に伝わる速度は光速より若干低速なのだが)で電線上を伝わっていくとしましょう.そうすると,**ある瞬間では図16-3(b)の実線のような各ポイント**ごとの電圧になるし,それから2.5 ns(100 MHzの周期の1/4に相当する)経過した時間では,同図に破線で重ねたような電圧になっています.

ロープを伝わる波と同様に,各ポイントの電圧も時間とともに,波を加えた点から離れ去るように移動していきます.また図中のように,このサイン波の1周期の長さは3 m(= 300,000,000 m/s ÷ 100,000,000 Hz)になります.

●長さのある電線を伝わる交流信号は「波」である

このように,電線上の交流信号は「波」として見ることができるわけです.もし,図16-4のように**電線の長さが短い場合には,電圧の波として見ることはできません**.ここで大切なのは,波として見えるためには「電線の長さは,交流信号が波として認識できる程度の長さが必要だ」ということです.

このことは,図16-2に立ち戻っても「ロープの長さが短ければ波として見えない」ということで直感的にもわかると思います.

電気信号として見た場合,「波として信号が伝わる」ことを考えるべき電線の長さは,波長の1/20以上程度と言われています(これより短くても「波として」扱えないわけではないが,一般的に無視できる長さになるということ).

以降を読んでいくうえで注意してもらいたいことは,電線を電気が伝わっていく速度は「**光速ではない(そ**

図16-3 まるでロープを波が伝わっていくように電圧のサイン波が電線上を伝わっていく
100 MHzの電圧のサイン波が,まるでロープを波が伝わっていくように電線上を伝わっていく.電線上の瞬間ごとの電圧のようすは,波が伝わっていくのに合わせて時間で異なっていく.電線を伝わる実際の速度は光速より若干低速になる.

(a) 電線に100MHzのサイン波の交流電圧を加える

(b) ある瞬間での各ポイントごとの電圧(実効値10V)

図16-4 電線の長さが短い場合には電圧の波として見ることができない
このことは図16-2に立ち戻っても「ロープの長さが短ければ波として見えない」ということでも直感的に判る.電気信号を波として考えるべき電線の長さは,波長の1/20以上程度と言われている.

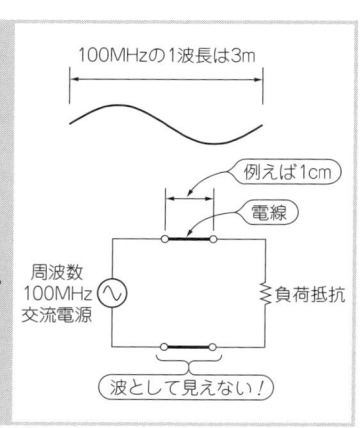

れより**遅い**)」ということです．そのため，上記でも「波長の…」という表現を使っています．

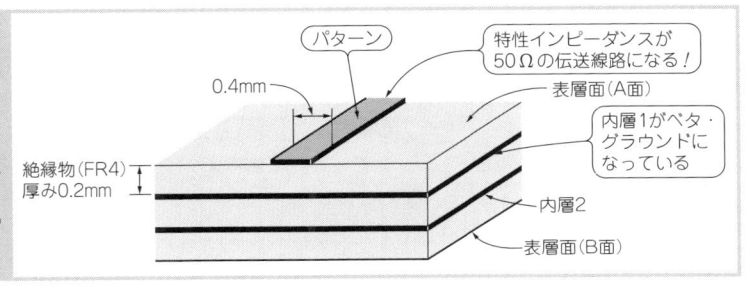

16-2 プロの設計現場で出くわす波を意識することが必要な電線

●波を意識する電線は同軸ケーブルが一番ポピュラ

一般的に「波を意識する」電線は，**写真16-1**の同軸ケーブルのような電気信号を伝える電線（伝送線路）が例となるでしょう．

よく見る同軸ケーブルは，テレビのアンテナからテレビ受像機に繋がっている特性インピーダンス75 Ωの同軸ケーブルです．テレビの高周波信号は，第1チャネル（アナログ放送）の周波数が93 MHzで先に説明した100 MHzに近いので，その「波」のようすは直感的にも理解しやすいと思います．

●プリント基板も同じ

プリント基板設計を始めると，「インピーダンス・コントロール基板」という言葉を（特に最近の電子回路設計では）先輩や業者から聞くことが多いと思います（**コラム16-3**参照）．

この「インピーダンス」は，実は「特性インピーダンス」のことを言っています．**図16-5**のような4層基板で，2層目が全面グラウンドになっており，絶縁物（FR4基板を例にする）の厚みが0.2 mmだとすると，パターンの線幅が0.4 mm程度で，なんと特性インピーダンスが50 Ωになるのです（50 Ωの同軸ケーブルと同じだということ）．

最近のパソコンでは，例えばCPUから周辺LSIまでの間のパターンを，数100 MHzから1 GHzを越える速度（バス・クロックとかFSB；Front Side Busと呼ばれる）のディジタル信号が通っています．1 GHzであれば，パターン長が1～2 cm程度あれば十分に「波を意識する」，いや「意識しなくてはならない」線になります（真空中で1 GHzの波長は約30 cm．パターン中を伝わる速度が遅いので，実際は約16 cm程度．その1/20程度という意味）．

●イーサネットやRS-422/485のライン（ツイスト・ペア線）も同じ

日ごろ何気なく利用しているイーサネット（一般的な100BASE-TXで125 Mbps）も，波として意識すべきものでしょう．

最大100 MHz程度の周波数（有効な周波数スペクトルの上限という意味）の信号[注16-2]が，長く引き回された**写真16-2**のイーサネット・ケーブル内を通り抜けるのですから，この中を電気信号が「波として伝わっていく」のは容易に想像できることです．

同じように，**写真16-3**に示すようなシリアル通信のデータを伝送するときに使用するRS-422/485の長いライン（ツイスト・ペア線）も現実問題として，送信されたビット・データが「波として伝わっていく」ものとして考えないと，とんでもない失敗をしてしま

注16-2：100BASE-TXは100 Mbpsだが，4B5Bという符号変換で125 Mbpsに変換され，それをMLT-3という3値符号化方式により，125 MHz/4＝31.25 MHzの繰り返し周波数で伝送している．とはいえ，実際は125 Mbpsのパルスには変わらないので，有効帯域の上限という意味でこのような説明をしている．

写真16-1 電気信号を伝える電線の例「同軸ケーブル」
同軸ケーブルは計測・通信系ではインピーダンス50 Ωのものを用いる．テレビは75 Ω．テレビの高周波信号は1チャネル（アナログ放送）が93 MHzで，波長は3 m程度になり，その「波」のようすは理解してもらえるかと思う．

図16-5 4層基板でこのような構造なら特性インピーダンスが50 Ωの伝送線路になる
インピーダンス・コントロール基板の「インピーダンス」が，特性インピーダンスのこと．FR4基板を利用した4層基板で，2層目がベタ・グラウンドで絶縁物厚みが0.2 mmだと，パターン線幅が0.4 mm程度で，特性インピーダンスが50 Ωになる．

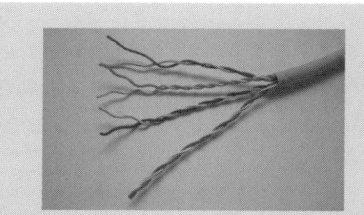

写真16-2 イーサネット・ケーブルも「波を意識する」ことが必要な線

日ごろネットワークで何気なく利用しているイーサネット(100BASE-TXが一般的だろう)も,波として意識すべきもの.最大100 MHz程度の信号が,長く引き回されたイーサネット・ケーブル内を通り抜ける.このケーブルの中を電気信号が「波として伝わっていく」のは容易に想像できること.

写真16-3 シリアル通信のデータを伝送するRS-422/485の長いライン(ツイスト・ペア線)も送信データを波として考える必要がある

左はシールドつきの工業/計装用,右はより簡単なもの.シリアル通信の長いラインも,ビット・データが「波として」伝わっていく.それを考えないと,とんでもない失敗をしてしまうことがある.

図16-6 スイッチONでケーブルに電圧が加わり,それに応じて電流が流れ,それらが相互にケーブル内を伝わっていく.この相互関係が「特性インピーダンス」

「波を意識する」電線では,スイッチ・オンすると電圧と電流という波が,電線の中を同じ速度・一定の相互関係で相互に押し進められていく.この「一定の相互関係」…「電圧/電流」の比が「特性インピーダンス」

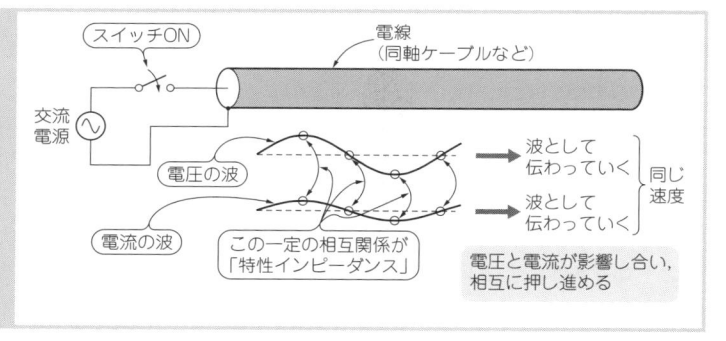

います(第17章のコラム17-3参照).

16-3 波を意識する… 電線に電圧量と電流量が伝達する

地球から海王星までは,電波(光)は約4時間かかって到達します.例えば,地球から海王星をつなぐ長さの同軸ケーブル(プリント基板のパターンでも同じ)があったとします.地球で交流電源を「スイッチON」しても,4時間経つまでの間は,そのケーブルの途中を電気信号が海王星に向かって進んでいるだけで,海王星側でその信号がどうなるかを考える必要はありません(必要ないというより,そこまで届いていないのだから関係ない).

● 電線の中で電圧と電流が波として影響しあい相互に押し進められていくための関係が特性インピーダンス

ここを伝わっていく波は電圧と電流です.単純に電線に電源をつなぐと,電圧に応じてオームの法則どおり電流が流れます.オームの法則では「抵抗の大きさ」というものがあり,逆に電線は抵抗がゼロだと考えてきました.

しかし,「波を意識する」電線では,ここを流れる電流は無限大ではありませんし,一方でゼロでもありません.

図16-6のように,スイッチONしてから電圧と電流という波が,電線の中で**同じ速度で相互に押し進められていくため**,ある一定の相互関係が成り立っています.この「一定の相互関係」…「**電圧÷電流**」という比が,これから詳しく説明していく「**特性インピーダンス**」です.

▶特性インピーダンスはオームの法則と同じ形で表される

図16-6のケーブル上の複数の点において,ある一瞬の時間で見て,それぞれの点での電圧の大きさV[V]と電流の大きさI[A]を考えてみましょう.これらにはすべて「一定の相互関係」があり,オームの法則と同じように考えてみると,

$$\text{特性インピーダンス}[\Omega] = \frac{V[\text{V}]}{I[\text{A}]} \quad \cdots\cdots(16-1)$$

と表すことができます.

例えば,特性インピーダンス50 Ωの同軸ケーブルに10 Vの電圧を加えると,10 Vの電圧の波と0.2 Aの電流の波が伝わっていくのです.**電圧の波と電流の波**

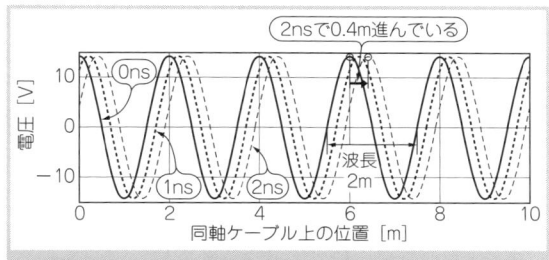

図16-7 ケーブルを伝わる電圧をある一瞬におけるスナップ・ショットとして考える

電圧の波（電圧実効値 10 V，周波数 = 100 MHz，位相速度 200×10^6 m/sec）を考える．ケーブル上を伝わるようすをスナップ・ショット撮影（0 sec，1 ns，2 ns）したとすると，このような電圧になる．波の波長は 2.0 m，進む速度も 0.4 m/2 ns = 200×10^6 m/sec.

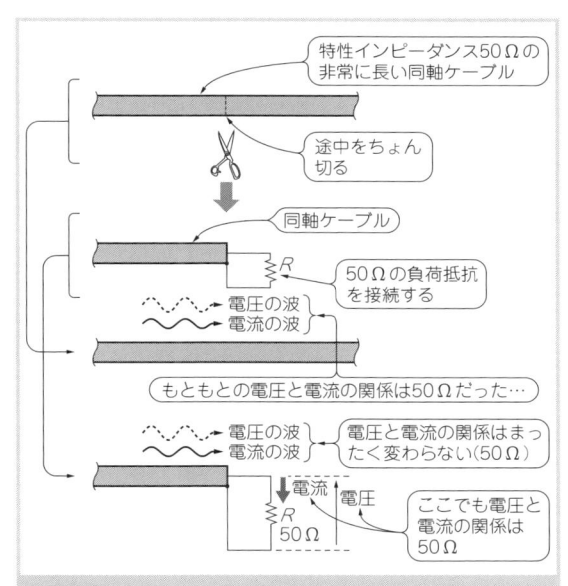

図16-8 長い同軸ケーブルの途中を切って特性インピーダンスと同じ大きさの負荷抵抗 R で置き換えても，電圧と電流の関係はまったく変わらない

切ったところのもともとの電圧と電流の関係（特性インピーダンス）も 50 Ω．これを 50 Ω の負荷抵抗に換えても何も変わらない．特性インピーダンス＝負荷抵抗ならば，相互に置き換わっても波は乱れることはない．

はポイントごとで大きさは異なっていますが（正弦波の「波」なので），この「一定の関係」は変わることはありません（ただし，進んでいく波だけがある場合で，次章で説明する反射してきた波と合成される場合はもう少し複雑になる）．

ケーブル自体が抵抗のような量（図16-1のような）をもっているわけではなく，「ケーブルの中を伝わっていく電圧の大きさと電流の大きさの相互関係である」ということが非常に重要です．

▶ ケーブルを伝わる速度は光速よりも遅い

電圧/電流は，ケーブルの中を**光より遅い速度**（「位相速度」という）で，波として伝わっていきます．詳しくは以降に示しますが，まずこの点は覚えておいてください．

● 電圧や電流が伝わるようすを視覚的に理解しよう

図16-7のように，波のようすを視覚的に考えていきましょう．伝わっていく電圧の波（地球から海王星に向かっている）を考えます．この波は電圧実効値 10 V（ピーク値 14 V），周波数は 100 MHz，波が伝わる速度（位相速度．光速より遅い）は 200×10^6 m/s とします．

これをある一瞬，カメラでスナップ・ショット撮影（0 sec，1 ns，2 ns）したものとして考えると，ケーブル上ではこの図のような各ポイントごとの電圧になっています（周波数が 100 MHz，速度が 200×10^6 m/s なので，波の1周期，つまり波長は 2.0 m になる）．

この図のように，波が前に進んでいくことがわかります．また，波のピークが 2 ns で 0.4 m 進んでいるので，速度（位相速度）としても 0.4 m ÷ 2 ns = 200×10^6 m/s になっていることもわかります．

● 金太郎飴と同じようにどこで切っても同じインピーダンスに見える

ケーブル内部を伝わる「電圧の波と電流の波は，ポイントごとで大きさは異なるが，**相互の一定の関係は変わることはない**」と説明しました．今度は同軸ケーブルの長さが有限である場合を考えてみましょう．

図16-8のように，特性インピーダンスが 50 Ω の非常に長い同軸ケーブルの途中を切って，同軸ケーブルの特性インピーダンスと同じ大きさの負荷抵抗 R = 50 Ω を接続します．

この負荷抵抗 R の両端に加わる電圧と流れる電流は，特性インピーダンスを定義した式（16-1）などと同じ関係です．

長い同軸ケーブルを切った，この位置のもともとの電圧と電流の関係は 50 Ω であり，これを 50 Ω の負荷抵抗 R に置き換えても電圧と電流の関係はまったく変わることはありません．つまり，特性インピーダンスと負荷抵抗の大きさが同じであれば，それらが相互に置き換わっても，**回路のふるまいとしては変わらない**

のです(これを「インピーダンス・マッチング(matching)している」と言う).なお,特性インピーダンスと負荷抵抗Rの大きさが異なる場合は,違うふるまいをしますが,それは次章で詳しく説明します.

▶逆に考えれば金太郎飴の話になる

ここまでの話を逆に考えます.図16-9のように,特性インピーダンスと同じ大きさの負荷抵抗Rの付いた有限長の同軸ケーブルの長さを変えてみましょう.

説明したように,同軸ケーブル内の電圧と電流の大きさは,(特性インピーダンスで関係づけられているように)その比はケーブル内のどこでも一定です.負荷抵抗Rでも,それらと同じ電圧と電流の比率です.電圧と電流の大きさは乱れることがありません.

もし,ケーブルを短く(長くしても同じ)していっても,電圧と電流の大きさは乱れることなく,そのためケーブルの端で測定した入力インピーダンス(その点から見たインピーダンスのこと.特性インピーダンスではない)は,いつでも同じです.**負荷抵抗Rと同軸ケーブルの特性インピーダンスが同じであれば,どこで切っても金太郎飴と同じように…電圧と電流の大きさが乱れないので…入力端では同じ入力インピーダンスに見えるのです.**

▶このことは海王星に信号が到着したときのふるまいでもある

そこで,海王星に信号が到着したときのことを考えてみます.これは,図16-8や図16-9の説明そのままで,そこに信号が到着しても,信号の電圧と電流の大きさ,さらにはそこまで信号が伝わっていくようすは何ら変わることはありません.

16-4 実際の形状を回路素子で表してみると特性インピーダンスの大きさが求まる

第3章で,「素子としては抵抗とコイルとコンデンサしかない」と説明しました.それでは,目に見える現実の物理的な物体の構造は,回路素子として見ると,どのように等価的に表現できるでしょうか.

●長さがあればコイルになり,対向する面があればコンデンサになる

コイルは,一般的に銅線がぐるぐると巻かれた構造ですが,本質的には図16-10(a)のように**ある長さの銅線(導体)**があれば,(インダクタンスがいくらとか大小とかは問わないとして)それはコイルになります.

また,コンデンサも同様です.コンデンサは,一般的に導体の二つの面が対向する構造です.そのため図

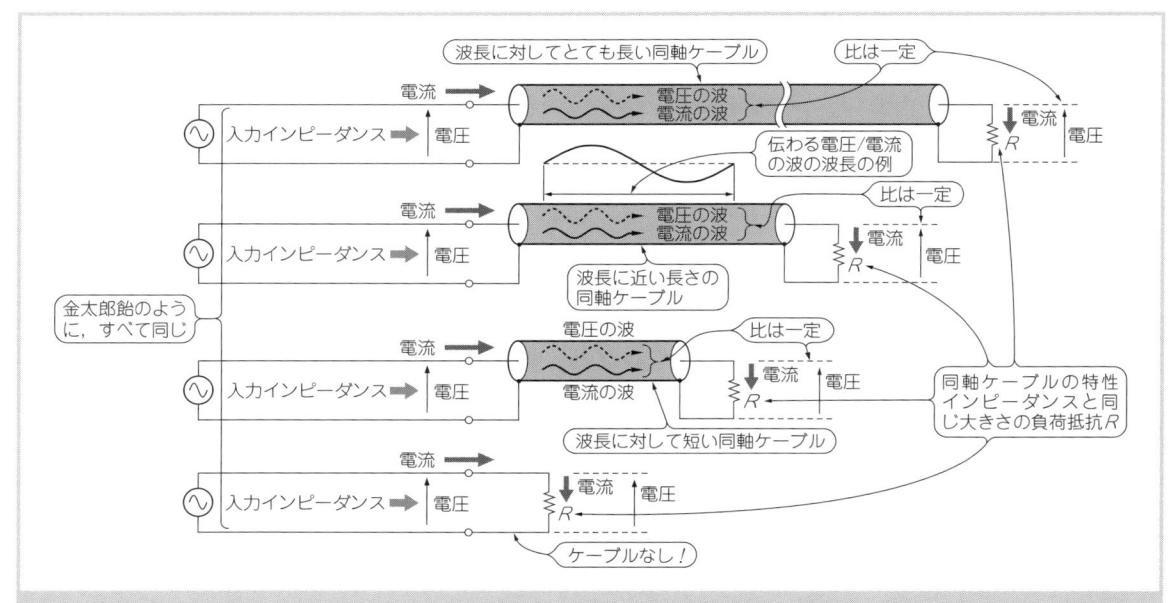

図16-9 特性インピーダンスと同じ大きさの負荷抵抗Rをもつ有限な長さの同軸ケーブルでは,入力から見たインピーダンスは金太郎飴と同じようにどれでも同じになる
同軸ケーブル内の電圧と電流の比(特性インピーダンス)はケーブル内どこでも一定.負荷抵抗Rも同じ電圧と電流の比率.そのためケーブルを短く(もしくは長く)していっても電圧と電流の大きさは乱れず,ケーブル入力端ではどれも同じ入力インピーダンス.

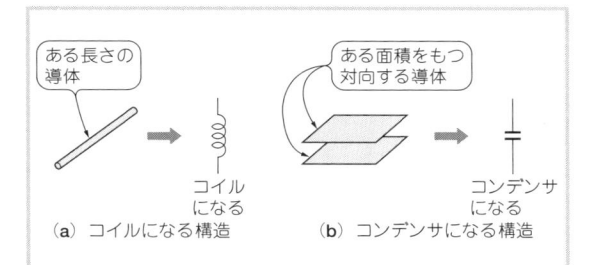

図16-10 長さがあればコイルになり，対向する面があればコンデンサになる
現実の構造（例えば写真16-1～写真16-3）は，導電体の物体なので，結局は何らかの電気的に等価なかたち（コイルもしくはコンデンサ，それらが結合されたかたち）になる．

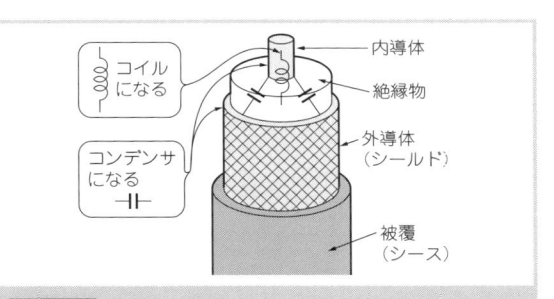

図16-11 同軸ケーブルの構造はコイルとコンデンサになる
同軸ケーブルは等価的にコイルとコンデンサが結合されたようなかたち．内導体がコイルに相当し，外導体と内導体が絶縁物を挟んでコンデンサに相当する．

16-10(b)のように，ある面積をもつ対向する導体（導線でもよい）があれば，（その容量がいくらかとか大小とかは問わないとして）それはコンデンサになります．

つまり，写真16-1～写真16-3のような現実の構造は，結局はコイルとコンデンサが結合されたような形になるのです．いや，物体なわけですから，何らかの電気的に等価な形にならざるをえないという逆の見かたもできますね．図16-11は，写真16-1の同軸ケーブルがどのようにコイルとコンデンサになっているかを図式化したものです．

図16-12は，上記の説明をさらに回路図的に表したものです．図16-11のコイルとコンデンサに相当する部分は，小さいそれぞれの部分の集合体として等価的に表すことができます．そして，それらが複数連なっていると考えます．

つまり，ここまで説明してきた「波を意識する」電線は（電線だけでなくても物理的な構造を持つ物体の導電体は），図16-12のように小さいコイルとコンデンサが長く連なった回路として考えることができるのです．

● **この関係から特性インピーダンスが求まる**

この小さいコイル/コンデンサを1m単位で集合体として考えたときのインダクタンスをL[H]，容量をC[F]とすると，**特性インピーダンス**Z_0[Ω]は（記号"Z_0"が用いられる），次式で表せます．

$$Z_0[\Omega] = \sqrt{\frac{L}{C}} \quad \cdots\cdots\cdots\cdots (16\text{-}2)$$

また，電線の中を電圧や電流が波として伝わる速度（位相速度）v[m/s]は，

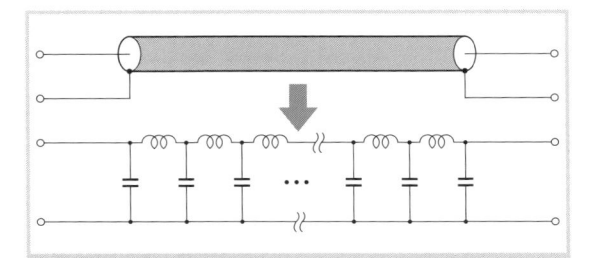

図16-12 同軸ケーブルのコイルとコンデンサのようすをさらに回路図で表す
同軸ケーブルは図16-11のコイルとコンデンサに相当する小さい集合体が複数連なっているとみなせる．インダクタンスをL[H]，容量をC[F]とすると，Z_0が式(16-2)のように計算できる．

$$v[\text{m/s}] = \frac{1}{\sqrt{LC}} \quad \cdots\cdots\cdots\cdots (16\text{-}3)$$

となります．同軸ケーブルの場合，位相速度vは光速の60～90%程度になります．これが本章の前半で「光速より遅い」と説明した理由です．詳しい理由は難しくなるので，コラム16-1にさわりを示します．さらなる詳細については，伝送工学や無線工学の参考書などを参照してください．

16-5 波の反射の基礎を大きさが異なる抵抗の直列接続で考える

ここでは，特性インピーダンスを考える信号伝送での波の反射に関する大切な概念，「**反射係数**」を非常にやさしく説明していきます．このとても単純なオームの法則的説明は，次章で詳しく説明する特性インピーダンスと負荷抵抗の大きさが異なる場合に，波がどのようにふるまうかの基礎になる，とても重要な考え方です．

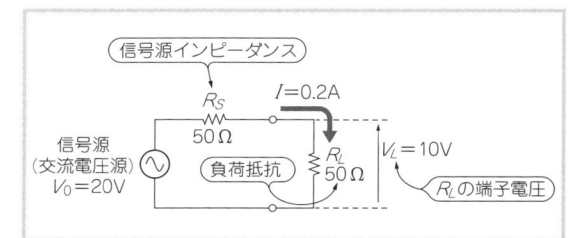

図16-13 内部抵抗 R_S（信号源インピーダンス）と負荷抵抗 R_L が両方とも 50 Ω で等しい（マッチングしている）場合
同軸ケーブルや波のことは忘れて，超単純な回路を考える．$R_S = R_L = 50$ Ω を「マッチングしている」という．この状態での 10 V と 0.2 A を，負荷抵抗側 R_L に伝わる電圧量と電流量だと考える．

● 2本の抵抗が直列に接続された単純な回路で考える

図16-13のような単純な回路を考えます．ここでは，実効値 20 V の信号源（交流電圧源と考える．なお，直流でも考え方は同じ）には，50 Ω の内部抵抗 R_S（信号源インピーダンスと呼ぶ．添え字の S は「源」"Source"を表す）があり[注16-3]，ここに 50 Ω の負荷抵抗 R_L が接続されています（添え字の L は「負荷」"Load"を表す）．

なお，50 Ω を例としていますが，市販の同軸ケー

注16-3：これ以降および次章では，実際のようすに合わせて，特性インピーダンスと同じ信号源インピーダンスをもつ信号源として考える．

コラム16-1　信号の伝わり方は L と C が交互に励起されることで説明できる

図16-6のように，電圧と電流という波が電線の中で相互に押し進められていくために，特性インピーダンスという相互関係が成り立っています．電圧と電流が波として伝わっていくことを，インダクタンス L と容量 C を使ってイメージ的に理解してみましょう（厳密には TEM 波の E ベクトルと H ベクトルの外積，$E \times H$ のポインチング・ベクトル・エネルギーとして伝達される）．

図16-Aは，コイルとコンデンサが複数連なって接続されている状態です．コイル L_1 の左の端子❶に電圧が加わり，電流が流れ込んだとします．

L_1 に流れる電流により逆起電力が発生し，L_1 の左端❶の電圧が上昇し，右端❷の電圧が低下します（時定数で説明した過渡現象のとおり）．

この端子❷にはコンデンサ C_1 がつながっていますから，この C_1 からは電流が流れ出します．この電流がさらに L_2 に流れ込んで，L_2 の左端❷の電圧が上昇し，右端❸が低下し，同じプロセスとして

C_2 から電流が流れ出します．これが繰り返されることで，電圧と電流が伝わっていくとイメージできます．

このようにして信号が伝わっていく速度が位相速度です．式（16-3）で，「L や C が十分に小さければ光速を越えるのではないか？」と考えると思いますが，そうはなりません．位相速度は，

$$v[\text{m/s}] = \frac{1}{\sqrt{LC}} = \frac{1}{\sqrt{\mu \varepsilon}} \quad \cdots\cdots\cdots (16\text{-A})$$

と表されます．μ は，ケーブル内の透磁率（単位は [H/m]），ε は同じく誘電率（単位は [F/m]）です．最速の速さが，真空の透磁率 μ_0 と真空の誘電率 ε_0 のときで，光速になります．しかし，ケーブル内は $\mu \approx \mu_0$, $\varepsilon > \varepsilon_0$ になっています．

なお，$LC = \mu \varepsilon$ になるのは，ケーブル内の 1 m 単位の集合体としてインダクタンス L と容量 C を計算式で求めて $L \times C$ を計算すると，（おもしろいもので）すべての係数が消えて $\mu \varepsilon$ だけが残るためです．

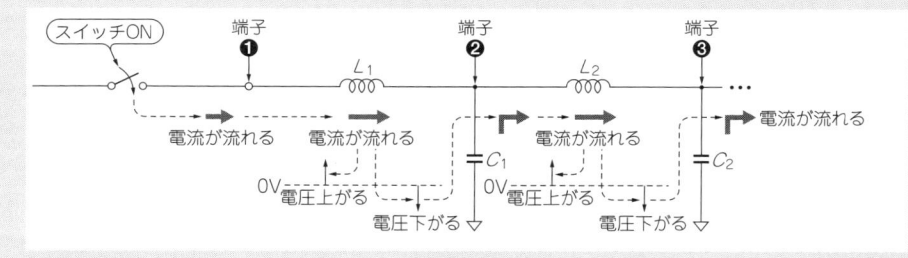

図16-A 電圧と電流が波として伝わっていくようすをイメージする
伝送線路の等価回路．微小コイルと微小コンデンサが複数連なって接続されている．これらが順番に励起され，それが繰り返されることで電圧と電流が伝わっていくとイメージできる．この伝わる速度が位相速度．

ブルの特性インピーダンスが一般的に50Ωなのでそうしているだけで，実際にはR_S，R_Lは何Ωでもかまいません．

ここで，負荷抵抗R_Lが50Ωで信号源インピーダンスと等しい場合を「マッチングしている」と言い，信号源から最大の電力を負荷に供給できる状態になります（第14章のコラム**14-2**を参照のこと）．

▶ 負荷抵抗R_L側に伝わっていく電圧量と電流量

このときの負荷抵抗R_Lの端子電圧V_Lは，

$$V_L = \frac{R_L}{R_S + R_L} V_0 = \frac{V_0}{2} = \frac{20\text{ V}}{2} = 10\text{ V} \cdots (16-4)$$

と計算でき10 Vになります．また，負荷抵抗R_Lに流れる電流Iは（$R_S = R_L$なので），

$$I = \frac{V_0}{R_S + R_L} = \frac{V_0}{2R_S} = \frac{20\text{ V}}{2 \times 50\text{ Ω}} = 0.2\text{ A} \cdots (16-5)$$

です．

ここで出てきた，このマッチングしている状態での10 Vと0.2 Aを，**負荷抵抗側（$R_L = 50$ Ω）に伝わっていく電圧量と電流量**だと（以下に示すように，負荷抵抗R_Lが信号源インピーダンスR_Sと同じ大きさではない場合でも，**この伝わっていく量は変わらずに同じだ**として）考えてみます．

この考え方は，先に示した「地球で交流電源のスイッチをONにしても，波が伝わっていく途中の状態では，当面は海王星側での信号のようすを考える必要はない」とか「金太郎飴」という話の基本を示しています．そして，次章の説明におけるキーポイントです．

● 信号源インピーダンスと異なる大きさの負荷抵抗

次に，負荷抵抗R_Lに50Ω以外の値，ここでは100Ω，25Ωを接続してみましょう．それぞれ図**16-14**（**a**），（**b**）のように，オームの法則で負荷抵抗R_Lに加わる電圧量と流れる電流量が計算できます．例えば，図（**a**）で負荷抵抗R_Lを100Ωとして，電圧量V_Lを計算すれば（$V_0 = 20$ Vだとして），

$$V_L = \frac{R_L}{R_S + R_L} V_0 = \frac{100}{50 + 100} \times 20\text{V} \fallingdotseq 13.3\text{V}$$

$$\cdots\cdots\cdots\cdots\cdots\cdots\cdots\cdots\cdots (16-6)$$

図16-14 オームの法則で負荷抵抗R_Lに加わる電圧量と流れる電流量が計算でき，それをもとに「負荷抵抗側に伝わっていく電圧量と電流量」との差分を考える
R_Lに100Ωと25Ωを接続してみる．オームの法則でR_Lの電圧量と電流量が決まる．さらに「伝わっていく電圧量と電流量」との差分を求める．この差分量を「負荷抵抗にきれいに吸い込まれない量」として考える．

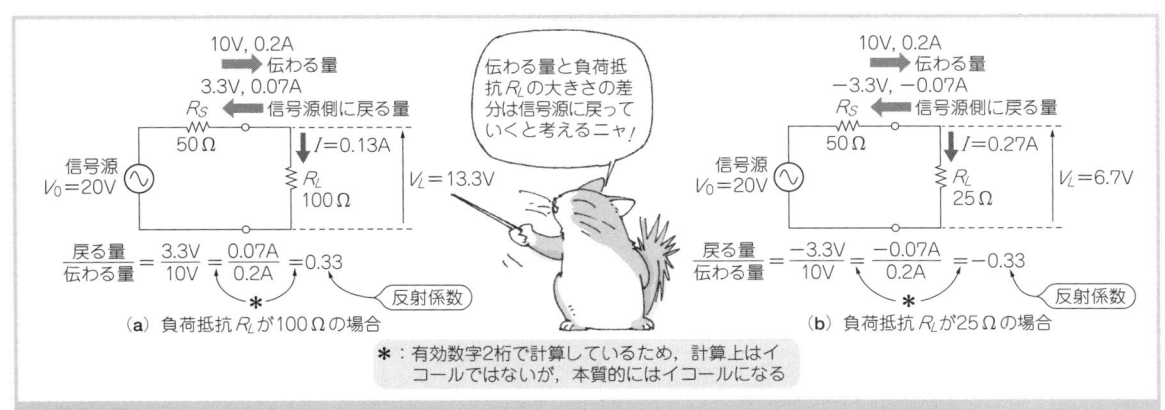

図16-15 吸い込まれない量はどこにも逃げられないので「信号源側に戻ってくる電圧量と電流量」と考える
図16-14の差分は「吸い込まれない量．信号源側に戻ってくる」と考えられる（負荷抵抗R_L部分で見かけ上発生したとも言える）．これをさらに「比」として考える．マッチング状態では「戻ってくる量」はゼロ．

16-5 波の反射の基礎を大きさが異なる抵抗の直列接続で考える

電流量 I は，

$$I = \frac{1}{R_S + R_L} V_0 = \frac{1}{50 + 100} \times 20\text{V} \fallingdotseq 0.13\text{A}$$
$$\cdots\cdots\cdots\cdots\cdots (16\text{-}7)$$

と計算できます（以降の説明のため 13.3V は本書の有効数字設定 2 桁と異なる 3 桁表記としてある）．それではさらに，これを上記の「負荷抵抗側に伝わっていく電圧量と電流量」との差分量として，以下のように考えてみましょう．

$$\underbrace{\frac{R_L}{R_S + R_L} V_0}_{R_L\text{の端子電圧}} - \underbrace{\frac{1}{2} V_0}_{\text{伝わっていく電圧量}} \cdots\cdots\cdots (16\text{-}8)$$

$$\underbrace{\frac{1}{2R_S} V_0}_{\text{伝わっていく電流量}} - \underbrace{\frac{1}{R_S + R_L} V_0}_{R_L\text{に流れる電流}} \cdots\cdots\cdots (16\text{-}9)$$

こうすると，それぞれ図 16-14 のように図 16-13 との差分量が求められます．ここで，この差分量を「負荷抵抗にきれいに吸い込まれない量」として考えます．

▶ 吸い込まれない量は戻ってくる量として考える

これは，図 16-15 のようなイメージになります．吸い込まれない量はどこにも逃げようがないので，「信号源側に戻ってくる電圧量と電流量」と考えられます（この電圧量と電流量が負荷抵抗 R_L 部分で**見かけ上発生した**と考えることもできる）．

逆に，図 16-13 のマッチングした状態というのは，この「信号源側に戻ってくる電圧量と電流量」はゼロだと考えられるわけです．

なお，ここで電圧の式（16-8）と電流の式（16-9）では，引き算する順序が逆になっていますが，この理由は**コラム 16-2** のとおりで，電流には「流れる向き」があり，戻ってくる電流は反対向きに流れているからです．

●伝わる量と戻る量の比を考える

図 16-15 で，例えば電圧を考えると「負荷抵抗側に伝わっていく電圧量」と「信号源側に戻ってくる電圧量」の比（**電圧と電圧の比**であり，特性インピーダンスのことではない）は，以下のように計算することができます．電流についても併せて説明しているように，同じです．

電圧の差分量（信号源側に戻ってくる電圧量）の式（16-8）を変形すると，次のようになります．

$$\frac{R_L}{R_S + R_L} V_0 - \frac{1}{2} V_0$$
$$= \frac{R_L - R_S}{2(R_L + R_S)} V_0 \cdots\cdots\cdots\cdots\cdots (16\text{-}10)$$

電流の差分量（信号源側に戻ってくる電流量）の式（16-9）を変形すると，次のようになります．

$$\frac{1}{2R_S} V_0 - \frac{1}{R_S + R_L} V_0$$
$$= \frac{R_L - R_S}{2R_S(R_L + R_S)} V_0 \cdots\cdots\cdots\cdots\cdots (16\text{-}11)$$

ここで，電圧/電流それぞれの伝わる量と戻る量の比（電圧と電流の比ではない）を考えると，電圧は，

$$\frac{\text{信号源側に戻ってくる電圧量}}{\text{負荷抵抗側に伝わっていく電圧量}}$$

$$= \frac{\dfrac{R_L - R_S}{2(R_L + R_S)} V_0}{\dfrac{V_0}{2}} = \frac{R_L - R_S}{R_L + R_S} \cdots\cdots\cdots (16\text{-}12)$$

となり，図 16-15（a）で 0.33，同図（b）で −0.33 と計算できます．

電流についても，

コラム 16-2　電流は大きさに加えて方向も考える

理解しておくべきこととして，「電圧は**大きさだけのもの**，電流は**大きさと流れる方向があるもの**」ということがあります．ちょっと高度な話になりますが，以降の説明を理解するために，また波を考えるうえで必要なので少し説明しておきます．

第 1 章の説明のとおり，電圧はパイプの中の圧力，電流はパイプを流れる水量だとイメージできます．

電圧は「ポンプの力（圧力）」と同じく大きさだけですから，これまでの説明（例えば，図 16-7）の理解で十分です．一方，電流は「パイプを流れる水量」と同じですから，実体は図 16-7 のようなイメージと異なり，「流れる向きがある」ものと考える必要があります．特に「向きがある」ということは，次の章で説明する「電圧の波と電流の波の反射」を理解するときに，必ず知っておくべき知識です．

コラム16-3　配線幅や基材が調整された「インピーダンス・コントロール」プリント基板

本文で説明したように，プリント基板設計を始めると，「インピーダンス・コントロール基板」という言葉を耳にします．

これはプリント基板を製造業者に発注する際に，「インピーダンス・コントロール基板」として基板の特性インピーダンス仕様を取り決めます．こちらからプリント基板の層構成を示し製造業者がシミュレーションでパターン幅を規定してくれる場合と，最初から製造業者が決まった仕様を用意してくれている場合があります．

とはいえ，それぞれの場合で共通して大事なことは，出来上がった実際のプリント基板が目的の特性インピーダンスの仕様規格を満足しているかということです．そのため製造業者は，製造された基板から抜き取りで特性インピーダンスを測定し，品質の管理を行います．

この測定は，プリント基板として出来上がる部分の外側の捨て基板部分に「テスト・クーポン」と呼ばれる，**写真16-A**に示すような測定パターンを形成し，ここをネットワーク・アナライザやTDR（Time Domain Reflectometer）と呼ばれる測定器で測定し（実際はTDR測定が多い），当初の仕様規格を満足しているかどうか検査します．

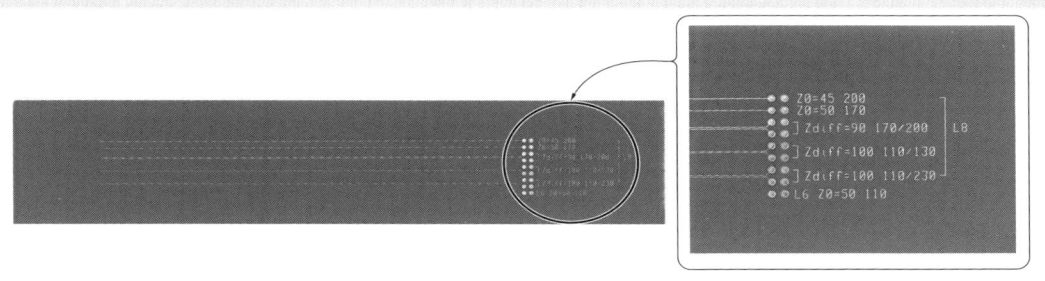

（a）テスト・クーポンの全体（約20 cm×3 cm）　　　（b）パッド周辺の拡大

写真16-A　インピーダンス・コントロール基板で用いられるテスト・クーポンの例（協力：甲斐エレクトロニクス株式会社）
プリント基板外周の捨て基板部分に形成される．そのため，めったに見ることはないだろう．測定はパターン端の測定ポイントにネットワーク・アナライザやTDR測定装置（こちらが多い）を接続して行う．

$$\frac{信号源側に戻ってくる電流量}{負荷抵抗側に伝わっていく電流量}$$

$$= \frac{\dfrac{R_L - R_S}{2R_S(R_L + R_S)}V_0}{\dfrac{1}{2R_S}V_0} = \frac{R_L - R_S}{R_L + R_S} \quad \cdots\cdots (16\text{-}13)$$

となり，**図16-15**(a)で0.33，同図(b)で−0.33と電圧と同じ結果になります．

この二つの式の答えは $(R_L - R_S) \div (R_L + R_S)$ で，同じです（係数なので単位はない）．これが同軸ケーブルなどの伝送線路の考え方で非常に重要な式，「**反射係数**」と呼ばれるものです．

●まとめ

本章では，同軸ケーブルなど「電気信号の伝わるようすを波として考える必要がある場合」に，伝わる電圧と電流の比を表す，特性インピーダンスそのものについて説明し，以下のことがわかりました．

(1) 波として電圧と電流が伝わるときの，一定の相互関係（比率）が特性インピーダンス
(2) 波として伝わる速度は光速より遅くなる（位相速度と呼ぶ）

また，最後に説明した「反射係数」は，波の話とは関係ないように思えますが，次の章で説明する負荷抵抗の大きさが特性インピーダンスと等しくない場合の，電圧の波と電流の波のふるまいを解き明かしてくれるものです．ひきつづき次の章でも見ていきましょう．

第16章のキーワード解説

①インピーダンス・コントロール基板

最近の回路のハイ・スピード化にともない要求される技術．プリント基板のパターンの特性インピーダンスの規格値を決め，これに合わせて製造されるもの．

②パターン

プリント基板上に銅を導体として形成される配線．ここに信号や電圧/電流が通る．高密度基板だと0.1 mm幅などという細いものもある．

③FR4基板

Flame Retardant Type 4の略で「難燃性タイプ4」という意味．「ガラエポ（ガラス・エポキシ）基板と呼ばれる．一番良く使われるプリント基板材料．ガラスを布状に編みこんだ材料をエポキシ樹脂で固めた銅張り積層板．3 GHz程度までの周波数に適している．

④ツイスト・ペア線

2本のリード線を撚り（より）合わせただけの構造のペア・リード線．外部への漏れ電磁界が少ないので，信号伝送に適している．

⑤スナップ・ショット撮影

スナップ写真のことだが，本文では「ある光景や状態を，ある一瞬の時間で」撮影（描画）するという意図で使っている．

⑥インダクタンス

コイルがどれだけ磁界を生じさせられるかの大きさ．コイルの電流の通りにくさでもある．サイズとしての大きさではなく，コイル自体の性能的な要素．

⑦容量

キャパシタンスとも呼ぶ．コンデンサが電流を貯蓄できる大きさ．コンデンサの電流の通りやすさでもある．サイズとしての大きさではなく，コンデンサ自体の性能的な要素．

⑧向き

実は，電磁気学とかマクスウェルの方程式に近い話．電圧は単純に大きさだけしかない「スカラ量」であり，電流は大きさと方向をもつ「ベクトル量」であることをここでは指し示している．

⑨金太郎飴

複数多色の飴シートを長く棒状に巻いたものを一口サイズに切っていくと，どこでも同じ絵柄に見えるというもの．没個性という意味で「金太郎飴」と呼ばれないように，アイデンティティをもっていただきたい．

第5部 群遅延と特性インピーダンス

第17章
ツール8 特性インピーダンス

負荷側の抵抗値や長さを変えるとCやLやRにくるくる変身
特性インピーダンスの目でケーブル内の電圧と電流を透かし見る

　第16章では,「波を意識する」ことが必要になる長さの電線に,電圧量と電流量が伝達するときの相互関係が「特性インピーダンス」だと説明しました.そして,伝送線路の等価回路をコイルやコンデンサで表し,その特性インピーダンスの大きさについて示しました.また,第16章の最後に「反射係数」を説明しました.
　本章ではこの反射係数をもとにして,位置によって入力インピーダンス(その点から見たインピーダンスのこと…特性インピーダンスではない)が変化していくようすを説明していきます.特性インピーダンスの考え方が実際の回路設計でどれほど重要なツール,概念であるかわかると思います.

17-1 反射してきた波が合成されるとポイントごとのインピーダンスが変動する

　本章では,同軸ケーブルなどの特性インピーダンスと,その末端につながる負荷抵抗の大きさが異なる場合に,どのようなふるまいになるかを考えてみましょう.これからの説明のポイントは下記の二つです.
- 負荷抵抗のところで電圧と電流が反射する
- 同軸ケーブルの入力側から見ると,「金太郎飴」として同じ入力インピーダンス(例えば50Ωとか75Ω)を示すはずが,違う大きさになってしまう

●特性インピーダンス50Ωの同軸ケーブルをつなぐ
　図17-1(a)は前章の図16-15(a)の再掲です.ピーク値20 Vの信号源に50 Ωの内部抵抗R_S(信号源インピーダンス)がつながっており,さらに100 Ωの負荷抵抗R_Lがつながっているものとします.
　この途中に,同図(b)のように,特性インピーダンス50 Ωの同軸ケーブルを挿入します.前章で説明した海王星まで伸びる同軸ケーブルの話のように,まずは(海王星に向けて)伝わっていく波だけを考えてみます.そうすると,この図17-1(b)の同軸ケーブルの中を伝わる信号は,同図(a)の「負荷抵抗側に伝わっていく電圧と電流」の波に相当します.
　ここから**負荷抵抗側に伝わっていく波**のことを,**進んでいく波**という言葉で説明していきます.注意してください.
▶特性インピーダンスZ_0が50 Ωなら,進んでいく電圧と電流の波は50 Ωの関係が満たされる
　前章で説明したような「金太郎飴」的に考えてみます.図17-1(b)のように,電気信号が負荷抵抗に到

(a) 負荷抵抗R_Lが100 Ωの場合

10V, 0.2A → 伝わる(進む)量
3.3V, 0.07A ← 信号源側に戻る量
R_S 50Ω
電圧信号源 $V_0=20V$
R_L 100Ω
$I=0.13A$
$V_L=13.3V$

反射係数 $= \dfrac{R_L-R_S}{R_L+R_S} = \dfrac{戻る量}{伝わる量}$
$= \dfrac{100-50}{100+50} = \dfrac{3.3V}{10V} = \dfrac{0.07A}{0.2A} = 0.33$

(b) 信号が負荷抵抗まで到着していない状態

この10V/0.2Aの関係がすべての部分で起きている
10V …… 10V
0.2A …… 0.2A
電気信号がここまで到着していない状態
R_S 50Ω
電圧信号源 $V_0=20V$
$Z_0=50Ω$
入力端
R_L(負荷抵抗) 100Ω
まるで負荷抵抗50Ωがつながれたことと同じ
R_L 50Ω
特性インピーダンス50 Ωの同軸ケーブル

途中に同軸ケーブルを入れてみるニャ！

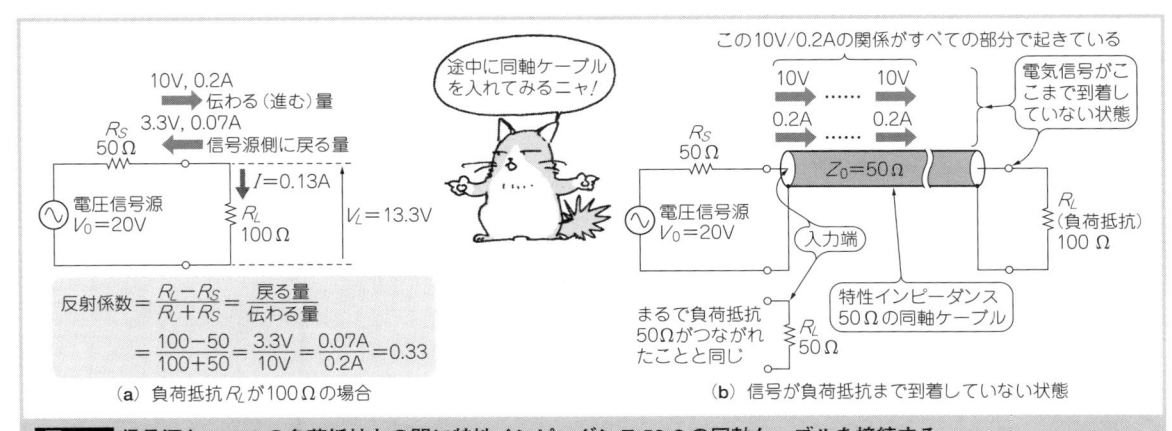

図17-1 信号源と100 Ωの負荷抵抗との間に特性インピーダンス50 Ωの同軸ケーブルを接続する
第16章の図16-15(a)の回路で考える.ここで進む波はピーク10 V,0.2 A.進んでいく波だけを考え,電気信号が負荷抵抗に到達しない間であれば,入力端の状態はまるで$R_L=50$ Ωがつながれたことと同じ.

着しない間であれば，電圧信号源が接続された入力端の状態は，まるでそこに負荷抵抗50Ωがつながれたことと同じです．

これは，同軸ケーブルを進んでいく波の電圧量と電流量を関係づける「比の大きさ…特性インピーダンス」が50Ωであるため，電圧量と電流量の比がオームの法則で考えても50Ωになっており，負荷抵抗50Ωが直接つながれたことと何ら変わらないからです．

さらにこの関係が(波が負荷抵抗にまで到着していない間は)，信号源のつながっている入力端から始まり，それが同軸ケーブル内のすべての部分で起きているだけといえます．つまり，どこを切っても，50Ωの関係になっているということですね．

● 信号が負荷抵抗に到着すると，そこではオームの法則で電圧/電流が決定し，反射波が生じる

それでは，図17-2のように，電圧と電流の波が負荷抵抗 R_L に到着したときのことを考えましょう(進む波はそれぞれ10Vと0.2Aとし，負荷抵抗 R_L の大きさはここでは決めつけない)．この信号(電圧と電流)は，見かけ上信号源インピーダンス R_S (特性インピーダンス Z_0 と同じ大きさ)＝50Ωをもっている V_0＝20Vの電圧信号源に相当すると考えられます．

前章で説明したように負荷抵抗 R_L が50Ωであれば，信号が負荷抵抗 R_L に到着しても，電圧と電流は何ら乱れることはありません．何事もなかったように，端子電圧と抵抗に流れる電流の関係が，オームの法則で50Ωという比率で決定します(逆にいうと，さらに同軸ケーブルがその先にもつながっているのとまったく同じように)．

前章の説明のとおり，また以下にも説明していきますが，この状態は「反射波がない」というものです．これを「インピーダンス・マッチングしている」と言います．

図17-2 信号(進む波)が負荷抵抗 R_L に到着したときを考える
図17-1から一歩進めて到着時を考える．進む波は10Vと0.2Aとしている．この進む波(電圧と電流)は見かけ上信号源インピーダンス R_S (特性インピーダンス Z_0 と同じ大きさ)＝50Ωを持つ V_0＝20Vの電圧信号源と考えられる．

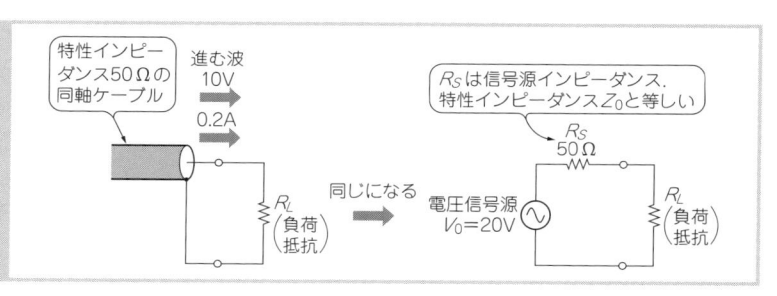

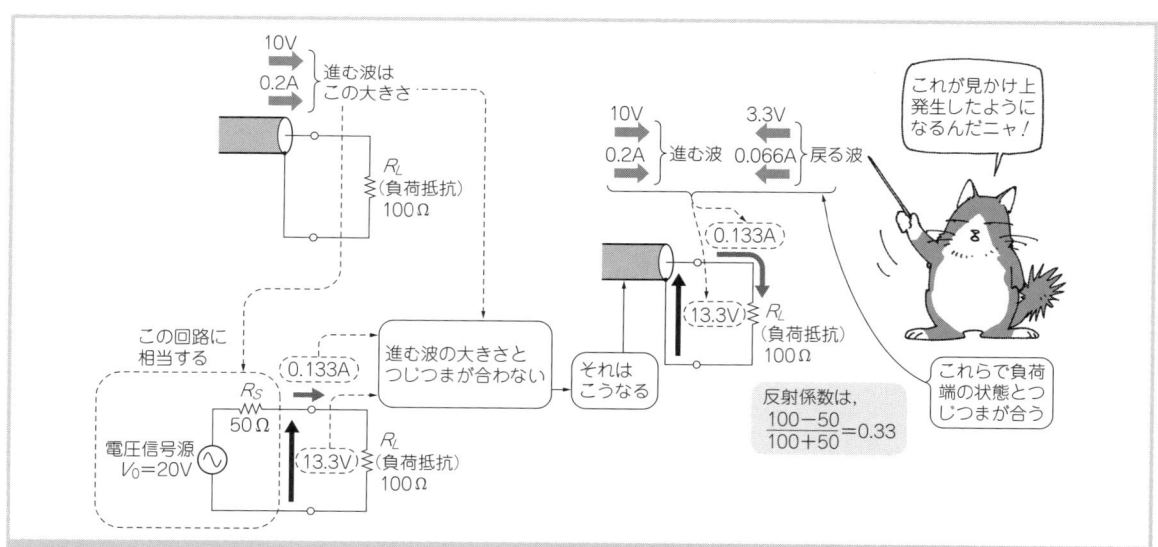

図17-3 負荷抵抗 R_L が特性インピーダンス Z_0 と同じでないと，信号源側に戻ってくる電圧量と電流量が「見かけ上」発生する(「反射」という)
負荷抵抗 R_L 端では R_L＝50Ωの場合と異なる電圧/電流量になる．この量は進む波(10V/0.2A)とつじつまが合わない．差分量が見かけ上発生したと考えられる．そしてこの差分量の電圧と電流が信号源側に戻ってくると考える．

反射係数は，
$\frac{100-50}{100+50}=0.33$

▶負荷抵抗が特性インピーダンスと同じでない場合でもオームの法則が成り立つが…

図17-3のように, 図17-2の負荷抵抗 R_L が, 同軸ケーブルの特性インピーダンス $Z_0 = 50\ \Omega$ と同じでない場合, 負荷抵抗 $R_L = 100\ \Omega$ [図17-1(a)の条件] で考えましょう. 進む波はそれぞれ 10 V と 0.2 A としています. 図でわかりやすいようにピーク値で表していますが, 実効値でも考え方は同じです.

先と同じように, 波として負荷抵抗 R_L に到着した電圧量と電流量は, 見かけ上**信号源インピーダンス R_S (特性インピーダンス Z_0 と同じ大きさ) = 50 Ω をもっている 20 V の電圧信号源**に相当すると考えられます.

そこには, 一瞬一瞬の時刻で単純なオームの法則のとおり(第2章の図2-7に示したように)注17-1, 図17-1(a)とまったく同じように, 端子電圧と抵抗に流れる電流量が決定します.

▶負荷抵抗が特性インピーダンスと違うと反射波が生じる

このことで図17-3のように, 負荷抵抗 R_L のところでは $R_L = 50\ \Omega$ の場合とは異なる電圧/電流の大きさになります.

さて, ここまでの話で進む波は 10 V/0.2 A だとしました. この図17-3の負荷抵抗では, その大きさ (10 V/0.2 A) とつじつまが合いません.

この進む波の大きさとつじつまが合わない差分量は, 前章の16-5節の説明のように, 負荷抵抗 R_L のところで, その大きさぶんが**見かけ上発生**したと考えることができます(図17-3のように信号源インピーダンスと負荷抵抗の大きさの関係から).

そして, この電圧量と電流量が**信号源側に戻ってくる**と考えます(「反射」という). この量は, 図17-1

注17-1：本書では負荷は純抵抗だと仮定して説明している. リアクタンス量があると電圧と電流の位相が異なるので注意.

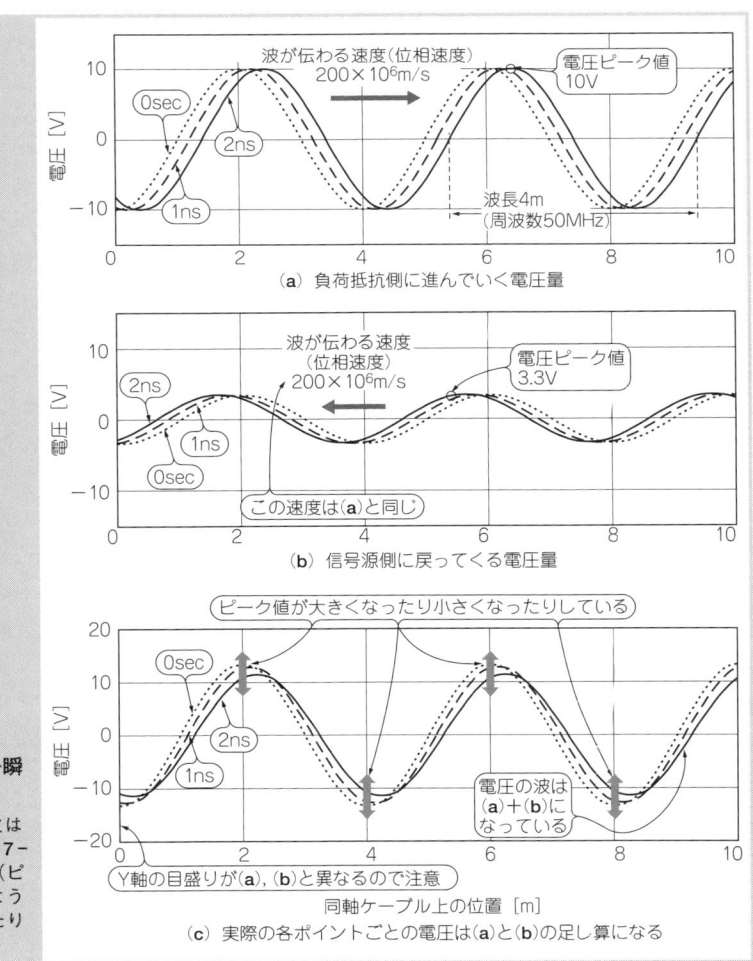

図17-4 ケーブルを伝わる電圧をある一瞬のスナップ・ショットで考える

(a)は進む波(電圧ピーク値 10 V, 周波数は 50 MHz, 位相速度 200×10^6 m/sec). 図17-3の関係で(b)の戻ってくる大きさが決まる(ピーク値 3.3 V). ケーブル上の電圧は(c)のようにこれらの足し算. ピーク値が大きくなったり小さくなったりしている.

(a) 負荷抵抗側に進んでいく電圧量

(b) 信号源側に戻ってくる電圧量

(c) 実際の各ポイントごとの電圧は(a)と(b)の足し算になる

17-1 反射してきた波が合成されるとポイントごとのインピーダンスが変動する

(a)および前章の式(16-12),式(16-13)のとおり,

$$反射係数 = \frac{100\ \Omega - 50\ \Omega}{100\ \Omega + 50\ \Omega} = 0.33$$

戻ってくる電圧量＝進む電圧量×反射係数
　　　　　　　＝10 V × 0.33 = 3.3 V

戻ってくる電流量＝進む電流量×反射係数
　　　　　　　＝0.2 A × 0.33 = 0.066 A

となります．

　この戻ってくる量(電圧量，電流量)の相互関係も**コラム17-1**のように50 Ωになっています(これは意外に興味深いこと)．ここで三つのことが言えます．

- 「負荷抵抗R_L側に伝わり，**進んでいく電圧量**と電流量」は，**図17-1(b)**のように負荷抵抗の大きさにかかわらず10 Vと0.2 Aである
- 「信号源側に**戻ってくる電圧量**と電流量」は3.3 Vと0.066 Aであり(比で考えると，進んでいく量の33％…これが反射係数)，見かけ上，これが負荷抵抗R_Lで発生したように考えることができる(**図17-3**の信号源インピーダンスと負荷抵抗の関係)
- 戻ってくる電圧量と電流量も特性インピーダンスの大きさで関連づけられる

　この二つの信号(進んでいくぶんと戻ってくるぶん)を，引き続き同軸ケーブル上のように，**図17-4**で考えてみましょう．

17-2 同軸ケーブル上では進む波と戻ってくる波が合成した電圧量と電流量になる

●同軸ケーブル上の電圧は進む波と戻る波の足し算合成になる

　まず電圧で，「負荷抵抗側に進んでいく電圧量」と「信号源側に戻ってくる電圧量」をそれぞれ波として見てみましょう．

　図17-3のように，負荷抵抗R_Lの端子電圧は13.3 V(理解のため本書の有効数字2桁と異なる3桁表記とした．以下同じ)ですから，負荷抵抗R_Lで**見かけ上発生した電圧量**は同図のとおり3.3 Vです．先の説明のとおり，一瞬一瞬の時刻ごとでオームの法則が成り立っています．

　さて，まずは**図17-4(a)**のように進む波だけを考えます．進む波は電圧ピーク値10 V(実効値7.1 V)，周波数は50 MHz，波が伝わる速度(位相速度)は200×10^6 m/sだとします．**図17-4(a)**は，ある一瞬をカメラでスナップ・ショット撮影(0 sec，1 ns，2 ns)したものとして考えています．

　ケーブル上での各ポイントごとの電圧は，同図のようになっています(周波数が50 MHz，位相速度が200×10^6 m/sなので，波の一周期…つまり波長は4 mになる)．そして，それが時間の経過(0 sec，1 ns，2 ns)で負荷抵抗側に進んでいることがわかります．

▶負荷抵抗R_Lのところでは，オームの法則によって戻ってくる電圧が決定する

　図17-3で説明したように，負荷抵抗R_Lの部分では，Z_0 ($R_S = Z_0$でもある)とR_Lとの関係で一瞬一瞬の時刻ごとでも，オームの法則により端子電圧が決まり，ピーク値13.3 Vになります．この端子電圧と進む波の大きさ(ピーク値10 V)との差分により，また反射係数の関係のとおり，「信号源に戻ってくる電圧」の大きさも決まります(ピーク値3.3 V)．

　この波形が**図17-4(b)**です．この波が信号源側に戻ってくる速度は，進んでいく波の速度と同じです(当然な話で，ただ単に同じ電線上を波が逆方向に伝わっているだけ)．

　ここでも同じように，時間ごとのスナップ・ショット撮影(0 sec，1 ns，2 ns)で示してあります．

▶同軸ケーブル上では進む波と戻ってくる波が合成した電圧量になっている

　同軸ケーブル上に実際に生じる電圧は，この「負荷抵抗側に進んでいく電圧量」と「信号源側に戻ってくる電圧量」の足し算になります．それが，**図17-4(c)**です．

　この図のように，ある瞬間のスナップ・ショットで考えてみれば，同軸ケーブル上の各ポイントごとの電圧は，なんと！ そのピーク値が大きくなったり小さくなったりしていることがわかりますね．

コラム17-1　反射波の電圧÷電流も特性インピーダンスに等しい

　前章の式(16-8)と式(16-9)で戻ってくる電圧と電流の大きさを求めました．この相互関係(V/I)を計算すると，R_Sになることがわかります．つまり，ここで$Z_0 = R_S$だと考えれば，どんな負荷であっても，それにより生じる，戻ってくる波の相互関係も「特性インピーダンスと同じ」だということです．

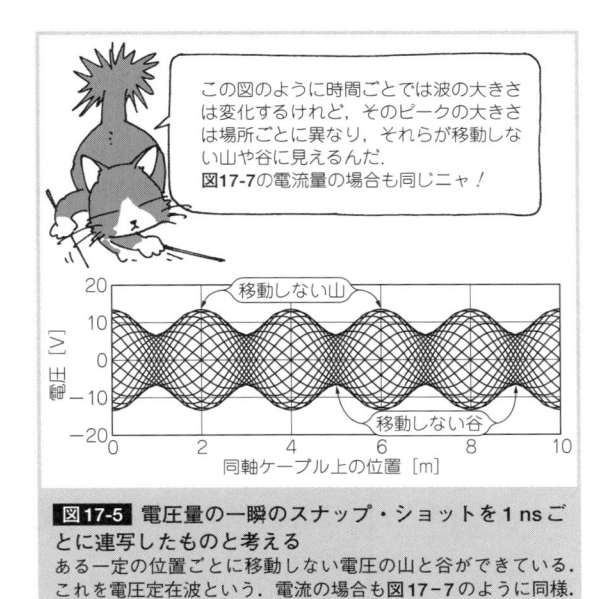

この図のように時間ごとでは波の大きさは変化するけれど，そのピークの大きさは場所ごとに異なり，それらが移動しない山や谷に見えるんだ．
図17-7の電流量の場合も同じニャ！

図17-5 電圧量の一瞬のスナップ・ショットを1 nsごとに連写したものと考える
ある一定の位置ごとに移動しない電圧の山と谷ができている．これを電圧定在波という．電流の場合も図17-7のように同様．

(a) 負荷抵抗側に進んでいく電流量
波が伝わる速度（位相速度）200×10^6 m/s
電流ピーク値 0.2 A
波長 4 m（周波数 50 MHz）

(b) 信号源側に戻ってくる電流量
波が伝わる速度（位相速度）200×10^6 m/s
電流ピーク値 0.066 A
この速度は(a)と同じ

(c) 実際の各ポイントごとの電流は(a)と(b)の引き算になる
ピーク値が大きくなったり小さくなったりしている
電流の波は(a)－(b)になっている
Y軸の目盛りが(a)，(b)と異なるので注意

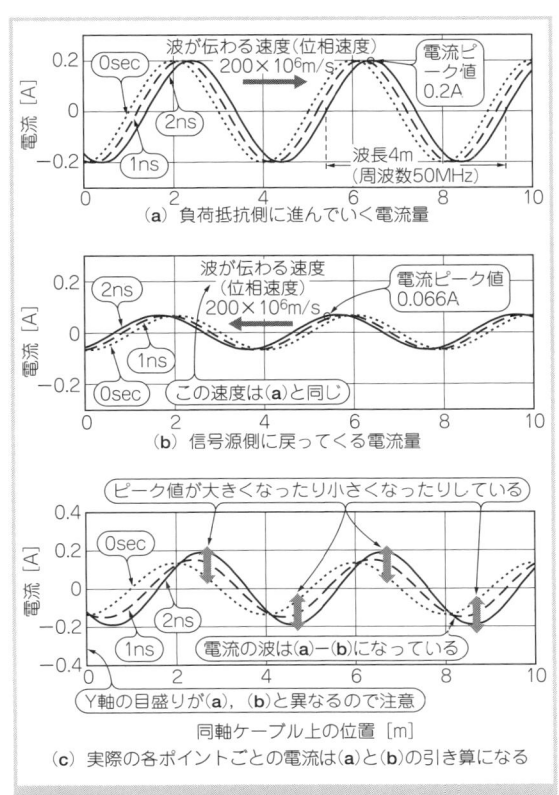

図17-6 ケーブルを伝わる電流をある一瞬のスナップ・ショットで考える
図17-4を今度は電流で考える．(a)は進む波（電流ピーク値 0.2 A，周波数は 50 MHz，位相速度 200×10^6 m/sec）．(b)の戻ってくる電流量は 0.066 A．ケーブル上の電流は電圧と異なり，(c)のようにこれらの引き算．ピーク値が大きくなったり小さくなったりしている．

▶時間が変化すると各ポイントの電圧はどうなるか

図17-4(c)の「ある一瞬のスナップ・ショット」を，連写で1 nsごとに撮影したとして図にしたものが，図17-5です．このように，ある一定の位置ごとに**移動しない電圧の山と谷**ができていることがわかると思います（これを**電圧定在波**という）．

●同軸ケーブル上の電流は進む波と戻ってくる波の引き算合成になる

電流でも同じです．図17-6(a)に，「負荷抵抗側に進んでいく電流量」の各ポイントのようす（実際はこのような横波ではなく，密度のような感じになる）を示します．電圧の場合の図17-4(a)と同じように，進む波を考えます．この波は電流ピーク値 0.2 A（実効値 0.14 A），周波数 50 MHz，波が伝わる速度（位相速度）は当然電圧と同じで，200×10^6 m/sです．

電圧の場合と同じように，ケーブル上でのある一瞬のスナップ・ショット（0 sec, 1 ns, 2 ns）で考えると，この図のような各ポイントごとの電流量になっています（波の1周期…つまり，波長が4 mであることも，電圧と同じ）．

▶負荷抵抗 R_L のところではオームの法則により戻ってくる電流量が決定する

負荷抵抗に流れる電流のピーク値は 0.133 A ですから，負荷抵抗 R_L で**見かけ上発生した電流量**は，図17-3で説明したように 0.066 A です．電圧と同様，これらの関係は負荷抵抗 R_L のところで，一瞬一瞬の時刻でオームの法則として，また反射係数として成り立ちます．

この電流量 0.066 A が信号源に戻ってくるようになります．この波形が，図17-6(b)です．

戻ってくる電圧/電流の大きさの相互関係も，**特性インピーダンスと同じ大きさになっています**（コラム17-1）．

▶同軸ケーブル上では，進む波と戻ってくる波が合成（ただし引き算）した電流量になっている

この同軸ケーブル上に実際に流れる電流は，「負荷抵抗側に進んでいく電流量」と「信号源側に戻る電流量」との**引き算**になります．それが図17-6(c)です（引き算になる理由は**コラム17-2**）．

このように，ある瞬間のスナップショットで考えてみれば，同軸ケーブル上の各ポイントごとの電流量は図17-6(c)のようになるのです．

▶時間が変化すると各ポイントの電流量はどうなるか

図17-6(c)のある一瞬のスナップショットを,連写で1 nsごとに撮影したとして図にしたものが,図17-7です.このように,電圧と同じようにある一定の位置ごとに,電流量でも,山と谷(実際は密度)が**移動せずにできている**ことがわかると思います.

17-3 合成した電圧量と電流量で各ポイントのインピーダンスが変化する

それでは,ここまでの結果を「電圧量と電流量を関係づける大きさ=インピーダンス」という視点で計算してみましょう.「インピーダンス」は,位相も含んだ電圧量と電流量の比でしたね.

進む波と戻ってくる波のそれぞれの電流と電圧の関係(特性インピーダンスZ_0)は,どちらも50 Ωでした.しかし,進む波と戻ってくる**波が合成された**結果,その合成された点でのインピーダンス注17-2が変化するのです.

注17-2:ここでは,ケーブル自体が電圧と電流を伝える関係「特性インピーダンス」のことではなく,その点の電圧と電流との関係の説明を意図しているので,用語を「インピーダンス」とする.

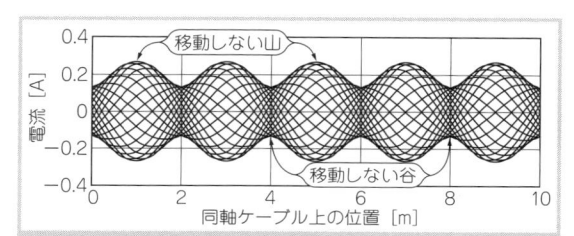

図17-7 電流量の一瞬のスナップ・ショットを1 nsごとに連写したものと考える
電圧の場合の図17-5と同様に,ある一定の位置ごとに移動しない電流の山と谷ができている.なお電流はこのような横波ではなく,密度のような感じになる.

● 各ポイントごとのインピーダンスを計算する

さきほどの説明では,スナップ・ショットとして,ある一瞬の時刻での各ポイントの電圧量と電流量を考えました.

ここでは**ある位置,あるポイント**での時間変化を考えます.これを観測することで,その点での(同軸ケーブルの各点での)電圧量と電流量の比…つまりインピーダンスを考えることができます.

それでは,位置対電圧量[図17-4(c)]と位置対電流量[図17-6(c)]をもとにして,各ポイントごとの電圧量/電流量の時間経過を示し,その関係を比として計算してみましょう.以後でも周波数は50 MHzと考えます.

まず,負荷抵抗R_Lのところでは,電圧量と電流量は図17-3のように,単純なオームの法則のとおり「100 Ωの関係」です.**ここが話のスタート**です.

▶負荷抵抗が100 Ωでも1/8波長離れると抵抗とコンデンサ成分が生じている

図17-8は,図17-4や図17-6の**負荷抵抗**R_Lから0.5 mのポイント(位置…50 MHzの1/8波長に相当する)での電圧量と電流量の時間変化のようすです.

図のように,電圧のピーク値は10.5 V,電流のピーク値は0.21 Aです.また,電流の位相が+37°進んでいる(+0.2π rad)ことがわかりますね.これは進む波と戻る波が合成された結果の波形です(電圧は足し算,電流は引き算).

オームの法則でインピーダンスZを考えると,Z = 10.5 V/0.21 A = 50 Ω∠−37°(=$50e^{-j0.2\pi}$)になっています(この計算は,第6章〜第8章の複素数の説明を参考にされたい).

純抵抗の100 Ωが負荷抵抗として接続されても,な

コラム17-2 ケーブル内の電圧は往路 + 復路,電流は往路 − 復路

前章の**コラム16-2**でも,「電圧は大きさだけのもの,電流は大きさと流れる方向があるもの」と説明しました.この電圧/電流の話は,第1章の「ポンプの圧力と流れる水」の説明と同じことです.「電圧 ⇨ 圧力=大きさだけ ⇨ スカラー量」,「電流 ⇨ 流れる水=大きさと方向がある ⇨ ベクトル量」という関係になります.

ここで**電流が引き算になる**のは,電流には**流れる**「向き」があり,戻ってくる電流は進んでいく電流と逆方向ですから「引き算」になるのです.

なお,異なる方向に流れる水同士は相互に干渉しますが(妨害しあう),異なる方向に流れる電流の場合は相互には干渉せず,「重ね合わせ…つまり単なるベクトルの合成」になります.

これは回路理論のより深いところ,マクスウェル電磁気学にも通じる大切な考え方です.

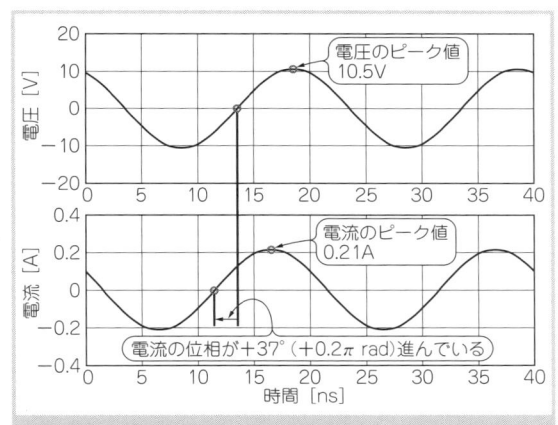

図17-8 負荷抵抗 R_L が 100 Ω で R_L から 0.5 m のポイントでの電圧量と電流量の時間変化のようす
横軸は「位置」ではなく「時間」なので注意．ここではコンデンサ成分のリアクタンスをもった負荷（40 − j30 Ω）がつながっているように見える．

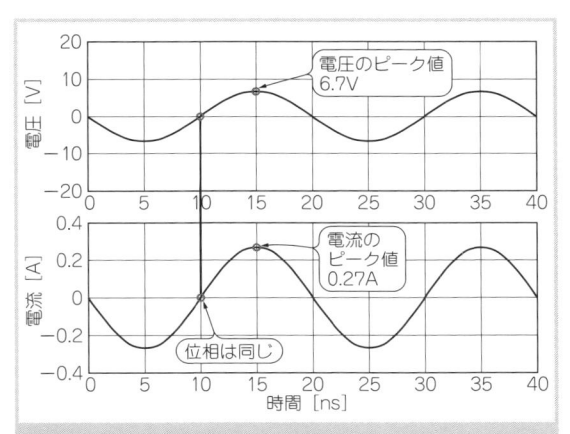

図17-9 1 m のポイント（図17-8 からさらに1/8 波長離れた位置）での電圧量と電流量の時間変化のようす
1 m のポイントは R_L からは1/4 波長の位置になる．ここでは25 Ω の純抵抗をもった負荷がつながっているように見える．

んと！この点では大きさ50 Ω，複素数でのインピーダンスとしてはコンデンサ成分のリアクタンス X をもった $R − jX = 40 − j30$ Ω になっています．ここでケーブルをカットして，その点から**負荷側を見ると**，40 − j30 Ω（大きさ50 Ω）のインピーダンスに見えるということなのです．

▶さらに1/8 波長負荷から離れると，純抵抗25 Ω に見える

次に，1 m（さらに 0.5 m … 50 MHz の1/8 波長）負荷抵抗 R_L から離れた位置のポイントで考えます．**図17-9** のように，電圧のピーク値は 6.7 V，電流のピーク値は 0.27 A，電圧と電流の位相は同じです．インピーダンス Z は，Z = 6.7 V/0.27 A = 25 Ω ∠+ 0° になります．

なんと，50 Ω の同軸ケーブルの末端に負荷抵抗100 Ω が接続されても，この点では25 Ω というインピーダンス（この場合は純抵抗になる）になっています．この位置で同軸ケーブルをカットし，その点から**負荷側を見ると**，25 Ω に見えるのです．

▶さらに1/8 波長離れるとコイル成分も生じている

さらに1/8 波長（0.5 m）離れた位置，1.5 m のポイントで考えてみます．**図17-10** のように電圧のピーク値は 10.5 V，電流のピーク値は 0.21 A です．この大きさは**図17-8** と同じです．しかし，電流の位相が− 37° で遅れている（− 0.2π rad）ことがわかります．インピーダンス Z は，Z = 10.5 V/0.21 A = 50 Ω ∠+ 37°（= $50e^{+j0.2\pi}$），$R + jX = 40 + j30$ Ω になっています．

なんとまた！純抵抗の 100 Ω が負荷抵抗として接続

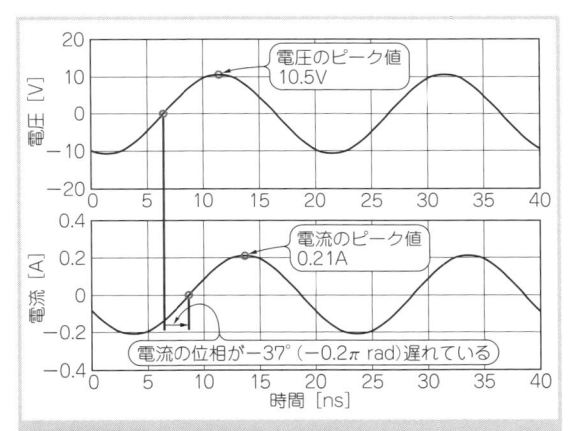

図17-10 1.5 m のポイント（図17-9 からさらに1/8 波長，図17-8 からは 2/8 = 1/4 波長離れた位置）での電圧量と電流量の時間変化のようす
1.5 m のポイントは R_L からは3/8 波長の位置になる．ここではコイル成分のリアクタンスをもった負荷（40 + j30 Ω）がつながっているように見える．

されても，この点から**負荷側を見ると**，40 + j30 Ω のインピーダンス（それもコイル成分としてのリアクタンスも発生している）になっています．

▶またさらに1/8 波長離れると，負荷抵抗の大きさにいったん戻る

さらに，1/8 波長（0.5 m）離れた位置，2 m のポイントで考えます．**図17-11** のように電圧のピーク値は 13 V，電流のピーク値は 0.13 A です．電圧と電流の位相は同じです．インピーダンス Z は，Z = 13 V/0.13 A = 100 Ω ∠+ 0° で，負荷抵抗の大きさと

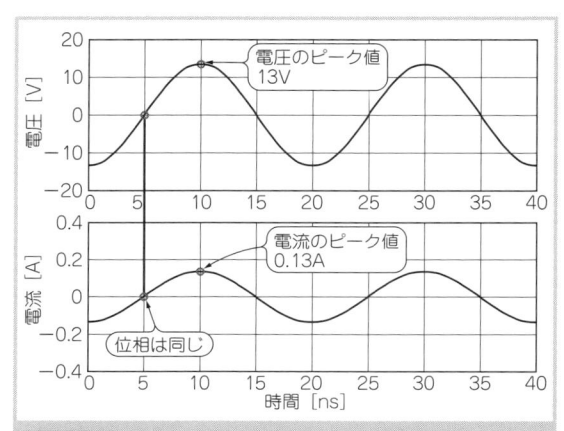

図17-11 2mのポイント（**図17-10**からさらに1/8波長，**図17-8**からは3/8波長離れた位置）での電圧量と電流量の時間変化のようす

2mのポイントはR_Lからは1/2波長の位置になる．ここでは100Ωの純抵抗をもった負荷がつながっているように見える．R_Lの大きさに戻っている．繰り返しが1/2波長になっている．

同じに戻っていますね．

● **これらの関係をまとめる**

ここまでの説明で，以下のことがわかります．負荷抵抗R_Lが特性インピーダンスZ_0に等しくないと，

- 計測する位置を変えていくと，その位置ごとでのインピーダンスが変化する
- 負荷が純抵抗であっても，各ポイントのインピーダンスは，コンデンサ成分やコイル成分をもつリアクタンス量も生じる
- この関係は，負荷抵抗と同じ純抵抗 ⇨ コンデンサ成分をもつインピーダンス ⇨ 負荷抵抗と異なる大きさの純抵抗 ⇨ コイル成分をもつインピーダンス ⇨ 負荷抵抗と同じ純抵抗…と1/2波長ごとに繰り返していく（$R_L > Z_0$の場合．$R_L < Z_0$だとコンデンサとコイルが現れる順番が逆になる）

一番大事なことは，「特性インピーダンスZ_0と異な

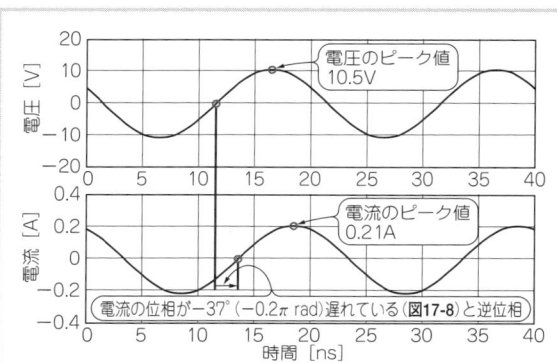

(a) **図17-8**の位置（0.5m）の場合（コイル成分のリアクタンスをもった負荷に見える）

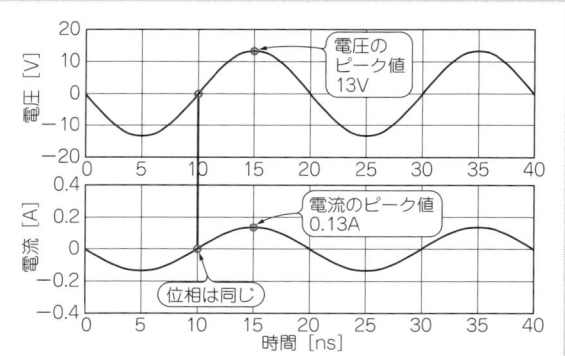

(b) **図17-9**の位置（1m）の場合（100Ωの純抵抗をもった負荷に見える）

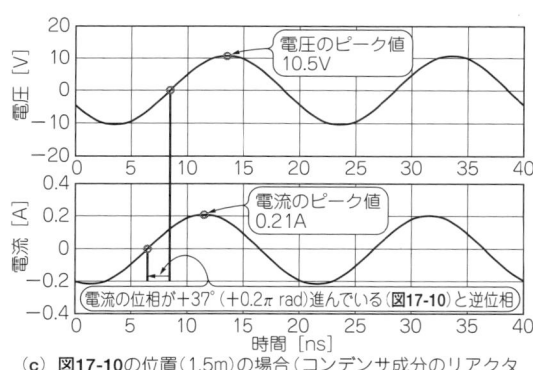

(c) **図17-10**の位置（1.5m）の場合（コンデンサ成分のリアクタンスをもった負荷に見える）

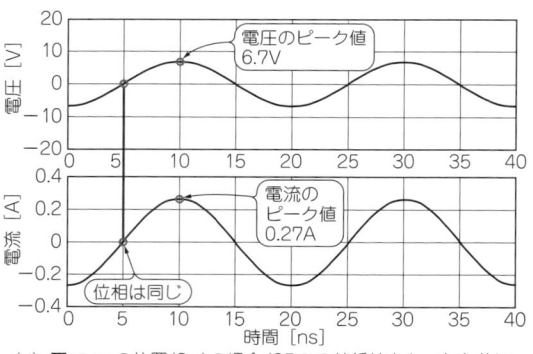

(d) **図17-11**の位置（2m）の場合（25Ωの純抵抗をもった負荷に見える）

図17-12 負荷抵抗が25Ωの場合の各ポイントでの電圧量と電流量の時間変化のようす

横軸は「時間」になっているので注意．**図17-8**～**図17-11**と同様に位置によりインピーダンスが変化していることがわかる．なお$R_L = 100$Ωの場合と比較して，コンデンサ成分とコイル成分が現れる順番が逆になっている．この繰り返しも1/2波長．

る大きさの負荷抵抗R_Lを接続すると，同軸ケーブルの途中では違うインピーダンスとして見える」ということです．

● 同じ話を負荷抵抗が25Ωの場合で考える

今度は，特性インピーダンスより小さい負荷抵抗R_Lの場合を考えましょう．図17-12のように，図17-8～図17-11の位置での電圧量と電流量の時間

表17-1 図17-8～図17-12のそれぞれの関係を一つにまとめる

ここまで図示されているようすを数値にまとめた．負荷抵抗R_Lから離れるにしたがい，電圧，電流，位相がそれぞれ変化し，その点から見たインピーダンスが変化する．これらのようすは反射係数を極座標として反射係数円（スミス・チャート）として表せる．

		負荷R_Lから離れていく距離（周波数は50MHz）			
		0.5 m 図17-8	1.0 m 図17-9	1.5 m 図17-10	2 m 図17-11
$R_L =$ 100Ω	電圧量	10.5 V	6.7 V	10.5 V	13 V
	電流量	0.21 A	0.27 A	0.21 A	0.13 A
	電流の位相	+37°	0°	-37°	0°
	インピーダンス（抵抗）の大きさ	50 Ω	25 Ω	50 Ω	100 Ω
	インピーダンス	40 - j30 Ω	25 Ω	40 + j30 Ω	100 Ω

(a) $R_L =$ 100Ω

		0.5 m 図17-12(a)	1.0 m 図17-12(b)	1.5 m 図17-12(c)	2 m 図17-12(d)
$R_L =$ 25Ω	電圧量	10.5 V	13 V	10.5 V	6.7 V
	電流量	0.21 A	0.13 A	0.21 A	0.27 A
	電流の位相	-37°	0°	+37°	0°
	インピーダンス（抵抗）の大きさ	50 Ω	100 Ω	50 Ω	25 Ω
	インピーダンス	40 + j30 Ω	100 Ω	40 - j30 Ω	25 Ω

(b) $R_L =$ 25Ω

コラム17-3 マルチ・ドロップ型インターフェースに終端抵抗が欠かせない理由

私が若いころ，「トランジスタ技術」誌で図17-Aのような図を見たことがありました．当時はそうする理由と意味がわかりませんでしたが，時を経た今，本書での「波として伝わる」点をもとにその意味合いを示してみます（第16章の16-2節でも少し示した）．

これは，2線のバスに送信素子と受信素子を複数接続する（「ぶらさげる」とか「マルチ・ドロップ」と呼ぶ），RS-485と呼ばれる有線通信方式です．

図17-Aのように，バスの左端と右端には終端抵抗（本文の説明のR_L．$R_L = Z_0$）が接続されています．

このバスが伝送線路であり，左右の**終端抵抗で波の反射が起きないように**しています．

バス自体が特性インピーダンスZ_0ですから，送信回路素子は（接続点からバスが左右あるので）$Z_0/2$の抵抗負荷を駆動しているようになります．受信回路（素子）はその入力インピーダンスが高いため，バス内の電圧/電流の波（信号）を乱すことなく，バスを伝わる信号を受信しています．

ここでもオームの法則が基本になり，それに対して波を意識すればよいだけだということもわかりますね．

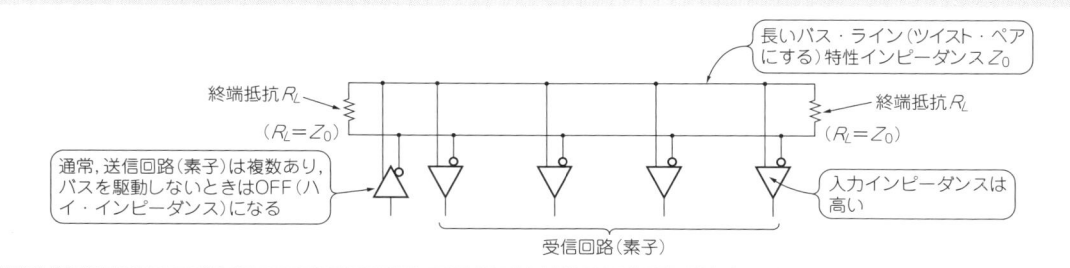

図17-A RS-485有線通信方式のバス接続

送信素子は$Z_0/2$の抵抗負荷を駆動している．受信素子は受信回路の入力インピーダンスが高いため，バス内の電圧/電流の波（信号）を乱すことなく，その信号を受信している．

変化を，それぞれ図17-12(a)〜(d)として示します．さらに，図17-8〜図17-12のようすを一つの表として表17-1にまとめます．

このように，「同軸ケーブルの途中では違うインピーダンスとして見える」ということが，ここでもわかりました．そして，その繰り返しは1/2波長ごとだということもポイントです．

▶この話がわかればワンステップ上の参考書を読んでも理解できる力がすでについている

もう一つのポイントです．負荷側から0.5 mの位置の図17-8では，電流は進み位相になっています．しかし，同じ位置の図17-12（a）では遅れ位相になっていることです．これは先に説明したコンデンサとコイルが現れる順番が負荷抵抗100 Ωの場合と25 Ωの場合とでは逆になっていることも意味しています．

この辺の話（位置によるインピーダンスの変化のようすも含めて）は，かなり本格的な伝送線路やスミス・チャートなどの話になるので，それらの専門書を

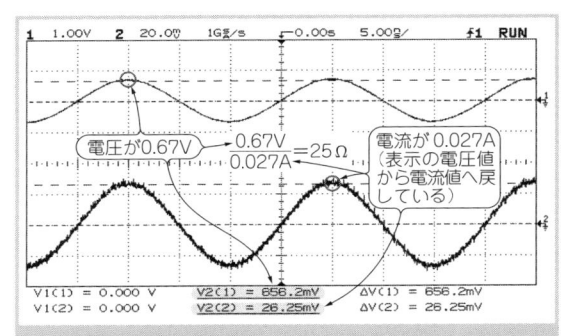

図17-13 負荷抵抗100 Ω，ケーブル長を1 m（50 MHzの1/4波長ぶんに相当する）として電圧と電流を測定
純抵抗25 Ωに相当する実験結果となった．ケーブル先端には100 Ωがつながっている．電流測定には電流プローブを使用．これは図17-9の場合に相当する．

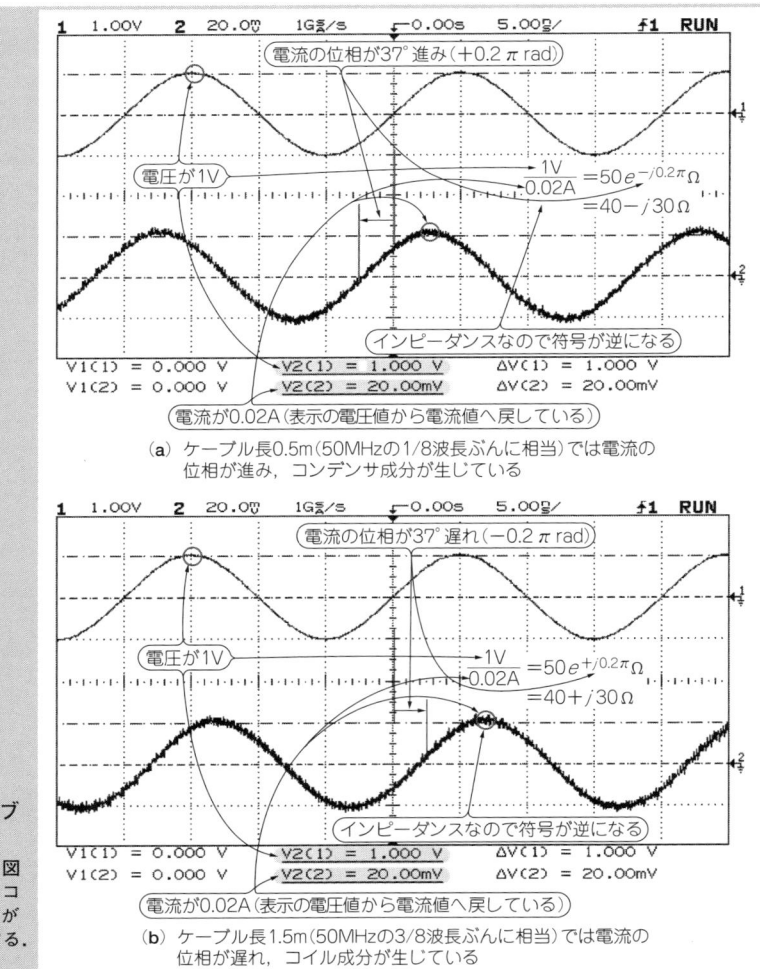

図17-14 図17-13と同じ条件でケーブル長を変えた点で測定する
（a）はケーブル長0.5 m（1/8波長）の場合で図17-8に相当する．電流位相が37°進み，コンデンサ成分になる．（b）はケーブル長が1.5 m（3/8波長）の場合で図17-10に相当する．電流位相が37°遅れで，コイル成分になる．

(a) ケーブル長0.5m（50MHzの1/8波長ぶんに相当）では電流の位相が進み，コンデンサ成分が生じている

(b) ケーブル長1.5m（50MHzの3/8波長ぶんに相当）では電流の位相が遅れ，コイル成分が生じている

読んでみてください．とはいえ，ここまでの基礎さえわかってしまえば，それらの専門書もあっさり理解できるレベルになっていることは間違いありません．

なお，これまでは信号源内部抵抗R_Sの話は詳しくしていませんでしたが，多重反射を避けるため特性インピーダンスと同じ大きさの信号源内部抵抗を用います．

17-4 インピーダンスが変化するようすを実験する

負荷抵抗が100Ωのときの，同軸ケーブルの各点の電圧と電流を実際に測定してみましょう．前節で説明したインピーダンスが変化するようすを体感してみます．測定に関する各種数値の諸元を表17-2にまとめます．測定系の関係（出力レベルの限界）で電圧量のピーク値が1V（実効値0.71V）になっています．周波数は50MHzです．

表17-2 測定に関する各種数値の諸元
実際に測定する実験系の諸元をまとめた．波長短縮率は位相速度を光速で割った，伝わる速度の比率．波長が短くなるという意味．測定系の関係で試験電圧値は小さめ．

項目	値
測定周波数	50 MHz
同軸ケーブルの特性インピーダンス	50 Ω
同軸ケーブルの位相速度 v	2×10^8 m/s
波長短縮率 v/c（c：光速）	67 %
ケーブル内の50 MHzの信号の波長	4 m
負荷抵抗側に進んでいく電圧量 V	1 V（実効値 0.71 V）
負荷抵抗側に進んでいく電流量 I	20 mA（実効値 14 mV）
供給電力（VI）	10 mW

● 100Ωがつながっていても25Ωに見える状態を体感

ケーブルの先端には，負荷抵抗100Ωがつながっています．ケーブル長を1mとして，この入力端での電圧と電流を測定します（電流測定には電流プローブを使用している）．

結果が図17-13です．これは，図17-9の「負荷抵抗100Ωが接続されても25Ωに見える」場合です．電圧が0.67V，電流が0.027A（オシロスコープの表示数値は1Aが1Vに変換されている）ですから，25Ωに間違いないですね．これは100Ωの負荷抵抗が本当につながっているんです….

● 負荷抵抗が100Ωの純抵抗でもコンデンサ成分やコイル成分が生じるようすを体感する

▶ケーブル長が0.5mの場合（コンデンサ成分が生じている）

図17-14(a)はケーブル長が0.5mであり，図17-8の「1/8波長負荷から離れると，コンデンサ成分も生じている」場合です．電圧が1V，電流が0.02Aで，電流の位相が37°進んでいますから，ここから見たインピーダンスZは，17-3節での説明のとおり$Z = 50e^{-j0.2\pi}\,\Omega = 40 - j30\,\Omega$に間違いないですね．これは，図17-15(a)のような実際の素子がつながっているかのように見えることになります．

▶ケーブル長が1.5mの場合（コイル成分が生じている）

図17-14(b)はケーブル長が1.5mであり，図17-13の25Ωに見えるケーブル長が1mのところはスキップしています．これは図17-10の「コイル成分も生じている」場合です．図17-14(a)から1/4波長，負荷から離れた距離になります．ここでは電圧が1V，

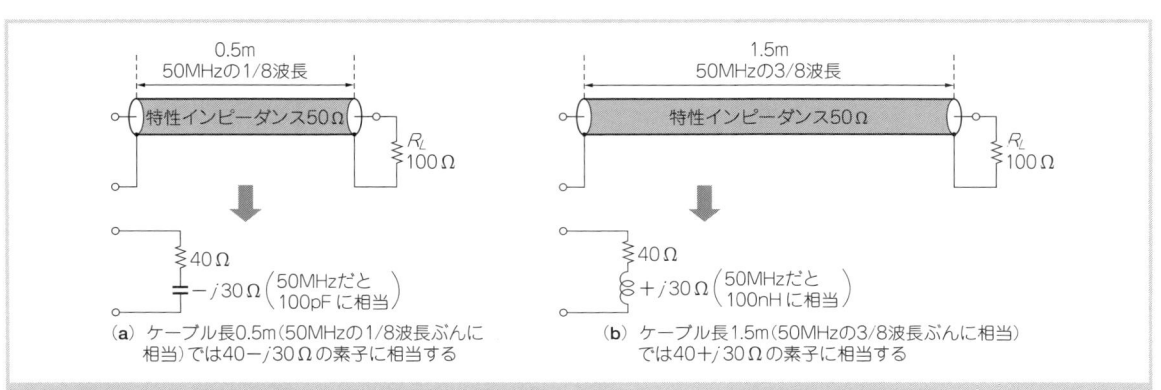

図17-15 図17-14の電圧と電流は，それぞれ実際の素子（インピーダンス）に加わるものと等しい
それぞれ末端に100Ωが接続された長さの異なるケーブルであるが，入力端から見ると，電圧と電流の関係は，それぞれ図のような回路が接続されていることと等しい．

(a) ケーブル長0.5m（50MHzの1/8波長ぶんに相当）では40-j30Ωの素子に相当する

(b) ケーブル長1.5m（50MHzの3/8波長ぶんに相当）では40+j30Ωの素子に相当する

第17章のキーワード解説

①スミス・チャート
反射係数円の上に，純抵抗（実数）とリアクタンス（虚数）のインピーダンス直交座標を曲げ込んで座標変換して重ね合わせた図．高周波回路設計では必須なもの．

②反射係数円
本文では反射係数は実数で説明しているが，リアクタンス成分を含む場合は位相量をもつ．反射係数と位相量を極座標（円）に表記したものを言う．

③同軸ケーブル
中心導体と，その外側に中心導体を取り囲むようにシールド編線が配置された電線．特性インピーダンスが規定されている．高周波回路では特によく用いられる．

④バス
複数の出力回路が一つのライン上に接続されている配線形態を言う．出力回路は出力OFF（ハイ・インピーダンス状態）が可能で，ある時点では一つの出力回路のみが信号ラインを駆動する構成になる．

⑤位相速度
伝送線路内を電圧や電流が伝わる速度．光速よりも遅くなる．同軸ケーブルの場合，光速の60〜90％程度になる．

⑥波長短縮率
伝送線路内では位相速度が光速よりも遅くなり，結果的に波長が短くなる．この短くなる率を言う．同軸ケーブルの場合，光速での波長の60〜90％程度になる．

⑦多重反射
信号源内部抵抗が特性インピーダンスと同じ大きさでないと，戻ってきた電圧や電流の波が信号源でも反射されて負荷側に進んでいく．繰り返し両端で何度も反射すること．

⑧電流プローブ
リード線に流れる電流量を電圧量に変換する装置．電流により発生する磁界をピックアップして，電圧に変換する．リード線をこのプローブにはさんで測定する．本来オシロスコープは電流をそのまま測定できないので，これを用いて電流を測定する．

電流が0.02 Aで，電流の位相が37°遅れていますから，ここでもインピーダンス $Z = e^{+j0.2\pi}\Omega = 40 + j30 \Omega$ に間違いないですね．これも**図17-15(b)**のように見えることになります．

● まとめ

特性インピーダンスは，同軸ケーブルやプリント基板上のパターンを信号が波として伝わっていくときの，電圧と電流の「比」です．

ここまでの説明でわかるように，信号源抵抗，負荷抵抗ともども特性インピーダンスに合わせた大きさを使うことが一般的で，合っていないと反射波によってインピーダンスが変化してしまいます．

これらのことを難解に説明している教科書や参考書も多いですが，基本は「進む波と，反射した戻る波の合成」です．それさえ頭に入れておけば，難解と思われる本の解説も理解できますし，プロの電子回路設計現場での「問題解決」への大きな力にもなることに間違いありません．

第6部
フーリエ変換と畳み込み

　電子回路は，信号になんらかの作用を及ぼすので，回路を設計する現場では，信号が入口から回路を通過して出口に出てきたときに，どのように変化しているかを予測したり評価したりする作業が必要です．

　第6部では，繰り返し信号や単発信号に対する電子回路の作用について理解を深めます．この二つのツールは，電子回路を設計するうえで「周波数」と「時間」という二つの応答を考えるときに重要です．

| ツール9 フーリエ変換 |―― 第18章　信号を形づくる周波数成分を抽出する「フーリエ変換」と「FFT」

| ツール10 畳み込み |―― 第19章　回路のインパルス応答から出力波形を求める算術「畳み込み」

第18章
ツール9 フーリエ変換

複数のcos波とsin波を組み合わせながら波形を求めていく
信号を形づくる周波数成分を抽出する「フーリエ変換」と「FFT」

　たとえばオシロスコープで何かの交流信号を観測することを考えます．オシロスコープの管面で見えるものは，その信号の時間変動を基準とした（時間軸を横軸として見える）波形になっています．この同じ信号をスペクトラム・アナライザやFFTアナライザで見たとしましょう．スペクトラム・アナライザやFFTアナライザは周波数を横軸として，周波数ごとの信号の強さを表示します．この周波数軸での大きさ（成分）を見ること，これがフーリエ変換の考え方です．
　本章では「フーリエ変換とは何か？」について説明し，現在，電子回路設計の多くの場面で実用的に使われている，高速フーリエ変換（Fast Fourier Transform；FFT）までを説明していきます．

18-1 フーリエ級数から離散フーリエ変換まで

●フーリエ級数はフーリエ変換の考え方の基本

　図18-1のようにピーク電圧1V（実効値$1/\sqrt{2}$V）注18-1，1Hzのサイン波の電圧波形に，3Hz，5Hz，7Hz，…のサイン波の電圧を足し合わせていくと，同図のようにだんだん矩形波の形に近づいていきます．
　矩形波は，サイン波の整数倍の周波数を無限に大きくしていき，その**無限の数のサイン波をすべて足し合わせたもので構成されています**［なお矩形波にするためには，足し合わせていく波形の周波数fは奇数次（1，3，5，7…倍）であり，電圧振幅レベルは1Hzの波形の振幅に対して$1/f$にする必要がある］．
　フーリエ級数は「無限の数の整数倍の正弦波を用意し，それらを足し合わせた」形の数式で表し，矩形波に限らず，いろいろな時間変化する信号波形を表現するものです．

▶フーリエ級数がフーリエ変換の基本

　このフーリエ級数がフーリエ変換（周波数軸での大きさ…つまり周波数成分注18-2を見る）の考え方の基本になっています．**図18-1**の説明ではフーリエ級数を，後半で説明する（有限な周波数範囲である）離散フーリエ変換につなげて説明するため，完全な矩形波まで近づけるのではなく，7Hzまでが足し合わさった

注18-1：本章のテーマ，フーリエ変換では，信号の大きさはピーク値で考える．第2章で実効値を説明したが，実効値は直流と関係づけるために使うものであり，本来の波形の大きさ（ピーク値）とは関係ない．

注18-2：注18-1で示した信号の大きさについて，本文では「大きさ」「成分」「相関」という異なる用語を文脈に応じて使い分けている．意味合いとしては全て同じことを言っているので，そのように理解して読み進めてほしい．

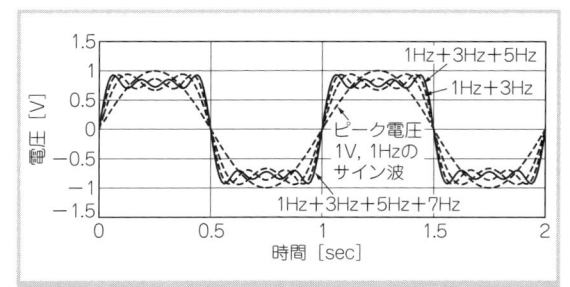

図18-1 1Hzのサイン波に3Hz，5Hz，7Hzのサイン波を足し合わせていく
奇数次（1，3，5，7…倍）の周波数のサイン波を，振幅レベルを$1/f$にして足し合わせていくと，だんだん矩形波の形に近づいていく．

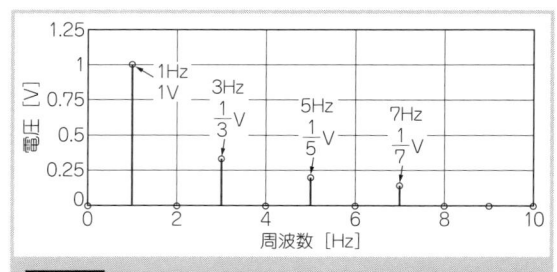

図18-2 図18-1の電圧波形の振幅（ピーク値）を横軸を周波数としてまとめる
一番低い1Hzを基準として，そのn倍の周波数として考える．これが「周波数軸で見る＝フーリエ変換」ということに直結する．またこれはフーリエ級数の数式である式（18-2）のsinの項になる．

第6部 フーリエ変換と畳み込み

時間変化する信号にしています．
▶この四つのサイン波を周波数軸で見ることがフーリエ変換の基本

さて，ここで図18-1の足し算された電圧波形を，横軸を各周波数成分としてまとめたものが図18-2になります．縦軸は振幅（ピーク値）です．これが「周波数軸で見る＝フーリエ変換」ということに直結しています．

この関係を数式で示すと，

$$\sin(2\pi t) + \frac{1}{3}\sin(2\pi \cdot 3t)$$
$$+ \frac{1}{5}\sin(2\pi \cdot 5t) + \frac{1}{7}\sin(2\pi \cdot 7t)$$
$$\cdots\cdots(18-1)$$

となりますが，これは教科書でよく見かけるフーリエ級数の数式,

$$a_0 + \sum_{n=1}^{\infty}(a_n \cos 2\pi n f_0 t + b_n \sin 2\pi n f_0 t) \cdots(18-2)$$

の一部の周波数の項（1 Hz, 3 Hz, 5 Hz, 7 Hz），さらにその sin の項だということがわかりますね．式(18-2)はそれだけのことなのです．

●周波数ごとの波形の位相だけを変えてもいろいろな波形が作れる

複素数での実数部が cos であるため，本章の以降では，cos, sin という順番で説明していきます．
▶90°位相のずれたコサイン波だけで考える

コサイン波で 1 Hz, 3 Hz, 5 Hz, 7 Hz を足し合わせたもので考えます．大きさは図18-2 そのものです．しかしコサイン波の集合ですから，図18-1 のサイン波とは位相が90°ずれています．

これを足し合わせたものが図18-3 ですが，図18-1 とはまったく異なる波形になっていますね．数式で示すと，

$$\cos(2\pi t) + \frac{1}{3}\cos(2\pi \cdot 3t)$$
$$+ \frac{1}{5}\cos(2\pi \cdot 5t) + \frac{1}{7}\cos(2\pi \cdot 7t)$$
$$\cdots\cdots(18-3)$$

これは，式(18-2)の cos の項になるわけです．
▶コサイン波とサイン波が組み合わさった波形で考える

もう少し話を進めて，図18-4のように，1 Hz と 5 Hz がサイン波，3 Hz と 7 Hz がコサイン波の合成，式(18-2)での cos と sin の項の両方に成分があるもので考えます．この波形も図18-1 や図18-3 と異なっています．

●コサイン波とサイン波を両方用いて合成していけば任意の波形が得られる

本章のここまではコサイン波とサイン波を別々に取り扱ってきました．つまり位相を0°, 90°に限定していました．ここまでの話を延長していくと，「0°, 90°に限定せず，周波数ごとの正弦状波形注18-3の大きさと位相を任意の量とすると，さらに柔軟性が出るのではないか」と直感的に思うことでしょう．
▶任意の位相の正弦状波形もコサイン波とサイン波との合成

そのとおりで，整数倍の無限の数の正弦状波形をそれぞれの大きさと位相を任意に設定して合成すれば，

注18-3：ここでは任意な位相の波形という意味で，コサイン波/サイン波と呼ばず，「正弦状波形」と呼ぶ．以降の18-4節では，さらにこの意味合いを狭めて用いている．

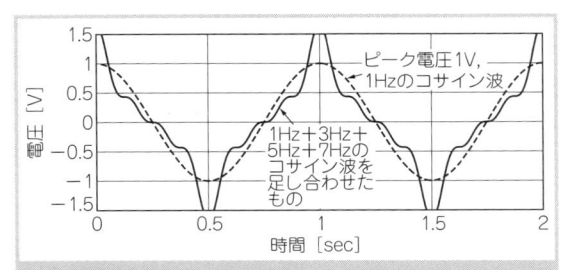

図18-3 1 Hz のコサイン波に 3 Hz, 5 Hz, 7 Hz のコサイン波を足し合わせる
周波数ごとの大きさは図18-2 そのもの．しかしコサイン波の集合であり，周波数ごとの位相が図18-1 とは 90°ずれている．これを足し合わせたものは図18-1 とは全く異なる波形になる．

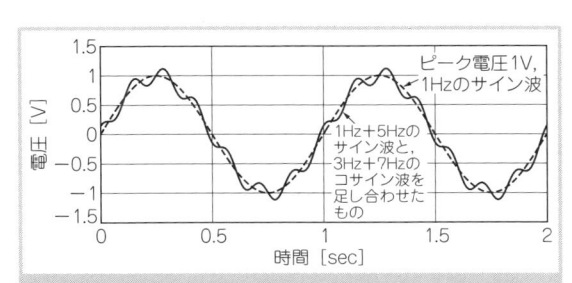

図18-4 1 Hz, 5 Hz のサイン波と，3 Hz, 7 Hz のコサイン波を足し合わせる
式(18-2)の cos と sin の両方に成分があるもの．この波形も図18-1 や図18-3 と異なっている．これらから，整数倍の無限の数の正弦状波形を任意位相で合成すれば，どんな波形でも作れることが想像できる．

18-1　フーリエ級数から離散フーリエ変換まで

どのような波形でも作れます．

といっても，この「任意の位相の正弦状波形」も，コサイン波とサイン波との合成です．たとえば位相が45°（$\pi/4$ rad）の正弦状波形というのは，

$$\sin(2\pi ft + \frac{\pi}{4}) = \frac{1}{\sqrt{2}}\sin(2\pi ft) + \frac{1}{\sqrt{2}}\cos(2\pi ft) \cdots\cdots(18-4)$$

と表せます．結局は**位相量**についても，式(18-2)の一部として表せることがわかります．また$1/\sqrt{2}$は式(18-2)の大きさa_n，b_nに相当します．a_n，b_nの比が変化すれば任意の位相が作り出せるわけです．

「どのような波形でも整数倍の無限の数のコサイン波/サイン波で表せる」ということが基本です．また「無限の数」でなく有限でも，目的の波形にかなり近づけられそうだということも**図18-1**からイメージできると思います．

●フーリエ級数/フーリエ変換を考えるうえで重要なポイント

ここで重要なことは，一番低い周波数（この例では1Hz）を時間/長さの基準にするということです．繰り返しの信号波形で考えると，「**図18-1，図18-3，図18-4**の一番右にいくと，再び一番左の（左右が同じ）高さに戻ってきて，同じ波形を繰り返す」という連続性がないと，まともなフーリエ級数/フーリエ変換としての答えが得られません．

「電子回路のフーリエ級数やフーリエ変換は同じ波形が繰り返している信号を考える」というところがポイントです．これは大変重要です．

18-2 実用上はフーリエ級数がほぼそのまま 離散フーリエ変換の意味合い

数学的にはかなり乱暴な説明ですが，タイトルのと

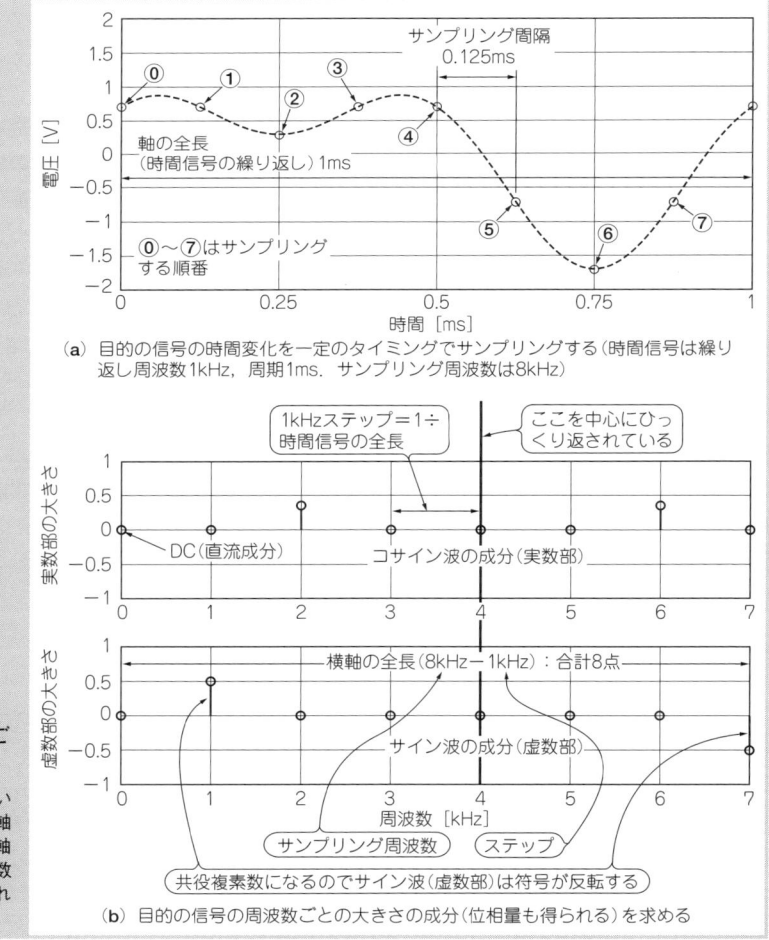

図18-5 離散フーリエ変換は周波数ごとの大きさの成分量
この信号は1kHzと2kHzの信号を含んでいる．(a)のサンプリング周波数が(b)の横軸の全長になり，(a)の繰り返し周波数（横軸の全長）が(b)の1ステップあたりの周波数になる．(b)は中心の左右でひっくり返されたようになる．

(a) 目的の信号の時間変化を一定のタイミングでサンプリングする（時間信号は繰り返し周波数1kHz，周期1ms．サンプリング周波数は8kHz）

(b) 目的の信号の周波数ごとの大きさの成分（位相量も得られる）を求める

おりです．まずはイメージで理解しましょう．

フーリエ級数は「無限の数の（周波数が整数倍の正弦状の）波形を」足し合わせたものでした．以下の離散フーリエ変換（Discrete Fourier Transform；DFT）は，基本的に「**有限の数の波形で表す**」という点がフーリエ級数と異なるところと考えればよいのです．

● 離散フーリエ変換の基本を時間軸/周波数軸から示す
▶「離散」とは時間信号を一定のタイミングでサンプリングするから

本書ではさまざまな波形と区別して，目的とする時間変化する信号波形のことを明示するために「**時間信号**」と呼ぶことにします．

ディジタル信号処理で用いられる離散フーリエ変換の「離散」という意味は，**図18-5**(a)のように時間信号（1 kHzと2 kHzの成分を含んでいるとする）を一定のタイミング（例では0.125 ms = 1 ÷ 8 kHz）でサンプリングして，その個々の値（離散値）をもとに，同図(b)のように目的の信号の**周波数ごとの大きさの成分**（フーリエ級数の a_n，b_n に相当する情報）を算出するものです．

同図(a)では，時間信号をサンプリングする順番を⓪～⑦で示しています（以後の**図18-7**も同様）．図中の一番右端は次の波形の⓪となるので，最後の⑦は図中に示す位置になります．

また**周波数ごとのコサイン波/サイン波成分**それぞれの大きさを求めることで，式（18-4）の例のように位相の情報も得られます［式（18-2）の a_n，b_n の比が変化すれば位相も変化する］．

なお，これから説明する時間信号の繰り返し周波数とサンプリング周波数 f_S との関係は，以降のFFTの説明を考えて1：8の比にしておきます（FFTでは2の x 乗にする．ここでは $x = 3$）．
▶時間軸と周波数軸の目盛りの関係を理解しておく

ここで**図18-5**のそれぞれの横軸の目盛りについて考えてみましょう．**図18-5**(a)は横軸が時間で，サンプリング間隔（$1/f_S$）は0.125 ms（1 ÷ 8 kHz）です．また軸の全長（時間信号の繰り返し）は1 msです．

一方，**図18-5**(b)は，周波数ごとの大きさの成分が離散フーリエ変換で求められた結果で，求め方は以降に説明します．この図のポイントは，
（1）離散フーリエ変換の結果として，コサインを実数部，サインを虚数部として複素数で表す
（2）オイラーの公式で，極座標を用いて $Ae^{j\theta}$ で「大きさと位相量」としても表せる
（3）**図18-5**(a)の時間軸の全長が1 msであり，1/1 ms = 1 kHzという関係で，同図(b)の横軸の目盛り間隔は1 kHzステップとなり，8点の周波数が得られる
（4）横軸の全長は0 Hz（DC；直流成分）～7 kHz．つまり「サンプリング周波数 f_S マイナス1ステップ．ポイント数としては8点」（ここでは $f_S = 8$ kHz）．ただし実質上有効なのは，以下の「**ひっくり返し**」があるので4点だけになる

サンプリング間隔が同じで，時間信号の全長（サンプリングする長さ；数）が長くなれば，横軸の目盛り間隔が細かくなります．

● $f_S/2$ でひっくり返されたようになっている

なお，ここで得られた周波数ごとの成分は，**図18-5**(b)のように $f_S/2$ でひっくり返されたようになっている点がポイントです（**対称性**という．時間信号が「複素信号」という特殊な場合はひっくり返された波形にはならない）．時間信号の大きさは，この図のように1/2され，周波数軸上の二つの点に分割されます．ただし二つに分割された大きさは共役複素数量となり，サイン成分（虚数部）の**符号同士が逆**になります．つまり，**時間信号として有効な上限周波数は $f_S/2$ です**．
▶フーリエ級数と同じく一番低い周波数が長さの基準

時間信号が $f_S/2$ 以上の周波数成分をもっていない条件とあわせて，信号の一番低い周波数の1周期で，時間信号がきちんと切り出されていることが必要です．そうなっていないとか，周期的ではない時間信号の場合には，波形の整形が必要です．

この「時間信号の整形」は窓関数と呼ばれる関数を用いますが，詳しくはディジタル信号処理の参考書を参照してください（「ギブス現象」という用語も大事なので併せて確認いただきたい）．

引き続き時間信号から「周波数ごとの成分（コサイン波形/サイン波形の大きさ）」を取り出すには，どのようにするかを説明していきます．

18-3 周波数ごとの信号の大きさを求めるのは信号と周波数の相性

ここまで説明してきた「周波数ごとのコサイン波形/サイン波形の大きさ」，すなわち周波数ごとの成分を求めるのは，信号とその周波数の相性を考えることに

相当します．これを専門的には「相関」と呼びます（**注18-2参照**）．

ここでは難しい話は抜きにして，相関を計算することをイメージだけで理解してみましょう．

● 雌ネコを気にする雄ネコの想い…相性が周波数ごとの成分である

図18-6では，かわいい雌ネコと一緒に2匹の雄ネコが映画を観ています．ネコの配役（意味合い）を関係付けると**表18-1**のとおりです（なお**図18-5**の1kHzだけを例にしている）．

映画を観ていくなかで，楽しい場面や悲しい場面が繰り返されます．それに対してそれぞれのネコが反応し，感情を表していきます．雄ネコは一定のタイミング（一定のサンプリング）でちらっと雌ネコを見てようすをうかがいます．

映画が終わり2匹の雄ネコがそろって，雌ネコの反応を思い出して，それぞれ映画全体での自分との相性を考えました．この「雄ネコが考える自分との相性」が，時間信号（雌ネコ）と，周波数ごとの**比較用**コサイン波形/サイン波形（それぞれの雄ネコ．ここでは1kHzの周波数）との相関を計算すること，周波数ごとの成分を求めることになります．

▶相性の良し悪し（すれ違い）が相関計算結果

相性が良ければ（感性が合う）相関計算結果がプラスになり，相性が悪ければ（感性が逆）相関計算結果はマイナスになります．相性がどうもすれ違っているなと思えば，そのときの結果はゼロになります．また**周波数が異なれば**，よく「波長が合わないなあ」というとおり，相関計算結果はゼロになります（**図18-6**では1kHzだけを例にしているので図示していない）．

● 本来の離散フーリエ変換で実際の時間信号として考える

図18-6のイメージを踏まえて，実際の離散フーリエ変換による周波数ごとの成分の求め方を**図18-7**に示します．時間信号は**図18-5**と同じ形にしてあります．この図は以降の式(18-6)である2kHzの成分を求める方法を示しています．またこの図では**図18-5**(a)と同様に，時間信号をサンプリングする順番を示す⓪～⑦の番号を入れています．各周波数ごとの成分

表18-1 雄ネコの配役（意味合い）と雌ネコとの相関
この例では1kHzの比較用波形だけを例にしている．比較用波形が2kHzの場合は雄ネコが感情を表す速度が倍になっていると考えればよい．このときは周波数が異なっているので相関計算結果はゼロになる．

ネコ	意味合い
雌ネコ	離散フーリエ変換する時間信号
雄ネコ1	1kHzの比較用コサイン波形（実数部に相当）
雄ネコ2	1kHzの比較用サイン波形（虚数部に相当）

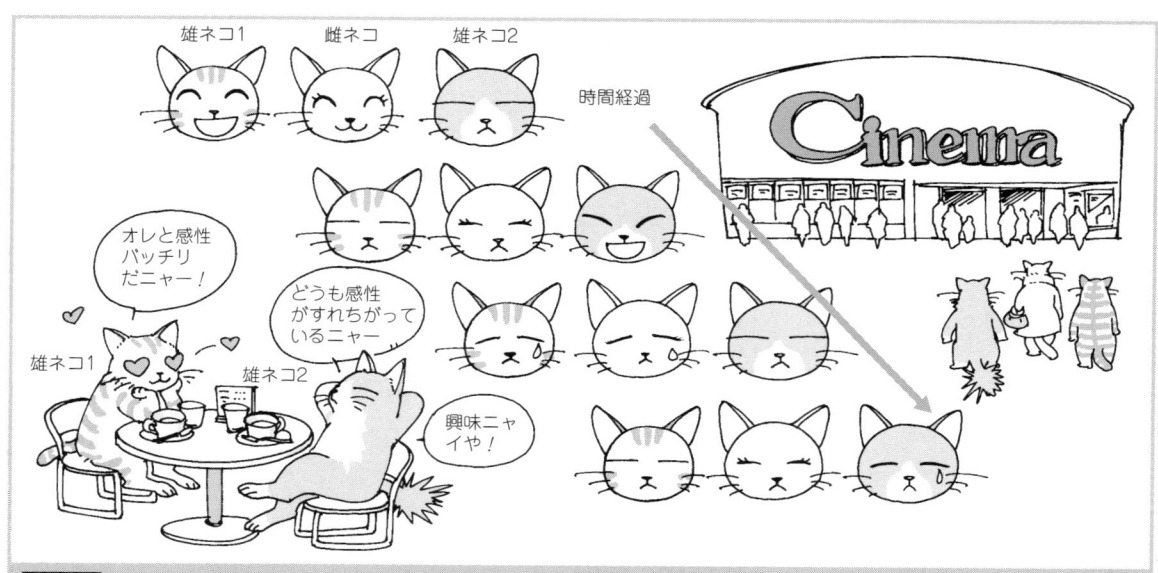

図18-6 相関計算結果/周波数ごとの大きさの成分を求めるのは相性を見ること
雄ネコ1を1kHzの比較用コサイン波，雄ネコ2を同サイン波と考える．雄ネコ1と相性がいいのは，時間信号が1kHzのコサイン波を含んでいるということ．周波数が異なれば相関計算結果はゼロになる（この図では図示していない）．

を求めるのは，
(1) 周波数ごとの**比較用の，大きさ1のコサイン波形/サイン波形を用意する**
(2) それぞれのサンプリングごとに，時間信号と比較用コサイン波形とを掛け算し，結果を**すべて足し算**し，相関を求め*X*とする
(3) 時間信号と比較用サイン波形とを掛け算し，その結果も**すべて足し算**し，相関を求め*Y*とする
(4) *X*，*Y*それぞれをサンプリング数8で割る（**コラム18-2参照**）
(5) 複素数で，$Ae^{-j\theta}$として表す（$Ae^{-j\theta} = X - jY$）

それだけです．
この計算が離散フーリエ変換であり，これを「相関を計算する」とも言います．

$e^{-j\theta} = \cos\theta - j\sin\theta$ ですから，**図18-6**の雄ネコ1が周波数1kHzの比較用コサイン波形（実数部）として雌ネコとの相性を想い，雄ネコ2が周波数1kHzの比較用サイン波形（虚数部）として相性を想う，ということと同じです．

● **本来の離散フーリエ変換も時間信号との相関計算**

図18-7の考え方と，離散フーリエ変換の数式との関係を（比較用コサイン波形/サイン波形も考えつつ）説明します．**図18-7**を例として式を示しますが［特に式(18-6)］，全長1msを8点でサンプリングしているものとします．比較用コサイン波形/サイン波形の位相量 $e^{-j\theta} = \cos\theta - j\sin\theta$ として，この例でのサンプリング位置ごとの位相を**図18-8**に示します．改

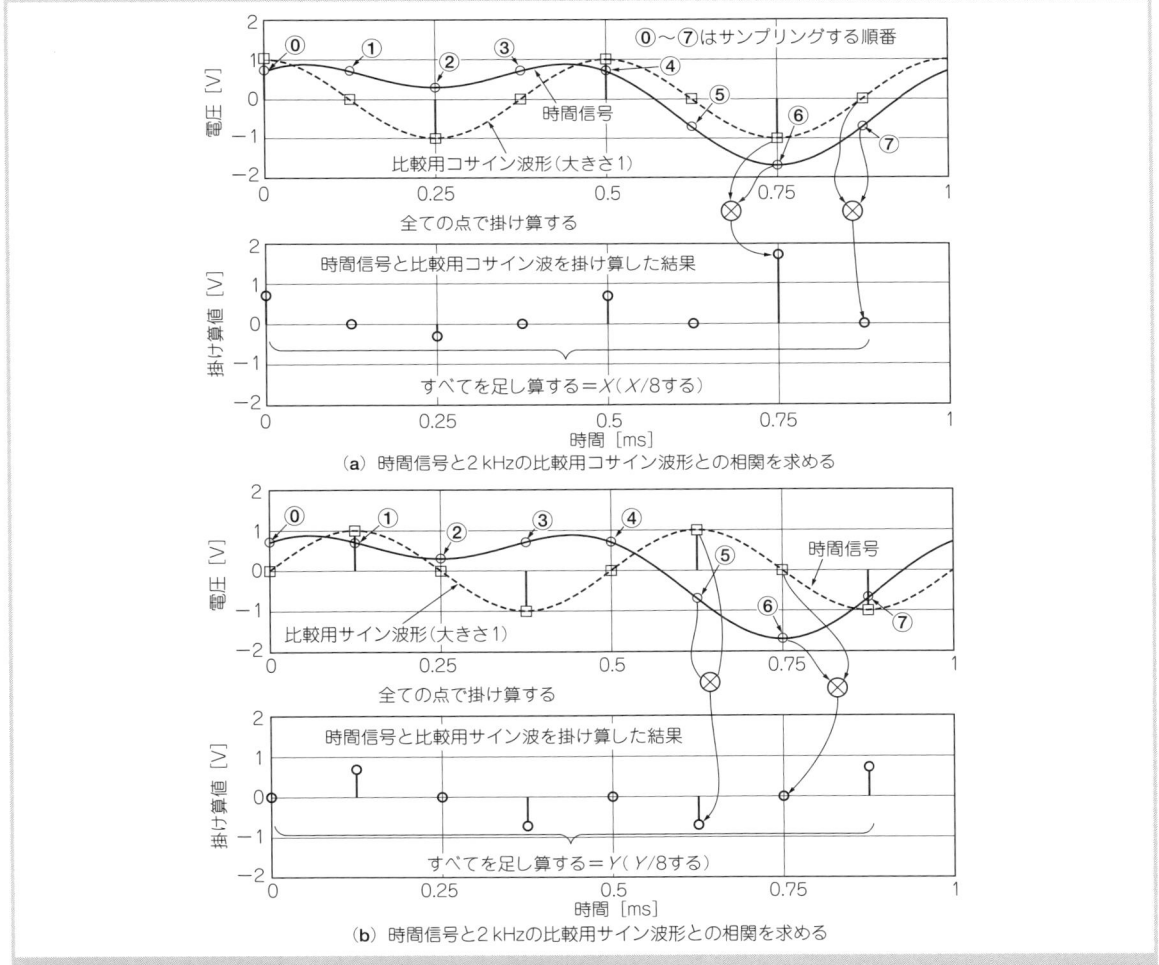

図18-7 複素数量の相関を求める考え方を実際の時間信号で理解する
これは式(18-6)の2kHzの成分を求める例．図18-5(a)と同じ波形である．比較用コサイン波形と比較用サイン波形との相関を個別に計算する．これが離散フーリエ変換であり時間信号との相関を計算することでもある．

18-3 周波数ごとの信号の大きさを求めるのは信号と周波数の相性

> **コラム18-1** 離散フーリエ変換結果を $X+jY$ でなく $X-jY$ で表す理由
>
> 図18-5(b)や図18-10(a)で，周波数ごとのコサイン波/サイン波成分の大きさ(それぞれ X, Y とする)は，説明を簡単にするためにそのまま(フーリエ級数のイメージで，Y のままで)表記しています．
>
> しかし，実際の離散フーリエ変換の計算で得られる答えとしては，$X-jY$ となり，虚数部(サイン波成分に相当)の大きさは，Y とは符号が逆(マイナス符号)になります．より深く離散フーリエ変換を勉強するときは注意してください．
>
> これは，以降の「比較用サイン波形の符号はマイナスであり $e^{-j2\pi ft}$ になる」で説明するように，フーリエ変換は，複素数の比較用波形で考えているからです．

めて後でもこの図の意味を説明します．

- 1kHzの成分を求める計算

$$\frac{1}{8}\sum_{n=0}^{7} \text{Ⓝ} \cdot e^{-j(2\pi \cdot 1\text{kHz})t} \quad \cdots\cdots(18-5)$$

- 2kHzの成分を求める計算

$$\frac{1}{8}\sum_{n=0}^{7} \text{Ⓝ} \cdot e^{-j(2\pi \cdot 2\text{kHz})t} \quad \cdots\cdots(18-6)$$

ここで，Ⓝ：サンプリング n 番の大きさ，$t=$ 0 sec, 0.125 ms, 0.25 ms, …, 0.875 ms(図18-8のとおり)

参考書で離散フーリエ変換はこれらの式のように，$e^{j\theta}$ の形でだいたい表現されていますが，コサイン波形とサイン波形に分割して表現や計算もできますし，そのほうが理解しやすいでしょう．

本質的には，図18-7のように比較用コサイン波形

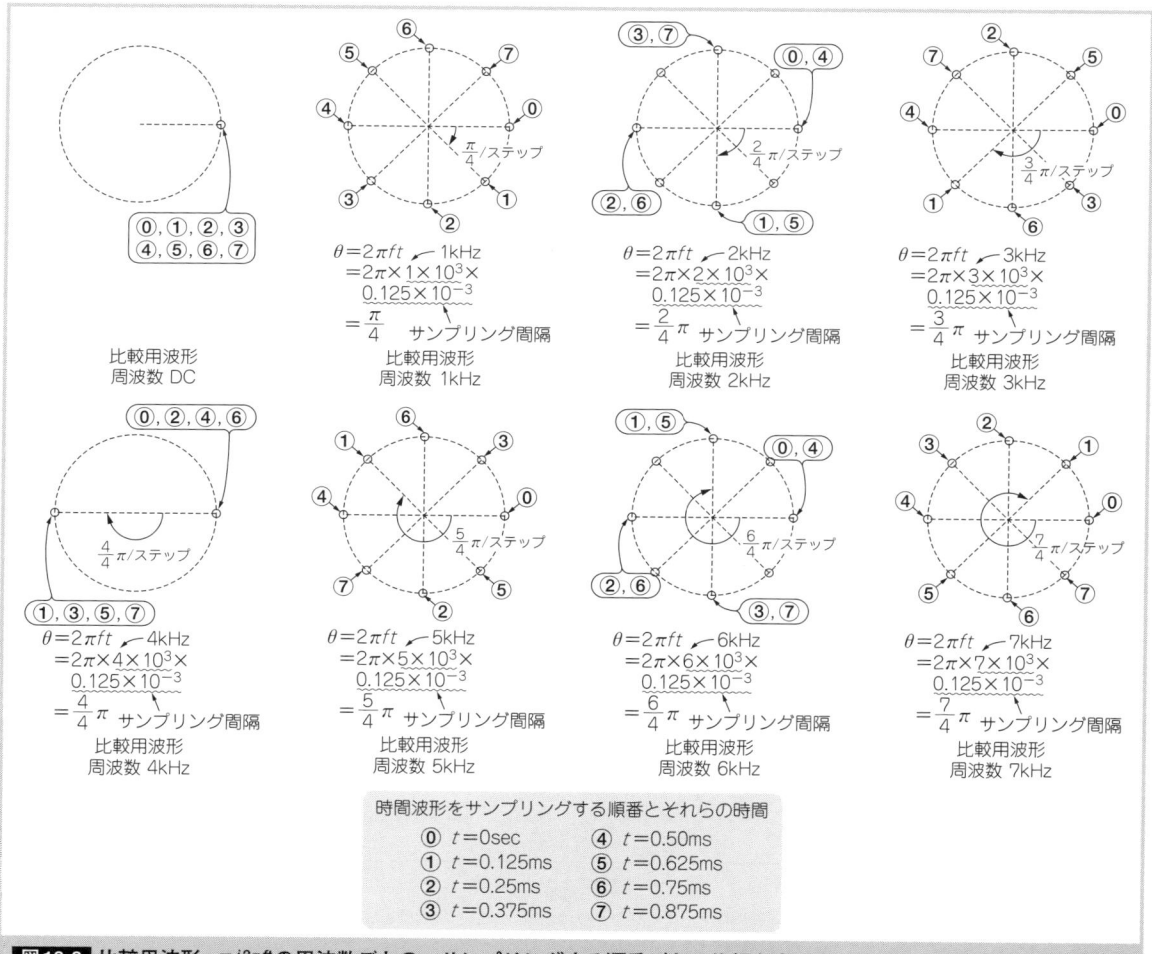

図18-8 比較用波形 $e^{-j2\pi ft}$ の周波数ごとの，サンプリングする順番ごとの位相角度

図18-7に関係する，時間信号をサンプリングする順番も示している．極座標として示しているが，実際にはコサイン波形とサイン波形に分割して計算する．8個の比較用波形の位相は角度ステップが違うだけ(4kHz以上は「ひっくり返されている」)．

/サイン波形と時間信号との相関を計算し，その時間信号との相性（周波数ごとの成分）を，**周波数ごとに**考え，複素数量として表しているだけ，ここまでの説明を式にしているだけなのです．

なおこれらの式(18-5)，式(18-6)では，$\theta = 2\pi ft$（f = DC，1 kHz，…，7 kHz．t は 0.125 ms ステップ）で時間ステップ t の式になっています（各種参考書では f = 1 Hz として正規化して表記している）．これは相関を求める周波数ごとの比較用コサイン波形/サイン波形の時間変化を式で表していることなのです．

▶比較用サイン波形の符号はマイナスであり $e^{-j2\pi ft}$ になる

コラム 18-1 でも説明しますが，フーリエ変換の計算では，比較用波形を複素数 $e^{j\theta}$ にして計算する都合により，相関を計算する比較用サイン波形（虚数部）は符号がマイナスになっています．つまり $\cos 2\pi ft - j\sin 2\pi ft$ になり，比較用波形 $e^{-j2\pi ft}$ と相関を計算することになり，その結果，答えが $X - jY$ になります．

数学的には比較用波形 $e^{-j2\pi ft}$ との相関ですが，実際の波形での計算は，説明してきたとおり比較用コサイン波形/サイン波形との相関を個別に計算して複素数にすればよいのです．

▶比較用波形の「周波数ごと」とはステップが違うだけ

比較用波形 $e^{-j2\pi ft}$ の周波数ごとの関係を示してみましょう．**図 18-7** は 2 kHz でしたが，これを DC，1 kHz，…，7 kHz の 8 個の比較用波形と相関を計算します．

「波形」といっても離散値（個々の値）ですから，「サンプリング値の集合」とも言えますね．この各比較用波形のようすを $e^{j\theta}$ の極座標上で，サンプリング時間ごとの位相の**角度**（$\theta = 2\pi ft$．f = DC，1 kHz，…，7 kHz．t は 0.125 ms ステップ）として表したものが**図 18-8** です．**図 18-8** では**図 18-5**(a) や**図 18-7** と同様に，時間信号をサンプリングする順番を示す⓪〜⑦の番号を入れてあります．

この図のように，8 個の比較用波形の周波数ごとに角度ステップが違うだけです（4 kHz 以上で得られた結果は「ひっくり返されている．逆回りである」ことに注意．**図 18-9**，**図 18-10** も参照のこと）．

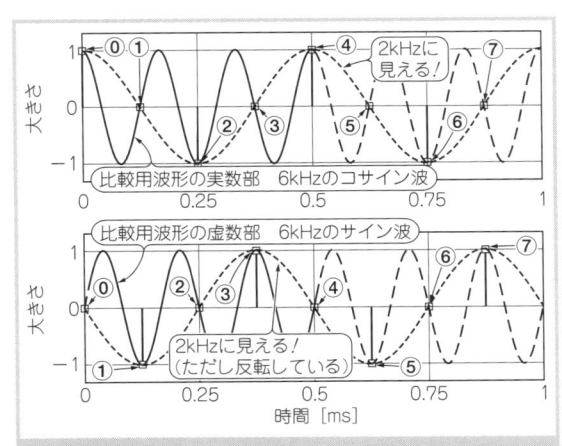

図 18-9 6 kHz での比較用コサイン/サイン波形の各サンプリング点の大きさ

6 kHz であっても，まるで 2 kHz のように見える．虚数部は $-j\sin\theta$ だが，符号はプラスで示している．しかし 2 kHz とは共役の関係なので反転している．なお，7 kHz では 1 kHz のように見える．

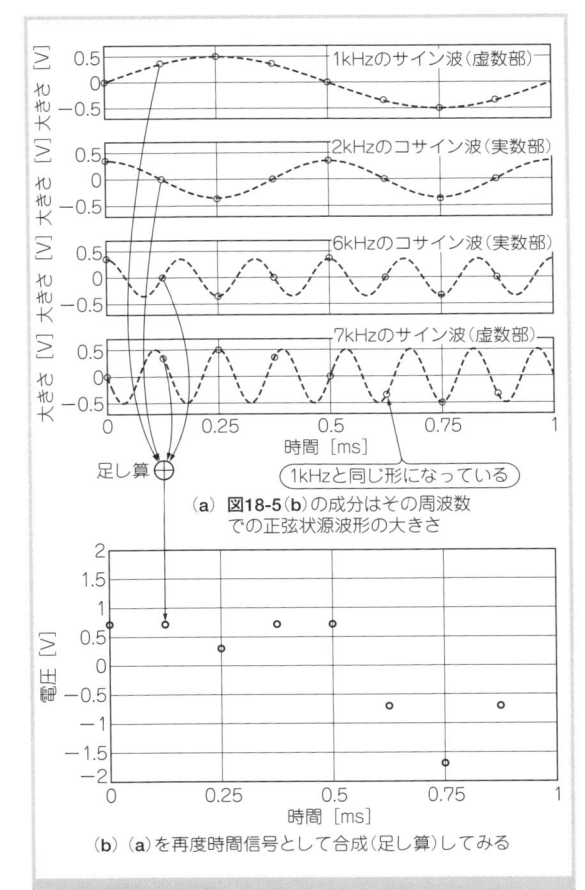

(a) 図 18-5(b) の成分はその周波数での正弦状源波形の大きさ

(b) (a) を再度時間信号として合成（足し算）してみる

図 18-10 周波数ごとの成分を元の時間情報に戻す

成分がゼロの波形は示していない．離散値だが**図 18-5**(a) の 8 点のポイントと同じになっている．これが逆離散フーリエ変換の基本．6 kHz と 2 kHz，7 kHz と 1 kHz は同じ位置だが，離散サンプリングによる現象．

●「ひっくり返し」という6kHz/7kHzは，結局2kHz/1kHzと同じ

図18-8は位相（角度）で示しましたが，図18-9に6kHzを例にして，比較用コサイン/サイン波形の各サンプリング点の大きさを示します．この図でも時間信号をサンプリングする順番を示す⓪～⑦の番号を入れています．

6kHzではなんと図に破線で重ね合わせている2kHzの場合と同じように（虚数部は2kHzとは共役の関係なので反転している）見えるのがわかりますね．7kHzも1kHzの場合と同じように見えます．

結局，2kHzや1kHzと同じ相関を計算しているわけです．離散でサンプリングされているために生じる現象です．おもしろいですね．$f_S/2$で「ひっくり返し」というのはこれが理由です．

18-4 元の時間信号に戻す実験… 逆離散フーリエ変換

逆離散フーリエ変換は「離散フーリエ変換で得られた周波数ごとの成分を，元の時間情報（信号）に戻す」という**逆方向からの視点**のものです．

数式だけでの説明ではわかりづらいので，図で実験しながら理解しましょう．

●すべて合成して時間信号に戻すと元の波形になる

図18-5(b)は，図18-5(a)を周波数軸上での成分として表したものでした．これを逆方向からの視点で考えてみます．

> **コラム18-2** 本書ではフーリエ変換時に1/N倍として説明する
>
> 式(18-5)と式(18-6)や図中の表記では，1/N倍しています．パーシバルの定理を考えてみると，ここで1/N倍せず逆離散フーリエ変換のときに1/Nしたほうが，その定理を満足します．フーリエ変換（DFTやFFTも同じ）を説明する教科書の多くはこの定理を満足するように，ここで1/Nしていません．
>
> しかし本文に説明したように「周波数軸に変換された実際の大きさ」として考えると，1/Nするものがそれに相当します．そこで本書では離散フーリエ変換時に1/Nした説明をしています．

図18-10(a)に，図18-5(b)の周波数ごとの大きさを用いて，その周波数の**正弦状源波形**（コサイン波とサイン波の時間軸波形…その周波数の波形の動きのことなので「正弦状源波形」とここでは表現し「時間信号」という表現と分けている．比較用波形と同じこと）をプロットしてみます．図中には成分がゼロの波形は示していません．

なお，サイン波成分の大きさ（符号）の考え方は，コラム18-1も参照してください．

次に，この図18-10(a)の周波数ごとの正弦状源波形（時間軸波形）を，すべて合成（足し算）します注18-4．これが図18-10(b)です．離散値になっていますが，図18-5(a)の8個のポイントの位置と同じことがわかります．これが逆離散フーリエ変換の基本になります．

●$f_S/2$以上では正弦状源波形が正確に表されていない

ところで6kHzと7kHzでの8個のポイントは，図18-9と同様に，正弦状源波形を正確に表していませんね．6kHzと2kHz，7kHzと1kHzは同じ位置になっています．これは離散フーリエ変換と同様に，「離散」でサンプリングされているために生じる現象です．

おもしろいですね．これも「ひっくり返し」の話と深く関係しています．

18-5 離散フーリエ変換を高速に処理するアルゴリズムが高速フーリエ変換

離散フーリエ変換（以降DFTと表記）と高速フーリエ変換（同FFT）は「別モノ」だと思っている方もいるかと思います．FFTはDFTを高速に計算することを目的とした**計算アルゴリズム**です．オシロスコープのFFT表示やFFTアナライザも，結局は「時間信号をサンプリング」しているので，DFTを得るためにFFTで計算処理しています．

ここでは，そのアルゴリズム（の一例）の基本的な考え方をわかりやすく説明します．

注18-4：ここで「この単純な足し算の説明はおかしくないか？虚数部は？」と思った方は非常に鋭い．しかし実信号の場合はオイラーの公式で逆離散フーリエ変換の式をcosとsinに展開し，折り返し同士を足すと虚数項が消えるので問題ない．

● FFTは「入れ子」の考え方

DFTの計算量は，サンプリングする長さ（サンプリングする点数）をNとすれば，N^2に比例します．そのためNが大きくなると計算量が飛躍的に大きくなり，実用化するには難しくなってしまいます．それを解決するのがFFTです（計算量が$N\log_2 N$に低減できる）．

FFTは，「入れ子」の考え方で計算を行います．そのため基本的にNの数が2のx乗（$N=2^x$；$N=2, 4, 8, \cdots, 1024, 2048, \cdots$）である必要があります．

▶ $N=4$で考える

そのイメージを理解するため，1 ms長の時間信号を4点で0.25 msごとにサンプリングすること（$N=4$）で示してみます．

DFTでの計算は図18-11になります（図18-7や図18-8の説明と同様）．$e^{-j2\pi ft}$の位相θの部分（$\theta = -2\pi ft$）は時計の針の絵にしてあります．「4点（4 kHz）でサンプリング」ですから，図18-11の比較用波形$e^{-j2\pi ft}$の位相は，一番低い周波数（例では，サンプリングする時間信号長の逆数の$f=1$ kHz）のところでは，$t=0.25$ msステップなので$-\pi/2$ radずつの配置になります．1 msの時間信号を0.25 msごとにサンプリングするためです．

▶ FFTの作業手順を示す

次に，図18-12にFFTの計算手順を示すために，図18-11の式を変形してみます注18-5．式を変形すると点線で囲まれている部分は同じになり，それらは2点（2 kHz）でサンプリングした2種類（⓪，②と①，③）の$N=2$のDFTの計算になります（$e^{-j2\pi ft}$が180°ずつ配置）．

FFTでは，図18-12の点線内の計算を先に行って，その答えをもとに式全体の計算を行います．図18-11の計算式のように，すべてをいちいち計算することもなく，共通の部分を「入れ子」として先に計算すれば，計算が簡略化できることがわかりますね．**この簡略化がFFTです．**

● $N=8$の場合も3重の入れ子になるだけ

$N=8$でも同じです．1 ms長の時間信号を8点で0.125 msごとにサンプリングすること（$N=8$）を考えます．図18-13にイメージだけで簡単に示しておきます．この場合も入れ子が3重になるだけなのです．

このようにFFTは「入れ子」で計算をするので，Nの数が大きくなってくると，DFTと比べてFFTのほうが圧倒的に計算量が少ないことがわかりますね．

18-6 離散フーリエ変換の極限を考えたものがフーリエ積分

プロの電子回路設計現場ではフーリエ積分はあまり用いないので，その意味合いだけ理解しておけば十分でしょう．ここまでの説明がわかれば**フーリエ積分**は簡単です．離散フーリエ変換を，

- 時間のステップを無限に小さくもっていく［考え方①］
- 無限過去から無限未来にまで，元の時間信号をサ

注18-5：$e^{j\theta}$の計算では，$e^{j\theta 1} \times e^{j\theta 2} = e^{j(\theta 1+\theta 2)}$，$(e^{j\theta})^n = e^{jn\theta}$と計算できる．実際の計算では式(18-1)，式(18-2)のように$\cos\theta$，$\sin\theta$に分けて計算し，$\cos\theta - j\sin\theta = e^{-j\theta}$にする．

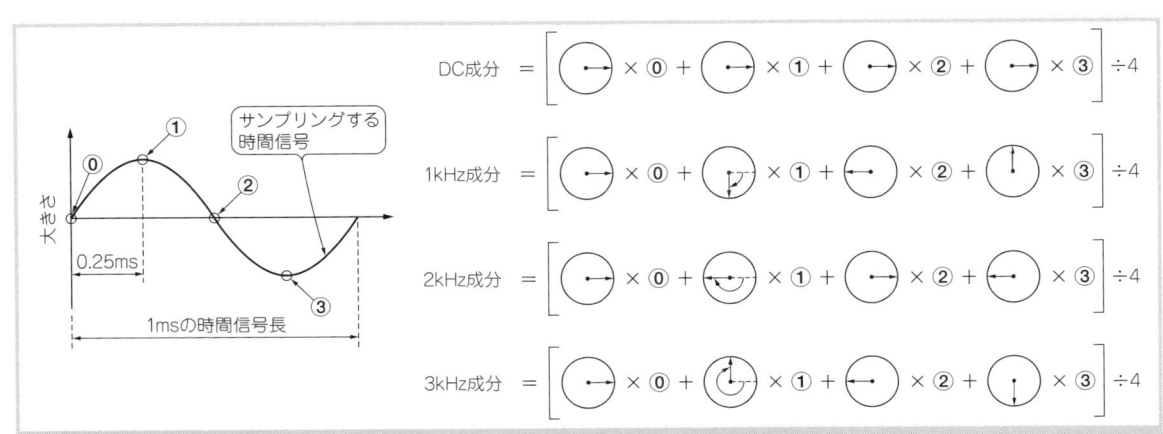

図18-11 1 msの時間信号を4点で0.25 msごとにサンプリングするDFT計算方法（$N=4$）
イメージで理解するためこのように考える．$e^{-j2\pi ft}$の位相θは時計の針の絵にした．4点でのサンプリングなので一番低い周波数（例では$f=1$ kHz，$t=0.25$ msステップ）の位相は$-\pi/2$ radずつの配置になる．

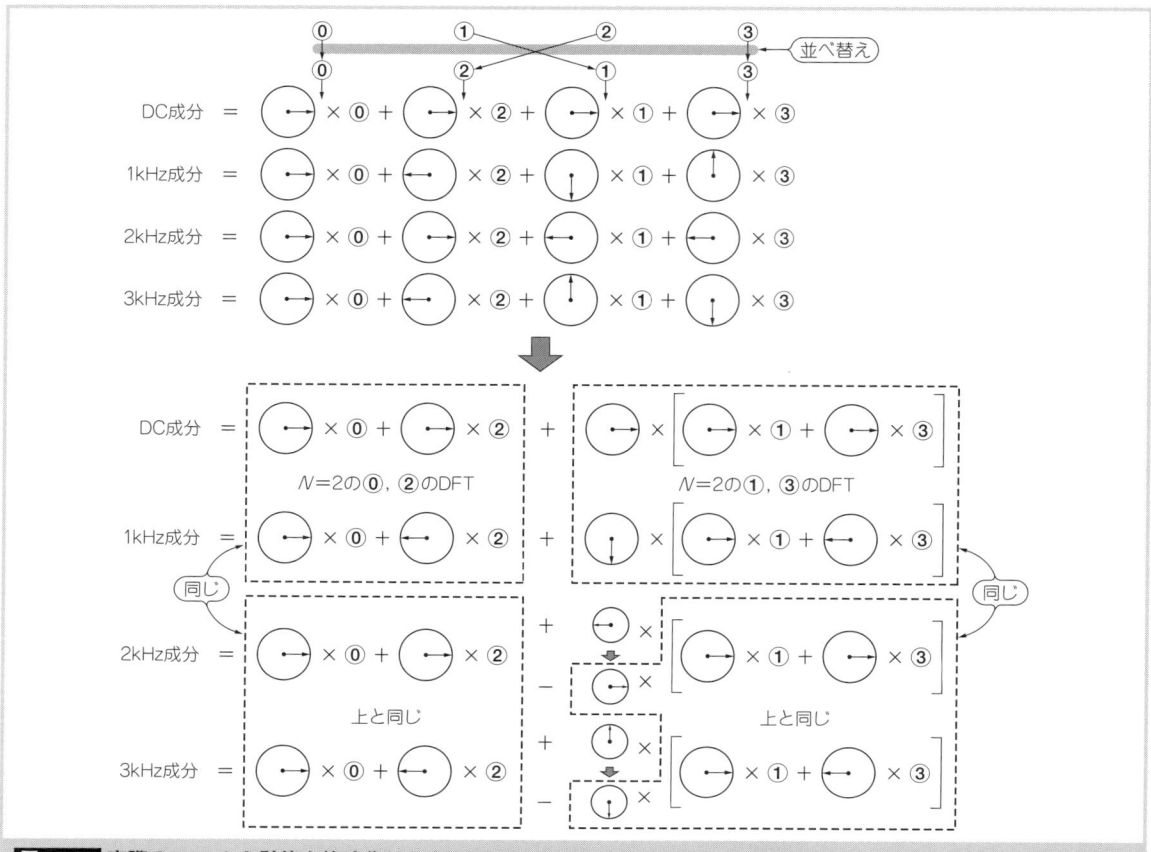

図18-12 実際のDFTから計算を簡略化したものがFFT（÷4は省略している）
図18-11を変形．点線で囲まれる部分は同じで，$N=2$のDFTの計算になる．FFTは点線内を共通の部分「入れ子」として先に計算し，この答えから式全体を計算する．図18-11のようにすべてを計算する必要がなく，簡略化できる．

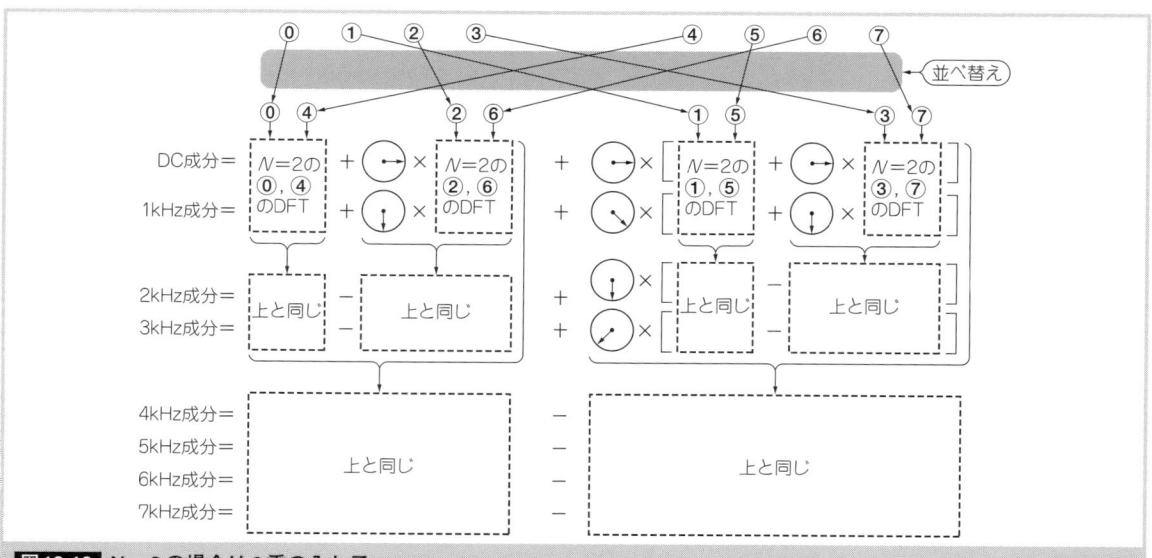

図18-13 $N=8$の場合は3重の入れ子
1 ms長の時間信号を8点サンプリング（$N=8$，0.125 ms，8 kHz）で考える．この場合も入れ子が3重になるだけ．FFTは「入れ子」で計算できるので，Nの数が大きくなると圧倒的にFFTのほうが計算量が少ないことがわかる．

ンプリングする時間を伸ばしていく［考え方②］ということだけです．フーリエ変換される時間信号からの視点では，

- 信号の中に含まれる複数の正弦状源波形の周波数が，無限に高いものまで含まれている［考え方①］
- 信号の1周期となる繰り返しが非常に長い…無限大だと考える［考え方②］

として理想的な形で信号を取り扱いましょう…というのが「フーリエ積分」なわけです．これが教科書で出てくる以下の式です．

$$X(\omega) = \int_{-\infty}^{+\infty} x(t) e^{-j\omega t} dt \quad \cdots\cdots\cdots (18-7)$$

ここで，$\omega = 2\pi f$

しかしながらフーリエ積分でも，実際の積分計算をする際には，だいたい波形の長さを有限長のものとして考えます．数式上では考える時間が $-\infty \sim +\infty$ で表されていますが，実際の計算上の取り扱いは「無限の時間で書いてあれば，どんな長い有限長の時間信号でも，式として対応できる（一般化できる）」ということです．

● まとめ

結局は時間信号の周波数特性を求めるものがフーリエ変換です．サンプリングした時間信号データを処理するものが離散フーリエ変換（DFT）で，それを高速に計算するアルゴリズムが高速フーリエ変換（FFT）です．

ExcelにもFFTの計算機能があります（分析ツールのインストールが必要）．これを使って実際に体感して理解することをお勧めします．

次の章は，本書の最終章として「畳み込み」を説明しますが，フーリエ変換ととても関係深いツールです．ぜひ次章を続けて読んでください．

コラム 18-3　ラジオやスペクトラム・アナライザはフーリエ変換器

● フーリエ変換をより身近なイメージで考えよう

フーリエ変換のイメージとして，スペクトラム・アナライザを例として挙げましたが，もっと身近な例があります．ラジオです．

AM放送は 531〜1602 kHz の周波数帯域に，9 kHz ごとに複数の放送局が並んで配置されています．アンテナで受信された電波そのままの信号を時間軸で見ると，これら複数の局の信号が入り混じった波形になっています．

ラジオはこの入り混じった信号から，目的とする放送局の周波数を選択して，その放送局の信号だけを取り出します．これでその目的の放送局の音声を聞くことができています（スペクトラム・アナライザも原理としては全く同じ．ラジオでは放送局ごとの受信信号の強さは異なるが同じ音の大きさになるのは，受信機内部でレベル補正されているため）．これがフーリエ変換のイメージなのです．

● フーリエ変換は「積分変換」という体系のひとつ

フーリエ変換は，数学的には「積分変換」という種類に属するものです．広義で見れば，電子回路に関わる積分変換として，フーリエ変換，ラプラス変換，z 変換，ヒルベルト変換，ディジタル信号処理ではウェーブレット変換などが挙げられるでしょう（次章で説明する畳み込みも積分変換とはいえないものの，かなり近いと考えられる．またこれら以外にも，数学的には違う種類の積分変換も存在する）．

これらの電子回路に関わる積分変換は，今まで学校で勉強してきた体系として考えてみると，全然別のことを学んできたように感じるかもしれません．しかし，「目的とするある波形に，違う波形を掛け合わせて，積分をする」という処理を考えれば，ここに説明するように，大きな一つの体系でもあるわけです．

その点からすれば「直感的に考えてみたら，一体何をしている（処理している）のだろうか？」という視点に立って，たとえば図18-6のような「メスネコとの相性」のようなイメージで考えてみれば，すべてはそれらのイメージから延長・派生した考え方なのだと理解できると思います．

第18章のキーワード解説

①管面
オシロスコープやスペクトラム・アナライザの画面のことを言う．今はLCD表示が多いが，もともとブラウン管が用いられていたため，こう呼ばれる．

②スペクトラム・アナライザ
高周波回路設計にはなくてはならない測定器．信号の大きさを周波数軸で観測することができるもの．

③FFTアナライザ
スペクトラム・アナライザと同様に信号の大きさを周波数軸で観測するもの．信号をA-D変換してFFT処理する．スペクトラム・アナライザと比較して低い周波数に対応するものが多い．

④ディジタル信号処理
アナログ量をディジタル値として表し，数値計算で信号を作り出したり処理したりすること．

⑤共役複素数
ある複素数の虚数部の符号が逆になるだけの別の複素数．元の複素数にその共役複素数を掛け合わせると虚数部が消えて，実数だけになる．

⑥窓関数
繰り返し信号の1周期できちんとサンプリングされないとか，繰り返しの信号ではないときに，サンプリングした結果に，ある曲線の関数を掛け算してフーリエ変換する．この曲線のことをいう．

⑦パーシバルの定理
フーリエ変換する前後(時間/周波数軸)では全体の電力量を足し合わせると同じになるという定理．

⑧ギブス現象
時間信号がきちんと最低周波数の1周期でフーリエ変換されていない場合に出てくる余計な成分．折り返し雑音とも呼ばれる．

第6部 フーリエ変換と畳み込み

第19章
ツール10 畳み込み

単発パルス信号などの非連続な信号の応答もわかる
回路のインパルス応答から出力波形を求める算術「畳み込み」

　本書の最終章として，本章はなかなかイメージのつかみにくい**畳み込み**（convolution）について説明します．
　畳み込みは，回路の「入出力の周波数特性」と「入出力の時間波形形状」とを，数式の関係としてつなぐツールです．伝送理論や信号処理の教科書では，畳み込みを単に数式だけで示してあり，その意味合いがなかなか理解できないのではないかと思います．
　しかしこれまで説明してきたツール同様に，畳み込みもまた，その数式は実際の回路の振る舞いに直結しているのです．そのため実際の回路設計現場では，どういうものかというイメージをつかんでおくことが大切です．

19-1 畳み込みが使われる場面

● 正弦波ならフィルタ出力の波形は簡単に求められるが，それ以外はそうはいかない

　例えば**図19-1**のように，フィルタ回路（電気的に入出力端子があるものなら何でもよい）があったとします．回路の周波数特性がわかっているとして，この回路に矩形波や三角波や単一のパルス信号を入力したことを考えます．
　入力波形が正弦波なら，一つの周波数成分しかありませんから，このフィルタ回路の周波数特性をそのまま適用すれば，出力の波形の大きさと位相は簡単に求めることができますね．
　しかし，矩形波や三角波は繰り返し周波数の整数倍の周波数成分（第18章のフーリエ変換の説明のとおり）

をもっています．パルス信号に至っては繰り返しにさえなっていません．
　このとき，「回路出力の（横軸を時間として見たときの）波形は一体どうなるの？」ということを，理論的に，いや実際の回路のふるまいとして，どのように考えればよいのか，それを表現してくれるツールが畳み込みです．なお，繰り返し信号の場合は注意点があるので，本章の19-4節を参照してください．

● 畳み込みはフィルタ回路に限定していない

　畳み込みは，信号（波形）を整形するフィルタで考えることが多いわけですが，実際には「フィルタ」という概念にとらわれることなく，伝送回路（ケーブル）の入出力特性や，無線通信で電波が空間の複数経路を伝わって（マルチパス；multipath）送受信間で伝送されるときの特性などを考慮するときにも使われる概念です．
　なお，ディジタル信号処理でのディジタル・フィル

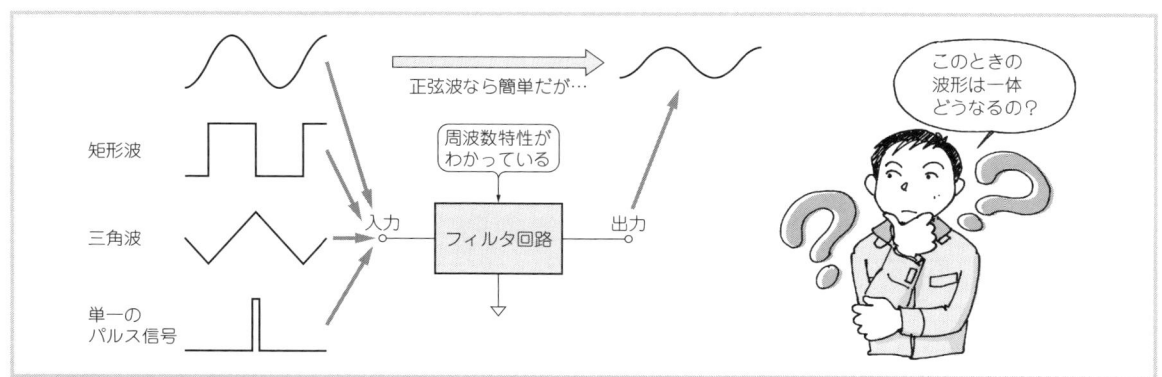

図19-1 周波数特性がわかっているフィルタ回路に矩形波や三角波やパルス信号を入力したことを考える
入力波形が正弦波なら出力波形は簡単に求められる．しかし矩形波や三角波，さらにはパルス信号の波形でどうなるかは難しい．これを考えるのが畳み込み．

タはまさにこの畳み込みで計算します．

19-2 畳み込みを日常からイメージしてみる

　この畳み込みというものが，実際の日常を例にしてどのように考えられるかを図19-2に示します．

● 畳み込みをイメージするためプールの中に置いたトンネルで考える

　この図は，プールの中に水を通すトンネル（電子回路のフィルタに相当する）があり，トンネルの入口から波を立てると出口からその波が出てくるとします．同図（a）のように，このトンネルの中は単純な素通し構造ではなく，折れ曲がったり途中に柵（網）があったりして，トンネルに入った波は単純にそのまま出てきません．

　ここに同図（b）のようにネコが「パシャ」と一つ波を立てたとします．生じた波はちょっと特殊な形で，幅がほとんどなく波高が非常に高いものだと考えます（以降で説明するインパルス信号に相当する）．

　この波はトンネルの中を通って，反対側の出口に出てきます．このとき図（a）のようにトンネルの中は構造が複雑なため，入口では細く高い形の波だったものが，出口では形が崩れて（時間的に広がって）出てきます．このことは日常生活でイメージできることですね．

　実際の電子回路や数学的な概念と重ね合わせて考えると，入口での「細く高い形の波」を極限まで「細く高く」したものが電子回路での**インパルス信号**に，出口での波のようすが**インパルス応答**に相当します．このインパルス信号については，本節の後半でイメージを，また節を改めてさらに詳しく説明していきます．

● トンネルを通る複数の波で畳み込みをイメージする

　それでは次に図19-3のように，このトンネルの入口で，ネコが3回波を立てたとします（波①〜波③と

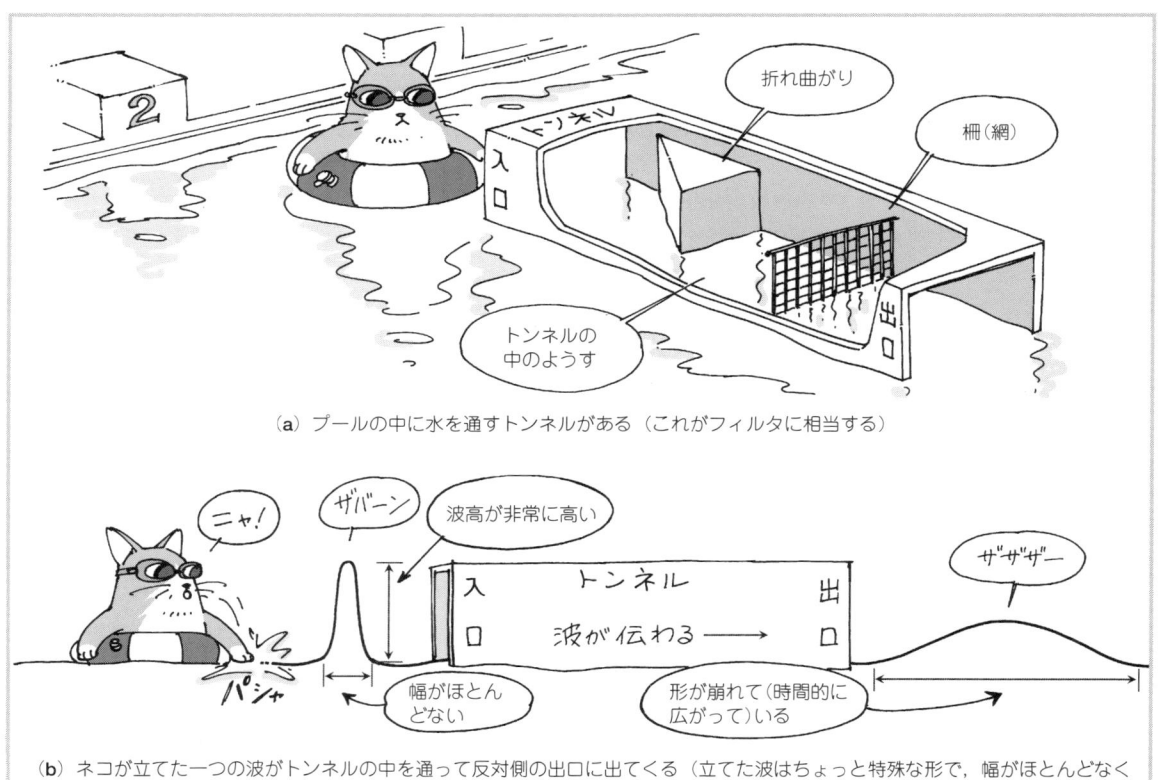

（a）プールの中に水を通すトンネルがある（これがフィルタに相当する）

（b）ネコが立てた一つの波がトンネルの中を通って反対側の出口に出てくる（立てた波はちょっと特殊な形で，幅がほとんどなく波高が非常に高いもの）

図19-2 畳み込みをイメージするためプールに置いたトンネルを使って考える
トンネルが電子回路のフィルタ，ネコが立てた波がインパルス信号に相当する．トンネル出口では波の形が崩れて出てくる．このイメージで畳み込みを理解できる．

する).一つずつの波は,それぞれ図19-2(b)と同じトンネル内ですから同じように形が崩れるので,それにより三つの波は出口でそれぞれ時間的に広がって,かつそれぞれの波ごとに**入力の時間差を保ったまま**出てきます.

この三つの波はそれぞれ同じように崩れて出てきますが,トンネルの出口ではそれが図19-3のように一つの大きな波として合成された形になります.つまり,トンネルの出口でのある時刻(一瞬の時間)の波の大きさは,入口で立てた三つの波がそれぞれ時間的に広がった,波①の後半と,波②の真ん中と,波③の前半が合成されることになります.

この「波①の後半〜波③の前半が合成される」ということが畳み込みの計算の基本的な考え方です.

さらに,実際の電子回路としてもう少しイメージを膨らませてみましょう.ネコが立てる「細く高い形の波」ではなく,図19-4のように電子回路での本当の「信号/波形」を考えます.このとき,

- ある回路(フィルタ)に**入力された信号**が出力側に伝わり「なまって,時間的に広がった」形で出力に現れる
- 回路の出力のある時刻においては,この入力信号の時刻ごとの波形同士が「それぞれ出力に現れた時間ごとに」足し合わされた形になる

これが,畳み込みの本質です.

●インパルス信号とフィルタのインパルス応答も予習しておこう

畳み込みは,上記に説明した「入力された信号のある瞬間の波の大きさ」を基軸/基準として考えます.それが「インパルス信号/インパルス応答」の基本となる考え方ですが,本節でそのイメージだけはつかんでおきましょう.

▶インパルス信号は実際には存在しない数学的/理論的な概念

図19-2(b)ではトンネルの入口の波のように考えました.「幅がほとんどなく波高が非常に高いもの」としましたが,これを極限まで「時間の幅を**無限に細**

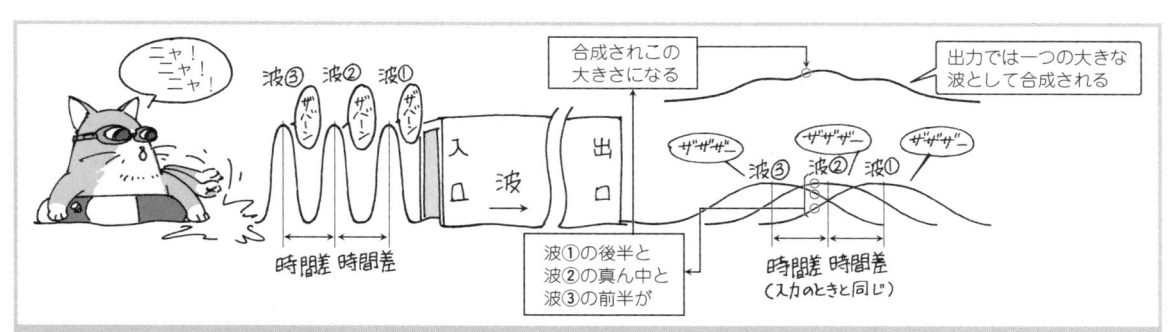

図19-3 トンネルを通る複数の波から畳み込みをイメージする
入口では三つあった波がトンネル内で変形され時間的に広がり,合成されたものがトンネル出力での大きさ.入口での三つの波はそれぞれ同じように崩れて出口に出てくるが,出口では一つの大きな波として合成された形になる.この「波①の後半〜波③の前半が合成される」ということが畳み込みの計算の基本的な考え方.

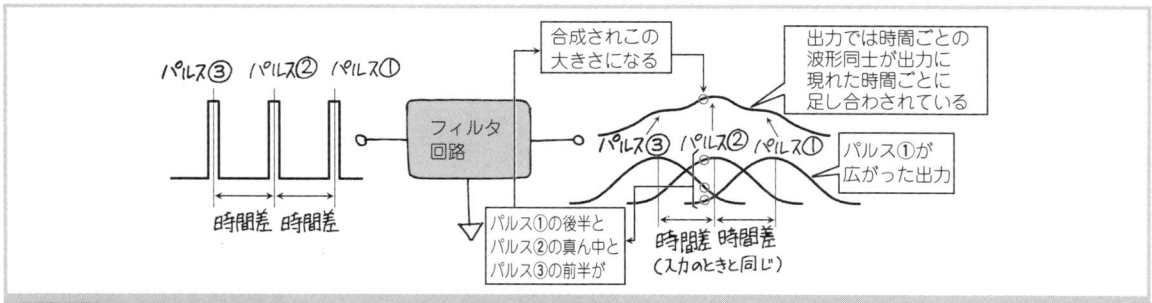

図19-4 実際の電子回路の動きとしてイメージを膨らませる
ある回路に入力された三つの信号がなまって,時間的に広がった形で出力に現れる.出力では入力信号の波形が「それぞれ出力に現れた時間ごとに」足し合わされた形になる.これが畳み込みの本質.

く，波の大きさを**無限に高く**」したものがインパルス信号になります．

つまりインパルス信号は**数学的/理論的な概念**であり，実際の回路でこれを作り出せるものではありません．また，もう一つのポイントとして，このインパルス信号の全体の量（波のボリューム/総量）は「大きさ1」と決められています．

● インパルス信号が回路を通って出てきたものが回路のインパルス応答

図19-5(a)のようにインパルス信号がフィルタ回路に入力され，それがフィルタ回路出力に現れたものがフィルタの「インパルス信号入力に対する回路の応答」になります．すなわち，これがインパルス応答です．

インパルス信号がフィルタに入力されることは，『**連続して入力された信号**の「ある瞬間」の波形の大きさ』だけを考えることに相当します（インパルス信号の総量が大きさ1なので，波形のその瞬間の大きさぶんにスケーリングして考える）．そのため図(b)のように，実際の信号全体とすれば，この「ある瞬間」の波形が連続的に連なって全体の波形を構成していると考えることができます．

▶ インパルス応答と周波数特性との関係

「こんな波形が仮にも回路に入力されれば，波形がなまって出力に出てくるのは当然だなあ」と直感的に思うでしょう．これを**図19-6**で，簡単なフィルタ回路の周波数特性とインパルス応答の関係として直感的に理解しましょう．

幅が10 μs（1/100 kHz）の細いパルスを（インパルス信号ではないとしても），**図19-6**の簡単なフィルタ

(a) フィルタ回路に入力されるインパルス信号とそれが出力に現れたもの，インパルス応答

(b) 連続して入力される信号のある瞬間がインパルス信号として入力され，それが連なり連続して入力されると考える

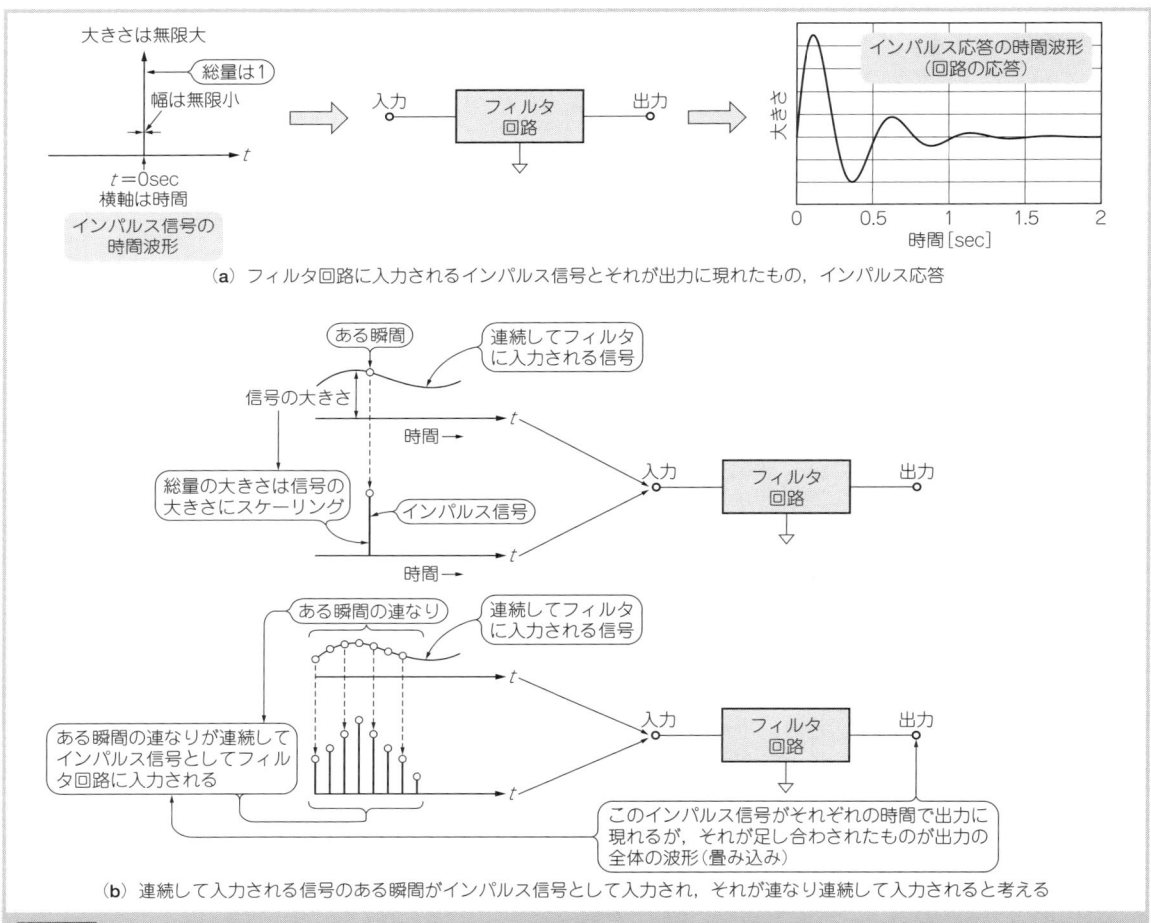

図19-5 フィルタ回路に入力されたインパルス信号の出力がインパルス応答，連続信号はそれが連なるものと考える
インパルス信号は入力信号の「ある瞬間」の波に相当（大きさはスケーリング）．信号全体では「ある瞬間」の波が連続的に連なって全体を構成していると考える．

回路に入力します．それぞれのフィルタの通過周波数の上限 [カットオフ周波数という．出力が $1/\sqrt{2}$ になる周波数．この場合は $f = 1/(2\pi CR)$] は，低が 10 kHz，中が 100 kHz，高が 1 MHz であるとします．

低/中/高の三つのフィルタは，図のようにそれぞれ出力波形が得られます．図には点線でそれぞれのフィルタのインパルス応答も記載しておきます．低いほうは波形の「なまる」ようすが長時間続き，高いほうはすぐに収まっていることがわかります．

このようにインパルス信号に対して，回路の応答（なまるようす）が異なってくるイメージを理解しておくことは大切です．実際に，畳み込みは過渡現象とも深く関係しています．

19-3 インパルス応答と周波数特性はフーリエ変換でつながっている

プロの電子回路設計現場で仕事をするうえで，畳み込みについて最低限理解してもらいたいレベルは，こ こから説明する「**周波数領域での掛け算が，時間領域で考えたときに畳み込みになる**」ということです．

実際に，電子回路シミュレータでトランジェント（過渡）解析を使えば，だいたい時間波形の応答を求めることができます．畳み込みで計算することはほとんどありません．しかしその波形を評価/解析するときに，本章の「掛け算と畳み込み」のイメージがわかっていることが大切です．

第 18 章で解説したフーリエ変換は時間軸を周波数軸に変換するものですが，インパルス応答と周波数特性との間をつなぐものでもあります．

● 周波数特性/伝達関数は周波数軸で見たものだが…

伝達関数は，周波数軸から見た回路の入出力特性です．**図 19-7** のような回路（フィルタ）があったとして，そのフィルタに入力する周波数 f の正弦波の大きさを 1 とします [その信号を $x(f)$ とする]．それに対して回路（フィルタ）出力を $y(f)$ と考え，$x(f)$ の周波数 f をスイープ（変化）させていき，それぞれの $y(f)$ を位相も

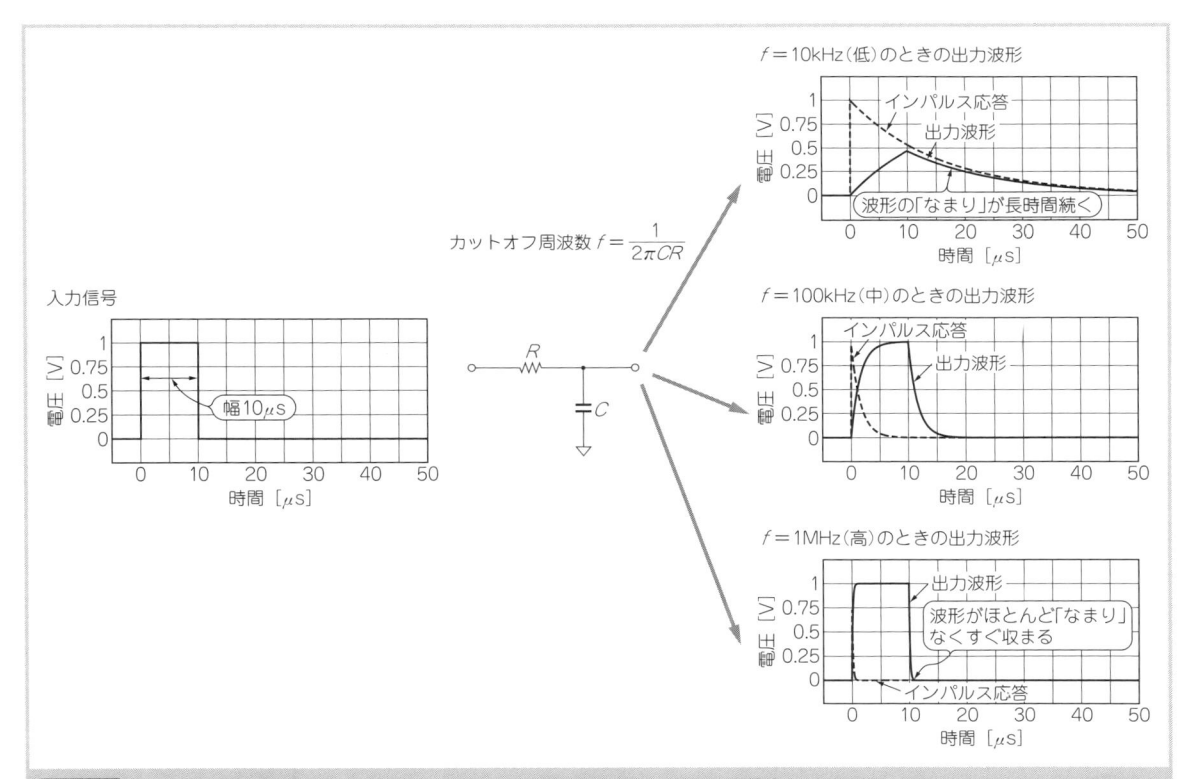

図 19-6 カットオフ周波数が低/中/高の三つのフィルタに幅の細いパルスを通す（破線は各フィルタのインパルス応答）
パルスは幅が 10 μs．破線はそれぞれのフィルタのインパルス応答．フィルタのカットオフ周波数は低が 10 kHz，中が 100 kHz，高が 1 MHz．「低」では波形が長時間なまっている．このイメージを理解しておくことが大切．

含めて求め，それらの比を**位相も含めて**計算したものが伝達関数 $h(f)$ で，

$$h(f) = \frac{y(f)}{x(f)} = y(f) \quad \cdots\cdots\cdots\cdots (19\text{-}1)$$

[$x(f) = 1$ としてあるため]

になります．このように伝達関数は，各周波数 f での回路の入出力間の特性を表すものです．

▶インパルス応答は時間軸，伝達関数は周波数軸…相互にフーリエ変換でつながっている

回路のインパルス応答は時間軸での考え方です［以降 $h(t)$ とする．t は時間］．図19-7のように，式（19-1）のフィルタ回路のインパルス応答（図の右側）は，左側のような周波数軸での見かた「**伝達関数**」を，**逆フーリエ変換したものと等しい**のです．なお，図中の「マイナスの周波数」とは，「$e^{j\theta}$ で考えた場合に角周波数の位相が逆に回転するもの」と考えます．

これを逆に見ると，**回路のインパルス応答をフーリエ変換したものが，その回路の伝達関数になります**．

●インパルス応答/伝達関数とフーリエ変換，そして畳み込み/掛け算の関係

相互の関係を詳しく見ていきましょう．フィルタに入力する正弦波を $x(f)$ としましたが，ここでは図19-8の入出力の信号は，複雑な波形形状（広い周波数に広がったもの．実際の音楽信号など）として考えてください．この信号を時間軸 t で表したものを $x(t)$，$y(t)$ としましょう．

▶信号時間波形をフーリエ変換した周波数軸の情報としておく

まず図19-8の下半分を見てください．時間で変化する信号時間波形 $x(t)$，$y(t)$ を周波数軸で見たものは，$x(t)$ と $y(t)$ をフーリエ変換すればよいので，

$$\begin{aligned} x(t) &\xrightarrow{\text{フーリエ変換}} X(f) \\ y(t) &\xrightarrow{\text{フーリエ変換}} Y(f) \end{aligned} \quad \cdots\cdots (19\text{-}2)$$

として考えてみると［正弦波を $x(f)$ としたので，この異なる複雑な波形という意味で，ここでは大文字の X，Y を記号として使った］，周波数軸で見たときの入力 $X(f)$ と出力 $Y(f)$ との関係は，式（19-1）から，

$$Y(f) = X(f) \times h(f) \quad \cdots\cdots\cdots\cdots (19\text{-}3)$$

と，周波数 f ごとに単純に伝達関数 $h(f)$ との掛け算で計算すれば求めることができます．

> **コラム19-1** ディジタル信号処理の畳み込みは離散信号で考えるのが当たり前
>
> フーリエ変換に離散値（サンプリング値）を扱う離散フーリエ変換があり，また連続値を扱うフーリエ積分があるように，インパルス応答と周波数特性そして畳み込みも，離散信号の場合と連続信号の場合がそれぞれ考えられます．
>
> 現在の電子回路設計では，畳み込みの演算自体を含めて，ディジタル信号処理で計算処理することが多く，特に畳み込みでは，実際には離散値で取り扱うケースが圧倒的に多いといえるでしょう（ディジタル・フィルタも畳み込み）．

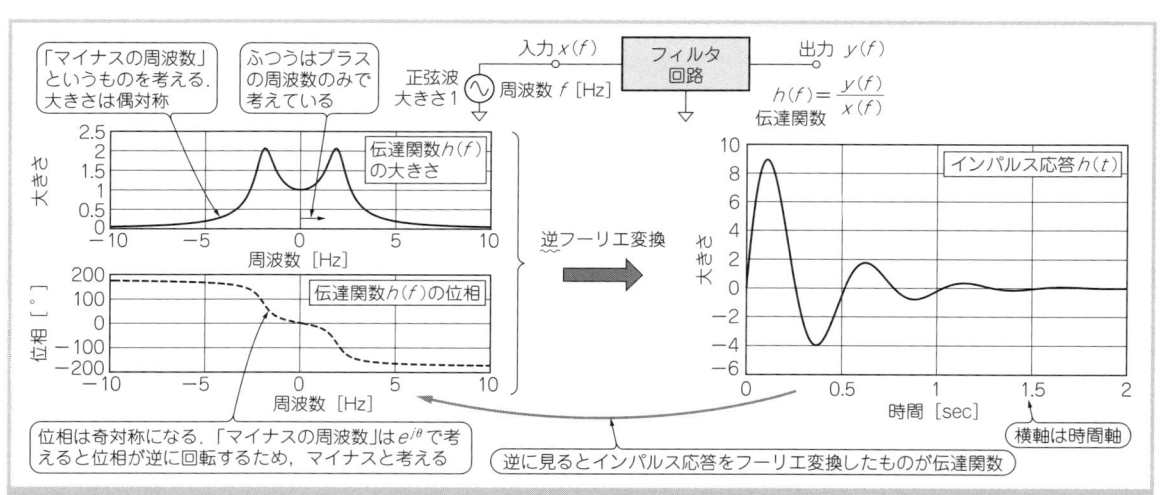

図19-7 回路の入出力の周波数特性（伝達関数）を逆フーリエ変換したものがその回路のインパルス応答になる
伝達関数は，各周波数 f での回路の入出力間の特性を表すもの．回路のインパルス応答は，伝達関数を逆フーリエ変換したものと等しい．この場合「マイナスの周波数」というものも考える必要がある．

▶時間軸で計算したいときに畳み込みで計算できる

次に**図19-8**の上半分を見てください．複雑な波形形状の信号を入力し，これを時間軸で考えます．入力信号時間波形 $x(t)$ がわかっていて，$y(t)$ を求めたいと考えます．

前節の説明のとおり，これらの関係が畳み込みで計算されます．回路のインパルス応答を $h(t)$ とすると，

$$y(t) = x(t) \; \boxed{\text{畳み込み}} \; h(t) \quad \cdots\cdots\cdots\cdots (19\text{-}4)$$

となります．具体的な数学としての計算式は，以降の式(19-5)～式(19-8)に示します．

このように**周波数軸で掛け算で表されるものは，時間軸では畳み込みの関係になり，それらの間はフーリエ変換で関係づけられます**．

● 畳み込みと掛け算の相互関係

まとめると，フーリエ変換も含めたインパルス応答 $h(t)$ と伝達関数 $h(f)$ と入出力信号との関係が，この**図19-8**の全体で一つの図として表されています．

若干余談ですが，一般的には時間軸での畳み込みを考えますが，(あまり使われないが)時間軸の掛け算は周波数軸での畳み込みになります．これは無線通信における変調(それも線形変調方式やスペクトル拡散変調)やディジタル信号処理の窓関数に相当します．

▶伝達関数はインパルス信号との掛け算になっているとも考えられる

ここまでの説明で，**図19-8**のように「相互にフーリエ変換の関係でつながるなら，なぜインパルス応答 $h(t)$ が伝達関数 $h(f)$ とそのまま関係づけられるの？」とか「インパルス信号のフーリエ変換を $IM(f)$ とすれば，回路の出力 $Y(f)$ は，$Y(f) = IM(f) \times h(f)$ となるのでは？」と疑問が出ると思います．

これを**図19-9**に示します．インパルス信号のフーリエ変換は $IM(f) = 1$ になります．インパルス信号は「超関数」というもので，詳しくはフーリエ変換の参考書を参照してください．

つまり回路の出力 $Y(f) = 1 \times h(f)$ になり，インパルス信号に対する応答［の周波数特性 $Y(f)$］は伝達関数 $h(f)$ と同じになるのです．

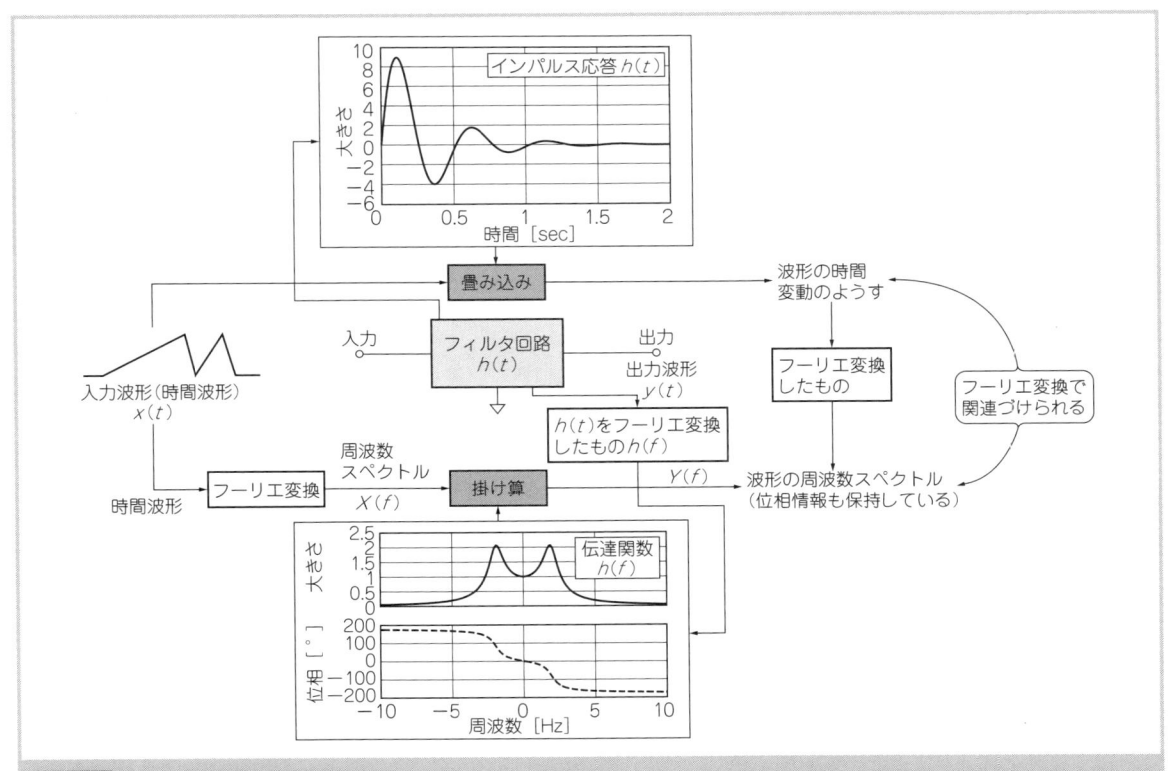

図19-8 畳み込みと掛け算の相互関係
周波数軸の掛け算は時間軸の畳み込みになる．これらはフーリエ変換で関連づけられている．なお一般的に時間軸での畳み込みを考えるが，時間軸の掛け算は周波数軸での畳み込みになる．

図19-9 インパルス信号をフーリエ変換してみる

インパルス信号は「超関数」と呼ばれ、そのフーリエ変換は $IM(f)=1$. インパルス信号に対する回路の応答の周波数特性イコール伝達関数となる.

- 横軸は時間／インパルス信号の時間波形（総量は1）
- 横軸は周波数／インパルス信号をフーリエ変換したもの（周波数スペクトル）

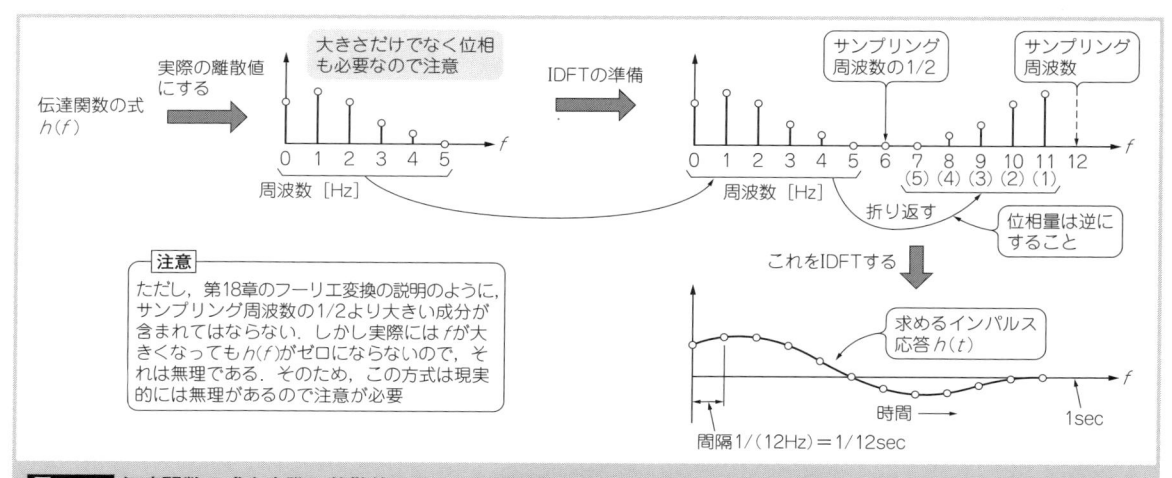

図19-10 伝達関数の式を実際の離散値にしてから逆離散フーリエ変換（IDFT）して数値計算する

逆フーリエ積分でインパルス応答を求めるより，周波数特性の実際の数値を逆離散フーリエ変換してから数値計算で畳み込みするほうが手っ取り早い．ただし $h(f)$ は f が大きくなってもゼロにはならないので，この方法には無理があるので注意．

19-4 実際にインパルス応答を求めたり計算したりするには

●インパルス応答を求めるには逆離散フーリエ変換で考えたほうがよい

ここまでインパルス応答を求める考え方を「逆フーリエ変換」として説明しました．しかし，実際に難しい数式を逆フーリエ**積分**で計算してインパルス応答を求めるよりは，**図19-10**のように伝達関数の式を計算で離散値の実際の数値として，それを逆離散フーリエ変換（Inverse Discrete Fourier Transform；IDFT）してから，数値計算で畳み込みすることが手っ取り早いです．

この**図19-10**では簡略化していますが，サンプリング周波数 f_S の1/2より大きい周波数の成分が含まれないようにする必要があるので，精度を維持するために，f_S は考慮する周波数帯域の10倍以上，周波数軸のステップは1÷［サンプリングした長さ］になるため，繰り返し周期の10倍程度でサンプリングする長さを考えるとよいでしょう．

なお，$f_S/2$ より上の折り返しとなる周波数ぶんは共役複素数値をセットしておきます（第18章のフーリエ変換を参照）．

といっても，実際の設計現場では，このIDFT（実際にはIFFT）で計算することもほとんどありません．「周波数領域での掛け算が，時間領域で考えたときに畳み込みになる」ということだけ理解しておけば十分です．

●ラプラス変換でも同じように計算できる

本章ではここまで，フーリエ変換を基本に説明してきましたが，周波数軸で考えるという点では（本書では取り上げていないが）**ラプラス変換**という手法でも同じです．

ラプラス変換には，「変換表」という個別のラプラ

ス変換計算結果が複数用意されており，これを使えばフーリエ変換より簡単に，信号時間波形（時間軸）と周波数軸との間を行き来することができます．実際の電子回路設計で考える場合は，こちらを利用したほうがよいでしょう．詳しくはラプラス変換に関する参考書を参照してください．

●繰り返し信号の場合はフーリエ級数やフーリエ変換で周波数軸に変換して計算したほうがよい

入力波形が繰り返し信号の場合で，回路のインパルス応答が波形の**繰り返し周期より長い**場合は，出力波形は複数の波形が畳み込みにより重なり合った形になってしまいます．そのため，畳み込みによる（時間軸での）計算だと複雑になってしまうでしょう．

そこで，これらの解析をしたいときは，波形をフーリエ級数に変換して，回路の周波数特性を**周波数軸で掛け算**し，その結果（フーリエ級数）を再度信号時間波形に戻す操作がよいでしょう．

ここでも，時間軸での畳み込みと周波数軸での掛け算の関係が活用されるわけです．

19-5 畳み込みの数式は実は日常のイメージそのまま

先の図19-2で日常のイメージをベースにして畳み込みを理解しました．数式の表現も実はまったく同じなのですが，きちんと理解しておきましょう．

●畳み込みは逆方向からの積分/足し合わせになる

畳み込みは連続信号での積分形式と，離散信号での和記号形式の2種類で表すことができます．

$$y(t) = \int_{-\infty}^{\infty} x(\tau) h(t-\tau) dt \quad \cdots\cdots\cdots\cdots (19\text{-}5)$$

$$y(n) = \sum_{k=-\infty}^{\infty} x(k) h(n-k) \quad \cdots\cdots\cdots\cdots (19\text{-}6)$$

ここで $x(\tau)$，$x(k)$ はフィルタへの入力信号で，$h(\tau)$，$h(k)$ はフィルタのインパルス応答，t と τ は時間，n は出力でのサンプル番号，k は入力のサンプル番号でもあり，積分/足し合わせ計算するためのインデックス番号でもあります[$h(t)$，$h(n)$では，$t-\tau$，

第19章のキーワード解説

①**マルチパス（multipath）**
　無線伝送において，送信端からの電波が伝わる途中で反射してきたりして，複数の経路から受信端に届くことを言う．

②**トランジェント（過渡）解析**
　電子回路シミュレータにおいて，入力信号に対しての回路のふるまいを時間的に解析する方法．過渡現象解析と同じ原理でシミュレータが動作し結果を出す．

③**逆フーリエ変換**
　フーリエ変換は時間変動する信号から，その周波数情報を求める「積分変換」と呼ばれる手法．逆フーリエ変換はそれを逆方向で信号時間波形に戻す手法．

④**線形変調方式**
　無線伝送で，振幅を変化させて変調するAMやASK，位相を変化させて変調するPSKなどが相当する．もともとの情報信号と変調された無線信号との周波数スペクトルの形が等しいもの．

⑤**スペクトル拡散変調**
　もともとの情報信号に，より高速なビット速度の拡散符号と呼ぶビット列を乗算して無線伝送を行う方式．携帯電話でもCDMAとして採用されている．

⑥**超関数**
　通常の微分積分などの計算で，つじつまを合わせることができない特殊なものも，関数として広義に定義したもの．

⑦**ラプラス変換**
　積分変換という手法の一つ．時間で表現された関数をラプラス変数 s で積分変換し，この s という特殊な数学世界で計算させ，微分方程式や過渡現象などの答えを得るもの．

⑧**IFFT（Inverse Fast Fourier Transform；逆高速フーリエ変換）**
　逆離散フーリエ変換を高速に計算できるアルゴリズム．詳細は第18章を参照のこと．

$n-k$と逆方向からの積分/足し合わせになっていることに注意].

また，式(19-5)，式(19-6)で，それぞれ，

$$y(t) = \int_{-\infty}^{\infty} x(t-\tau) h(\tau) d\tau \quad \cdots\cdots\cdots\cdots (19\text{-}7)$$

$$y(n) = \sum_{k=-\infty}^{\infty} x(n-k) h(k) \quad \cdots\cdots\cdots\cdots (19\text{-}8)$$

と$x(\tau)$，$x(k)$側を逆方向から積分/足し合わせ(畳み込む)する計算をしても，同じ結果になります．

▶積分と和記号形式の考え方に違いはない

なお，積分と和記号形式の考え方の違いは，**実はなく**，離散信号(和記号の計算)の時間波形をサンプリングする速度を無限に速くしていき，サンプリングする全長の時間を無限に長くしていけば，式(19-5)＝式(19-6)だと考えることができます(**コラム19-1参照**)．

●式の意味合いを図から理解する

式(19-6)の和記号形式のほうが説明が簡単なので，そちらで説明します．**図19-11**を見てください．これは「ある瞬間の波が連続的に連なって全体の波の形を構成している」という**図19-4**の説明そのままなのです．

▶入力信号$x(k)$は波形をサンプリングしたときの波形の大きさ(総量)をもつインパルス信号と考える

インパルス信号は「時間の幅が無限に短く，大きさが無限に大きい」ものですが，その総量は大きさ1でした．離散信号の場合は，**インパルス信号＝単純に大きさ1に相当します**．実際の信号で考えれば，入力信号$x(k)$は，「ある瞬間」の波形をサンプリングし，その大きさにしたインパルス信号だと考えることができます．以降，その考え方で読んでください．

▶$h(4)$は4秒遅れて出てくる量の係数(倍率)

この**図19-11**では，フィルタのインパルス応答$h(k)$は$k = 0 \sim 4$の5サンプル数ぶんだけとし，kの1カウントを1秒だと仮定します．同図の上側を見てください．$h(0) \sim h(4)$はインパルス信号(**大きさ1の離散信号**)が$t = 0$ secに入力に入ったときの$t = 0 \sim 4$ secにおける出力値なわけです．つまり$h(4)$は4秒遅れて出てくる応答量です．

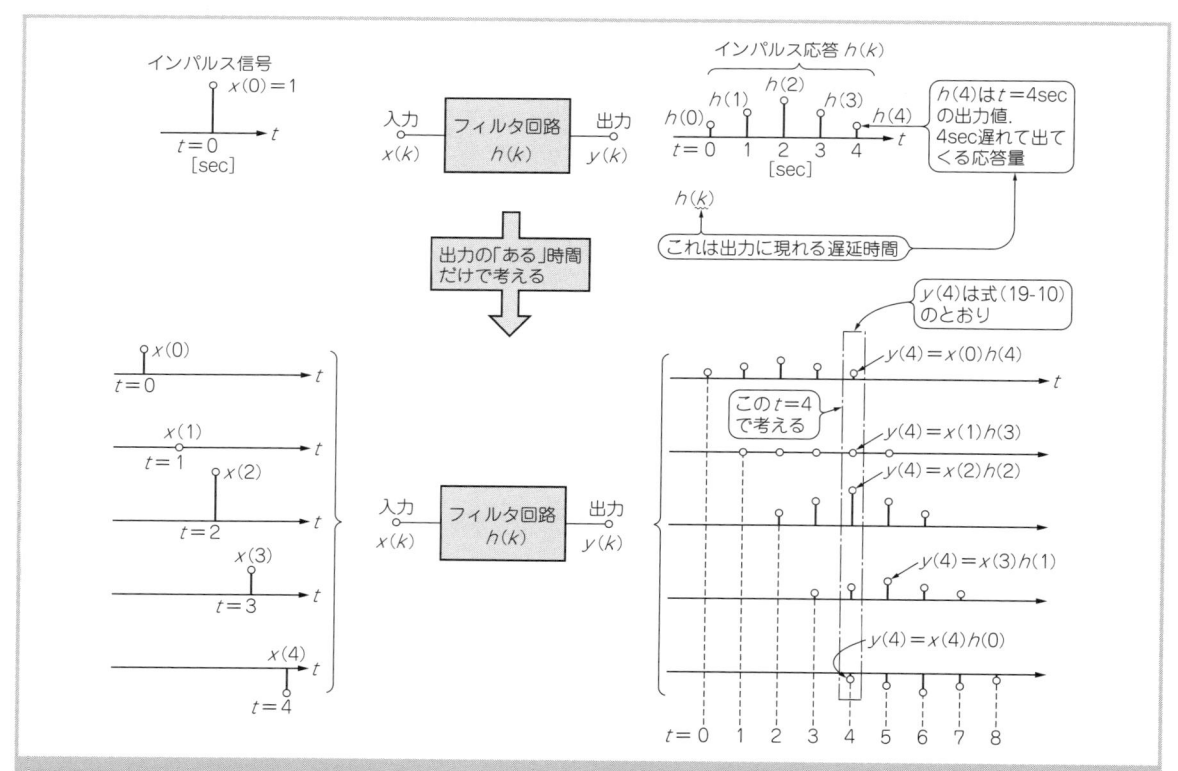

図19-11 離散信号での和記号形式を例にして畳み込みの式の意味を理解する
離散信号ではインパルス信号＝大きさ1と考える．インパルス応答$h(k)$のkは出力に現れる遅延時間になる．出力のある時間で考えると入力値が昇順で，その係数であるインパルス応答が降順になっていることがわかる．

そうすると，$h(k)$のkは出力に現れる遅延時間になるので，入出力では次の関係が成り立ちます．
① ある時間の入力値$x(0)$が$h(0)$倍されて，最初に$y(0)$に出てくる
② 同じ時間の入力値$x(0)$が$h(1)$倍されて，1秒後に$y(1)$に出てくる
　　　　　　　　⋮
⑤ 同じ時間の入力値$x(0)$が$h(4)$倍されて，4秒後に$y(4)$に出てくる

逆の視点で，**出力のある時間だけで考えます**［以降で式(19-10)と関連づけるが，**図19-11**では式(19-10)の$t=4\,\mathrm{sec}$で示している］．入出力では次の関係が成り立ちます．
① ある時間の入力値$x(-4)$が$h(4)$倍されて，出力$y(0)$に出ている（遅延が4秒）
② その1秒後の入力値$x(-3)$が$h(3)$倍されて，同じ時間に出力$y(0)$に出ている（遅延が3秒）
　　　　　　　　⋮
⑤ その4秒後の入力値$x(0)$が$h(0)$倍されて，同じ時間に出力$y(0)$に出ている（遅延が0秒）

すなわち**入力値が昇順で，その係数(倍率)であるインパルス応答が降順**になっていますね．これは，
$$y(0) = x(-4)h(4) + x(-3)h(3) + \cdots + x(0)h(0) \quad\cdots\cdots(19\text{-}9)$$
です．これを**図19-11**のように，4秒後で考えれば，
$$y(4) = x(0)h(4) + x(1)h(3) + \cdots + x(4)h(0) \quad\cdots\cdots(19\text{-}10)$$
となり，式(19-6)の一部を表していることがわかりますね．ここで理解のキーポイントとしては先にも示したように，$x(k)$と$y(k)$のkは「時間」，$h(n-k)$のkは単なる時間ではなく「$x(k)$に掛け合わせる係数のインデックス番号」と理解するのがよいでしょう．

▶ 教科書の数式の言いたいこともだいたい理解できる
回路理論や信号処理の本は説明が難しく，直感的に理解できないことがよくあります．

しかし，式(19-5)〜式(19-8)のような**関数(波形)の逆方向同士を掛け算して積分(和)している**数式があれば，その式表現がよくわからなくても「これは畳み込み計算のことを言いたいんだ，周波数領域での掛け算なんだ」と判断してしまってほぼ問題ありません．

コラム19-2　式(19-11)から式(19-12)を導出した過程

式(19-11)から式(19-12)への計算過程を説明します．式(19-11)で$j\omega$をラプラス変換の変数sに置き換えると，
$$\frac{\dfrac{1}{sC}}{sL+\dfrac{1}{sC}+R} = \frac{1}{LC}\cdot\frac{1}{s^2+\dfrac{R}{L}s+\dfrac{1}{LC}} \quad\cdots(19\text{-}A)$$

ここで以下のように置き換えます．
$$\omega_0^2 = \frac{1}{LC},\quad Q = \frac{\omega_0 L}{R} = \frac{1}{\omega_0 CR}$$

そうすると式(19-A)は以下となり，さらに一次式の和の形にすると，
$$H(s) = \frac{\omega_0^2}{s^2+\dfrac{\omega_0}{Q}s+\omega_0^2} = \frac{\omega_0^2}{(s-\alpha)(s-\beta)}$$
$$= \frac{\omega_0^2}{\alpha-\beta}\left(\frac{1}{s-\alpha} - \frac{1}{s-\beta}\right)$$
$$\cdots\cdots(19\text{-}B)$$

ただし，α，βは以下のように$H(s)$の分母の根です．これを逆ラプラス変換して$h(t)$を求めると，
$$h(t) = \frac{\omega_0^2}{\alpha-\beta}(e^{\alpha t} - e^{\beta t}) \quad\cdots\cdots(19\text{-}C)$$

それぞれの根α，βは，解の公式より，
$$\alpha,\ \beta = -\frac{\omega_0}{2Q} \pm \sqrt{\left(\frac{\omega_0}{2Q}\right)^2 - \omega_0^2}$$
$$= \omega_0\left\{-\frac{1}{2Q} \pm \sqrt{\left(\frac{1}{2Q}\right)^2 - 1}\right\} \cdots\cdots(19\text{-}D)$$

となり，このようにω_0でくくれることがわかります（ω_0でスケーリングできるということ．多くの参考書ではこのような式を，$\omega_0=1$に正規化して説明している）．

この式を式(19-C)に代入して整理します．
$Q>0.5$の条件で考えると$D<0$になり，式(19-D)のルートの中がマイナスになって虚数となります．そのため，jとしてルートの外に出すと，
$$\frac{\omega_0}{j2\sqrt{D}}\,e^{-\omega_0 t/2Q}(e^{j\omega_0\sqrt{D}\,t} - e^{-j\omega_0\sqrt{D}\,t})$$
$$= \frac{\omega_0}{\sqrt{D}}\,e^{-\omega_0 t/2Q}\sin\omega_0\sqrt{D}\,t \quad\cdots\cdots(19\text{-}E)$$

ただし$D=|(1/2Q)^2-1|$です．これが2次フィルタ回路のインパルス応答の式です．$Q=0.5(D=0)$とか$Q<0.5(D>0)$の場合は若干式の変形が異なりますが，ここでは示しません．

19-6 実際のフィルタで畳み込みの計算を考えてみる

いろいろな電子回路関係の書籍でも説明を見かけたことがない，2次フィルタ回路のインパルス応答を計算で求めてみます．より多段のフィルタも2次フィルタ回路の組み合わせになっていますし，以下のように多くのフィルタ回路にも応用できるので，これを紹介することは有用だと考えます．現場では結果の式(19-12)を利用すればよいでしょう．

インパルス応答を求めるのに，ここでは（本書では詳しい解説はしていないが）ラプラス変換を用います．計算過程の詳細は前頁のコラム19-2を見てください．

● 2次フィルタの式は各種フィルタでも同じ

図19-12は，ここで考える2次フィルタです．LCRのフィルタでの説明ですが，サレン・キー型などの他のフィルタも同じ伝達関数の式の形になるので，それらへの応用も可能です．この伝達関数$h(f)$は，

$$h(f) = \frac{\frac{1}{j2\pi f C}}{j2\pi f L + \frac{1}{j2\pi f C} + R} \quad \cdots (19-11)$$

となります．コラム19-2の計算により求めたこの回路のインパルス応答$h(t)$は，$Q > 0.5$の場合，

$$h(t) = \frac{\omega_0}{\sqrt{D}} e^{-\omega_0 t/2Q} \sin \omega_0 \sqrt{D}\, t \quad \cdots (19-12)$$

になります．ただし$D = |(1/2Q)^2 - 1|$，$\omega_0 = 1/\sqrt{LC}$です．ここでQはクオリティ・ファクタと呼ぶ性能指標値で，

$$Q = \frac{\omega_0 L}{R} = \frac{1}{\omega_0 CR} \quad \cdots (19-13)$$

で表されます．このQを変えて（$Q = 0.7, 1.0, 2.0$），インパルス応答を計算したものが図19-13です．

● 畳み込みの計算と実験による回路測定結果

図19-14に$Q = 2$のときの1 Vの矩形波との畳み込みの**計算結果**を示します．このようにインパルス応答の複数の波を畳み込みの計算として足し算していけば，回路出力の波形が得られます．

次に，実際に$Q = 2$にしたときの回路（$L = 10$ mH，$C = 0.01$ μF，$R = 500$ Ω，$\omega_0 = 1/\sqrt{LC} = 1 \times 10^5$ rad/sec）に矩形波を入力し，**測定した結果**（つまり…実際には回路の過渡応答）を図19-15に示します．これは図19-14と同じものだということがわかりますね注19-1．

● まとめ

いろいろ説明しましたが，少なくともプロの電子回路設計現場で仕事をするうえで覚えておいてもらいたいことは，「周波数領域での掛け算が，時間領域で考えたときに畳み込みになる」ということです．

電子回路シミュレータで「トランジェント（過渡）解析」を使えば，だいたい時間波形の応答を求めることができます．しかしそれを評価/解析するときに，本章での「掛け算と畳み込み」のイメージがわかっていることが大切です．

*　　　　　　　　*

注19-1：この実験に使っているLが非常に大きく，Cが逆にかなり小さいことに気がつくと思う．これは駆動電圧源の出力インピーダンスとコイルの非線形性の問題を逃れるため，回路に流れる電流を下げることが目的．

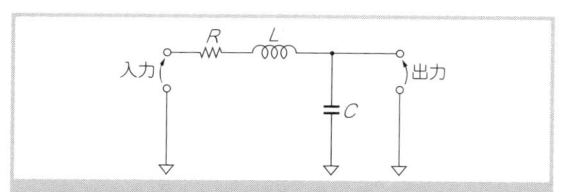

図19-12 畳み込みの計算を考えるLCR 2次フィルタ回路
この2次フィルタ回路のインパルス応答を計算で求め，波形の応答を考える．この回路の伝達関数の式自体は他の構成の2次フィルタ回路でも同様になる．

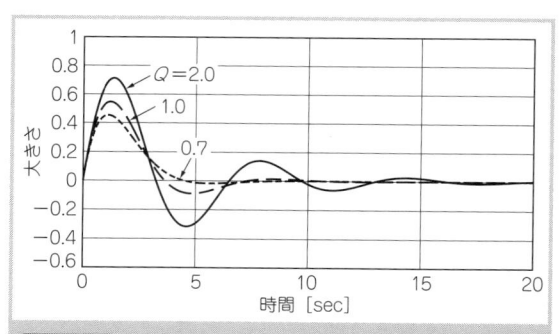

図19-13 LCR 2次フィルタ回路でQを変えたときのインパルス応答
$\omega_0 = 1$ rad/sとし，$Q = 0.7, 1.0, 2.0$と変えてみた．Qが大きくなると波形の変動が大きくなることがわかる．

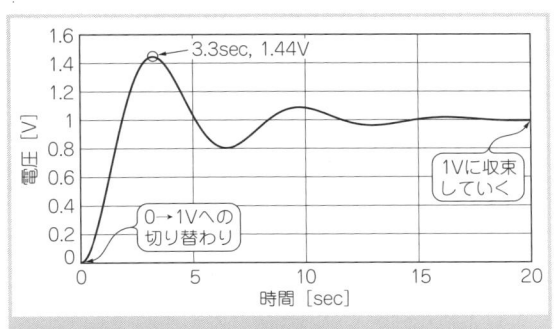

図19-14 $Q=2$ のときの畳み込みのようすを計算で示す
$Q=2$ のインパルス応答と矩形波を畳み込みで計算した結果．実際の計算では単位時間に対するサンプリング速度，つまりサンプリング周波数で，畳み込みで得た答えを割って結果を求める．

図19-15 実際の回路で $Q=2$ のときの応答を測定する
図19-14では $\omega_0=1$ rad/sec で表記したが，ここでは $L=10$ mH，$C=0.01$ μF のため $\omega_0=1\times10^5$ rad/sec になっている．図19-14と同じ波形になっている．

● おわりに

本書では，教科書で出てくる基本公式が，実際の現場でどのように活用されるかという視点で説明してきました．この「**基礎の理解**」が現場でも大事なのです．

基礎がわかっているのといないのでは大きな違いがあります．実際の回路での信号の動き・ふるまいがイメージできないし，トラブルも解決できません（余計な残業はしたくありませんよね）．次の段階の難しい理論を理解するにも歯がたちません…．動きがイメージできれば理解できるようになります．

ぜひそのような視点で，これからの回路設計に取り組んでいってください．回路理論は難しくありません．プロの回路設計技術者としては，難しい数式よりも，電子回路の動きがイメージできるだけでいいのです．ツールとして使えばいいのです．

参考文献

(1) 石井聡；電子回路設計のための電気/無線数学，CQ出版社，2008.
(2) 藤村安志；電気・電子回路入門，誠文堂新光社，1991.
(3) 藤村安志；電気・電子回路計算演習，誠文堂新光社，1995.
(4) 藤田泰弘；基本 電気・電子回路，誠文堂新光社，2008.
(5) 塩沢修，村橋善光 共著；トランジスタ技術SPECIAL No.92 電子回路設計の基礎知識，CQ出版社，2005.
(6) 無線工学基礎編 上巻（基礎数学　電気回路），電気通信振興会，2007.
(7) 青木英彦；アナログ回路の設計・製作，CQ出版社，1989.
(8) 雨宮好文；現代電子回路学［I］，オーム社，1980.
(9) Joseph A. Edminister著，村崎憲雄ほか訳；マグロウヒル大学演習電気回路，オーム社，1995.
(10) 山崎浩；電子技術者トレーニング読本，日刊工業新聞社，1998.
(11) 遠坂俊昭；計測のためのアナログ回路設計，CQ出版社，1997.
(12) 市川裕一；シミュレーションで始める高周波回路設計，CQ出版社，2005.
(13) 石橋千尋；いちばんわかる電検第2種数学入門帖，電気書院，1988.
(14) 中村尚五；ビギナーズ デジタルフーリエ変換，東京電機大学出版局，1989.
(15) 都筑卓司；なっとくする虚数・複素数の物理数学，講談社，2000.
(16) 原島博，堀洋一 共著；工学基礎ラプラス変換とz変換，数理工学社，2004.
(17) 楠田信，平居孝之，福田亮治 共著；使える数学 フーリエ・ラプラス変換，共立出版，1997.
(18) 松尾博；ディジタル・アナログ信号処理のためのやさしいフーリエ変換，森北出版，1986.
(19) 金谷健一；これなら分かる応用数学教室，共立出版，2003.
(20) 足立修一；MATLABによるディジタル信号とシステム，東京電機大学出版局，2002.
(21) 萩原将文；ディジタル信号処理，森北出版，2001.
(22) 三谷政昭；信号解析のための数学，森北出版，1998.
(23) 篠崎寿夫，武部幹 共著；過渡現象と波形解析，東海大学出版会，1965.

※　発行年は初版発行年を示した．
※　(16)以降は難易度が高め．

索　引

【数字・アルファベット】

100BASE-TX ── 175
1次系 ── 124, 126, 127
2次系 ── 124, 132
AC ── 15
AC解析 ── 158
A-D変換器 ── 158
dB ── 12, 61, 62, 103, 105, 109, 111, 131
dBm ── 104, 111
DC ── 15
DFT ── 201, 206
ESR ── 62
Excel ── 22, 80, 90, 111, 147, 209
FET ── 155, 158, 198, 206
FFTアナライザ ── 12, 198, 210
FR4基板 ── 175, 184
FSB ── 175
IDFT ── 218
IFFT ── 218, 219
LSB ── 158
mho ── 160
OJT ── 51, 52
OPアンプ ── 114, 144, 148
PLL回路 ── 134, 135
P-P値 ── 28, 31
RMS ── 27
RS-422 ── 175
RS-485 ── 175, 193
RSSI ── 111, 115
Siemens ── 160
SPICE ── 135
*S*パラメータ ── 12
TDR ── 183
*z*変換 ── 209

【あ・ア行】

アークタンジェント ── 80, 84
圧縮 ── 142, 152
アドミッタンス ── 41
アナログ回路 ── 23
アナログ-ディジタル変換回路 ── 99, 106
安定 ── 129
アンプ ── 108
イーサネット ── 175, 175
位相 ── 24, 31, 34, 38, 41, 42, 53, 64, 85, 130, 141, 143, 148, 150, 153, 159, 160, 164, 171, 190, 199, 215
位相回転 ── 51, 52
位相差 ── 43, 52, 61, 131, 164, 168
位相ずれ ── 43, 52
位相速度 ── 177, 179, 188, 196
位相遅延 ── 162, 166
位相遅延量 ── 164, 167, 172
インダクタンス ── 35, 41, 153, 178, 184
インパルス応答 ── 212, 220
インパルス信号 ── 212, 220
インピーダンス ── 25, 31, 32, 41, 44, 55, 62, 67, 74, 75, 84, 85, 95, 173, 190, 196
インピーダンス・コントロール基板 ── 175, 183, 184
インピーダンス・マッチング ── 178, 186
ウェーブレット変換 ── 209
うねる ── 169, 171
オイラー ── 83
オイラーの公式 ── 72, 74, 83, 201
オーバシュート ── 132, 135
オーム ── 16
オームの法則 ── 14, 17, 23, 68, 88, 173, 176, 187, 188, 189, 190
オクターブ ── 99, 106
遅れ ── 43
遅れ位相 ── 52, 60, 93
オフセット電圧 ── 145, 148
温度 ── 31, 40, 114

【か・カ行】

回転 ── 46, 71, 73, 131
開閉器 ── 120
科学技術計算ソフトフェア ── 89, 90, 95
角周波数 ── 132, 134, 135, 143, 148, 152, 153, 165, 171
角度 ── 64
傾き ── 123, 150, 156, 168
カットオフ ── 51, 52
カットオフ周波数 ── 131, 135, 154, 215
カップリング・コンデンサ ── 39
過渡現象 ── 110, 115, 119, 124, 126, 140, 145, 154, 160, 215
過渡状態 ── 110
加法定理 ── 70
関数電卓 ── 80, 110, 111, 130
管面 ── 198, 210
基準 ── 43
基準時間 ── 119
起電力 ── 19, 21, 28
ギブス現象 ── 201, 210
逆起電力 ── 153
逆高速フーリエ変換 ── 219
逆フーリエ変換 ── 216, 219
逆ラプラス変換 ── 221
逆離散フーリエ変換 ── 206, 218
共振 ── 170
共役複素数 ── 89, 92, 201, 210
極座標 ── 66, 72, 74, 78, 81, 84, 90, 201
極性 ── 19, 21
虚数 ── 74, 76, 82, 92, 204, 205, 206, 221
虚数単位 ── 69, 76, 143, 152
許容電力 ── 33
ギリシャ文字 ── 116, 125
金太郎飴 ── 178, 181, 184, 185
矩形波 ── 198, 222
グラウンド ── 15, 21
繰り返し周波数 ── 201
群遅延 ── 160, 162, 166
計算アルゴリズム ── 206
傾斜量 ── 149, 152
ケーブル ── 173
コイル ── 31, 33, 45, 56, 119, 120, 125, 126, 153, 178, 191, 195
合成 ── 48, 53

合成関数の微分	152
合成抵抗	18, 92
光速	174, 177, 179
高速フーリエ変換	198, 206
交流	15, 23, 131, 180
交流回路	20, 21, 24
交流電圧	24, 43
交流電流	24, 43
コサイン波	64, 199
弧度法	44, 64, 74, 165
コンダクタンス	41
コンデンサ	31, 33, 46, 53, 116, 119, 125, 143, 178, 191, 195

【さ・サ行】

再現性	162
サイン波	24, 64, 199
サセプタンス	41
差動増幅	158
サレン・キー	222
三角関数	68, 70, 78, 80
三角波	29
サンプリング	201, 207, 216, 220
サンプリング間隔	201
サンプリング周波数	201
ジーメンス	155, 160
時間波形	211
仕事率	27
指数	90, 95
自然対数	102, 107, 110, 130
実効値	27, 28, 29, 54, 62, 64, 68, 74, 87, 95, 147
実数	82, 92
時定数	110, 116, 126, 141, 143, 154
自動制御	134
遮断機	120
周期	24, 44, 142, 147, 148, 151, 219
終端抵抗	193
充電	120, 143, 145
周波数	24, 54, 98, 159, 165
周波数スペクトル	175
周波数帯域	107, 171, 172
周波数帯域幅	169
周波数特性	33, 43, 54, 61, 64, 74, 108, 129, 130, 132, 211
周波数変調波	159, 160
出力インピーダンス	40, 51, 52
純抵抗	33, 41, 44, 54, 54, 62, 71, 73, 74, 79, 81, 84, 85, 95, 191
小信号解析	158
常用対数	102
初期値	140
シリアル通信	175
深宇宙探査	106, 107
深宇宙探査衛星	98
信号源インピーダンス	180, 186
信号源抵抗	196
信号発生器	111, 115
真数	102, 106, 109
振幅	61, 66, 111, 130, 198, 199
シンプソンの公式	147
数値積分	147
進み	43
進み位相	52, 60, 93
スナップ・ショット撮影	177, 184, 188

スペクトラム・アナライザ	198, 209, 210
スペクトル拡散変調	217, 219
スミス・チャート	193, 194, 196
正弦波	24, 31, 43, 138, 150, 163
正接	80, 84
精度	19, 61, 62, 95, 98, 122, 123, 129, 218
積分	138, 149, 159, 160, 220
積分回路	12, 140, 144
積分記号	138, 148
積分形式	219
積分定数	139, 160
積分範囲	139, 142
積分非直線性誤差	159
積分変換	135, 160, 209, 219, 223
絶対電力	104
セラミック・コンデンサ	22
漸近	129, 135
線形変調方式	217, 219
選別	22
相関	202, 203
損失	34, 36, 37, 39, 45, 60, 119, 162

【た・タ行】

台形公式	147
対称性	201
対数	61, 98, 107, 121, 130
対数軸	55, 62
対数特性	114
対数の底	100
対数変換回路	111
多重反射	195, 196
畳み込み	209, 211, 216
立ち上がり	118
立ち下がり	118
タンジェント	80, 84
端子電圧	87
置換積分	141, 142
超関数	217, 219
直読	87, 95
直流	15
直流回路	18, 21, 59, 78
直列接続	18, 57, 81, 85
ツイスト・ペア線	175, 184
底	102
抵抗	17, 33, 41, 116
ディジタル信号処理	169, 171, 201, 210, 211, 217
ディジタル・フィルタ	211, 216
定常状態	131, 145, 155, 160
定積分	139
テイラー展開	83, 84
デシベル	61, 62
テスト・クーポン	183
電圧	15, 17, 24
電圧降下	19, 21, 28, 36, 87, 90, 155
電圧増幅回路	155
電圧増幅率	103, 104, 106, 108, 156
電圧定在波	189
電界効果トランジスタ	155
電子回路シミュレーション	215
電子回路シミュレータ	32, 133, 135, 157, 223
電磁気学	159, 160
伝送線路	175, 185, 194
電卓	11, 22, 39, 88

伝達関数	134, 135, 216, 217, 222	負荷抵抗	105, 111, 177, 180, 185, 196
天文学的数値	99, 111, 115	負帰還技術	158
電流	15, 17, 24	複素数	44, 52, 64, 69, 75, 82, 85, 92, 115, 121, 173, 190, 205
電流プローブ	87, 89, 195, 196, 95	物理現象	102, 110, 119, 143, 148, 152
電力	27, 28, 31, 33, 37, 92, 95, 147	不定積分	139
電力減衰器	111, 104, 106	部分積分	141
等価	88, 95	不要電磁放射	133
等価直列抵抗	59, 60, 62	プリント基板	173, 183
同軸ケーブル	173, 185, 196	プリント基板上	132
透磁率	180	プロット	115, 149, 167, 206
特性インピーダンス	173, 179, 185, 192	分解能	99
特性多項式	134	平均値	147
度数法	44, 64, 74	平均電圧	27
トランジェント解析	215, 219, 223	並列回路	18, 21, 46, 53, 59, 78
トランジスタ	33, 114, 158	並列接続	18, 46, 57, 91
トランス	30, 31	ベース・バンド信号	170
		ベクトル	51, 62, 67, 73, 74, 94
【な・ナ行】		変換表	219
波	173	変調	217
入出力特性	109	変調信号	170
入力インピーダンス	40, 178	変復調	162
ネイピア数	74	ボーデ線図	61
熱	27, 31, 33, 36	補償回路	114
ネットワーク・アナライザ	183	補正係数	142, 152
熱量	31		
		【ま・マ行】	
【は・ハ行】		窓関数	201, 210, 217
パーシバルの定理	206, 210	マルチ・ドロップ	193
バイアス電圧	156	マルチパス	211, 219
バイパス・コンデンサ	39	見える化	100, 106, 107, 115
バス	193, 196	水	30, 31
バス・クロック	175	無線信号	99
パターン	184	無線通信	24, 104, 107, 111, 162, 170, 211, 217
波長短縮率	195, 196	もれ電流	122, 123, 125
発熱	39, 40		
パラボラ・アンテナ	99, 106	**【や・ヤ行】**	
パルス回路	118, 153	有効数字	19, 55, 88, 95, 130, 182, 188
パルス信号	211	誘電率	180
反射	187, 193, 196	容量	35, 41, 143, 179, 184
反射係数	180, 183, 188		
反射係数円	12, 193, 196	**【ら・ラ行】**	
反射波	186	ラジアン	64
バンド・パス・フィルタ	165	ラプラス変換	133, 134, 135, 140, 155, 160, 209, 218, 219, 222
ピアノ	99, 108	ランク指定	158, 160
ピーク値	27, 28, 31, 68, 87, 142, 151, 199	リアクタンス	34, 41, 44, 53, 54, 62, 71, 74, 75, 79, 84, 85, 95, 119, 143, 153
ビート周波数	163	離散	201
微小範囲	168, 171	離散信号	216, 219, 220
ピタゴラスの定理	48, 52, 53, 79, 94	離散値	201, 216
微分	123, 125, 138, 143, 148, 149, 168, 171	離散フーリエ変換	201, 206, 216
微分回路	12, 118, 125, 153	リセット回路	116
微分波形	125	リセット時間	117
微分非直線性誤差	158	リレー	120
微分方程式	121, 125, 133, 140, 160	リンギング	132, 135
評価基準値	116, 122	累積	138
ヒルベルト変換	209	レジスタンス	32, 41
フィードバック	61	ログ・アンプ回路	114
フィルタ	163, 171, 222, 117	ロス抵抗	132
フィルタ回路	125, 134, 163, 211		
フーリエ級数	198, 219	**【わ・ワ行】**	
フーリエ積分	207	和記号形式	219, 220
フーリエ変換	198, 209, 211, 215, 216		
フェーザ表示	50, 52, 55, 58, 69		
フォネティック・コード	103		

■著者紹介
石井 聡（いしい・さとる）
1963年　千葉県生まれ
1985年　第1級無線技術士（旧制度．現在の第1級陸上無線技術士）合格
1986年　東京農工大学工学部電気工学科卒業
1986年　双葉電子工業株式会社入社
1994年　技術士（電気電子部門）合格．登録30023号
2002年　横浜国立大学大学院博士課程後期（電子情報工学専攻・社会人特別選抜）修了．博士（工学）
2009年　アナログ・デバイセズ株式会社入社
現在　　同社セントラル・アプリケーションズ所属

《主な著作など》
「無線通信とディジタル変復調技術」，2005年8月初版，CQ出版社．
「電子回路設計のための電気／無線数学」，2008年8月初版，CQ出版社．
「技術士試験一発合格のきめて」，グループHICE（共著），1998年5月初版，オーエス出版（現 インデックス・コミュニケーションズ）．
「企業内コンサルタントになるための電気電子資格試験キャリアガイド」，1998年8月初版，村田 雅尚・岡村 幸壽・石井 聡 共著，日刊工業新聞社．

翻訳本（共訳）として，「OPアンプ大全」全5冊（アナログ・デバイセズ 著，電子回路技術研究会 訳，CQ出版社）がある．

- ●**本書記載の社名，製品名について** ── 本書に記載されている社名および製品名は，一般に開発メーカーの登録商標です．なお，本文中では™，®，©の各表示を明記していません．
- ●**本書掲載記事の利用についてのご注意** ── 本書掲載記事は著作権法により保護され，また産業財産権が確立されている場合があります．したがって，記事として掲載された技術情報をもとに製品化をするには，著作権者および産業財産権者の許可が必要です．また，掲載された技術情報を利用することにより発生した損害などに関して，CQ出版社および著作権者ならびに産業財産権者は責任を負いかねますのでご了承ください．
- ●**本書に関するご質問について** ── 文章，数式などの記述上の不明点についてのご質問は，必ず往復はがきか返信用封筒を同封した封書でお願いいたします．ご質問は著者に回送し直接回答していただきますので，多少時間がかかります．また，本書の記載範囲を越えるご質問には応じられませんので，ご了承ください．
- ●**本書の複製等について** ── 本書のコピー，スキャン，デジタル化等の無断複製は著作権法上での例外を除き禁じられています．本書を代行業者等の第三者に依頼してスキャンやデジタル化することは，たとえ個人や家庭内の利用でも認められておりません．

[JCOPY]〈（社）出版者著作権管理機構委託出版物〉
本書の全部または一部を無断で複写複製（コピー）することは，著作権法上での例外を除き，禁じられています．本書からの複製を希望される場合は，（社）出版者著作権管理機構（TEL：03-3513-6969）にご連絡ください．

合点！電子回路超入門

2009年11月15日　初版発行
2018年3月1日　第4版発行

© 石井 聡 2009

著　者　石井　聡
発行人　寺前 裕司
発行所　ＣＱ出版株式会社
（〒112-8619）東京都文京区千石4-29-14
電話　編集　03-5395-2148
　　　販売　03-5395-2141

ISBN978-4-7898-4600-4

定価はカバーに表示しています
無断転載を禁じます
乱丁，落丁本はお取り替えします
Printed in Japan

編集担当者　鈴木 邦夫
DTP・印刷・製本　三晃印刷株式会社